"十二五"职业教育国家规划教材

经全国职业教育教材审定委员会审定

中等职业教育化学工艺专业系列教材

氯碱 PVC 工艺及设备

周国保　丁惠平　主编

于兰平　主审

·北京·

本书是根据教育部近期制定的《中等职业学校化学工艺专业教学标准》，由全国石油和化工职业教育教学指导委员会组织编写的全国中等职业学校规划教材。

本书以氯碱 PVC 企业主要产品生产及典型加工任务为载体来组织内容进行编写，主要包括食盐水电解、成品碱生产、氯氢处理、液氯生产、氯化氢合成与高纯盐酸生产、乙炔生产、氯乙烯生产、PVC 生产等八个项目，阐述了氯碱 PVC 企业主要产品及典型加工任务的加工方法、工艺过程、主要设备、岗位操作、故障及处理以及安全防范。内容重点突出，通俗易懂。

本书可作为中等职业学校化学工艺专业的教材，也可供从事氯碱 PVC 生产的技术人员参考，或作为从事氯碱 PVC 生产的操作人员培训用书。

图书在版编目（CIP）数据

氯碱 PVC 工艺及设备/周国保，丁惠平主编. —北京：化学工业出版社，2015.12（2023.3 重印）
"十二五"职业教育国家规划教材
ISBN 978-7-122-25664-5

Ⅰ.①氯⋯ Ⅱ.①周⋯②丁⋯ Ⅲ.①氯碱生产-生产工艺-中等专业学校-教材②氯碱生产-化工设备-中等专业学校-教材 Ⅳ.①TQ114

中国版本图书馆 CIP 数据核字（2015）第 270947 号

责任编辑：旷英姿　　　　　　　　　文字编辑：李　玥
责任校对：吴　静　　　　　　　　　装帧设计：王晓宇

出版发行：化学工业出版社（北京市东城区青年湖南街 13 号　邮政编码 100011）
印　　装：北京建宏印刷有限公司
787mm×1092mm　1/16　印张 17¾　字数 434 千字　2023 年 3 月北京第 1 版第 2 次印刷

购书咨询：010-64518888　　　　　　　售后服务：010-64518899
网　　址：http://www.cip.com.cn

凡购买本书，如有缺损质量问题，本社销售中心负责调换。

定　　价：48.00 元　　　　　　　　　　　　　　　　　版权所有　违者必究

前 言

本书是根据教育部近期制定的《中等职业学校化学工艺专业教学标准》，由全国石油和化工职业教育教学指导委员会组织编写的全国中等职业学校规划教材。

本书主要内容包括食盐水电解、成品碱生产、氯氢处理、液氯生产、氯化氢合成与高纯盐酸生产、乙炔生产、氯乙烯生产、PVC生产等八个项目，阐述了氯碱PVC主要产品及典型加工任务的加工方法、工艺过程、主要设备、岗位操作、故障及处理以及安全防范，并介绍了安全环保、节能降耗和工艺基本计算的相关内容。

编写过程中以实践能力培养为主线，体现工学结合、理论实践一体化设计，体现教学过程（内容）与工作（生产）过程的有机对接，尽可能提及新工艺、新技术、新材料、新设备以及节能、减排、安全、经济、环保等相关知识，通过降低理论难度、增加插图数量、引入生产实例、安排拓展内容来增强趣味性、可读性和开阔性，通过安排"任务评价""课外训练"等内容来对接理论实践一体化教学过程，方便教学中师生互动。书中内容重点突出，通俗易懂。

本书由江西省化学工业学校周国保、河南化工技师学院丁惠平担任主编。具体编写分工如下：周国保编写部分绪论，项目五中的任务一，项目七以及项目八中的任务一；丁惠平编写项目一中的任务一至任务四；山东化工技师学院穆远庆编写部分绪论，项目一中的任务五，项目四以及项目五中的任务二、任务三；沈阳市化学工业学校李如意编写项目二和项目三；焦作市技师学院张坤编写项目六，项目八中的任务二和任务三。全书由周国保负责统稿，天津渤海职业技术学院于兰平教授担任本书的主审。

常州工程职业技术学院陈炳和教授，陕西能源职业技术学院赵新法教授，中国化工教育协会、全国石油和化工职业教育教学指导委员会秘书长于红军，上海石化工业学校苏勇、沈晨阳，北京东方仿真软件有限公司及化学工业出版社等为本书的编写与出版给予了大力支持和帮助；上海石化工业学校章红，江西蓝恒达化工有限公司胡智波对本书的编写提出了有益的建议或提供过相关资料；江西省化学工业学校领导和有关老师也对该书的编写给予了关心与协助。在此一并表示衷心感谢！

由于编者水平有限，书中难免存在疏漏和不足，敬请读者和同行批评指正。

编　者
2016 年 1 月

目 录

绪论 1
一、氯碱工业生产现状及发展趋势 1
二、PVC生产现状及发展趋势 2

项目一　食盐水电解 5

项目目标 5
任务一　原盐、精制井矿盐及卤盐水的选用 5
　一、选用原盐、精制井矿盐及盐卤水 5
　二、原盐及盐卤水输送 8
任务二　一次盐水精制 10
　一、一次盐水精制的常用方法 10
　二、一次盐水精制的生产过程 13
　三、一次盐水精制中的主要设备 16
　四、淡盐水除硝常用方法与生产过程 17
　五、淡盐水除硝设备及清洗 19
　六、一次盐水精制的岗位操作 21
　七、一次盐水精制中常见故障的判断与处理 24
　八、一次盐水精制中的安全防范 26
任务三　二次盐水精制 28
　一、二次盐水精制的常用方法与生产过程 28
　二、二次盐水精制的操作控制指标 29
　三、二次盐水精制中的主要设备 30
　四、二次盐水精制的岗位操作 31
　五、二次盐水精制中常见故障的判断与处理 32
任务四　离子膜电解 34
　一、熟悉离子膜电解的原理和流程 34
　二、离子膜电解槽的作用与结构 36
　三、离子膜电解的岗位操作 39
　四、离子膜电解中常见故障的判断及处理 41

五、离子膜电解中的安全防范 ………………………………………… 42
　任务五　淡盐水脱氯 …………………………………………………… 44
　　一、认识淡盐水脱氯的常用方法 ……………………………………… 44
　　二、淡盐水真空法脱氯的生产过程 …………………………………… 46
　　三、淡盐水脱氯的岗位操作 …………………………………………… 49
　　四、淡盐水脱氯中常见故障的判断与处理 …………………………… 53
　项目小结 ………………………………………………………………… 53

项目二　成品碱生产　　　　　　　　　　56

　项目目标 ………………………………………………………………… 56
　任务一　液碱（45%）生产 …………………………………………… 56
　　一、电解碱液蒸发的原理 ……………………………………………… 56
　　二、电解碱液蒸发的生产过程 ………………………………………… 57
　　三、电解碱液蒸发中的主要设备 ……………………………………… 59
　　四、电解碱液蒸发的岗位操作 ………………………………………… 62
　　五、电解碱液蒸发中的安全防范 ……………………………………… 64
　　六、测定离子膜电解液中氢氧化钠的含量 …………………………… 67
　任务二　固碱生产 ……………………………………………………… 68
　　一、固碱生产的常用方法 ……………………………………………… 68
　　二、固碱的生产过程与工艺指标 ……………………………………… 69
　　三、双效降膜法固碱装置的操作 ……………………………………… 71
　项目小结 ………………………………………………………………… 73

项目三　氯氢处理　　　　　　　　　　74

　项目目标 ………………………………………………………………… 74
　任务一　氯气处理操作前的准备 ……………………………………… 74
　　一、氯气冷却、干燥的常用方法和生产过程 ………………………… 74
　　二、氯气冷却、干燥中的主要设备及作用 …………………………… 79
　　三、氯气压缩输送过程与设备 ………………………………………… 81
　　四、事故氯处理的方法与生产过程 …………………………………… 85
　任务二　氢气处理操作前的准备 ……………………………………… 88
　　一、氢气处理的常用方法和生产过程 ………………………………… 88
　　二、氢气处理的主要设备 ……………………………………………… 90
　任务三　氯氢处理的岗位操作与安全防范 …………………………… 92
　　一、氯氢处理的岗位操作 ……………………………………………… 92
　　二、氯氢处理中常见事故的判断与处理 ……………………………… 95
　　三、氯氢处理岗位的安全防范 ………………………………………… 98
　项目小结 ………………………………………………………………… 98

项目四　液氯生产　　　　　　　　　　　　　　　100

项目目标 …………………………………………………………… 100
任务一　液氯生产前的准备 ……………………………………… 100
　　一、液氯生产的常用方法 ……………………………………… 100
　　二、液氯生产过程和主要设备 ………………………………… 102
　　三、液氯生产中的主要设备 …………………………………… 104
任务二　液氯生产的岗位操作与安全防范 ……………………… 108
　　一、液氯生产的岗位操作 ……………………………………… 108
　　二、液氯生产中常见故障的判断与处理 ……………………… 111
　　三、液氯生产的安全防范 ……………………………………… 112
项目小结 …………………………………………………………… 116

项目五　氯化氢合成与高纯盐酸生产　　　　　　118

项目目标 …………………………………………………………… 118
任务一　氯化氢合成与盐酸生产前的准备 ……………………… 118
　　一、氯化氢合成与盐酸生产的常用方法 ……………………… 118
　　二、氯化氢合成与盐酸生产过程 ……………………………… 120
　　三、氯化氢合成与盐酸生产中的主要设备 …………………… 124
任务二　高纯盐酸生产前准备 …………………………………… 128
　　一、高纯盐酸生产常用方法和生产过程 ……………………… 128
　　二、高纯盐酸生产中的主要设备 ……………………………… 131
任务三　氯化氢合成与盐酸生产的岗位操作及安全防范 ……… 133
　　一、氯化氢合成与盐酸生产的岗位操作 ……………………… 133
　　二、合成炉异常情况应急处置 ………………………………… 137
　　三、氯化氢合成与盐酸生产的安全防范 ……………………… 139
项目小结 …………………………………………………………… 141

项目六　乙炔生产　　　　　　　　　　　　　　　144

项目目标 …………………………………………………………… 144
任务一　电石的生产 ……………………………………………… 144
　　一、电石的生产方法和生产过程 ……………………………… 144
　　二、电石生产中的主要设备 …………………………………… 147
　　三、电石运输、贮存和使用的安全要求 ……………………… 148
任务二　电石法（湿法）乙炔生产 ……………………………… 150
　　一、湿法乙炔发生方法与生产过程 …………………………… 150
　　二、湿法乙炔的清净方法与生产过程 ………………………… 153
　　三、湿法乙炔生产中的主要设备 ……………………………… 156

四、湿法乙炔生产的岗位操作……………………………………………… 158
　　五、湿法乙炔生产中的常见故障及处理…………………………………… 161
　　六、湿法乙炔生产的安全防范与"三废"处理…………………………… 164
　项目小结……………………………………………………………………… 165

项目七　氯乙烯生产　　　　　　　　　　　　　　　　　　　　　167

　项目目标……………………………………………………………………… 167
　任务一　乙炔法合成氯乙烯………………………………………………… 167
　　一、乙炔法合成氯乙烯的方法与对原料气的要求………………………… 167
　　二、乙炔法合成氯乙烯的生产过程和转化率计算………………………… 169
　　三、混合气脱水与氯乙烯合成中的主要设备……………………………… 173
　　四、混合气脱水与氯乙烯合成的岗位操作………………………………… 176
　　五、混合气脱水与氯乙烯合成中常见故障的判断与处理………………… 179
　　六、混合气脱水与氯乙烯合成的安全防范………………………………… 180
　任务二　粗氯乙烯净化压缩………………………………………………… 181
　　一、粗氯乙烯净化压缩的生产过程………………………………………… 181
　　二、粗氯乙烯净化压缩中的主要设备……………………………………… 183
　　三、粗氯乙烯净化压缩的岗位操作………………………………………… 184
　　四、粗氯乙烯净化压缩中常见故障的判断与处理………………………… 185
　任务三　粗氯乙烯的精馏…………………………………………………… 186
　　一、粗氯乙烯精馏原理……………………………………………………… 186
　　二、粗氯乙烯精馏的生产过程……………………………………………… 189
　　三、粗氯乙烯精馏中的主要设备…………………………………………… 191
　　四、精馏尾气回收的生产过程……………………………………………… 193
　　五、氯乙烯的贮存及输送…………………………………………………… 194
　　六、粗氯乙烯精馏的岗位操作……………………………………………… 195
　　七、粗氯乙烯精馏中常见故障的判断与处理……………………………… 197
　　八、粗氯乙烯精馏的安全防范……………………………………………… 198
　　九、氯乙烯生产中的"三废"减排与节能降耗…………………………… 200
　项目小结……………………………………………………………………… 201

项目八　PVC 生产　　　　　　　　　　　　　　　　　　　　　　203

　项目目标……………………………………………………………………… 203
　任务一　氯乙烯悬浮聚合生产 PVC………………………………………… 203
　　一、认识 PVC………………………………………………………………… 203
　　二、氯乙烯悬浮聚合机理和 PVC 平均聚合度……………………………… 206
　　三、氯乙烯悬浮聚合中分散状态及对树脂颗粒的影响…………………… 209
　　四、氯乙烯悬浮聚合的条件和物料配方…………………………………… 211

五、氯乙烯悬浮聚合和浆料处理的生产过程 …………………………… 217
　　六、悬浮聚合PVC产品质量控制方法 ……………………………………… 221
　　七、PVC树脂离心分离和干燥的生产过程 ……………………………… 223
　　八、氯乙烯悬浮聚合中的主要设备 ………………………………………… 226
　　九、悬浮聚合法PVC生产的岗位操作 …………………………………… 231
　　十、悬浮聚合法PVC生产中常见故障的判断与处理 ………………… 233
　　十一、悬浮聚合法PVC生产的安全防范 ………………………………… 235
　任务二　氯乙烯本体聚合生产PVC ……………………………………………… 248
　　一、本体聚合法生产PVC的特点及产品性能 …………………………… 248
　　二、氯乙烯本体聚合原理、配方及投料计算 ……………………………… 249
　　三、氯乙烯本体聚合法PVC生产过程 …………………………………… 252
　　四、氯乙烯本体聚合釜的作用与结构 ……………………………………… 255
　任务三　氯乙烯乳液聚合生产PVC ……………………………………………… 257
　　一、氯乙烯乳液聚合法生产PVC的优点及产品性能 ………………… 257
　　二、氯乙烯种子乳液聚合的配方与生产过程 …………………………… 258
　　三、氯乙烯种子乳液聚合生产操作 ………………………………………… 261
　　四、氯乙烯乳液聚合连续生产过程 ………………………………………… 263
　　五、氯乙烯乳液聚合连续生产操作 ………………………………………… 266
　项目小结 ………………………………………………………………………………… 268

参考文献 ———————————————————————————————— 271

绪 论

食盐的主要成分是 NaCl，属离子型化合物。食盐是我们日常生活的必需品之一，也用于杀菌消毒、护齿固齿、美容去污以及制备生理盐水等。与此同时，食盐还是重要的化工原料，广泛用于氯碱工业中联产烧碱、氯气和氢气，大量用于纯碱工业中生产纯碱。在基本化工原料的"三酸二碱"中，其产品包括盐酸、烧碱、纯碱，占其中三种；而且氯气和氢气还可进一步加工成许多化工产品，如氯气与乙炔反应可以合成氯乙烯，氯乙烯聚合可以得到我国第一大通用合成树脂——聚氯乙烯（PVC）。

一、氯碱工业生产现状及发展趋势

1. 氯碱工业及其现状

氯碱工业是以食盐为原料，用电解法生产烧碱（氢氧化钠）、氯气、氢气和由此生产一系列氯产品（如盐酸、高氯酸钾、次氯酸钙、光气、二氧化氯等）的无机化学工业。烧碱主要用于氧化铝、黏胶纤维、造纸、染料等行业。

2011 年全国烧碱总产能已达 3412 万吨，其中离子膜法烧碱产能 3035 万吨，隔膜法烧碱产能 377 万吨；隔膜法烧碱产能仅占 11%，并呈逐年减少趋势；在全国 180 家主要氯碱企业中，烧碱产能 30 万吨/年及以上的氯碱企业有 30 家，占 17%，合计产能达到 1432 吨/年，占 42%。2012 年全国烧碱总产能达 3736 万吨，其中离子膜法烧碱产能为 3407 万吨。2013 年全国烧碱累计总产能 2854 万吨，主要产区为山东、江苏、新疆、内蒙古、河南、浙江、天津、四川、河北等地。

2. 氯碱工业电解方法及比较

氯碱工业电解方法有三种，即水银法、隔膜法和离子膜法。

从设备投资看，离子膜法比水银法节省约 10%～15%，比隔膜法节省约 15%～25%；从生产能耗看，离子膜法比水银法可节约 20%～25%，比隔膜法可节约 10%～15%；从出槽碱浓度看，目前离子膜法出槽 NaOH 含量为 30%～35%（质量分数），预计今后出槽 NaOH 含量将会达到 40%～50%（质量分数）；隔膜法出槽 NaOH 含量约为 10%（质量分数），浓度低且综合消耗高；水银法出槽 NaOH 含量达 40%～50%（质量分数），但是有水银污染。

综上所述，离子膜制碱比其他两种方法有着明显的优势。

3. 氯碱工业产品及主要用途

氯碱工业产品及主要用途，如图 0-1 所示。

4. 氯碱工业生产特点及发展趋势

（1）氯碱工业生产特点　①电解槽组装灵活、方便；②需要可靠的整流技术支撑；③对电解原料食盐水的精制要求高；④在生产烧碱的同时需要其他后续装置配合，如氯处理装置、氢处理装置、氯化氢合成装置等；⑤在生产烧碱的同时必须考虑氯的平衡与转化；⑥几乎所有装置都能实现连续化生产。

（2）氯碱工业发展趋势　①离子膜制碱技术具有设备占地面积小、能连续生产、生产能力大、产品质量高、能适应电流波动、能耗低、污染小等优点，是氯碱工业发展的方向，并向高电流效率、高的出槽碱浓度和低的含盐量方向发展；②原料选择从原盐向精制工业盐过渡，选择精制工业盐，盐水精制过程负荷轻、精制费用低、排污少；③装置规模或产能呈大型化趋势，如烧碱产能新疆天业100万吨/年，山东金岭80万吨/年，新疆化学（泰兴）75万吨/年，新疆中泰化学70万吨/年，山东海力70万吨/年，上海氯碱69万吨/年等。

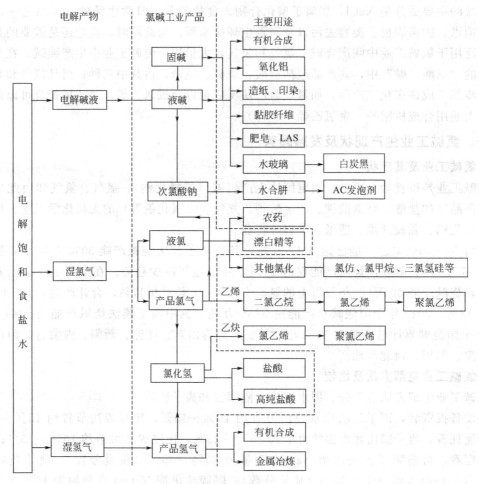

图 0-1　氯碱工业产品及主要用途

二、PVC生产现状及发展趋势

1. PVC工业现状

PVC是聚氯乙烯的英文缩写，PVC在世界上为第二大通用合成树脂，其年产量仅次于聚乙烯，2010年PVC消费量约为3547万吨，占世界合成树脂总消费量的29%。

从产能看，2010年世界PVC总产能5037万吨，对比当年的消费量呈产能过剩；2013年我国PVC总产能达到2455万吨，对比当年的消费量也同样面临产能过剩。尽管国内PVC产能过剩，但每年仍有一定数量的PVC进口，当然是性能特殊、国内生产少的型号，如食品卫生级PVC（氯乙烯残留量不大于5×10^{-6}）、医用级无毒PVC（氯乙烯残留量不大

于 1×10^{-6})等。

2. PVC生产特点

(1) 原料路径与特点　PVC生产的原料路径主要有煤(焦炭)-电石-乙炔法 PVC、天然气-乙炔法 PVC 以及石油-乙烯氧氯化法 PVC 等三条，如图 0-2 所示。目前，世界上多采用石油-乙烯氧氯化法 PVC，该路径自动化程度高，尤其没有废渣处理问题。我国则以煤(焦炭)-电石-乙炔法 PVC 为主，2013 年我国煤(焦炭)-电石-乙炔法 PVC 产能 2001 万吨，占总产能的 81.5%，该路径适合我国，尤其我国主要产煤区用于 PVC 装置建设。另外，有的文献中提到"第四条"原料路径——进口 VCM 法 PVC，但该路径不算是单独的原料路径，从源头看仍属于石油-乙烯氧氯化法 PVC。

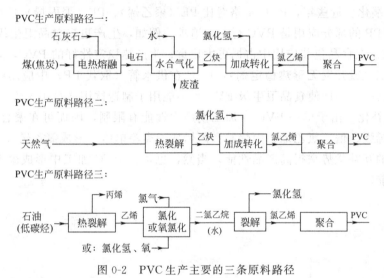

图 0-2　PVC 生产主要的三条原料路径

(2) 聚合方法与特点　PVC生产的聚合方法主要有悬浮聚合法、本体聚合法、乳液聚合法和溶液聚合法等四种。溶液聚合法基本不被用于生产 PVC，而前三种方法对应的 PVC 产品在我国 PVC 总产量中所占比重分别为 90% 以上、5% 以下、4% 以下。

悬浮聚合法用水做分散剂且水用量较大，单体氯乙烯以液滴状悬浮于水上，用油性引发剂溶于单体中，聚合过程间歇操作且一步完成，聚合产物需要经过离心脱水、气流干燥与沸腾床干燥才能得到产品。产品分紧密型和疏松型，前者吸增塑剂量较小，一般用于加工硬塑制品；后者吸增塑剂量较大，一般用于加工软塑制品。

本体聚合法不用任何分散剂，油性引发剂溶于单体主体，聚合过程间歇操作、分两步完成，聚合产物颗粒较大，需要破碎过筛才能得到合格产品，但不需要脱水干燥处理过程，产品吸增塑剂量小，一般用于加工硬塑制品，但制品很多性能比悬浮法 PVC 加工的制品性能好。

乳液聚合法用水做分散剂且用水量较少，单体氯乙烯在搅拌与乳化剂作用下形成乳液，采用水性引发剂，聚合过程分为乳液种子聚合法和乳液连续聚合法两种工艺，聚合产物经喷雾脱水可得到产品。产品属于糊状树脂，吸增塑剂量大，一般用于加工人造革、雨衣布等。

3. PVC工业发展趋势

(1) 原料路径趋势　我国煤资源丰富，而石油资源不足，因此煤(焦炭)-电石-乙炔法 PVC 仍将是我国 PVC 生产的首选原料路径。从布局看，我国 PVC 工业有向新疆、内蒙古等新兴煤产区集中的趋势。在煤（焦炭）-电石-乙炔法PVC的原料路径中，电石制乙炔的废渣处理将得到进一步重视。

（2）聚合方法趋势　悬浮聚合法、本体聚合法、乳液聚合法往往由产品型号要求决定。悬浮聚合法的产品最通用，因而悬浮聚合法是PVC聚合方法中最主要的聚合方法，该法的趋势除聚合釜大型化外，从提高生产效率看有向连续聚合发展的趋势；从丰富产品型号、提高产品性能看，有的已采用微悬浮聚合，有的采用分段悬浮聚合。

（3）聚合产品趋势

① 型号多样化　通过改进工艺丰富产品型号。微悬浮聚合的产品性能介于乳液聚合法PVC与悬浮聚合法疏松型PVC之间。分段悬浮聚合可使产品颗粒更细，吸油性更好。

② 性能高端化　近些年，PVC价格对比PE（聚乙烯）、PP（聚丙烯）价格，有明显优势，取代PE、PP的部分应用是PVC行业的追求。例如，生产更多食品卫生级PVC，会使PVC（取代PE）在食品包装应用中占据更大比重；生产热稳定性好的PVC，则在制品加工中少用热稳定剂（或开发无毒热稳定剂），PVC在供水管（取代PP）中应用将会有更大市场。不过也有禁区——即使食品卫生级PVC也不能用于制造饮用饮料用吸管。

③ 优势互补化　由于单一PVC在加工使用中性能有限制，因而可在聚合中加入乙烯、丙烯、醋酸乙烯酯、偏二氯乙烯、丙烯腈和丙烯酸酯类等单体，形成氯乙烯共聚物，利用与其他单体共聚的互补优势来提高产品性能。当然，也可在PVC加工中形成聚氯乙烯共混物来提高产品性能。

项目一

食盐水电解

 项目目标

知识目标

1. 了解配制饱和食盐水的原料和方法。
2. 掌握原盐、精制井矿盐、盐卤水的选用原则与要求。
3. 掌握一次盐水精制的方法。
4. 掌握二次盐水精制的三塔生产工艺流程。
5. 掌握离子膜电解的原理和生产过程。
6. 了解食盐水电解中主要设备的作用与结构。

能力目标

1. 能熟悉饱和食盐水的配制。
2. 能熟悉一次盐水精制、二次盐水精制、离子膜电解的岗位操作。
3. 能准确判断及处理一次盐水精制、二次盐水精制中的常见故障。
4. 能准确判断及处理离子膜电解中的常见故障。
5. 能实施离子膜电解中安全事故防范。
6. 能进行饱和食盐水配制的工艺计算。

任务一
原盐、精制井矿盐及卤盐水的选用

一、选用原盐、精制井矿盐及盐卤水

1. 原盐

原盐是指具有商品属性（按标准划分等级）、未经过精制加工的工业盐（氯化钠）。从来源分为海盐、湖盐、井盐和矿盐，在全国17个省（区）都有产出，我国形成了北方沿海大型海盐、西部湖盐和中、东、南井矿盐等三大原盐产区。自2005年以来，我国原盐总产量已跃居世界第一位，成为全球最大的原盐生产国。原盐原以海盐为主，其次是湖盐和井矿盐，但2010年，我国井矿盐产量首次超过海盐。

（1）海盐　海盐主要是以海水为原料，通过盐田日晒而得到的。其主要成分有氯化钠、硫酸镁、硫酸钾、硫酸钙、氯化镁、溴化镁和碳酸钙等。某海盐的主要成分如表1-1所示。

表 1-1　某海盐的主要成分

成分		NaCl	Ca^{2+}	Mg^{2+}	SO_4^{2-}	水不溶物	水溶杂质
指标/%	一级	94.0	0.20	0.20	0.70	0.30	1.50
	二级	92.0	0.20	0.30	0.80	0.40	1.70
	三级	89.5	0.30	0.30	1.00	0.50	2.60

（2）湖盐　湖盐指从盐湖中直接采出和以盐湖卤水为原料在盐田中晒制而成的盐。一般来说，湖盐资源丰富，含盐量高，生产成本和能耗低于海盐和井矿盐，开发潜力较大。但是湖盐中含有泥沙、芒硝和石膏等杂质。湖盐的主要成分如表 1-2 所示。

表 1-2　湖盐的主要成分

成分		NaCl	Ca^{2+}	Mg^{2+}	SO_4^{2-}	水不溶物	水溶杂质
指标/%	一级	94.0	0.08	0.30	0.50	1.00	0.40
	二级	94.0	—	—	—	0.40	1.40
	三级	92.0	—	—	—	0.40	2.00

（3）井矿盐　井盐主要是运用凿井法汲取地表浅部或地下天然卤水加工制得；矿盐是通过开采古代岩盐矿床加工制得。井矿盐是井盐和矿盐的总称，主要含有天然卤水盐矿和岩盐矿床，运用开采矿盐钻井水溶法制得。其主要成分为钾、钠、钙、镁等金属离子和碳酸氢根、硫酸根、碳酸根及氯离子等阴离子。井矿盐的主要成分如表 1-3 所示。

表 1-3　井矿盐的主要成分

成分		NaCl	Ca^{2+}	Mg^{2+}	SO_4^{2-}	水不溶物	水溶杂质
指标/%	优级	95.5	0.25	0.20	0.70	2.00	1.00
	一级	94.0	—	—	—	0.40	1.40
	合格	92.0	—	—	—	0.40	2.00

2. 精制井矿盐及盐卤水

（1）精制井矿盐　精制工业盐是指具有商品属性（按标准划分等级）、经过精制加工的工业用盐（氯化钠）。精制井矿盐是对井矿盐卤水进行精制加工而得到的精制工业盐，在精制工业盐中占较大比重。精制井矿盐是离子膜电解中食盐水配制的首选原料之一。精制井矿盐的主要成分如表 1-4 所示。

表 1-4　精制井矿盐的主要成分

成分	NaCl	Mg^{2+}	Ca^{2+}	SO_4^{2-}
指标/%	≥99.5	≤0.005	≤0.01	≤0.005

（2）盐卤水　盐卤水即盐的水溶液，在食盐水电解中井矿盐的盐卤水可作为原料之一，用来配制电解原料食盐水。从井矿中提取的盐卤水的主要成分如表 1-5 所示。

表 1-5　盐卤水的主要成分

成分	NaCl	$CaSO_4$	$MgSO_4$	Na_2SO_4
指标/(g/L)	≥290	≤1.5	≤0.2	≤20

3. 原料（盐）质量对生产的影响

原盐的化学成分指标如表 1-6 所示。

表 1-6　原盐的化学成分指标

级别	NaCl/%	水分/%	水不溶物/%	水溶性杂质/%
优级	≤95.50	≤3.30	≤0.20	≤1.00
一级	94.00	4.20	0.40	1.40
二级	92.00	5.60	0.40	2.00
三级	89.00	8.00	0.60	2.50

原料（盐）的质量对生产氯碱有很大的影响，具体来说影响如下。

(1) 影响生产成本　如果原盐中钙、镁离子含量高，会增加精制过程中纯碱、氢氧化钠、氯化钡的用量，从而增加费用，提高生产成本。

(2) 电解槽性能　盐水中的钙离子、镁离子、硫酸根离子在精制过程中形成氢氧化镁、碳酸钙、硫酸镁等沉淀，堵塞电解槽离子膜，使槽电压升高，降低电解槽离子膜寿命，如果硫酸根离子浓度太高，在阳极上可放电产生氧气，降低电流效率和氯气纯度。

(3) 澄清能力　原盐中的镁离子和钙离子的比值会直接影响盐水的澄清速率，镁离子和钙离子比值越大，澄清能力越低。

(4) 化盐速率和盐水饱和度　如果原盐杂质含量升高，化盐速率降低，盐水不容易达到饱和，化盐设备的生产强度降低。

4. 原料（盐）的选用原则及要求

各种盐的生产工艺不同，产品质量差别也很大，各单位可以根据实际情况合理选用原盐，但总体上应遵循以下两个原则。

(1) 产地就近原则　为了消除涨价因素和原盐供应不足给企业造成的经济损失，也为了降低原盐运输成本，氯碱企业应当首选离企业最近的盐场生产的原盐，或氯碱厂建厂时就应尽量靠近盐场。

(2) 质量优先原则　选择品位高的原盐作原料，可以减少盐水精制工段人力、物力、财力的投入，节约大量的投资和运行费用，因此企业应尽量选用含杂质少的原盐作为原料。一般情况下，海盐和湖盐的生产以日晒为主，未经过净化处理，盐的品质差，泥沙、悬浮物含量高；井矿盐通过真空蒸发生产，盐的品质好，不含泥沙、悬浮物，杂质含量低。

总之，氯碱企业根据自己的实际情况，选用适合自己的原盐，从整体上降低企业的成本。食盐水离子膜电解中，原料（盐）偏向选择精制工业盐，尤其是选精制井矿盐，配料中可以使用卤盐水。

【任务评价】

(1) 填空题

① 原盐的主要成分是_____。

② 工业上原盐分为_____、湖盐和井矿盐三种。

③ 优级原盐中，氯化钠含量应该大于或等于_____。
④ 原盐的选用遵循产地就近和_____两个原则。
（2）判断题
① 食盐不溶于水，易溶于盐酸。（　　）
② 温度升高，食盐在水中的溶解度增大。（　　）
③ 原盐质量对生产氯碱影响很大，故一般都用优级原盐。（　　）

【课外训练】
（1）通过互联网搜索，我国海盐、湖盐、矿井盐的分布和储量。
（2）通过互联网搜索，我国氯碱的产量和氯碱生产企业的分布。

二、原盐及盐卤水输送

1. 原盐输送的流程

生产用原盐通过火车运到盐场，由龙门吊车抓斗送入集盐场，在集盐场内用龙门吊车将盐送入盐斗，然后通过皮带运盐机将原盐经过电子皮带秤计量后，连续送入化盐桶内。

2. 原盐输送的主要设备

原盐输送的主要设备有龙门吊车、皮带运盐机、铲车等，下面做一简单介绍。

（1）龙门吊车　龙门吊车是盐场装卸盐的主要设备，担负着将进厂原盐从火车内卸进盐场，并将盐场内的原盐连续地供给皮带运盐机。若生产需要，也可用于将盐场内的新旧原盐进行搭配供盐。其操作规程如下。

① 遵守安全操作规程，施工作业人员按规定作业，持证上岗。
② 龙门吊车已加装遥控器，司机操作时站在地面上，前后方有许多管片，视线不好，开动门吊时必须先鸣长哨，然后按行走键。
③ 工作时，不准看书、看报、吃东西、闲谈，不准瞌睡，严禁酒后作业。
④ 起重作业工人不得擅离岗位，工作中必须集中精神，注意倾听周围有无异响，注意指挥信号，信号不明或可能引起事故时，应暂停作业，弄清情况后方可继续作业。
⑤ 起重机司机必须思想集中，养成上、下、左、右、前、后观察的习惯，做到心中有数，准确安全地工作。
⑥ 无起重人员指挥不得起吊物件，起重设备需有安全保险装置，坚持"起重十不吊"，不得超负荷作业，预防机械事故的发生。
⑦ 在工作状态下，如多人挂钩时，在紧急意外情况下，发出任何危险信号，都要要求司机紧急刹车，停车检查。
⑧ 严禁吊物在人头上空通过，空中运行时吊具最低位置不得低于2m高度。
⑨ 起重机在每次起吊或移动前，必须先发出警铃等警告信号。
⑩ 驾驶人员离岗时，必须将起重机开到固定地点，吊具不准悬持吊物，各控制手柄应置于零位，切断主开关。

（2）皮带运盐机　皮带运盐机是原盐输送的主要设备，担负着连续向化盐桶输送原盐的任务。利用水银接点实现化盐桶盐层高度与皮带运盐机联锁自控，原盐通过电子皮带秤计量。

① 操作人员上岗前穿戴好劳动保护用品，将长发挽入工作帽内，防止卷入皮带发生人身受伤事故。

② 开机前必须对设备进行全面检查，排除障碍物，做好开机准备工作，确认皮带上和皮带机部位无人方可开机。

③ 开机前检查输送机的安全装置是否齐全，检查传动部位，严禁在无润滑油时运转；机架及紧固件是否有变形、松动现象，确认无误后方可开车。多节皮带串联时，其开机的顺序是卸料端至喂料端依次启动。

④ 开动以后，先空转 3～5min，检查各部运行是否正常，皮带有无打滑、刮卡及跑偏现象，如有及时调好，如无异常方可载负荷运行。

⑤ 运行中如发现皮带跑偏、打滑、乱跳等异常现象，应及时进行调整；皮带打滑时严禁用脚蹬、手拉、压杆子、往转轮和皮带间塞东西等方法处理；皮带松紧度不合适，要及时调整拉紧装置。

⑥ 运行中要注意检查电动机、变速箱、传动齿轮、轴承轴瓦、联轴器、传动皮带、滚筒、托辊等是否正常。

⑦ 巡检和操作时，禁止从皮带上方跨越、皮带下方穿越通过，所有安全防护罩和安全栏杆必须保证牢固可靠；上下楼梯巡查时，要扶好楼梯扶手，防止滑倒跌伤。

⑧ 设备运行时，严禁用手触摸设备的运转部位，严禁在皮带下打卫生和清料。

⑨ 皮带运行中或停机时，严禁人员在皮带上行走或休息。

⑩ 设备出现异常或故障时，要在设备停止运转并切断电源的状态下进行维修，严禁边运转边维修。

⑪ 往皮带上加料一定要均匀，防止加料过多，压死皮带，影响机械安全运转。

⑫ 停机前首先要停止给料，待皮带上的物料全部卸完后，才能停机，停机后在检查机械各部分的同时，必须做好清扫工作，并认真填写设备运转记录。

(3) 铲车　铲车是实现把原盐送入吊车的主要设备。操作规程如下。

① 检查车辆、燃油、冷却水及润滑油情况；检查行车、驻车制动可靠性；检查空载时铲斗系统运行情况；检查叉车与铲车有关的内容。

② 发动机的水温及润滑油温度达到规定值时方可进行全负荷作业，当水温、油温超过 90℃时方可作业，否则会损坏发动机。

③ 禁止在前后车体形成角度时铲装货物。取货前，应使前后车体形成直线，对正并靠近货堆，同时使铲斗平等接触地面，然后取货。

④ 不准边行驶边起升铲斗；铲斗铲装货物应均衡，不准铲斗偏重装载货物。

⑤ 禁止在铲斗悬空时驾驶员离车。

⑥ 起升的铲斗下面严禁站人或进行检修作业。

⑦ 禁止用铲斗举升人员从事高处作业。

⑧ 铲斗起升时应注意不要碰到上方的障碍物，在高压输电线路下面作业时，铲斗还应与输电线路保持足够的安全距离。

⑨ 停车后应将换向操纵杆放到中央位置。

3. 盐卤水的输送

打深井，将水注入盐矿层，使盐岩溶化成盐卤水，管道经深井口下沉到盐卤水矿内，盐卤水经管道，通过泵打入管输送网送往输送用户。

【任务评价】

(1) 判断题

① 在工作状态下，发出任何危险信号，都要要求司机紧急刹车，停车检查。（ ）
② 起重作业时，严禁吊物在人头上空通过，空中运行时吊具最低位置不得低于1m。（ ）
③ 皮带运行过程中，遇到紧急情况，可以从皮带上方跨越、皮带下方穿越通过。（ ）
④ 起升的铲斗下面严禁站人或进行检修作业，可以用铲斗举升人员从事高处作业。（ ）

(2) 简答题
① 简述原盐输送流程。
② 简述盐卤水输送流程。

【课外训练】
(1) 通过互联网搜索，查找吊车的种类及特点。
(2) 通过互联网搜索，查找铲车的型号及特点。

任务二 一次盐水精制

一、一次盐水精制的常用方法

1. 一次盐水精制岗位任务

一次盐水精制的主要任务就是利用饱和卤水或用固体盐溶解成饱和粗盐水，除去钙、镁离子，天然有机物及水不溶物，制成饱和食盐水，供下一工段使用。

2. 一次盐水精制的质量指标

经处理后的一次盐水要达到以下指标，如表1-7所示。

表1-7 一次盐水的精制指标（参考值）

盐水成分	NaCl	NaOH	Na_2CO_3	ClO_3^-	SO_4^{2-}	Al^{3+}
指标要求/(g/L)	305±5	0.2~0.4	0.3~0.6	≤2	≤6	≤0.1
盐水成分	Fe^{3+}	ClO^-	总氨	NH_4^+	SiO_2	Ba^{2+}
指标要求/(mg/L)	≤1	0	<4	≤1	≤5	≤0.5
盐水成分	Hg^{2+}	Mn^{2+}	I_2	悬浮物	$Ca^{2+}+Mg^{2+}$	pH
指标要求/(mg/L)	≤10	≤0.01	≤0.2	≤1	≤5	9~11

3. 一次盐水精制的生产过程

(1) 饱和食盐水的配制原料　饱和食盐水的配制原料有原盐、精制井矿盐、盐卤水、淡盐水等。

(2) 饱和食盐水的制备方法　饱和食盐水制备就是将固体的原盐或精制井矿盐加水溶解，制成饱和食盐水；或者是用盐卤水加盐溶解制成饱和食盐水。

若以固体盐为原料，固体盐的溶解在化盐桶中进行。固体盐通过皮带运输进入化盐桶上部，化盐水从桶底部加入，化盐水由淡盐水、蒸发回盐水、压滤水、反渗透杂水、反洗水等混合而成。化盐温度保持在50~60℃。化盐桶保持一定的岩层高度。原盐中的不溶解杂质沉积在化盐桶底部，定期清理。原盐溶解，被制成粗饱和盐水，从化盐桶上部溢流槽流出，进入下一工序。

若以液体盐（盐卤水）为原料，可以直接用管道将原料送往工厂使用，如果浓度较低，也可以先浓缩或加入固体盐，增加其浓度。

一定温度下某物质在100g溶剂中达到饱和状态时，所溶解的溶质的质量叫这种物质在这种溶剂中的溶解度。

一般来说温度对食盐在水中的溶解度影响不大，但是高温能加快食盐的溶解速率，氯化钠在水中的溶解度，如表1-8所示。

表1-8 氯化钠在水中的溶解度

温度/℃	NaCl溶解度/(g/100g H_2O)	温度/℃	NaCl溶解度/(g/100g H_2O)
0	35.7	60	37.3
10	35.8	70	37.8
20	36.0	80	38.4
30	36.3	90	39.0
40	36.6	100	39.8
50	37.0		

从表1-8中可以看出，氯化钠在水中的溶解度随温度的升高而增大。

【例1-1】求20℃时，制备250g饱和食盐水，需用多少克水和多少克食盐？

解：通过表1-8知：20℃时氯化钠溶解度为36g，说明在20℃时当食盐水达到饱和时，100g水中有36g氯化钠。也就是说20℃时136g饱和食盐水中有36g氯化钠。

假设需用xg氯化钠，则需用（250－x）g水。

根据：36g：136g＝xg：250g

得：x＝66.2

则：250－x＝183.8

答：20℃时，制备250g饱和食盐水，需用66.2g水和183.8g食盐。

(3) 一次盐水精制的方法

① 钙、镁离子的脱除　钙、镁离子的脱除有烧碱-纯碱法、石灰-纯碱法、石灰-芒硝法，较常用的是烧碱-纯碱法。它的原理是用烧碱除去Mg^{2+}，用纯碱除去Ca^{2+}，主要反应如下：

$$Mg^{2+} + 2OH^- =\!=\!= Mg(OH)_2 \downarrow$$

$$Ca^{2+} + CO_3^{2-} =\!=\!= CaCO_3 \downarrow$$

烧碱-纯碱法除去Mg^{2+}、Ca^{2+}用的烧碱为本车间的电解产品，从浓碱工段返回的回收盐水中就含有碱，来源非常方便；这种方法沉淀比较完全，除去率高；其中Ca^{2+}的除去率可达95%以上，Mg^{2+}的除去率可达98%以上。另外此方法过程简单，劳动条件好。

在Ca^{2+}、Mg^{2+}脱除过程中，$Mg(OH)_2$结晶很细，只有0.03~0.10μm，沉降速率很慢，温度低于15℃时几乎不沉降。碳酸钙结晶约3~10μm，碳酸钙形成饱和溶液的趋向性很强，15℃时碳酸钙在盐水中的溶解度是5~6mg/L，此时过饱和浓度可达150~200mg/L，析出的结晶为絮状，这种较大的聚合体在25℃时，沉降速率可达到0.4~0.8 m^3/h。

② SO_4^{2-} 的脱除 脱除 SO_4^{2-} 常用四种方法。

a. 钙法 钙法是在要处理的一部分返回盐水中，加入氯化钙，使 Ca^{2+} 与 SO_4^{2-} 作用生成 $CaSO_4$ 沉淀。氯化钙可由盐酸与消石灰反应制得。此方法的缺点是：一方面过量的钙需要增加纯碱的消耗，另一方面盐泥将大量增加。

b. 钡法 钡法是加入氯化钡，使 SO_4^{2-} 生成 $BaSO_4$ 沉淀。

$$Na_2SO_4 + BaCl_2 = BaSO_4 \downarrow + 2NaCl$$

此方法的缺点是：一方面成本较高，另一方面过量的钡离子会对离子膜产生严重的二次污染，同时生产的盐泥量较大，且游离的钡离子有毒。

c. 冷冻法 冷冻法是利用冷冻来降低淡盐水或盐卤水的温度，让 SO_4^{2-} 与 Na^+ 结合形成硫酸钠结晶（芒硝）而除去 SO_4^{2-} 的方法。该法属于直接除硝法，但成本较高，若利用纳滤膜预先对淡盐水或盐卤水中 SO_4^{2-} 进行增浓，再用冷冻法除硝，成本会显著降低。

d. 膜法除硝 膜法除硝原理是根据道南效应（若将负电性的阳离子交换膜置于含盐溶液中，则在膜内侧溶液中阴离子的浓度会大于其在主体溶液中的浓度，同时在膜内侧溶液中阳离子的浓度会低于其在主体溶液中的浓度——形成道南位差）和纳滤膜的选择性分离功能（表面孔径 0.51nm，一价离子如氯离子、钠离子可以透过此膜，而两价的硫酸根离子则难透过此膜被截留），将淡盐水或盐卤水中的硫酸根离子截留在膜内。膜法除硝实际上还替代了传统工艺上的砂滤器和碳素管过滤器，能进一步提高精制盐水的质量，成为盐水精制新的发展方向。

③ NH_3 的脱除 对于盐水中 NH_3 的脱除，一般是加入氯水（其中有 HClO）或次氯酸钠，使之生成 NH_2Cl 挥发，反应式如下：

$$NH_3 + NaClO = NH_2Cl + NaOH$$

④ 有机物、不溶性机械杂质的脱除 盐水中菌藻类、腐殖酸等天然有机物，可通过加入次氯酸钠去除。菌藻类有机物被次氯酸钠杀死，腐殖酸等天然有机物被次氯酸钠氧化分解成小分子，分解后的小分子与不溶性泥沙等机械杂质一起被三氯化铁吸附、共沉淀，最终除去。

⑤ 游离氯的脱除 盐水中的游离氯一般以 ClO^- 的形式存在，向盐水中加入 Na_2SO_3 即可除去。反应式如下：

$$ClO^- + SO_3^{2-} = SO_4^{2-} + Cl^-$$

⑥ pH 的调节 调节盐水的 pH 一般加入 HCl 即可。反应式如下：

$$NaOH + HCl = NaCl + H_2O$$
$$Na_2CO_3 + 2HCl = 2NaCl + H_2O + CO_2 \uparrow$$

【任务评价】

(1) 填空题

① 合格的一次盐水中，氯化钠含量为_____。

② 最常用的钙、镁离子精制方法是_____。

③ 一次盐水 pH 的调节是向盐水中加入_____。

(2) 判断题

① 一次盐水都偏酸性。（ ）

② 原盐中含有的有害杂质 SO_4^{2-} 可以用 $BaCl_2$ 除去。（ ）

③ 化盐温度一般控制在 $(55\pm5)℃$ 左右。（ ）

(3) 选择题

20℃时，氯化钠的溶解度为 36g。对这句话理解错误的是（　　）。

A. 20℃时，100g 水中最多能溶解氯化钠 36g

B. 20℃时，100g 氯化钠饱和溶液中含氯化钠 36g

C. 20℃时，氯化钠饱和溶液中水与氯化钠的质量比为 100∶36

D. 20℃时，将 36g 氯化钠溶解于 100g 水中，所得溶液为该温度下氯化钠的饱和溶液

【课外训练】

(1) 通过互联网搜索，饱和食盐水浓度和温度的关系？

(2) 通过互联网搜索，一次盐水中杂质的来源？

(3) 70℃时，氯化钠的溶解度为 37.8g/100g H_2O，试求，在 70℃时，250g 饱和氯化钠溶液中含氯化钠多少克？

二、一次盐水精制的生产过程

1. 杂质的分离方法

(1) 沉淀物的分离方法　在盐水精制过程中，为了更好地分离沉淀物，需要加入泥浆及聚丙烯酸钠。泥浆有利于沉淀的生成和陈化，增加絮凝晶，泥浆可作为晶核吸附更多的碳酸钙和氢氧化镁，形成共沉淀，使沉淀颗粒加大；聚丙烯酸钠是一种助沉剂，它可以吸附碳酸钙、氢氧化镁及硫酸镁沉淀颗粒，使颗粒形成絮团，使沉淀物更容易分离。

(2) 盐泥的处理方法

① 含汞盐泥的处理　发达国家是把处理后的含汞盐泥加入汞的固定剂并用水泥砂浆固型化处理后埋入地下或投入深海。我国从盐泥中回收汞的方法主要为氧化熔出法或氯化-硫化-焙烧法。

a. 氧化熔出法　将含汞泥浆加入次氯酸钠并在温度为 50～55℃，pH 为 11～12 条件下反应 40～50min，不溶性汞转化为可溶性汞，过滤后的清盐水加入精盐水系统中，在电解槽阴极上析出金属汞。

b. 氯化-硫化-焙烧法　把盐酸加入洗盐后的含汞泥浆中，然后通入氯气，使沉淀的汞转化为可溶性汞化合物。沉降分离后的清液用亚硫酸钠除去游离氯，加硫化钠使汞离子变为硫化汞沉淀，沉降分离出含汞 25%～30% 的黑色沉淀物。沉淀物自然干燥后在 800℃ 焙烧炉内蒸出汞，冷却回收得到金属汞，回收率约为 80%。

② 非汞盐泥的综合利用　利用非汞盐泥废料可以制取塑料橡胶填料，可以生产沉淀硫酸钡，可以制备锅炉烟气脱硫剂以及制备氟离子吸附剂。

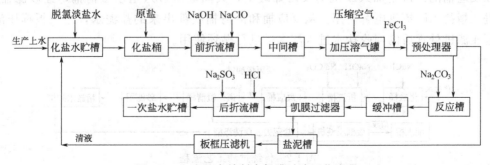

图 1-1　一次盐水精制中凯膜过滤工艺流程

2. 一次盐水精制过程

一次盐水精制的工艺大体分为四种：传统过滤工艺、CN过滤工艺、戈尔膜过滤工艺和凯膜过滤工艺。这四种工艺都被采用，但凯膜过滤工艺使用最多。

(1) 凯膜过滤工艺

① 凯膜过滤工艺流程 凯膜过滤工艺流程，如图1-1所示。该流程主要包括配水、化盐、精制反应及预处理、凯膜过滤、盐泥压滤和加入精制剂等六个阶段。

配水过程是自电解出来的脱氯淡盐水进入除硝装置，除去部分硫酸根后与生产上水、压滤清液一起进入化盐水贮槽，经循环加热后送至化盐桶。

化盐过程是化盐水进入化盐桶底部，自下而上流动，原盐从化盐桶顶部加入，与化盐水逆流接触，为保证化盐速率，一般维持化盐温度为55~62℃。

精制反应及预处理是从化盐桶流出的粗盐水流入前折流槽，通过加入烧碱和次氯酸钠除去镁离子、部分钙离子和菌类、天然有机物及氨类杂质后进入粗盐水中间槽，反应后进入加压溶气罐加入压缩空气，与氯化铁混合后，盐泥从下部流出，进入盐泥槽。清液从上部流出进入反应槽，加入纯碱除去钙离子。

凯膜过滤是从反应槽流出的盐水进入缓冲槽，由于压差的存在使盐水自动流入凯膜过滤器，过滤后的合格盐水进入后折流槽，在此加入亚硫酸钠除去盐水中的游离氯后进入一次盐水贮槽，送入电解工序。凯膜过滤后产生的盐泥从底部进入盐泥槽。

盐泥压滤是从预处理器和凯膜过滤器出来的盐泥进入盐泥槽，用盐泥泵打入板框过滤机，压滤后清液进入滤液罐，打入化盐桶循环使用，盐泥滤饼送出界区。

加入精制剂流程是在配制槽中配置符合条件的纯碱、氯化铁溶液，用泵打入高位槽；烧碱和次氯酸钠为氯碱厂自产产品。

② 凯膜过滤工艺特点 凯膜过滤工艺简单，流程短；液固分离一次完成，无需其他附属设备；盐水质量稳定，处理能力大，节约了技术改造资金；操作简单，全自动控制；与传统工艺相比省去了清理澄清桶、砂滤器的工作量，大大降低了劳动强度；占地面积小，每小时处理50m³盐水的过滤器直径不超过2m。凯膜工艺降低了对原盐质量的需求，拓宽了原盐的选择范围，为原料采购提供了方便；精盐水质量高且稳定，且降低了电耗；运营费用低；整个设备的特殊防腐处理，可适应更宽松的酸碱度液体要求。

(2) 传统过滤工艺 传统过滤工艺流程，如图1-2所示。从蒸发装置来的回收盐水和一次盐水的洗泥水一并进入配水槽，除去硫酸根后，被送入化盐桶进行化盐，制成的粗盐水从化盐桶上部流出，在折流槽中加入NaOH、Na_2CO_3后进入反应桶，上层清液从反应桶出来，在反应桶的出口处加入助沉剂聚丙烯酸钠，共同溢流进入道尔澄清桶，经砂滤器过滤后，进入精盐水贮槽供电解使用。从反应桶和澄清桶底部出来的盐泥水，进入板框压滤机，经板框压滤机处理后的回收盐水进入配水槽进行循环使用。

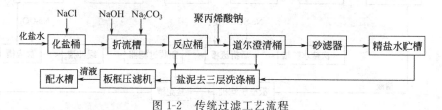

图1-2 传统过滤工艺流程

(3) CN 过滤工艺　CN 过滤工艺流程，如图 1-3 所示。CN 过滤技术利用悬浮离子吸附和过滤作用进行固液分离，即采用动态吸附和深层床过滤相结合的方法，去除液体中的悬浮物。

CN 过滤工艺流程为：固体原盐从化盐桶的顶部加入，化盐水从化盐桶的底部进入，两者进行逆流接触，制成饱和食盐水。饱和食盐水从化盐桶的顶部溢流流出，进入折流反应槽，在反应槽中相继加入纯碱、氢氧化钠、氯化钡等助剂，与盐水中的 Ca^{2+}、Mg^{2+}、SO_4^{2-} 进行充分反应，再加入絮凝剂，与盐水混合后，一起进入 CN 过滤系统。上层清液进入一次盐水贮槽，盐泥送往板框压滤机。

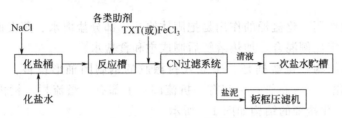

图 1-3　CN 过滤工艺流程

(4) 戈尔膜过滤工艺　戈尔膜过滤工艺流程，如图 1-4 所示。卤水和电解工序回收淡盐水经过配水槽进入化盐桶底部，原盐经过提升机卸入化盐桶上部进行溶解后，流入 1# 折流槽，与加入折流槽的 NaOH 溶液（除 Mg^{2+}）、NaClO 溶液（除去卤水中的有机物及 NH_4^+）一起流入前反应桶，在前反应桶内经充分搅拌反应后，通过变频泵打入高位加压溶气罐，同时向高位加压溶气罐充入一定压力的空气，两者混合形成泡沫状液体，进入文丘里混合器与 $FeCl_3$ 溶液（絮凝、助沉）混合，共同进入预处理器，清液从预处理器上部流出，流入 2# 折流槽与 Na_2CO_3 溶液（除 Ca^{2+}）混合，进入后反应桶，从后反应桶溢流入中间槽，通过泵打入并列的两台戈尔过滤器，在 3# 折流槽中加入 Na_2SO_3 除游离氯，加入 HCl 调整 pH 后的一次盐水，送入精盐水贮槽备用。

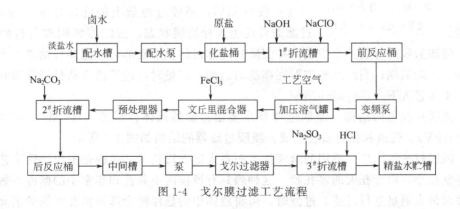

图 1-4　戈尔膜过滤工艺流程

【任务评价】

(1) 填空题

① 一次盐水精制过程中＿＿＿＿＿＿＿＿工艺最常用。

② 一次盐水精制中，凯膜过滤工艺流程主要包括配水、化盐、精制反应及预处理、

_____、盐泥压滤和加入精制剂等六个过程。

(2) 简答题

① 一次盐水精制中,凯膜过滤工艺的优点是什么?

② 一次盐水精制中,凯膜过滤工艺用到的凯膜有哪些特点?

【课外训练】

(1) 绘出凯膜过滤的工艺流程方框图。

(2) 通过互联网搜索,还有哪些一次盐水精制方法。

三、一次盐水精制中的主要设备

1. 化盐桶

(1) 化盐桶的作用　化盐桶的作用是把固体原盐、部分盐卤水、蒸发回收盐水和洗盐泥回收淡盐水按照一定比例混合,加热溶解后制成饱和食盐水。

(2) 化盐桶的结构　化盐桶是一个立式衬橡胶的钢制圆桶形设备。高度一般在4.5～6m左右。底部有化盐水分布管;中间有一折流圈;上部有一溢流栏,栏内有铁栅(用以拦截杂草、纤维等)。化盐桶的结构如图1-5所示。

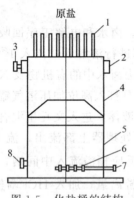

图1-5　化盐桶的结构

1—铁栅;2—溢流槽;3—粗盐水出口;4—桶体;5—折流圈;6—分布管出口(菌状帽);7—化盐水进口;8—人孔

有的化盐桶下部是圆锥形,这样进入的化盐水以较高的速率向上通过盐层中盐粒间的间隙,其剪切力不断更新盐粒周围生成的饱和食盐水而形成"湍流区"。化盐桶的上部为圆桶形,盐水的流速因截面的增大而相应减小,构成一个"平稳区",有利于细小盐粒与饱和食盐水的分离。这种结构更适合溶解粒度较小的原盐。

2. 凯膜过滤器

(1) 凯膜过滤器的作用　粗盐水经缓冲罐进入过滤器,利用薄膜过滤袋进行过滤。清液经过薄膜过滤袋进入上腔(清液腔),并通过液位罐清液管进入精盐水贮槽;过滤液中的固体物质(滤渣)被薄膜过滤袋截留在过滤袋表面。过滤一段时间后,薄膜过滤袋上的滤渣达到一定厚度后,过滤器自动进入冲清膜状态,过滤器各阀按各自的功能自动切换,使滤渣脱离薄膜过滤袋表面并沉降到过滤器的锥形底部,过滤器自动进入下一个过滤、反冲、沉降周期;当过滤器锥形底部滤渣达到一定量时,过滤器自动打开排渣阀排出滤渣,然后重新进入下一运行循环周期。

(2) 凯膜过滤器的结构　凯膜过滤器主要由过滤器筒体、膜芯(HVM)、反冲罐、挠性阀门(HFV)、管道和控制系统组成。凯膜过滤器的结构如图1-6所示。

(3) 凯膜过滤的原理　现用的凯膜技术源自人造血管技术,凯膜是采用特殊工艺制造出的一种外壁孔小、内壁孔大的多孔膜。这种膜具有极佳的不黏性和非常小的摩擦系数,可以保证液体以最大通量进行过滤。过滤时,可将液体中的悬浮物全部截留在凯膜的表面,滤清液通过膜孔从中空的管式膜中排出。

(4) 凯膜的特点　凯膜滤料的寿命远高于其他常规滤膜;凯膜有极高的孔隙率,使它具有较高的过滤精度和渗透通量;聚四氟乙烯薄膜使固体颗粒的穿透率接近于零,实现了完全的表面过滤;全聚四氟乙烯管式整体结构和无复合搭接缝,可避免发生复合膜的剥离、撕

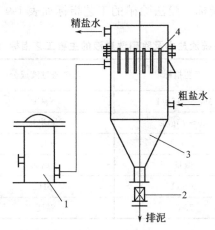

图 1-6 凯膜过滤器的结构
1—反冲罐；2—挠性阀门；3—过滤器筒体；4—膜芯（HVM）

裂、腐蚀等情况；凯膜具有较小的直径，较高的比表面积。

【任务评价】

（1）填空题

① 凯膜过滤器主要由过滤器筒体、_____、反冲罐、挠性阀门、管道和控制系统组成。

② 化盐桶主要由铁栅、_____、粗盐水出口、桶体、折流圈、分布管出口（菌状帽）、化盐水进口、人孔组成。

（2）简答题

① 化盐桶的作用是什么？

② 凯膜过滤的原理是什么？

【课外训练】

（1）通过复习"化工单元操作"及"化工单元操作实训"课程内容，熟悉板框过滤机的结构及操作。

（2）通过互联网搜索，查找澄清桶的结构及作用。

（3）通过互联网搜索，查找膜法过滤中的其他过滤膜类型。

四、淡盐水除硝常用方法与生产过程

1. 淡盐水除硝的生产任务和质量指标

（1）淡盐水除硝的生产任务 淡盐水来自电解后淡盐水脱氯工序，因为二次盐水经电解后，氯化钠被电解，而硫酸钠没有转化，所以淡盐水中 Na_2SO_4 含量比二次盐水中含量明显提高。Na_2SO_4 含量高的淡盐水是不能用于化盐的，因而淡盐水返回化盐工序前还必须除硝。

淡盐水除硝是利用膜法-冷冻除硝法，先将淡盐水通入膜法系统进行膜法分离，一方面获得除硝的淡盐水，可去化盐利用；另一方面将其中 Na_2SO_4 富集到浓缩液中（含 Na_2SO_4 约 100g/L），Na_2SO_4 浓缩液再通过冷冻系统，其中的硫酸钠在低温下结晶析出，通过离心机进行固液分离，固体为以 $Na_2SO_4·10H_2O$ 形式结晶得到的芒硝，母液为含氯化钠的盐水，可去化盐利用。

(2) 淡盐水除硝的质量指标　膜法除硝的工艺指标如表1-9所示。

表1-9　系统淡盐水及除硝透过液的主要工艺指标（参考值）

淡盐水成分	工艺指标	除硝透过液成分	工艺指标
NaCl	195～215g/L	NaCl	190～210g/L
$NaClO_3$	10～15g/L	$NaClO_3$	10～15g/L
SO_4^{2-}	<7g/L	SO_4^{2-}	0.3～0.5g/L
游离氯	微量	游离氯	0
pH	9～11	pH	5～7
温度	75℃	温度	55～60℃

2. 膜法除硝

(1) 膜法除硝的原理　膜法除硝的原理是根据道南效应和纳滤膜的选择性分离功能，将淡盐水或盐卤水中的硫酸根离子截留在膜内，冷冻后以 $Na_2SO_4 \cdot 10H_2O$ 的形式从盐水系统中结晶出来。而膜法除硝系统的透过液不含或含微量的 Na_2SO_4，可以直接回到化盐工序进行使用。

(2) 膜法除硝工艺流程　膜法-冷冻除硝主要包括淡盐水预处理、纳滤膜浓缩、浓缩液冷冻、离心分离等四个过程。膜法除硝工艺流程如图1-7所示。

① 淡盐水预处理　淡盐水预处理系统将电解返回的淡盐水（75℃左右），通过一级钛板换热器和二级钛板换热器降温到40℃左右，并通过加盐酸控制pH，加入亚硫酸钠使游离氯含量降低到零，通过活性炭过滤器吸附有机物后进入下一工序。

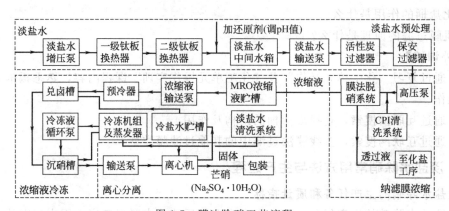

图1-7　膜法除硝工艺流程

② 纳滤膜浓缩系统　淡盐水经过预处理后，进入膜法除硝系统，通过高压泵的作用，淡盐水克服膜的纳滤阻力产生透过液，纳滤膜浓缩系统的透过液不含或含微量的硫酸钠，可以直接回到化盐工序进行使用。选择性浓缩后排出的浓缩液，其中含硫酸钠80～100g/L，进入浓缩液贮槽。

③ 浓缩液的冷冻　纳滤膜浓缩系统的浓缩液，进入贮槽后，通过输送泵进入板式换热器预冷，预冷后的浓缩液温度可以降到10℃左右。浓缩液预冷后进入兑卤槽缓冲，通过冷冻液循环泵打入蒸发器系统进行换热。经蒸发器系统换热后的冷冻液，温度维

持稳定，进入沉硝槽，在沉硝槽内形成芒硝结晶，晶体在沉降过程逐渐变大，通过阀门控制排放到离心机进行固液分离。结晶后只含少量硫酸钠的母液，溢流进入冷盐水贮槽。

④ 离心分离系统　冷冻盐水在沉硝槽中使芒硝结晶并沉降，沉降后的晶体通过管道，利用高位压差进入离心分离系统。通过进料管连续地供入双级推料离心机，经过第一级转鼓的筛网，大部分母液得到过滤，并经液体收集罩排到回水贮槽。形成的滤饼推到第二级转鼓，滤饼在转鼓内有足够的停留时间和较大的离心力，使滤饼达到很低的含湿率。当对固体产品的纯度有要求时，在离心机内可以进行洗涤，洗涤液冲洗滤饼后，经筛网、收集罩排到回水贮槽。

(3) 膜法除硝的优点

① 硫酸根的除去是一个物理过程，不需要向盐水系统中加入任何化学试剂。

② 工艺控制比较简单，环境清洁，无污染。

③ 消除了任何化学处理过程可能对离子膜产生的影响，延长了离子膜的使用寿命，保证了离子膜的稳定运行。

④ 处理成本比较低。

【任务评价】

(1) 填空题

① 除硝有_____、钡法、钙法、冷冻法等四种方法。

② 膜法除硝分淡盐水预处理、_____、浓缩液冷冻、离心分离等四个系统。

(2) 判断题

① 膜法除硝后，溶液的pH升高。（　　）

② 膜法除硝后，溶液的硫酸根离子全部除去。（　　）

③ 膜法除硝后，氯化钠含量不变。（　　）

④ 膜法除硝的生产成本最低。（　　）

【课外训练】

绘制膜法冷冻脱硝工艺流程方框图。

五、淡盐水除硝设备及清洗

1. 活性炭过滤器

(1) 活性炭过滤器的作用　活性炭过滤器的作用主要是去除铁的氧化物、大分子有机物和余氯。

(2) 活性炭过滤器的工作原理　活性炭过滤器是一种内部装填粗石英砂垫层及优质活性炭的压力容器。在水质预处理系统中，活性炭过滤器能够吸附前级过滤中无法去除的余氯，同时还吸附从前级泄漏过来的小分子有机物等污染性物质，对水中含有的铁的氧化物等有较明显的吸附去除作用。

(3) 活性炭过滤器的结构　活性炭过滤器是一种罐体过滤器，外壳一般为不锈钢或者玻璃钢，内部填充有活性炭，用来过滤水中的游离物、微生物、部分重金属离子，并可以有效降低水的色度。活性炭过滤器的结构如图1-8所示。

(4) 活性炭过滤器的清洗　当活性炭过滤器进出口压差≥0.05MPa时，应对其进行清洗。其操作过程如表1-10所示。

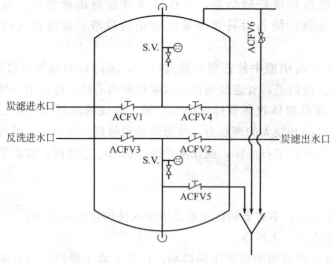

图 1-8 活性炭过滤器的结构

表 1-10 活性炭过滤器的清洗

操作步骤	阀门状态	时间	注意事项
反洗	开：ACFV3、ACFV4 关：ACFV1、ACFV2、ACFV5	8~10min	逐渐开启反洗进水阀直至全开，以免滤料流失
正洗	开：ACFV1、ACFV5 关：ACFV2、ACFV3、ACFV4	5~7min	
使用步骤	开：ACFV1、ACFV2 关：ACFV3、ACFV4、ACFV5	累计运行 36~48h	①先调整好阀门位置，再开启进水增压泵 ②开启排气阀 ACFV6 排出罐内的空气，当排气管有水流出后就关闭此阀

2. 反渗透纳滤膜过滤器（MRO）

（1）纳滤膜过滤器的作用　淡盐水克服膜的渗透压通过纳滤膜过滤器，使透过液不含或含微量的硫酸钠，浓缩液中的硫酸钠经过膜的选择性浓缩进入浓缩液贮槽。

（2）纳滤膜过滤器的结构　MRO 系统的膜元件采用标准直径卷式膜元件，该卷式膜是由平板膜片制造，通过胶黏剂密封成一个三面密封、一端开口的膜封套。在膜封套内置有多孔支撑材料，可将膜片隔开，并形成产水流道。膜封套的开口端与塑料穿孔中心管连接并密封，从膜封套的开口端将产水汇入中心管。

（3）纳滤膜过滤器的清洗方法　当实际产水量比设计产水量下降 10% 以上，或产水中压力降超过 10% 以上时，就需要对系统进行清洗。

正常冲洗时，将 MRO 透过液备在清洗水箱内，停高压泵，开清水泵，对系统进行循环清洗。一般清洗时间为 5~10min，然后进入开机程序。若开机后运行参数未见好转，要延长清洗时间。若正常清洗达不到要求要每隔半年用化学方法清洗一次，清洗时压力维持在 0.3MPa，时间大约为 3~4h。

【任务评价】

判断题

① 活性炭过滤器能除去大分子有机物。（　　）
② 纳滤膜过滤器能基本除去硫酸钠。（　　）
③ 活性炭过滤器的清洗分反洗和正洗，反洗需5～7min。（　　）
④ 为保护纳滤膜，不要采用化学方法清洗纳滤膜过滤器。（　　）

【课外训练】

通过互联网搜索，查找芒硝的作用。

六、一次盐水精制的岗位操作

1. 一次盐水精制岗位开、停车

（1）开车前的准备工作

① 检查各设备润滑部位油量，保证润滑良好。

② 检查各安全设施，保证牢固齐全，符合安全要求。

③ 检查各控制点、仪器、仪表齐全良好；检查各阀门灵活备用，确保各阀门处于规定开启或关闭状态，确保管道畅通。

④ 盘车检查各转动设备（先盘车再点动试车），确保没有问题后装好防护罩。

⑤ 检查盐场原盐贮量及上盐机车，确保原盐贮量足够，设备良好。

⑥ 排除障碍物，并通知设备内和周围的工作人员离开设备。

（2）开车

① 控制化盐水贮槽的液位；同时向化盐槽内加原盐，保持一定的盐层高度。

② 等下达开车指令后，将化盐水贮槽的出口阀打开；将化盐水泵到化盐槽管路上的阀门打开，开启化盐泵、盐水加热器。

③ 等化盐槽出口有水时，打开前折流槽上控制NaOH的阀门，控制粗盐水中NaOH的量。

④ 等粗盐水中间槽内液位至一半左右时，灌泵并开启加压泵。

⑤ 等加压溶气罐的液位达到一半时，打开空气缓冲罐各阀门，调节进气压力；等加压溶气罐液位到70%～80%时，将粗盐水流量调至稳定。

⑥ 打开文丘里混合器上的$FeCl_3$加料阀，随时取样并观察加入量，当盐水呈淡黄色时，调节流量并保持稳定加入。

⑦ 等预处理器的出口有粗盐水时，打开后反应槽上的碳酸钠阀门，调节加入量，同时取样分析，使碳酸钠过量在规定范围之间，当反应槽的液位达到一半时，开启搅拌器。

⑧ 向缓冲槽进盐水同时打开凯膜过滤器入口手动阀，启动凯膜过滤器的进液程序，打开进液、反洗、排渣等手动阀，等清液上升至管板以上时，启动过滤按钮，进入过滤状态。

⑨ 通过中间槽的液位，设定中间槽回流泵的关停程序；当过滤的盐水进入后折流槽时，将盐酸高位槽的加料阀打开，并设定加入量；将盐水的pH调节为9～11。

⑩ 当一次盐水贮槽的液位达到一半以上时，打开出口阀门；开启一次盐水泵进行自循环，打开Na_2SO_3加料阀，当游离氯含量为0后，打开去二次盐水的阀门进行盐水输送。

（3）正常停车

① 依次关闭进入化盐桶的化盐水泵、进出口阀门、精制剂纯碱加入阀、蒸汽阀、压缩空气阀、皮带输盐机。

② 将反应槽中的物料处理完毕，等待清理或大修。

2. 膜法除硝的开、停车

（1）开车前的检查与准备

① 检查活性炭过滤器内部水帽是否完好，罐体人孔是否关闭且紧固。

② 检查各容器和水箱内部，确保检修后未留有材料、工具等杂物，确认人孔、盖板已盖好。

③ 检查各设备管路、阀门，确保齐全灵活好用。

④ 检查各转动设备的电气部分和机械部分，确保完好无缺损。

⑤ 检查各仪表，确保齐全、准确。

⑥ 检查流量计，确保完整、准确、好用。

⑦ 确保过滤器滤料装填高度合适。

⑧ 检查保安过滤器的滤棒，确保符合要求并已安装好。

⑨ 确保安全防护用品、药剂药品配制齐全，现场有自来水。

（2）开车步骤

① 供电、供气、供水。

② 循环冷却水到达二级钛板换热器，开启相关仪表。

③ 淡盐水中间水箱液位达到50%以上，且水质符合要求，打开淡盐水输送泵（将开关转到"自动"），送水至钛板换热器。

④ 观察换热后的出水温度，调节循环冷却水量，保持出水温度在40℃左右。

⑤ 打开亚硫酸钠加药泵（将开关转到"自动"），调节加药泵的调节钮，并控制流量（可根据出水余氯值调节）。

⑥ 打开pH加药泵，将pH加药流量控制切换到"自动"，根据出水pH进行调节，控制pH在6~7.5。

⑦ 等中间水箱液位达到50%以上时，打开淡盐水输送泵，缓慢打开活性炭过滤器的进水入口阀，防止滤料对水帽的冲击；打开排气阀，等排气管出水后将排气阀关闭；打开排水阀，当出水合格后关闭排水阀，然后打开出水阀至膜法除硝器的阀门。

⑧ 将钛板换热器、活性炭过滤器和保安过滤器处于待机状态；当测量的淡盐水（可在中间水箱处取样）余氯在0.1mg/L以下时，启动反渗透纳滤装置。

⑨ 检查中间水箱的液位是否在设定范围和电控箱是否正常。

⑩ 打开中间水箱的出口阀，经输送泵，将淡盐水送至活性炭过滤器，过滤后进入膜法除硝器，连续进水15~20min，将除硝器内的气体分别通过浓缩液、出水管道排出。

⑪ 将高压泵的控制切换到"自动"，缓慢打开MRO高压泵的出口阀至半开状态。

⑫ 缓慢打开MRO的浓缩液调节阀，同时关闭MRO浓缩液排放阀，使MRO的进水压力表读数在1.0~1.2MPa，保证运行状态大约5~10min左右；通过高压泵的出口阀和浓缩液调节阀来调节系统压力和流量，保证浓缩液与出水的流量满足工艺要求；否则将发生堵塞。打开调pH计量泵，向系统添加适量的碱液，使浓缩液的pH在8左右，有利于冷冻除硝。

⑬ 在膜法系统浓缩液进入冷冻除硝系统之前，提前做好冷冻系统的运行调试工作，确保设备满足运行要求。

⑭ 将一级热交换器、二级热交换器、冷冻机组、离心机及泵、阀门处于待机状态；测

定浓缩液中硫酸根含量。

⑮ 确保浓缩液贮槽的液位在设定范围；确认电控箱电源正常，各仪表显示正常。

⑯ 确保浓缩液贮槽的液位高于输送泵的出口位置，打开浓缩液输送泵，将浓缩液送至预冷器，同时手动阀门使其回流至浓缩液贮槽，调节流量到设定值。

⑰ 当浓缩液贮槽的液位达 50% 以上时，保持连续进液，将预冷器出料切换到调节阀，自动控制，并将浓缩液送到兑卤槽。当兑卤槽的液位达到 30% 时，打开冷冻液循环泵，调节冷冻液循环泵的出口流量到设定值。

⑱ 打开冷冻机组，向蒸发器提供冷媒，逐步设定出口温度的值，使温度逐步降低。

⑲ 通过观察各个贮槽的液位变化，将蒸发温度逐渐调整到设定值。待蒸发器出口温度达到设定值时，打开沉硝槽的进口阀，使浓缩液进入沉硝槽，结晶后送离心分离。

⑳ 维持物料和各项参数的稳定，进入正常的运行状态。当系统运行正常后，定时检查运行情况，并记录各项工艺参数，必要时及时进行调整。

（3）停车步骤

① 关闭供淡盐水进钛板换热器、冷却水的相应阀门，用清水置换。

② 关闭亚硫酸钠和调 pH 装置的计量泵。

③ 中间水箱的液位到低位时，关闭膜法除硝器。

④ 关闭高压泵，将浓缩液快冲阀打开，当浓缩液排放 1~2min 后，关闭输送泵，并关闭中间水箱的出口阀门。

⑤ 当浓缩液贮槽的底部物料用结晶体输送泵抽完后，将管道及换热器用水清洗干净。

⑥ 用冷冻液输送泵将兑卤槽内的物料控制好流量送至沉硝槽。当兑卤槽稳定到 $-5℃$ 时，停冷冻液循环泵。

⑦ 关闭冷冻液循环泵的进口阀，停冷冻机组，将管路和蒸发器清洗。

⑧ 控制好沉硝槽的进料量和温度，根据结晶沉淀情况打开离心机进行分离。

⑨ 当沉硝槽内的物料全部处理完后，清洗离心机，停机。

【任务评价】

（1）判断题

① 设备开车前要先进行开车前的检查。（　　）

② 一次盐水精制开车时，当化盐槽出口有水时，打开 NaOH 的阀门。（　　）

③ 一次盐水精制停车时，依次关闭进入化盐桶的进出口阀门、淡盐水泵、精制剂纯碱加入阀、压缩空气阀、蒸汽阀、皮带输盐机。（　　）

④ 膜法除硝开车时，当测量的淡盐水余氯在 0.1mg/L 以上时，启动反渗透装置。（　　）

（2）选择题

① 一次盐水精制开车时，控制 pH 在（　　）。
A. 4~6　　　B. 6~7.5　　　C. 9~10.5　　　D. 11

② 一次盐水精制开车时，循环冷却水温保持在（　　）左右。
A. 40℃　　　B. 60℃　　　C. 80℃　　　D. 100℃

【课外训练】

通过互联网搜索，查找一次盐水精制岗位的紧急停车操作。

七、一次盐水精制中常见故障的判断与处理

一次盐水精制和除硝系统中的异常现象及处理，如表1-11、表1-12所示。

表1-11 一次盐水精制中的异常现象及处理

故障现象	产生原因	处理方法
预处理器返混	①原盐质量差；粗盐水NaCl含量不稳定	①使用优质原盐，分析粗盐水浓度，保证粗盐水的浓度合格
	②粗盐水NaOH含量不稳定	②分析并调整碱液加入量，适当排泥，加快不合适盐水置换速率
	③原盐水温度低，盐水黏度大，澄清效果差	③调节化盐温度，上盐前将化盐温度控制在规定范围内，上完盐后及时恢复到正常控制指标
	④粗盐水流量波动大	④检查加压泵流量；检查上方阀控制是否正常
	⑤粗盐水的溶气量不足；加压溶气罐的液位太低	⑤调整加压溶气罐液位和压力
	⑥排泥不及时或排泥顺序有误	⑥及时进行排泥并按照先上排泥后下排泥的顺序
	⑦$FeCl_3$流量不稳定	⑦调整$FeCl_3$加入量，当盐水呈浅黄色为宜
过滤器压力高	①压力表失灵	①维修
	②预处理器返混	②降低盐水流量，防止盐水高位槽发生溢流
	③过滤流量大	③调整过滤流量
	④滤膜结垢严重或前次酸洗不充分	④立即酸洗凯膜
	⑤盐水温度低，黏度大	⑤调节化盐温度，减少负荷，待温度合格后再恢复
	⑥盐水中NaOH含量高	⑥取样分析预处理器、化盐槽、化盐水贮槽各处的NaOH含量，并及时调整NaOH加入量
	⑦反冲或排渣不能正常进行	⑦及时修复
	⑧滤膜被油污染或使用寿命到期	⑧及时更换滤膜，做好防油措施
凯膜过滤器挠性阀失灵	①内胆破裂（在安全状态下拔出挠性阀的气源管，若气孔有液，证明内胆破裂）	①停机，更换内胆
	②仪表风压过小	②调节减压阀，如果总管压力低，就提高仪表气压
	③控制器到挠性阀接线处接触不良	③让仪表工检修，保护好气源管和仪表信号线
	④控制器输出有误	④进行仪表检修，注意防水、防潮
	⑤对应的电磁阀故障	⑤进行仪表检修，注意及时补充润滑油
盐水管道堵塞	①盐水浓度过高	①降低粗盐水浓度
	②保温差，气温低时盐结晶	②做好保温工作，停机时将管道内的盐水放净
泵运转中上液中断	①泵抽空，发生气缚	①保证进液口有液，重新灌泵，等排净泵壳内的空气后再开启
	②泵进口管道有漏点，泵吸进空气，发生气缚	②找出漏气点，进行封堵
	③泵进液阀的阀芯脱落堵塞泵的进、出口管道	③打开备用泵，更换或维修进口阀门，清理管道内异物
	④泵的叶轮脱落	④打开备用泵，检修泵
	⑤泵壳本体有漏点，进气	⑤打开备用泵，检修泵

续表

故障现象	产生原因	处理方法
厢式压滤机、减速机及齿轮有异常噪声	①缺少机油 ②减速机损坏 ③齿轮、丝杠、丝杠螺母缺油	①添加机油 ②更换减速机 ③给齿轮、丝杠、丝杠螺母加油
厢式压滤机加料过滤过程中活动压板后退	①丝杠、丝杠螺母磨损严重 ②卡板磨损严重	①更换丝杠、丝杠螺母 ②更换卡板
厢式压滤机滤液不清	①滤布破损 ②滤布选择不当	①更换滤布 ②进行可行性试验,更换滤布
厢式压滤机滤板之间跑料	①压紧力不足 ②滤板密封面有杂物 ③滤布不平整、折叠 ④进料泵压力超高 ⑤物料温度过高,滤板变形	①保证压紧时的电流达到额定值 ②清理密封面杂物 ③清理滤布 ④调整压力 ⑤降低温度并更换滤布
厢式压滤机过滤效果差	①选择滤布不当 ②滤布孔堵塞	①更换滤布 ②清洗或更换滤布
厢式压滤机滤饼含水率高	①进料压力过大 ②进料时间短 ③助滤剂不适 ④吹气压力太小	①调整进料压力 ②增加进料时间 ③更换助滤剂 ④调整吹气压力
开泵时压力表无压力,不上液	①泵进口阀阀芯脱落,堵塞管道 ②泵壳内有气体,发生气缚 ③泵的进口管道堵塞 ④泵叶轮脱落 ⑤进液管道上有漏点,发生气缚	①更换或检修进口阀 ②重新灌泵并排气 ③清理管道内的异物 ④检修泵 ⑤检查并封堵漏点
离心泵流量不稳	①泵的吸液口或进口管道有异物,发生堵塞 ②贮槽内液位低 ③泵进液管道上有砂眼	①打开备用泵,清理杂物 ②保证贮槽的液位 ③查出漏气点,并封堵

表1-12 除硝系统中的常见故障及处理

设备	故障现象	产生原因	解决方法
钛板换热器	①未达到运行温度 ②未达到流量设计值	①冷却水流量不足或温度过高;淡盐水的瞬间流量过大 ②阀门没有开好;换热器堵塞	①调节冷却水温度和流量;控制淡盐水的流量 ②控制进出口阀门;清洗、清理换热器
活性炭过滤器	①出水中的余氯含量超标 ②运行压力高	①原水中含氯高 ②滤料层堵塞;滤料吸附能力饱和	①进行回流循环并添加还原剂 ②反洗或更换滤料

续表

设备	故障现象	产生原因	解决方法
MRO系统	①运行压力过高；出水中的含硝量升高	①MRO受污染堵塞	①冲洗MRO膜；必要时用药剂清洗
	②未达到设计流量值	②高压泵的电动机反转	②调整水泵的转向
	③膜元件更换后出水中的含硝量高	③密封圈损坏或错位	③用油脂润滑并更换密封圈
冷冻除硝系统	①蒸发器的温度波动大	①蒸发器发生堵塞；冷凝器温度高、循环流量波动大	①清洗蒸发器并切换操作；控制循环液流量；提高冷却水温度
	②板换流量不足	②结晶堵塞	②清理并循环
	③离心机震动大	③布料不均匀；轴承故障物料含结晶物少且较稀	③控制进料阀，使布料均匀；晶体含量少，晶体沉降后再分离；更换轴承

【任务评价】

(1) 判断题

① 预处理器返混现象可能的原因有原盐水温度高，盐水黏度大。（　　）

② 过滤器压力高可能的原因有盐水中 NaOH 含量高。（　　）

(2) 选择题

① 泵运转中上液中断可能是发生了（　　）现象。

A. 汽蚀　　　B. 气缚　　　C. 漏液　　　D. 泵体发热

② 厢式压滤机滤饼含水率高，（　　）要更换滤布。

A. 一定　　　B. 不一定　　C. 仍需　　　D. 无所谓

【课外训练】

通过互联网搜索，或者和附近氯碱厂联系，调查一次盐水精制中还有哪些常见事故。

八、一次盐水精制中的安全防范

1. 一次盐水精制中的安全生产规定及注意事项

① 食盐含有杂质，吸湿性强，整个过程都比较潮湿，必须严格保持设备外部清洁，特别是保持电气设备开关部位的干燥，防止漏电。

② 在检修、检查各种设备时，确保两人共同工作，达到安全监督的作用。

③ 尽量避免皮肤、眼睛接触烧碱、纯碱。若不慎接触，立即用大量水冲洗，严重时要到医院就诊。

④ 防止蒸汽烫伤。

⑤ 为保证安全，所有传动设备的攒动部分要安装防护罩。

⑥ 使用压缩空气时，不能对着人开阀门。

2. 一次盐水精制过程中的安全事故案例

【案例分析】

事故名称：盐堆坍塌

发生日期：1970年7月X日

发生单位：安徽某化工厂

事故经过：一名贮运工用木棒处理因盐块堵塞的盐流槽故障时，发生盐堆坍塌，将其埋入盐斗内致死。

事故原因分析：没有防护装置。

事故教训总结：原盐长期存放容易发生结块板结的现象，所以应该遵守"先入库的先用"原则，并定期进行翻仓，避免因时间长而造成原盐板结成硬堆。另外在处理盐堆结块、堵塞等故障时，必须加强现场的安全防范措施，并有专人监护，采用合适的工具和操作程序，避免因贪图省力、蛮干、冒险操作、不讲科学，而造成盐层突发坍塌和人员伤亡事故。

【案例分析】

事故名称：触电身亡

发生日期：1971年7月X日

发生单位：河南某厂盐库

事故经过：10人准备倒盐操作，因皮带输送机位置不利于上盐，需移动皮带输送机，其中6人手抬输送机进行移动，突然发生触电。经抢救，三人脱险，三人死亡。

事故原因分析：移动输送机时没及时切断电源；设备没有接地，也没有安装触电保护器。

事故教训总结：对工人要进行遵章守纪教育，应遵守"先断电，后移动"的规章制度；应在移动电器上安装触电保护器。

【案例分析】

事故名称：违章捅盐人伤亡

发生日期：1989年9月×日

发生单位：陕西某碱厂

事故经过：碱厂盐水工段开始上盐，皮带启动后，盐仓料斗不下盐，两名工人登到盐仓顶上，用铁锹击打结块的盐，盐突然塌陷，两名盐工分别被盐埋至胸部和膝部，埋住膝部的工人拔腿，又使盐再次塌方，最终两人都被盐全部掩埋，经抢救无效死亡。

事故原因分析：上盐工不应该到盐仓上捅盐。

事故教训总结：规定盐仓漏斗上不准上人，规定堆盐高度和坡度。

【任务评价】

(1) 判断题

① 一次盐水精制过程中，必须严格保持设备外部清洁，特别是保持电气设备开关部位的干燥，防止漏电。（　　）

② 原盐存放时应该遵守"先入库的先用"原则，并定期进行翻仓，避免因时间长而造成原盐板结成硬堆。（　　）

(2) 简答题

简述一次盐水精制中的安全生产规定及注意事项。

【课外训练】

(1) 通过互联网搜索，查找纯碱的危险性及预防措施。

(2) 通过互联网搜索，查找盐酸的危险性及预防措施。

(3) 通过互联网搜索，查找一次盐水精制过程中的事故案例。

任务三 二次盐水精制

一、二次盐水精制的常用方法与生产过程

1. 二次盐水精制岗位任务

二次盐水精制岗位的主要任务是使用螯合树脂对一次盐水进行二次精制,除去钙、镁等离子,满足离子膜电解工艺的要求。

2. 二次盐水精制前后物料及质量指标

二次盐水精制前后的质量指标,如表1-13、表1-14所示。

表1-13 一次盐水物料成分及质量指标(参考值)

物料成分	质量指标	物料成分	质量指标
NaCl	≥300g/L	$Ca^{2+}+Mg^{2+}$	≤5mg/L
ClO_3^-	≤2g/L	Al^{3+}	0.1mg/L
SO_4^{2-}	≤6g/L	ClO^-	0
SiO_2	≤5mg/L	pH	9~11

表1-14 二次盐水物料成分及质量指标(参考值)

物料成分	质量指标	物料成分	质量指标
NaCl	≥300g/L	Sr^{2+}	0≤0.1mg/L
ClO_3^-	0.3~0.5g/L	Ba^{2+}	≤0.1μg/L
SO_4^{2-}	≤4g/L	Fe^{3+}	≤0.02mg/L
$Ca^{2+}+Mg^{2+}$	≤0.02mg/L	Al^{3+}	0.02mg/L
无机铵	≤1mg/L	总铵	≤4mg/L
pH	9~11	温度	(60±5)℃

3. 二次盐水的螯合树脂精制方法

(1) 螯合树脂离子交换反应的原理 螯合树脂是带有活性粒子交换基团(固定的阴离子基团),且具有螯合结构的有机离子聚合物。这些固定的阴离子基团和带有正电荷的粒子有相对亲和力。由于螯合树脂对盐水中的多价阳离子的吸附能力大于对一价离子的吸附能力,因而,含有钙、镁离子的盐水经过螯合树脂时,其中的钙、镁离子将取代树脂中的钠离子。

(2) 螯合树脂离子再生反应的原理 螯合树脂再生时,首先用高纯盐酸把钙型树脂或镁型树脂转换成氢型树脂,然后再用高纯烧碱进行苛化处理,使其转化成钠型树脂,循环使用。

4. 二次盐水三塔精制生产过程

树脂塔吸附的生产工艺有三塔流程和两塔流程。两塔流程为一塔再生一塔运行。而三塔流程始终是两塔运行(如A串B、B串C、C串A),一塔再生、等待,运行周期短,再生

频繁，保险系数大。三塔流程的工艺流程，如图1-9所示。

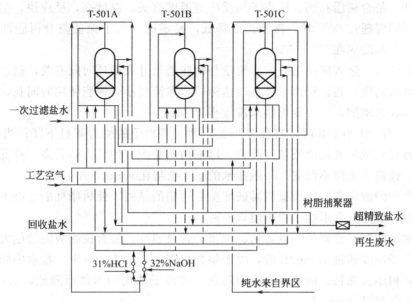

图1-9　三塔流程的工艺流程

一次盐水经一次盐水过滤器，得到一次过滤盐水。一次过滤盐水经加酸酸化调节pH至9±0.5，进入一次过滤盐水罐，被一次过滤盐水泵送至板式盐水换热器预热至（60±0.5）℃，然后进入2台在线运转的螯合树脂塔。从螯合树脂塔流出的二次精制盐水流入二次精制盐水槽。该工艺中三台螯合树脂塔轮回式运转，两台在线运转，剩下一台离线进行螯合树脂再生。第一台离子螯合树脂塔的作用是除去多价离子，第二台起保护作用。螯合树脂塔每隔24h进行自动切换。

螯合树脂再生使用31%的高纯HCl，32%的高纯NaOH和纯水。螯合树脂塔再生过程，31%的高纯HCl与纯水混合后通过过程控制阀送入螯合树脂塔。溶液浓度由流量测量系统控制。32%的高纯NaOH以同样方式处理。排出的废液（酸性以及碱性）在废水槽中进行收集，然后通过管线送到界区外进行处理。废盐水被排放到盐水回收罐中。

【任务评价】

(1) 填空题

① 二次盐水精制中的pH为_____。

② 二次盐水精制中的温度为_____。

(2) 判断题

① 经二次盐水精制后，硫酸根含量降低，钙、镁离子含量升高。（　　）

② 螯合树脂能循环利用。（　　）

③ 螯合树脂带有固定的阳离子基团。（　　）

【课外训练】

绘制二次盐水三塔精制生产流程。

二、二次盐水精制的操作控制指标

螯合树脂的吸附能力除树脂本身外，还受盐水的温度、盐水流量、pH、钙与镁离子含量的影响，因此，为确保二次盐水的精制效果，不仅要选择合适的螯合树脂，还要控制各工艺指标。

（1）温度　螯合树脂和钙、镁离子的反应与温度有关，温度高，反应快，螯合树脂使用周期长，但当温度超过80℃时，树脂强度降低，易破碎，为了保证螯合树脂性能，进入螯合树脂塔的盐水温度应在55～65℃。

（2）盐水流量　进入树脂塔的盐水流量与树脂塔尺寸及循环时间有关，盐水流量大，在树脂塔中停留时间短，钙、镁离子处理难达标；盐水流量小，树脂使用时间长，需要较大的树脂塔，投资成本增加，一般要求盐水流量小于 $40m^3/h$。

（3）pH　当pH小于8时，螯合树脂去除钙、镁离子的能力明显下降；当pH大于11时，镁离子容易形成氢氧化镁胶状沉淀物，堵塞树脂孔隙，使压力降升高，降低树脂的交换能力，使钙、镁离子去除不彻底。一般盐水的pH控制在 $9.0±0.5$ 为宜。

（4）盐水中的游离氯　游离氯极易破坏螯合树脂的结构，使树脂性能急剧下降，造成树脂永久性中毒。因而，要求盐水中不能含游离氯。

（5）盐水中的钙、镁离子含量　钙、镁离子含量越高，螯合树脂吸附量越大，但当盐水中的钙、镁离子浓度超过10mg/L后，由于螯合树脂的交换能力有限，盐水中的钙、镁离子来不及交换，树脂去除钙、镁离子的能力随钙、镁离子浓度的增加而降低，故盐水中的钙、镁离子浓度不能超过10mg/L。

二次盐水的控制指标，如表1-15所示。

表1-15　二次盐水的控制指标（参考值）

名称	NaCl	$Ca^{2+}+Mg^{2+}$	Si	Al^{3+}	Fe^{3+}	Ni^{2+}	无机铵
指标	300～310g/L	20μg/L	≤2.3mg/L	20μg/L	20μg/L	10μg/L	≤1mg/L
名称	ClO_3^-	Ba^{2+}	Sr^{2+}	I^-	pH	Na_2SO_4	总铵
指标	0.3～0.5g/L	0.1μg/L	100μg/L	200μg/L	9～11	≤5g/L	≤4mg/L

【任务评价】

(1) 填空题

① 二次盐水精制的控制指标中，NaCl含量为_____g/L。

② 为保证二次盐水的精制效果，一般情况下，盐水流量控制在_____ m^3/h 以下。

(2) 判断题

① 温度越高，螯合反应越快，故二次盐水温度越高越好。（　　）

② 游离氯能使螯合树脂永久性中毒。（　　）

【课外训练】

请与当地氯碱企业联系，查找该企业的二次盐水精制的控制指标。

三、二次盐水精制中的主要设备

1. 盐水过滤器

在离子膜生产氯碱工艺中，采用的盐水过滤器有碳素烧结管过滤器、聚丙烯管过滤器、叶片式过滤器。

（1）碳素烧结管过滤器　碳素烧结管过滤器的外壳有钢衬橡胶防腐层，内部有多层碳素管均匀固定在天花板上。碳素烧结管过滤器的特点是经一段时间使用后，可经再生恢复重新使用。

(2) 聚丙烯管过滤器 聚丙烯管过滤器的外壳有钢衬橡胶的受压容器，内部安装一组有孔的聚丙烯管，管外套聚丙烯编制的无缝软套管。

(3) 叶片式过滤器 叶片式过滤器过滤叶片由不锈钢或钛材制成，滤布可用聚丙烯或尼龙布制成，因滤布易坏，很少使用。

目前大多数氯碱厂都采用碳素烧结管过滤器，这是因为碳素烧结管过滤器具有管理方便、安全可靠、操作弹性大、过滤效果明显、耐腐蚀性好等诸多优点。

2. 螯合树脂塔

(1) 螯合树脂塔的作用 螯合树脂塔的作用是将一次精制盐水中的悬浮物和部分钙、镁离子等杂质除去，以满足离子膜电解的需要。

(2) 螯合树脂塔的结构 螯合树脂塔的外壳由钢板制成，内衬特殊的低钙、镁橡胶防腐层。塔内装有一定量的带有螯合基团的特种离子交换树脂。螯合树脂塔的结构如图1-10所示。

(3) 螯合树脂塔的再生 螯合树脂塔的再生就是螯合树脂吸附钙、镁离子后还原的过程，螯合树脂塔树脂再生经过以下步骤。

① 排液 排净树脂塔内的盐水。

② 水洗 用纯水洗树脂，先由上至下洗，再由下至上反洗。

③ 酸洗 用7%的盐酸由上至下对树脂进行酸洗脱吸。

④ 水洗 用纯水由上至下洗，将残余酸水洗除去。

⑤ 碱洗 用纯水调整阴极液含量到4%，由下至上对脱吸后的树脂进行碱洗再生。

⑥ 水洗 用纯水由上至下洗，将残余碱水洗除去。

⑦ 盐水置换 用盐水由上至下置换树脂塔内的纯水。

⑧ 充液 用盐水置换树脂塔。

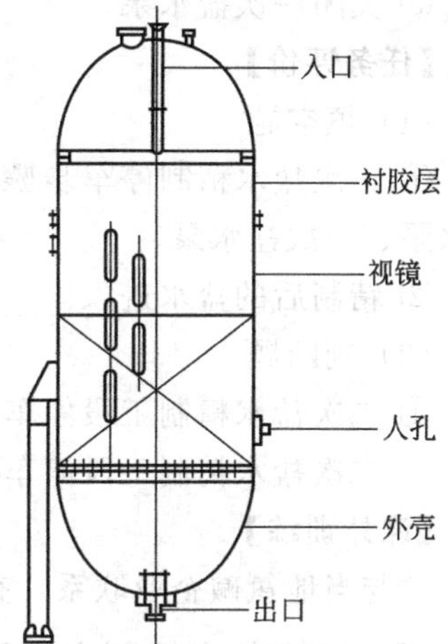

图1-10 螯合树脂塔的结构

【任务评价】

(1) 填空题

① 在离子膜生产氯碱工艺中，_____过滤器最常用。

② 螯合树脂塔树脂再生经过排液、_____、酸洗、水洗、碱洗、水洗、盐水置换、充液等八个过程。

(2) 判断题

① 酸洗是用7%的盐酸由上至下对树脂进行酸洗脱吸。（   ）

② 水洗是用纯水洗树脂，先由下至上洗，再由上至下反洗。（   ）

【课外训练】

简述螯合树脂塔树脂再生过程中，每一过程的作用。

四、二次盐水精制的岗位操作

1. 开车前的准备工作

① 检查亚硫酸钠溶液、烧碱溶液和盐酸溶液是否准备就绪。

② 检查阀门、仪表，保证阀门灵活，仪表良好。

2. 开车步骤

① 将界外盐水准备好。

② 当一次盐水罐中的盐水达到指定液位时，将盐水泵开启通过盐水管线进行盐水循环，并准备进行一次精制盐水的接收。

③ 打开过滤器，用泵将一次盐水从一次盐水罐打入一次盐水过滤器，过滤后的盐水送入过滤盐水罐。

④ 开启离子交换塔，当过滤盐水罐中的液位达到规定值后，把过滤盐水送入离子交换塔进行二次精制，精制后的盐水进入精盐水罐，用泵送往高位槽准备电解。

3. 停车步骤

① 关闭电解部分。

② 手动关闭精盐水高位槽，停止向电解槽供盐水。

③ 关闭过滤盐水泵。

④ 关闭淡盐水泵。

⑤ 关闭一次盐水泵。

【任务评价】

（1）填空题

① 二次盐水精制停车步骤为：依次关闭_____、精盐水高位槽、过滤盐水泵、淡盐水泵、一次盐水泵。

② 精制后的盐水进入_____，用泵送入高位槽准备电解。

（2）判断题

① 二次盐水精制工段停车时最先停一次盐水泵。（　　）

② 二次盐水精制工段停车时最先停电解部分。（　　）

【课外训练】

请与当地氯碱企业联系，查找该企业二次盐水精制岗位操作步骤。

五、二次盐水精制中常见故障的判断与处理

二次盐水精制中常见故障的判断与处理，如表1-16所示。

表1-16　二次盐水精制中常见故障的判断与处理

异常现象	原因	处理方法
树脂塔精制效果差，钙、镁离子含量高	①原液条件变动 ②树脂可能破损、老化、泥球化 ③树脂再生不良	①检查原液温度、pH及原液组成 ②检查树脂外观，如果出现异常，更换或增加树脂 ③检查确认再生剂量、浓度
通液量变小	①反洗不良树脂层不展开或展开不良 ②再生不良 ③树脂性能劣化 ④树脂量不足 ⑤原液条件变化 ⑥混入未处理的原液	①在反洗状态观察树脂的展开状态，调整反洗流量 ②检查确认再生剂量、浓度及添加浓度 ③检查树脂外观，如有异常，更换树脂 ④检查树脂量，若不够，添加树脂 ⑤检查前工序情况，保证原液质量 ⑥检查确认处理液中有无混入未经处理的原液
通液量变动	①原液条件变化 ②再生不良	①检查原液温度、pH及原液组成 ②确认再生剂量、浓度及添加浓度
通液初期pH高	烧碱用量多	分析烧碱浓度，及时调整；或用流量计确认烧碱流量
通液初期pH低	①烧碱用量少 ②盐酸排出量不足	①用流量计确认烧碱流量 ②用流量计确认盐酸流量
再生流量小	①流量计故障 ②管道或树脂过滤器阻力大	①通知仪表检修 ②停止再生，清洗过滤器

【任务评价】
(1) 填空题
① 通液初期 pH 高的原因可能是_____。
② 树脂塔精制效果差的原因可能是原液条件变动、树脂破损、老化、_____。
(2) 判断题
① 二次盐水精制过程中,如果通液量变动,只要检查原液浓度、pH 及原液组成即可。(   )
② 二次盐水精制过程中,再生流量小,可能是流量计故障、管道或树脂过滤器阻力大造成的。(   )

【课外训练】
请与当地氯碱企业联系,查找该企业二次盐水精制中的常见故障及其处理方法。

拓展 认识螯合树脂的型号及应用

1. 螯合树脂的作用与吸附机理

(1) 螯合树脂的作用 螯合树脂带有活性离子交换基团,有固定的负电荷和可交换的正电荷,其中固定的负电荷对盐水中的多价阳离子的吸附能力大于对一价离子的吸附能力,故含有钙、镁离子的盐水经过螯合树脂塔时,其中的钙、镁离子被树脂中固定的负电荷螯合,从而除去了钙、镁离子。

(2) 螯合树脂的吸附机理 配合物的形成和离解,是两个互相对立而又依赖的过程,一方面,中心离子通过配位键与配合剂结合,形成配合物,表现出一定的化学吸引力;另一方面,由于配合物内部的运动,他们中部分又要离解,又表现出一定的化学排斥力。在一定的外界条件(如 pH、温度、浓度)下可达到一个相对平衡状态,改变条件就破坏了平衡。螯合树脂的再生,就是根据这个原理。

以亚氨基乙酸为例,配合物的理论和实践都说明,它对金属离子的配合(螯合)能力随 pH 而变化,pH 越低,配合能力越弱;pH 越高,配合能力越强。另外,不同金属离子与螯合树脂的配合能力不同,配合能力强的(如汞),在低 pH 时仍能配合;配合能力弱的,只有在较高的 pH 下才能配合。

2. 螯合树脂的成分结构

螯合树脂是能从含有金属离子的溶液中以离子键或配位键的形式,有选择地螯合特定的金属离子的高分子化合物。该树脂以交联聚合物(如苯乙烯/二乙烯苯树脂)为骨架,并连接特殊功能基。它属功能高分子。

螯合树脂一般通过高分子化学反应制得,也可将含有配位基的单体经聚合反应或共聚反应成为在高分子主链或侧链中含有配位基的树脂。

3. 离子膜制烧碱专用螯合树脂的型号及用途

(1) D401 离子交换膜制取高纯碱工业中食盐水二次精制,选择性吸附二价金属离子。

(2) D402 盐水的软化精制。

(3) D403 碱工业中食盐水二次精制,选择性吸附二价金属离子。

(4) D405 去除废水中各种型态的汞。

(5) D406 氟选择性树脂。

(6) D407 硝酸根选择性树脂。

4. 螯合树脂与离子交换树脂功能区别

螯合树脂（chelate resins）是一类能与金属离子形成多配位物的交联功能高分子材料。螯合树脂吸附金属离子的机理是树脂上的功能原子与金属离子发生配位反应，形成类似小分子螯合物的稳定结构，而离子交换树脂吸附的机理是静电作用。因此，与离子交换树脂相比，螯合树脂与金属离子的结合力更强，选择性也更高，可广泛应用于各种金属离子的回收分离、氨基酸的拆分以及湿法冶金、公害防治等方面。

5. 螯合树脂的应用

螯合树脂在湿法冶金、分析化学、海洋化学、药物、环境保护、地球化学、放射化学和催化等领域有广泛用途，除作为金属离子螯合剂外，也可作氧化、还原、水解、烯类加成聚合等反应的催化剂，以及用于氨基酸、肽的外消旋体的拆分。螯合树脂与金属离子结合形成络合物后，其力学、热、光、电磁等性能都有所改变。利用该性质，可将高分子螯合物制成耐高温材料、光敏高分子、耐紫外线剂、抗静电剂、导电材料、胶黏剂及表面活性剂等。

任务四 离子膜电解

一、熟悉离子膜电解的原理和流程

1. 离子膜电解的岗位任务及质量指标

（1）离子膜电解的岗位任务

① 将已经合格的二次精制盐水送至电解槽，在电解槽内通电电解，得到产品氢氧化钠，经过冷却、计量后送至液碱生产工段或固碱生产工段；

② 电解得到的副产品氯气和氢气，分别送至氯处理系统和氢处理系统后，生产出相应的氯、氢产品；

③ 食盐水电解后流出的淡盐水，进入脱氯装置除去盐水中的游离氯，使游离氯含量达到标准，然后将脱氯合格后的淡盐水送入淡盐水除硝工段，之后送回化盐工段作化盐使用。

（2）离子膜电解前后物料的质量指标　离子膜电解槽进口物料——二次精制盐水的质量指标，如表1-17所示。

表1-17　进离子膜电解槽的二次精制盐水的质量指标（参考值）

名称	质量指标
NaCl	(305 ± 5)g/L
$Ca^{2+}+Mg^{2+}$	$\leqslant 20\mu g/L$（以Ca计算）
Sr^{2+}	$\leqslant 0.1$mg/L
Ba^{2+}	$\leqslant 0.1\mu g/L$
Fe^{3+}	$\leqslant 20\mu g/L$
Al^{3+}	$\leqslant 20\mu g/L$
无机铵	$\leqslant 1$mg/L
总铵	$\leqslant 4$mg/L
SiO_2	$\leqslant 5$mg/L
ClO_3^-	$\leqslant 10$mg/L
SO_4^{2-}	$\leqslant 4$g/L
SS(固体悬浮物)	<1mg/L（但不包括Ca、Mg、Sr的固态物质）
其他重金属总量	$\leqslant 0.2$mg/L

离子膜电解槽出口各物料的质量指标,如表 1-18 所示。

表 1-18 离子膜电解槽出口各物料的质量指标(参考值)

各物料名称及组分			质量指标
液体出料	液碱	NaOH/%	33±0.15
		NaCl/(mg/kg 液碱)	≤80
	淡盐水	NaCl/(g/L)	210±10
		ClO$^-$/(g/L)	<2
		pH	2~4
气体出料	氢气(干氢气)	H$_2$/%	≥99
	氯气(干氯气)	Cl$_2$/%	≥97
		O$_2$/%	≤2.5
		H$_2$/%	≤0.1

2. 离子膜电解的原理

离子膜电解的原理如图 1-11 所示。离子膜电解就是用阳离子交换膜将电解槽隔成阳极室和阴极室,这层阳离子交换膜的膜体中含有活性基团,只允许钠离子穿过,而对氢氧根离子起阻止作用,同时还能阻止氯化钠的扩散,当电解槽通以直流电时,二次精制盐水进入电解槽阳极室,其中的 Cl$^-$ 就在阳极室生成 Cl$_2$,而 H$_2$O 在阴极室生成 H$_2$ 和 OH$^-$,Na$^+$ 穿过阳离子交换膜进入阴极与 OH$^-$ 形成氢氧化钠产品。具体的化学反应方程式如下:

阳极: $\qquad 2Cl^- = Cl_2\uparrow + 2e$

阴极: $\qquad 2H_2O + 2e = 2OH^- + H_2\uparrow$

总方程式: $\qquad 2NaCl + 2H_2O = 2NaOH + Cl_2\uparrow + H_2\uparrow$

3. 离子膜电解的工艺流程

离子膜电解的工艺流程如图 1-12 所示。二次精制盐水从盐水罐送至精制盐水高位槽(由蒸汽预热至 65~85℃),然后流入盐水酸化槽,加入 31% HCl,使进电解槽的盐水成为酸性盐水,控制盐水的 pH 在 3~5,最后依靠高位的静压力将酸性盐水经管道送入电解槽的阳极侧。纯水被用来对阴极液进行稀释,可以防止停车时碱液中形成盐结晶,同时将阴极液浓度调节到满足离子膜开车的要求,电解中纯水(开车时用 NaOH 液)被送入电解槽的阴极侧。

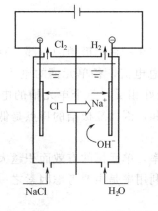

图 1-11 离子膜电解的原理

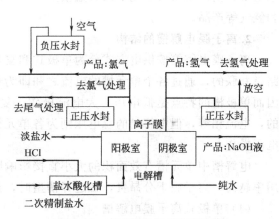

图 1-12 离子膜电解的工艺流程

电解中产生的湿氯气，通过槽盖上的氯气出口进入单列氯气管再进入氯气总管，进入氯气处理系统。电解中生成的湿氢气，通过阴极箱上部的氢气出口进入连接胶管，再送入单列氢气管，最后也汇集到氢气总管，进入氢气处理系统。

为避免离子膜受到阴极室、阳极室间过大的压差而导致机械损伤，氯气正压水封用于把氯气总管的氯气排放到氯气尾气处理系统，氯气负压水封用于把空气吸入氯气总管，氢气放空桶（氢气正压水封）用于将氢气释放到大气。在开、停车时，所有氢气需通过氢气放空桶放空，电解中氢气应保持微正压，防止吸入空气后爆炸。

没放电的 Na^+ 进入阴极与 OH^- 结合生成 NaOH，通过阴极箱上部的出口流入碱管，并汇集到电解碱液总管，流入地碱槽。通过送碱泵将电解碱液从地碱槽中抽出，经电磁流量计计量，最后送入电解碱液贮槽，部分产品送到蒸发工序进一步浓缩。

阳极侧未电解的 NaCl 与水（淡盐水）流入贮槽，通过加酸并用 pH 自动调节计调节 pH 到 2 左右，使其中大部分氯酸盐和次氯酸盐分解，分解得到的氯气并入氯气总管，经分解处理过的淡盐水用泵送入脱氯塔（有的工艺中淡盐水分为两股：一股循环送回电解槽，另一股去脱氯塔）。在脱氯塔内脱氯合格后的淡盐水，经除硝后送回化盐工段使用。

【任务评价】

（1）判断题

① 电解时，阳极附近冒出氢气，阴极附近冒出氯气。（　　）

② 电解时，电解槽通交流电。（　　）

（2）填空题

① 在电解过程中，阴极发生的反应为_____。

② 在电解过程中，阳极发生的反应为_____。

【课外训练】

叙述并画出离子膜电解工艺流程图。

二、离子膜电解槽的作用与结构

1. 离子膜电解槽的作用

离子膜电解制碱生产中的主要设备是离子膜电解槽，其作用是将合格的二次精制盐水通电电解，生产出比其他电解法含盐量更低、纯度和浓度更高的氢氧化钠产品，同时得到氯气和氢气等产品。

2. 离子膜电解槽的结构

离子膜电解槽按供电方式分为单极式和复极式两种。在一台单极槽的内部，直流供电电路是并联的，通过各个单元槽的电流之和即为单极槽的总电流，各单元槽的电压是相等的，因而单极槽的特点是低电压、大电流操作。复极槽则正好相反，每个单元槽的电路是串联的，电流相等，但电解槽的总电压则为各单元槽电压之和，因而复极槽的特点是低电流、高电压操作。

电解槽中单元槽有效面积的大小直接影响膜的利用率，单元槽的有效面积越大，膜的利用率越高。离子膜十分昂贵，在选择槽型时，离子膜的利用率是主要考虑因素之一。

（1）单极式离子膜电解槽

① MGC 离子膜电解槽　MGC 离子膜电解槽由端板、连接拉杆、阳极盘、阴极盘、阴

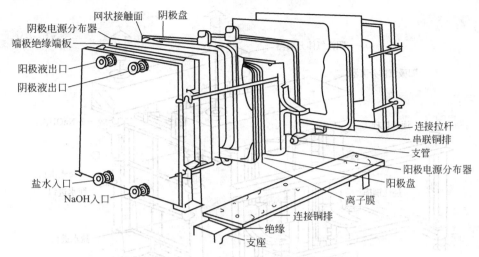

图 1-13 MGC 离子膜电解槽的装配图

阳极电源分布器、金属槽框、连接铜排、离子膜等部件构成，使用 MGC 离子膜。MGC 离子膜电解槽的装配如图 1-13 所示。MGC 离子膜电解槽的结构如图 1-14 所示。

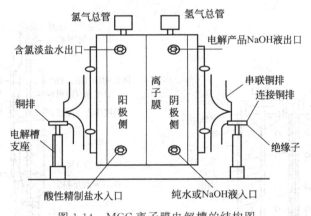

图 1-14 MGC 离子膜电解槽的结构图

② AZEC-F 离子膜电解槽　AZEC-F 型离子膜电解槽分为 F_1 和 F_2 两种，这种设备的特点是在结构上采用了更加节省的金属槽框，使得这种电解槽的板面积大，离子交换膜的利用率更高。该槽的有效面积一般为 $1.5 \sim 3 m^2$。AZEC-F 离子膜电解槽的结构如图 1-15 所示。

(2) 复极式离子膜电解槽

① 旭化成复极槽　旭化成复极槽的外形像压滤机，它由许多单元槽串联组成。各个单元槽由阳极、阴极、隔板、槽框等部件组成。各单元槽焊接串联，用钢钛复合板作为隔板，还有橡胶垫片、离子交换膜。整台电解槽通过油压系统进行压紧和松卸，一般该槽的有效电极面积为 $2.7 m^2$。旭化成复极槽的单元槽结构如图 1-16 所示。

旭化成电解槽结构紧凑，占地面积小，操作灵活方便，维修费用低，膜利用率高，变流效率高，槽间电压小，但钙电解槽靠油压进行密封，开、停车及运转对油压装置的稳定性要求很高。

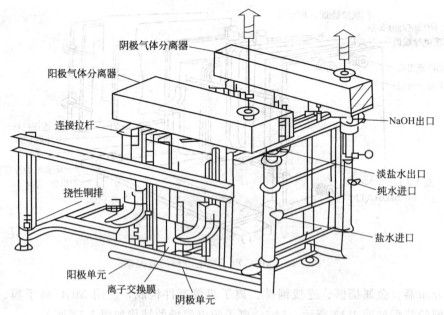

图 1-15 AZEC-F 离子膜电解槽的结构图

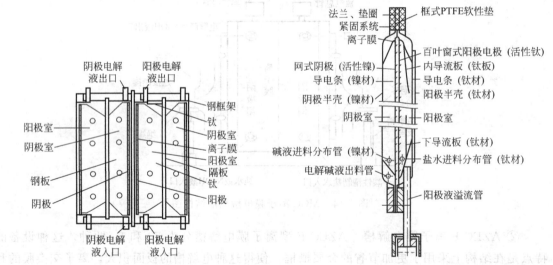

图 1-16 旭化成复极槽的单元槽结构图　　图 1-17 伍德离子膜复极槽单元槽的结构图

② 伍德离子膜复极槽　伍德离子膜复极槽由许多单元槽组成。整台电解槽是通过螺栓将各单元槽紧固而无需油压系统装置，其有效电极面积一般为 1~3m²，每个单元槽主要包括阳极、阴极、离子交换膜和垫片等，槽依靠四周法兰用螺栓压紧密封。伍德离子膜复极槽单元槽的结构如图 1-17 所示。

【任务评价】

(1) 填空题

① 离子膜电解槽按照供电方式可分为单极式电解槽和＿＿＿＿＿电解槽。

② 单元槽的有效面积越大，膜的利用率越＿＿＿＿＿。

(2) 判断题

① 单极槽的特点是低电压、大电流操作。（　　）
② MGC离子膜电解槽属于单极电解槽。（　　）

【课外训练】
通过互联网搜索，查找其他电解槽的结构及特点。

三、离子膜电解的岗位操作

1. 开车前的准备工作

① 确认二次盐水工序已经运行起来，并确保精制盐水质量满足离子膜的要求。确保精制盐水绕过电解槽后，经脱氯工序可去一次盐水工序，盐水已经循环。

② 通知氯氢工序，电解准备开车。

③ 检查电解槽的状况，有无短路。确认无误后电解槽开始升温，在升温过程中不断调整极化电压。槽温<40℃时，控制电流恒定在20A；40℃<槽温<70℃，以268V的电压恒压控制极化电流；槽温>70℃时，控制电流恒定在36A。

④ 将脱氯后的淡盐水pH调节到8~9。

⑤ 将电解槽接氯气废管改到接氯气总管。

⑥ 关闭电解槽阳极上方的取样阀。

⑦ 打开氯气总管末端（负水封上）的空气吸入阀（氯气处理与压缩系统已开车）。

⑧ 将电解槽接氢气废管换成接氢气总管（氢气处理系统已开车）。

⑨ 用氮气置换氢气总管中的空气。

⑩ 控制氯总管压力为负压50mmH_2O（1mmH_2O=9.80665Pa），控制氢气总管的压力为正压100mmH_2O（正压水封高度350mmH_2O），控制碱液的循环量39.2m³/h，控制盐水供给量8.5m³/h，将电解槽温度升至70℃以上，置换碱含量调至26%（质量分数）以上，确认氯气的正负水封液位（正水封高度150mmH_2O、负水封高度100mmH_2O）。

⑪ 确认各氢气水封已经加满水。

2. 开车操作

① 通电开车，将各电解槽碱液出口管橡胶塞移去，同时开启盐水管阀门，关注各电解槽的盐水液位变化情况，保持电解槽液位管中的液位。

② 随时观察各电解槽液位、电解液流量、氯气纯度、氯气中含氢量、氯气中含氧量，保证各电解槽运行正常。如有异常情况，采取紧急措施处理，必要时更换不正常电解槽。

③ 进行输氢操作，打开放水阀门，开启罗茨风机，排出积水；打开循环回流阀门，打开进、出口阀门及氢气放空阀，进行氢气放空操作。操作中要维持氢气压力的稳定。当氢气纯度达到99%以上时，关闭放空阀同时打开送往盐酸工段的氢气阀门。

④ 若直流电增加，则关注氢气总管压力，及时调节罗茨风机的回流阀及出口阀门的开度。

3. 正常操作

① 每天在现场用便携式伏特表测量单元槽电压，并认真作好记录，根据离子膜电解槽运行状况，每周对槽电压联锁设定值重新设定一次。

② 如果电解槽发出高电压报警信号，应立即检查各单元槽的盐水溢流情况；如果单元槽无盐水溢流，应尽快切断电源；如果盐水溢流正常，则应测量单元槽电压。

③ 检查电解槽的液位，一次水补加使溢流处于正常状态。

④ 检查氯气总管和氢气总管的 U 形压力计显示是否在合理范围，与远传是否一致，禁止压力出现波动。

⑤ 注意检查废水池液位，当超限时开启泵抽液，禁止冒池。

⑥ 检查上槽碱液及上槽精盐水流量计显示是否与运行电流相匹配，如不匹配及时通知操作人员更正。

⑦ 检查各泵运行状况，包括机封冷却水泵出口压力及运行电机，发现异常及时处理。

⑧ 控制加酸情况，pH 控制在 2 以上。

⑨ 控制电解槽的液位使其在正常范围之内，要求 DCS 与现场显示一致。

⑩ 检查电解槽的溢流情况，发现溢流不正常应及时处理。

⑪ 控制好循环碱板式换热器的碱液出口温度。

⑫ 控制好电解槽阴、阳极两侧 U 形压力计的压力。

⑬ 检查整流器的纯水冷却装置的运行情况，控制好温度。

⑭ 检查整流器的运行是否正常，发现不正常现象及时处理。

4. 停车操作

(1) 正常停车。

① 与总调度联系，离子膜电解准备停车。

② 以 1kA/min 的速率缓降电流至 3kA。

③ 结合流量控制表，根据电流变化缓慢增大纯水的流量。

④ 维持盐水流量 $22m^3/h$，用新鲜的超精制盐水进行置换。

⑤ 通入 N_2 置换 H_2。

⑥ 加载极化电流，停止加酸。

⑦ 将电流降至最小，切断整流器。

⑧ 停止阳极液淡盐水循环。

⑨ 关闭电解槽氯气阀，打开氯气去事故氯阀门，打开单元槽上方的取样阀（让空气进入），进行气体置换。

⑩ 当超精制盐水以 $22m^3/h$ 速率置换 2h 以后，改为 $8m^3/h$ 超精制盐水+$4m^3/h$ 纯水。

⑪ 进行烧碱循环，继续向 H_2 管路中通入 N_2，保持阴极室压力为 $350mmH_2O$。

⑫ 长时间不开车，应将电解槽温度降至 40℃ 以下。

⑬ 用碘化钾试纸测试下槽盐水，直到没有游离氯为止。

⑭ 停车期间，电解槽氯气负压由氯气处理系统（透平机或事故氯风机）提供。

(2) 紧急停车

① 电解槽联锁停车后，检查联锁设置是否正常，极化电流是否投入。

② 停止停车电解槽的淡盐水循环，并用超精制盐水与纯水混合后的稀释盐水（$15m^3/h$+$7m^3/h$）进行盐水置换，混合后的浓度为 200g/L，根据槽温及超精制盐水的浓度，调整纯水加入量，防止盐水过饱和形成结晶，阴极侧则继续进行烧碱循环。

③ 如果全部电解槽都紧急停车，向氢气总管充氮气，维持电解槽压差 $350mmH_2O$，并用超精制盐水（$22m^3/h$）进行盐水置换，置换时间为 2h 以上，之后改为 $8m^3/h$ 超精制盐水+$4m^3/h$ 纯水进行置换。阴极侧进行碱液循环。

④ 将氢气水封的 $350mmH_2O$ 的阀门打开，降低水封高度。

⑤ 迅速检查纯水、盐酸、蒸汽的自动阀是否关闭。

⑥ 确认事故氯处理系统运行正常无误后,关闭停车电解槽的氯气阀,逐渐打开电解槽去事故氯处理系统的阀门,打开每个单元槽上部的取样阀（让空气进入）,进行气体置换。

⑦ 如果电解槽8h内不重新开车,将循环碱换热器的循环水投入,需将电解槽温度降至40℃以下,确认阳极液中无游离氯后,将稀释盐水流量降至$12m^3/h$（$8m^3/h$超精制盐水＋$4m^3/h$纯水）,从而防止离子膜曝露在气体区域、由于过饱和而造成的氯化钠结晶和阳极涂层的碱腐蚀。

⑧ 使用万用表检查单元槽电压是否在1.6～1.8V。

(3) 全厂掉电（泵点不起来）

① 迅速将氢气阀门关闭。
② 确认蒸汽、纯水、酸、循环淡盐水自动阀是否连锁关闭。
③ 迅速到现场将进槽盐水、碱液阀门关闭,以防倒液。
④ 将氢气总管、电解槽的氮气阀门打开,电解槽保持$350mmH_2O$的压力（压差）。
⑤ 将氢气水封高度改为$350mmH_2O$。
⑥ 迅速将各泵的电源打到停止位置,以防突然送电。
⑦ 迅速恢复各泵进出口的阀门状态。
⑧ 如事故氯开起来将氯气阀门切换至去事故氯处理系统,或由透平机提供负压;如开不起来,不许切换阀门,以防氯气泄漏。
⑨ 如短时间能送电,可迅速将淡盐水循环和碱液循环打起来,并加载极化电流,对电解槽进行置换（先循环,溢流后加载极化电流）。
⑩ 如长时间不来电,极化电流不必投入。

【任务评价】

(1) 填空题

① 在离子膜电解开车准备阶段,控制氯总管压力（真空度）为_____ mmH_2O。
② 在离子膜电解开车准备阶段,控制氢气总管的压力（表压）为_____ mmH_2O。
③ 在离子膜电解开车准备阶段,电解槽温度升温至_____以上。

(2) 判断题

① 电解槽停车后,需要通入氮气置换氢气。（ ）
② 操作电解槽时,应穿戴好安全防护眼镜、绝缘长袖橡胶手套,但不需要穿安全鞋、绝缘橡胶工作服和安全帽。（ ）

【课外训练】

与本地氯碱厂联系,了解该厂电解岗位的开、停车操作。

四、离子膜电解中常见故障的判断及处理

离子膜电解中常见故障的判断及处理,如表1-19所示。

表1-19 离子膜电解中常见故障的判断及处理

异常情况	原因	处理方法
pH低于2	盐酸流量大	减小盐酸流量
pH高于4	①盐酸流量小 ②膜漏	①增大盐酸流量 ②做膜试漏,更换膜

续表

异常情况	原因	处理方法
电解槽压差波动	①仪表波动	①检查仪表
	②电解液流量波动	②检查流量计是否堵塞
EDIZA 读数波动	①电流短路	①消除短路
	②压差不足	②增加阴极液流量或调节气体压力控制器
单元槽电压高于平均值	①排气管堵塞	①停车处理
	②膜损坏	②停车换膜
	③电极损坏	③停车换单元槽
电解槽电压过低	①膜漏	①做膜漏实验更换漏膜,检查单元槽阴阳极,若有损坏,更换单元槽
	②螺栓生锈	②检查螺栓表面
槽压急剧上升	①电解液温度降到85℃以下	①调节电解液温度,使其恢复到85℃以上
	②阴极液浓度增加	②分析碱液浓度,使氢氧化钠含量在32%～32.5%
	③阳极液浓度增加	③检查阳极出口氯化钠浓度
	④膜被金属沉淀物污染	④分析阳极液中钙、镁离子含量
软管泄漏	①螺母松动	①停电解槽,排放电解液,紧螺母
	②垫片老化	②洗电解槽,更换损坏部分
	③软管开裂或出现针孔	③正确安装进出口软管,更换损坏部分
电解槽垫片泄漏	①液体压力不足	①调节电解液压力
	②垫片粘贴不好,垫片粘贴位置不好	②停电解槽,排电解液,调换垫片

【任务评价】

(1) 填空题

① 电解液 pH 升高,可能是盐酸流量大或_____原因造成的。

② 电解槽电压过低,可能的原因是膜漏或_____。

③ 如果电解槽的膜损坏,那么应_____。

(2) 判断题

① 电解槽槽压急剧上升,一定是阳极液浓度增加造成的。(　　)

② 电解槽垫片泄漏,有可能是垫片粘贴不好造成的。(　　)

【课外训练】

去附近氯碱厂参观,了解该氯碱厂离子膜电解中常见的故障及处理办法。

五、离子膜电解中的安全防范

1. 离子膜电解的安全操作要点

(1) 保持氢气系统微正压操作　为了防止氢气系统负压,吸入空气后爆炸,要求电解槽运行中始终保持微正压,一般电解槽的氢气压力在 0～100mmH$_2$O。

(2) 严格控制电解槽的盐水液位　为防止阴极产生的氢气渗透到阳极遇氯气发生爆炸事故,应保持电解槽的盐水液位不低于阳极箱上的法兰口。

(3) 安全布置氯气管道　在电解过程中应设事故氯处理吸收装置,在氯气输送中要安装止逆装置,防止备用电源漏电事故的发生。

(4) 安全布置氢气管道　为防止氢气和空气混合后发生爆炸,必须对设备和管道进行严格密封。电解系统的氢气总管应安装自动泄压装置,同时氢气的放空管道中应安装阻火器,电解及氢气系统必须采用避雷针。

(5) 检修中的安全要求　在氢气系统停车检修前,先用盲板切断气源,在氢气管安装滴水表,并保证畅通,防止氢气管道及设备有积液。通入氮气进行彻底置换,等取样分析合格后方可办理动火手续。

2. 事故氯处理

事故氯处理就是氯气处理过程中的应急处理系统，是确保整个氯气处理工序、电解槽生产系统以及整个氯气管网系统安全运行的有效措施。随着环保法规的日益健全、控制环境污染的手段日益严格，国内外氯碱厂都十分重视在故障状态下如何防止氯气外泄，如何妥善处理事故氯的问题。

3. 离子膜电解中的安全事故案例

【案例分析】

事故名称：电解槽着火

发生日期：2007年5月X日

发生单位：某氯碱厂

事故经过：在停车检修后，各电解槽陆续开车，在1#槽电流升至8kA时，槽头固定框第一片单元槽处着火。当班操作工第一时间报告调度，并用灭火器灭火，在不成功的情况下，采取了紧急停车处理。停车后拉开该电解槽，经检查发现极框变形，离子膜烧毁。

事故原因分析：

① 第一片单元槽处阳极垫冲出，造成电解液、氯气、氢气泄漏，引起着火。

② 该槽停车检修时第一片单元槽换膜，阴、阳极垫片全部换新垫片，在粘垫片过程中，槽框上的胶和垫片上胶晾干速率不一致，时间不易控制，造成垫片粘贴达不到要求。

③ 垫片粘好后，挤压时间短，随即开始注液，注完液后电解槽循环时间短，温度上升有些快，导致垫片因受热过快发生蠕动变形。

教训及采取的措施：①垫片粘贴质量一定要保证；②升降电流时，加强现场巡查；③控制电解槽温度上升速率，避免温度上升过快；④适当降低油压，根据电流和压力调整油压。

【案例分析】

事故名称：氯气泄漏

发生日期：2010年1月X日

发生单位：某氯碱厂

事故经过：由于电网晃电导致电解P-154C、P-164C、P-264C、P-314C等四台泵停，E槽整流器停，电解操作工在第一时间将停掉的四台泵恢复正常，并控制好压差避免了全线停车。氯氢处理A透平机电流急剧下降，机组回流阀联锁关闭，透平机实际已退出运行，此时电解四台电解槽以46kA的总电流正在生产，造成氯气泵前压力正压最高达7.71kPa。大量氯气通过氯气事故阀经正压水封泄到电解废氯塔，因氯气量过大，废氯塔吸收不及，造成氯气从废氯风机出口泄出。另一部分氯气通过氯氢处理事故氯自控阀泄往大事故氯。主控室操作人员接到指令，按下全槽紧急停车按钮，全线停车。

事故原因分析：

① 主要原因是电网深度晃电，造成一部分设备停止运行，最主要的是氯氢处理透平机电流迅速下降后随即电流恢复，这样就没有停机报警信号，操作人员误认为透平机正常工作，在发现氯气泵前压力高报时，发现透平机机组进口阀关闭，此时电解运行电流56kA，氯气输送受阻，必然造成氯气正压泄漏。

② 电解槽按紧急停车按钮后，虽然电流降为0，但反馈信号出现故障，系统误认为其仍在运行，因此联锁没有启动，透平机、氢气泵没有及时停下来。

③ 晃电事故发生后，岗位间通信联系受到影响，调度无法迅速了解各岗位情况以及及时准确地下达指令，延误了停车时间。

④ 晃电时，电解运行的次氯酸钠罐内溶液含量为6.1%（5%就需要倒罐），不能吸收大量的氯气，而现场氯气味太大，操作人员戴着防毒面具也不能完成倒罐操作。氯气不能被吸收，直接散到空气中。

教训及采取的措施：

① 本次事故的教训为整套装置面对突发事故的能力有限，仍会有让人想不到的现象发生，要充分提高应对事故的意识，进一步提高装置的可靠性。

② 将透平机机组进口阀联锁关闭时间延时3s，以避免瞬间晃电而透平机并未实际停止运行时阀门关闭造成的泵前大正压。

③ 改造电解废氯系统，将次氯酸钠罐出口阀门改为自控阀，实现在主控室远程进行倒罐操作，解决了人员到不了现场操作的问题。

④ 改造电解氯气正压水封，消除水封跑氯点。

⑤ 在电解和氯氢处理岗位配备正压式空气呼吸器，增强应急救援能力。

⑥ 加强职工培训及事故预案的演练，提高应对突发事故的紧急处理能力。

【任务评价】

（1）填空题

① 为了防止氢气系统负压，吸入空气后爆炸，要求电解槽运行中始终保持_____。

② 电解槽的盐水液位_____阳极箱上的法兰口。

③ 从压力安全考虑，电解系统的氢气总管应安装_____。

④ 在电解岗位检修前，要通入_____进行彻底置换，取样分析合格后方可办理手续。

（2）判断题

① 从安全考虑，在氢气系统停车检修前，先用盲板切断气源。（   ）

② 为防止阴极产生的氢气渗透到阳极遇氯气发生爆炸事故，应保持电解槽的盐水液位不高于阳极箱上的法兰口。（   ）

【课外训练】

通过互联网搜索，查找离子膜电解过程中的安全事故案例（至少2个）。

任务五
淡盐水脱氯

一、认识淡盐水脱氯的常用方法

1. 淡盐水脱氯的岗位任务

本岗位任务是将来自电解工序的淡盐水通过脱氯塔进行真空脱氯或添加烧碱及亚硫酸钠进行化学脱氯，脱除淡盐水中的游离氯，并将其送往盐水工段（参与配水化盐）。脱氯前后淡盐水的质量指标，如表1-20所示。

表 1-20 脱氯前后淡盐水的质量指标（参考值）

类别	NaCl/(g/L)	游离氯/(g/L)	含盐酸量/(g/L)	温度/℃
脱氯前淡盐水	210±10	0.4～0.6	0.2～0.3	80～90
脱氯后淡盐水	210±10	<0.02	0.1～0.2	70～80

2. 淡盐水中游离氯的来源

在离子膜法生产烧碱的工艺中，会有淡盐水流出，其中溶解了饱和氯气等（游离氯）。淡盐水中的游离氯以两种形式存在：一是氯气在淡盐水中溶解后的溶解氯；二是以 ClO^- 形式存在的氯。

(1) 溶解氯 氯的溶解量与淡盐水的温度、浓度、溶液上部的氯气分压、溶液 pH 等有关。氯在不同温度、不同分压时在盐水中的溶解度，如表 1-21 所示（表中盐水浓度为每升水中溶解 217g 氯化钠）。

表 1-21 氯在氯化钠水溶液中的溶解度

50℃时		60℃时		70℃时	
p/kPa	c/(mol/L)	p/kPa	c/(mol/L)	p/kPa	c/(mol/L)
20.3	0.0035	21.3	0.0030	24.3	0.0030
35.5	0.0060	36.5	0.0050	40.5	0.0058
49.6	0.0085	51.7	0.0070	59.8	0.0068
65.8	0.0110	64.7	0.0090	72.9	0.0085
81.0	0.0135	75.0	0.0100	90.2	0.0103
93.2	0.0155	85.1	0.0113	101.3	0.0115
101.3	0.0170	101.3	0.0135		

氯气在淡盐水中存在下列平衡：

$$Cl_2 + H_2O \rightleftharpoons HClO + HCl$$

$$HClO \rightleftharpoons H^+ + ClO^-$$

(2) 以 ClO^- 形式存在的氯 由于电解过程中 OH^- 反渗透通过离子膜到达阳极侧与 Cl_2 发生副反应生成 ClO^-：

$$2OH^- + Cl_2 \rightleftharpoons ClO^- + Cl^- + H_2O$$

电流效率越低，反渗透的 OH^- 越多，生成的 ClO^- 也越多。

这两部分量的总和，以氯气来计，称为游离氯。可见游离氯来源于氯气在淡盐水中的溶解和电解过程中阳极侧发生的副反应。

3. 淡盐水脱去游离氯的目的

符合质量要求的精制盐水在电解槽内发生电化学反应后，其浓度降低，成为含有游离氯的淡盐水，其中 NaCl 含量为 (205±5)g/L、游离氯含量一般为 600～800mg/L。淡盐水 pH 为 2.5～3（进槽盐水加酸工艺时）、温度为 80～85℃，为利用其中的 NaCl 需返回一次盐水工序配制饱和盐水（即一次盐水）。但淡盐水中存在游离氯，并维持下列化学反应平衡：

$$Cl_2 + H_2O \rightleftharpoons HClO + HCl$$

$$HClO \rightleftharpoons H^+ + ClO^-$$

$$HClO \rightleftharpoons HCl + [O]$$

如果不将其中的游离氯除去，将会腐蚀盐水精制系统的设备和管道、阻碍一次盐水工序精制过程中沉淀物的形成、损害二次盐水工序过滤器的过滤元件和螯合树脂塔中的树脂等，危害很大。因而，淡盐水中的游离氯必须除去，以便返回一次盐水工序再使用，避免浪费。

4. 淡盐水中游离氯的脱除方法

脱除淡盐水中游离氯的方法有两种：物理脱氯和化学脱氯。实际生产中，为提高脱氯技术经济效益，回收氯气，一般先采取物理脱氯法将大部分游离氯脱除后，再用化学脱氯法将剩余的游离氯除去。

目前，国内物理脱氯生产工艺主要有真空脱氯和空气吹除脱氯。物理脱氯实质上是破坏氯气在水中的溶解平衡关系，使平衡向形成 Cl_2 的方向移动。破坏平衡关系的手段包括提高温度、降低液体表面的氯气分压以及在一定的温度下增加溶液酸度。因而，在脱氯过程中，不但要加入足够量的酸，还要不停地降低液体表面氯气的分压（抽真空既降低总压也降低氯气分压；空气吹扫可加快气相流速并降低氯气分压，使溶液中氯气不断地向气相转移），另外保持较高的温度（>50℃），这些措施都有利于脱氯。

因为气相和液相之间存在着溶解平衡关系，所以单纯采用物理方法不能将淡盐水中的游离氯百分之百地除去。剩余微量的游离氯（一般在 30～50mg/L）需要采用化学脱氯法除去，其方法为添加碱和还原性物质（一般用 8%～9% 的亚硫酸钠溶液）使其发生氧化还原反应，从而将淡盐水中的游离氯彻底除去。化学反应如下：

$$Cl_2 + 2NaOH + Na_2SO_3 = 2NaCl + Na_2SO_4 + H_2O$$

【任务评价】

(1) 填空题

① 氯在氯化钠水溶液中的溶解度随温度的升高而_____。

② 要把生成的氯气从溶液中析出，可以采用_____液体表面氯气分压的方式。

③ 单纯采用物理方法脱氯后，淡盐水中剩余游离氯含量一般在_____mg/L。

(2) 选择题

① 电解后的淡盐水中游离氯含量一般为（　　）mg/L。

A. 600～800　　　B. 400～600　　　C. 200～400　　　D. 100～200

② 经物理方法脱氯后，剩余微量的游离氯可通过添加碱和还原性物质（　　）的方法使其发生氧化还原化学反应而将其彻底除去。

A. NaOH　　　B. Na_2SO_4　　　C. Na_2SO_3　　　D. HClO

二、淡盐水真空法脱氯的生产过程

1. 淡盐水真空法脱氯生产工艺流程

淡盐水真空法脱氯生产工艺流程，如图 1-18 所示。

来自电解工序的淡盐水（游离氯一般为 600～800mg/L）进入淡盐水接收槽后，由淡盐水泵输送；在进入真空脱氯塔前定量加入盐酸，将其 pH 调至 1.3～1.5；然后进入已处于真空状态（真空度 65～75kPa）的脱氯塔顶部，由上而下地流至塔内填料表面，在此压力下盐水迅速沸腾，析出的高温湿氯气经氯气冷却器冷却至 40℃ 以下后，由钛真空泵抽至气液分离器，分离出来的湿氯气并入电解氯气总管；淡盐水在此完成物理脱氯过程。

脱氯后的淡盐水（含游离氯约 30～50mg/L）自流到真空脱氯塔釜，由脱氯淡盐水泵输

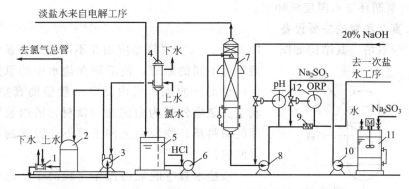

图 1-18 真空法脱氯工艺流程图
1—氯水循环冷却器；2—气液分离器；3—钛真空泵；4—氯气冷却器；
5—淡盐水接收槽；6—淡盐水泵；7—真空脱氯塔；8—脱氯淡盐水泵；
9—静态混合器；10—亚硫酸钠泵；11—亚硫酸钠配制槽；
12—pH计、氧化还原电位计在线分析仪表

送，在泵进口处先加入 NaOH 溶液调节淡盐水的 pH 至 10~11，然后在泵出口处加入含量约为 8%~9%(质量分数)的亚硫酸钠溶液进一步除去其中残余的游离氯，并用氧化还原电位计检测游离氯含量，要求 ORP(氧化还原电位值)<−50mV（保证游离氯含量接近零），淡盐水在此完成化学除氯过程，然后被脱氯淡盐水泵送至一次盐水工序回收使用。

亚硫酸钠溶液在亚硫酸钠配制槽中配制而成，并用亚硫酸钠泵将该溶液加入到脱氯淡盐水泵的出口管中；为达到充分混合，在管路中设有静态混合器或其他形式的混合器。

脱氯塔内真空由钛真空泵产生。为确保钛真空泵温度≤40℃，需用氯水进行冷却，氯水温度升高后在氯水循环冷却器中与水换热降温。多余的氯水经过气液分离器的液封管排至氯水收集装置。淡盐水真空法脱氯前后工艺控制指标，如表 1-22 所示。

表 1-22 淡盐水真空法脱氯工艺控制指标（参考值）

项目	NaCl/(g/L)	游离氯/(g/L)	含盐酸量/(g/L)	温度/℃
脱氯前淡盐水	210±10	0.4~0.8	0.2~0.3	80~90
脱氯后淡盐水	210±10	0.03~0.05	0.1~0.2	70~80

2. 真空法脱氯生产工艺的特点

真空法脱氯生产工艺主要特点是淡盐水中的大部分游离氯可以被脱出并回收至氯气总管中，提高氯气产量；工艺较复杂、控制要求较高；设备投资较大；相对空气吹脱法而言脱氯后淡盐水中的游离氯含量稍高，亚硫酸钠消耗稍大(1.0~2.0kg/t 碱)，并使返回淡盐水中的硫酸根离子含量增加，加大一次盐水系统去除硫酸根离子的负荷。

3. 真空法脱氯生产过程中的主要工艺控制指标

① 加酸后进脱氯塔淡盐水 pH1.3~1.5；

② 脱氯塔真空度 65~75kPa；

③ 出脱氯塔淡盐水游离氯含量 30~50mg/L；

④ 加碱后淡盐水 pH10~11；

⑤ 加亚硫酸钠后淡盐水 ORP<−50mV；

⑥ 亚硫酸钠溶液配制浓度 8%~9%(质量分数)；

⑦ 钛真空泵循环氯水温度≤40℃。

4. 淡盐水真空脱氯的主要设备

(1) 真空脱氯塔　其结构如图1-19所示。真空脱氯是应用在不同压力下氯气在盐水中溶解度不同的原理，使溶解在盐水中的氯气在压力降低的情况下脱除，塔内真空一般借助真空泵来完成。真空脱氯塔外壳为耐腐蚀的钛材，塔内装填有一定高度的填料层，物料由上向下喷淋，脱除的氯气经真空泵回收。

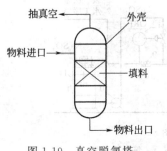

图1-19　真空脱氯塔

淡盐水真空脱氯的操作比较简单，此项操作的好坏，主要取决于脱氯塔的性能(如塔的填料、冷却面积等)。

(2) 真空系统　真空脱氯塔的真空度主要由真空系统来实现，工艺流程如图1-20所示，来自脱氯塔的含氯气体首先进入氯气冷却器，冷凝下来的氯水进入淡盐水罐，气体经冷却后由液环真空泵抽吸产生真空，然后进入钢衬胶分离器，分离的氯气进入氯气总管。

此系统的核心设备为液环真空泵，液环真空泵又称水环式真空泵，它是靠偏置叶轮在泵腔内回转运动使工作室容积周期性变化以实现抽气的真空泵。它的工作室由旋转液环和叶轮构成，其结构和工作原理与液环压缩机相似，工作时吸气口接被抽真空容器。泵腔内如充的是水则称为水环真空泵，水环真空泵结构简单，制造容易，工作可靠，使用方便，耐久性强，可抽除腐蚀性、含尘气体和气水混合物。

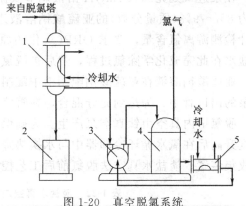

图1-20　真空脱氯系统
1—氯气冷却器；2—淡盐水罐；3—液环真空泵；
4—钢衬胶分离器；5—氯水循环冷却器

主要控制指标：
① 冷却水出口温度＜38℃；
② 真空度＞74.7kPa；
③ 废气含氯＜70%(体积分数)。

5. 空气吹除法脱氯生产工艺简介

在化工生产中，脱除游离氯的方法还有空气吹除法，该生产工艺的主要特点是工艺简捷、控制较简单；设备投资少；淡盐水中的游离氯脱除得较干净，亚硫酸钠消耗较少(0.7~1.0kg/t碱)；不足的是脱出的氯气因含有大量的空气而无法回收至氯气总管中，一般只能用碱吸收生产次氯酸钠，因此必须配备专门的氯气吸收装置，吸收废气中的氯气，符合环保要求后排放。因而，氯气的回收率低于真空脱氯法。

空气吹除法脱氯的操作优于真空法，如遇问题易于查找、脱氯效果好。当设备能力够，风量、酸度和温度合适，脱氯后的淡盐水含氯量可低于10mg/L。

主要工艺控制指标：
① 脱氯后含酸量0.1~0.2g/L；
② 废气含氯量2%~3%(体积分数)；
③ 脱氯后含氯量＜20mg/L。

【任务评价】
(1) 填空题
① 淡盐水真空法脱氯属于_____脱氯过程。
② 脱氯塔内真空度约为_____。
③ 空气吹除法脱氯后的淡盐水含氯量可低于_____。
④ 真空脱氯塔外壳为_____材料。
(2) 思考题
请简述真空脱氯法比空气吹除法氯气回收率高的原因。

三、淡盐水脱氯的岗位操作

1. 岗位技术特点
① 用液环真空泵抽脱氯塔真空。
② 脱氯淡盐水 pH、ORP 在线分析检测。
③ 物理脱氯和化学脱氯相结合。

2. 岗位操作原则
① 严格控制脱氯塔真空度。
② 严格控制脱氯塔液位。
③ 严格控制氯水槽液位。
④ 保证脱氯盐水游离氯含量接近零。
⑤ 保证真空泵纯水供给正常，确保真空泵稳定运行。

3. 淡盐水脱氯系统开工方案
当电解槽阴、阳极室均开始进液时，应启动淡盐水脱氯系统，使其处于工作状态，启动步骤如下。
① 打开淡盐水脱氯系统脱氯塔，打开Ⅰ段Ⅱ段冷凝液分离器的进、出口阀；打开Ⅰ段Ⅱ段脱氯冷却器循环水进、出口阀，进循环水。
② 电解槽开始进液，盐水流入淡盐水接收槽约占总体积的 1/3 时，启动淡盐水泵，向脱氯塔送淡盐水；此时，若电解槽不送电，则启动脱氯盐水泵，将盐水送回一次盐水工序配水槽。
③ 电解槽送电后打开真空泵气相进口阀，控制脱氯系统真空度达到规定要求；同时打开淡盐水泵出口进氯酸盐分解槽的阀门。
④ 打开盐酸进含氯淡盐水管道的阀门，控制好流量；电解槽送电初期盐酸加入量应大于正常时的加入量。因为槽温低，氯溶解量大，故加入盐酸量大，以控制淡盐水中氯酸盐的含量。
⑤ 在升电流的整个过程中，严格控制工艺指标（具体调整、控制方法见电解槽开车规程）。升电流结束（或电流达到正常时）转入正常控制。

4. 淡盐水脱氯系统停车方案
电解停车后确认流出电解槽的盐水游离氯含量接近零方可进行停车工作。
① 停止加入盐酸。
② 停止加入氢氧化钠。
③ 停止加入亚硫酸钠。

④ 逐渐降低真空度，以免真空泵停止后，塔内淡盐水大量溢出。
⑤ 确认脱氯系统内不再有氯气脱出，停抽真空的真空泵。

5. 操作注意事项

① 注意脱氯塔液位以及压力。
② 注意真空泵的运转状况。
③ 注意氯水槽的液位。
④ 注意脱氯盐水的 pH 和 ORP 值。
⑤ 注意盐酸的加入量。

6. 操作控制要点

(1) 脱氯塔液位控制

① 控制目标　控制脱氯塔液位。
② 控制范围　正常值 33%，最大值 50%，最小值 21%。
③ 正常调整　调整方法，如表 1-23 所示。

表 1-23　脱氯塔液位调整方法

影响因素	调整方法
脱氯塔出料阀	出料阀开度越大脱氯塔液位越低 出料阀开度越小脱氯塔液位越高
泵回流流量	泵回流流量越大脱氯塔液位越高 泵回流流量越小脱氯塔液位越低

④ 异常处理　处理方法，如表 1-24 所示。

表 1-24　脱氯塔液位异常处理方法

现象	原因	处理方法
脱氯塔液位过高(低)	仪表失灵	联系调校液位显示仪表
脱氯塔液位过高(低)	出料阀控制失灵或开度过小(大)	换出料阀或调大(关小)脱氯塔出料阀的开度
脱氯塔液位过高	泵停	启动备用泵

(2) 脱氯塔压力控制

① 控制目标　保持脱氯塔真空度。
② 控制范围　正常值 33.3kPa，最大值 40kPa，最小值 30kPa。
③ 控制方式　通过调节真空泵出口回流控制阀的开度来控制脱氯塔的压力。
④ 正常调整　调整方法，如表 1-25 所示。

表 1-25　脱氯塔真空度调整方法

影响因素	调整方法
真空泵出口回流控制阀开度	阀开度越大脱氯塔压力越高 阀开度越小脱氯塔压力越低

⑤ 异常处理　处理方法，如表 1-26 所示。

表 1-26　脱氯塔真空度异常处理方法

现象	原因	处理方法
脱氯塔压力过高(低)	①仪表失灵 ②真空泵出口回流控制阀控制失灵，开度过大(小)	①联系调校仪表 ②换控制阀或将控制阀改为手动进行调节
真空度低	①供水量不足或温度过高 ②真空泵故障	①加大供水量或降低水温 ②启动备用泵，联系维修

(3) 氯水槽液位控制

① 控制目标　使氯水槽保持正常的液位。
② 控制范围　氯水槽液位，正常值62%，最大值81%，最小值48%。
③ 控制方式　通过氯水槽出料阀的开度控制。
④ 正常调整　调整方法，如表1-27所示。

表1-27　氯水槽液位的调整方法

影响因素	调整方法
氯水槽出料阀开度	阀开度越大氯水槽液位越低 阀开度越小氯水槽液位越高

⑤ 异常处理　处理方法，如表1-28所示。

表1-28　氯水槽液位异常的处理方法

现象	原因	处理方法
氯水槽液位升高	①仪表失灵 ②氯水槽出料阀故障全关 ③出料泵故障	①联系调校仪表 ②现场确认，打开附线调整，联系维修 ③启动备用泵
氯水槽液位突然降低	①仪表失灵 ②脱氯塔出料阀故障全开 ③进料中断	①联系调校仪表 ②现场确认，通过附线调整，联系维修 ③检查进料管线，排除故障

(4) 脱氯淡盐水pH控制

① 控制目标　控制脱氯淡盐水的氧化还原电位值不大于300mV。
② 控制范围　氧化还原电位值，正常值<300mV，最大值400mV。
③ 控制方式　通过自动控制的方式调整烧碱流量从而达到调节脱氯淡盐水pH的目的。
④ 正常调整　调整方法，如表1-29所示。

表1-29　脱氯淡盐水氧化还原电位值的调整方法

影响因素	调整方法
碱液流量阀开度	阀开度越大脱氯淡盐水pH越高 阀开度越小脱氯淡盐水pH越低

⑤ 异常处理　处理方法，如表1-30所示。

表1-30　脱氯淡盐水氧化还原电位值异常的处理方法

现象	原因	处理方法
脱氯淡盐水pH升高(降低)	仪表失灵	联系调校仪表
脱氯淡盐水pH突然升高	①碱液阀故障全开 ②脱氯淡盐水中断	①现场确认，打开附线调整，联系维修 ②检查脱氯淡盐水状态，采取相关措施
脱氯淡盐水pH突然降低	①碱液阀故障全关 ②烧碱进料中断	①现场确认，通过附线调整，联系维修 ②检查烧碱进料管线，排除故障

(5) 氯酸盐分解槽温度控制

① 控制目标　控制合适的温度，利于氯酸盐分解。

② 控制范围　氯酸盐分解槽温度，正常值85℃，最大值90℃。
③ 控制方式　通过自动控制，调节向氯酸盐分解槽供蒸汽的量从而达到控制氯酸盐分解槽温度的目的。
④ 正常调整　调整方法，如表1-31所示。

表1-31　氯酸盐分解槽温度的调整方法

影响因素	调整方法
蒸汽阀的开度	蒸汽阀开度越大氯酸盐分解槽温度越高 蒸汽阀开度越小氯酸盐分解槽温度越低

⑤ 异常处理　处理方法，如表1-32所示。

表1-32　氯酸盐分解槽温度异常的处理方法

现象	原因	处理方法
氯酸盐分解槽温度升高(降低)	仪表失灵	联系调校仪表
氯酸盐分解槽温度突然升高	①蒸汽阀故障全开 ②淡盐水中断	①现场确认，关小上游阀门，联系维修 ②关闭蒸汽阀，检查淡盐水状态
氯酸盐分解槽温度突然降低	蒸汽阀故障全关	现场确认，通过附线调整，联系维修

(6) 氯酸盐含量控制
① 控制目标　调节淡盐水中的氯酸根离子含量。
② 控制范围　控制进电解槽盐水氯酸根离子含量小于2g/L。
③ 相关参数　氯酸盐分解槽温度、加酸量、淡盐水中的氯酸根离子含量。
④ 控制方式　调整氯酸盐分解槽温度、加酸量。
⑤ 正常调整　调整方法，如表1-33所示。

表1-33　淡盐水中氯酸盐含量的调整方法

影响因素	调整方法
温度	调整蒸汽阀门开度控制温度(85～90℃)
pH	通过调整加酸量调节pH
工艺风流量	通过工艺风管线阀门开度调节

⑥ 异常处理　处理方法，如表1-34所示。

表1-34　淡盐水中氯酸盐含量异常的处理方法

现象	原因	处理方法
氯酸盐分解效果不好	①温度低 ②加酸量不足 ③工艺风流量低	①加大蒸汽流量 ②增大加酸量 ③提高工艺风流量

【任务评价】
(1) 选择题
① 淡盐水pH高是因为(　　)。
A. 盐酸流量过大　　B. 盐酸流量不足　　C. 淡盐水浓度过高　　D. 淡盐水浓度过低
② 脱氯塔液位的正常值是(　　)。

| A. 33% | B. 50% | C. 21% | D. 11% |

③ 脱氯淡盐水的氧化还原电位值不大于（　　）mV。

| A. 100 | B. 200 | C. 300 | D. 400 |

(2) 思考题

① 请简述淡盐水脱氯系统开工方案。

② 请简述淡盐水脱氯岗位操作注意事项。

四、淡盐水脱氯中常见故障的判断与处理

(1) 淡盐水 pH 高　淡盐水 pH 高的原因和处理方法，如表 1-35 所示。

表 1-35　淡盐水 pH 高的原因和处理方法

原因	处理方法
HCl 进料不足	增大 HCl 进料量，检测 HCl 浓度
变送器示数错误	人工分析检测 pH，如果必要更换或清洗变送器

(2) 脱氯盐水 pH 低　淡盐水 pH 低的原因和处理方法，如表 1-36 所示。

表 1-36　淡盐水 pH 低的原因和处理方法

原因	处理方法
32%碱进料不足	增大烧碱进料流量，检查确认烧碱含量为 32%
变送器示数错误	人工分析检测 pH，检查出现示数错误的变送器，如果必要，更换或清洗变送器

(3) 亚硫酸钠进料量不足　亚硫酸钠进料量不足的原因和处理方法，如表 1-37 所示。

表 1-37　亚硫酸钠进料量不足的原因和处理方法

原因	处理方法
进料流量低	增大 Na_2SO_3 进料流量，检查确认 Na_2SO_3 含量(10%)
罐内无 Na_2SO_3	向罐中重新加入 Na_2SO_3

【任务评价】

(1) 填空题

① 若淡盐水 pH 高，可以采用＿＿＿＿＿HCl 进料量的方法处理。

② 若脱氯盐水 pH 低，可以采用＿＿＿＿＿烧碱进料流量的方法处理。

(2) 思考题

请简述淡盐水 pH 过高或过低的原因及处理方法。

项目小结

1. 原盐的质量对氯碱生产有重要影响，一次盐水精制的主要任务就是利用饱和卤水或用固体盐溶解成饱和粗盐水，除去钙镁离子、天然有机物及水不溶物，制成饱和盐水，供下一工段使用。

2. 一次盐水精制有很多种方法，最常用的为凯膜过滤法。淡盐水除硝常用膜法-冷冻除

硝工艺。

3. 盐水一次精制的常用设备有化盐桶、凯膜过滤器、板框过滤器、活性炭过滤器及纳滤膜过滤器。

4. 一次盐水精制岗位开车前做好各项准备工作，开车时先使化盐槽有一定液位，依次开启氢氧化钠阀门、三氯化铁阀门、碳酸钠阀门，控制氢氧化钠、三氯化铁和粗盐水流量，注意盐水酸碱度的变化。停车时，依次关闭进入化盐桶的淡盐水泵、进出口阀门、精制剂纯碱加入阀、蒸汽阀、压缩空气阀、皮带输盐机，将反应桶的水打完，停止向澄清桶进盐水。

5. 盐水的二次精制是在一次精制的基础上，通过过滤盐水中的悬浮物，再调节 pH，合格后的盐水进入螯合树脂塔进行吸附，进一步净化降低钙、镁离子浓度，盐水达到电解要求时，送往电解工序。

6. 盐水二次精制的过程包括盐水过滤、盐酸中和以及螯合树脂吸附。

7. 盐水二次精制的主要设备有盐水过滤器、螯合树脂塔。螯合树脂塔通常是两台或三台串联。

8. 二次盐水精制岗位开车前要做好准备，开车时先使一次盐水经过过滤器，过滤后再开启螯合树脂塔。停车时依次关闭过滤盐水泵、淡盐水泵和一次盐水泵。

9. 离子膜电解的主要任务：①将已经合格的二次精制盐水送至电解槽，在电解槽内通电电解，得到产品氢氧化钠，经过冷却、计量后送至成品槽；②电解得到的副产品氯气和氢气，分别送至氯处理系统和氢处理系统后，生产出相应的氯、氢产品；③食盐水经电解后流出的淡盐水，进入脱氯装置除去盐水中的游离氯，使游离氯含量达到要求，最后将脱氯合格后的淡盐水送回化盐工段再化盐使用。

10. 离子膜在电解槽发生反应：$2NaCl+2H_2O \Longrightarrow 2NaOH+Cl_2\uparrow+H_2\uparrow$，电解槽阴极放出氢气，阳极放出氯气。

11. 离子膜电解槽有单极式和复极式两种。两种电解槽的基本结构都是由阳极、阴极、离子膜和电解槽组成。

12. 离子膜电解岗位开车前要做好开车准备，开车时要密切关注电解槽液位、电解液流量、氢气纯度、氢气压力，在氢气含量达到 99% 以上时方可向下一工段送气。停车时，保证氯气总管呈负压状态；通过置换，排出氢气总管中的氢气，并关闭所有放空阀，防止空气进入氢气系统。

13. 淡盐水中游离氯的来源有两个：一是氯气在淡盐水中溶解后形成的溶解氯，二是以 ClO^- 形式存在的氯。

14. 脱除淡盐水中游离氯的方法有两种：物理脱氯和化学脱氯。物理脱氯工艺主要有真空脱氯和空气吹除脱氯；化学脱氯是添加烧碱和还原性物质亚硫酸钠，发生氧化还原反应而脱除游离氯。

15. 真空法脱氯工艺的主要特点是：淡盐水中大部分游离氯可以被脱除并回收至氯气总管中，提高氯气产量；工艺较复杂、控制要求较高；设备投资较大；相对空气吹脱法而言脱氯后淡盐水中的游离氯含量稍高，亚硫酸钠消耗稍大（1.0~2.0kg/t 碱），并使返回淡盐水中的硫酸根离子含量增加，加大一次盐水系统去除硫酸根离子的负荷。

16. 空气吹除法脱氯的操作优于真空法，如遇问题易于查找、脱氯效果好。当设备能力够，风量、酸度和温度合适，脱氯后的淡盐水含氯量可低于 10mg/L。

17. 淡盐水脱氯岗位技术特点：①用液环真空泵抽脱氯塔真空；②脱氯淡盐水 pH、

ORP 在线分析检测；③物理脱氯和化学脱氯相结合。

18. 真空法脱氯操作控制：①脱氯塔液位正常值 33%，最大值 50%，最小值 21%；②脱氯塔真空度正常值 33.3kPa，最大值 40kPa，最小值 30kPa；③氯水槽液位正常值 62%，最大值 81%，最小值 48%；④脱氯淡盐水 pH 值控制中氧化还原电位：正常值<300mV，最大值 400mV；⑤氯酸盐分解槽温度正常值 85℃，最大值 90℃；⑥控制进电解槽盐水氯酸根含量<2g/L。

项目二
成品碱生产

项目目标

知识目标
1. 掌握电解碱液蒸发和固碱的工艺原理。
2. 掌握电解碱液蒸发和固碱的工艺流程。
3. 了解电解碱液蒸发和固碱中主要设备的作用与结构。
4. 了解电解碱液蒸发的岗位操作及安全规范。

能力目标
1. 能识读电解碱液蒸发和固碱流程简图。
2. 能熟悉电解碱液蒸发和固碱中的岗位操作。
3. 能准确判断及处理电解碱液蒸发和固碱中出现的故障。
4. 能实施电解碱液蒸发和固碱中的安全防范。

任务一 液碱(45%)生产

一、电解碱液蒸发的原理

不管是离子膜法还是隔膜法生产出来的碱液一般浓度较低,不能作为成品出售,因此必须通过其他的工序处理将其浓度提高才能得到成品,一般采用碱液的蒸发操作。

1. 电解碱液蒸发的岗位任务

将电解工段生产出的电解碱液预热,送入蒸发器,用蒸汽进行加热使电解液中部分水分除去,使含碱30%～35%的电解液浓缩到45%(有的达到50%),得到液碱成品;在浓缩过程中同时将结晶盐进行分离、冷却,返回盐水系统重新循环使用。

2. 电解碱液蒸发的原理与特点

(1) 电解碱液蒸发的原理　电解碱液的蒸发是将碱液加热(通常用蒸汽),使其温度升高,将碱液中的水部分汽化,从而提高溶液中碱的浓度的一种操作,属于物理过程。蒸发过程配合抽真空,有利于水的汽化、降低蒸汽消耗;当一个蒸发器的蒸发不能达到目标提浓效果时,电解碱液的蒸发流程中就需要采用多效,如三效——用三个蒸发器完成提浓目标。

(2) 离子膜电解碱液的特点　虽然离子膜电解碱液相对于隔膜电解液具有很多的优点,但由于采用的设备不同,电解所得到的碱液的浓度及其他物质的含量也不同,离子膜电解液的特点如下。

① 生产的碱液浓度较高，含量一般在30%～35%；
② 碱液中的氯化钠含量低，一般为30～50mg/L；
③ 碱液中铝酸盐含量低，一般为15～30mg/L。

(3) 离子膜电解碱液蒸发的特点

① 流程简单，设备简化，易于操作　离子膜碱液中所含有的盐是微量的，所以在整个蒸发过程中，无须除盐。这样就使得整个流程简化了，即除盐设备及工艺过程都被取消，并且由于没有盐的析出，就不会发生管道堵塞、系统打水的问题，操作更容易进行。

② 电解液的浓度高，蒸发的水量少，蒸汽消耗低　离子膜法电解的碱液浓度较隔膜法高很多，因此在浓缩时使用的蒸汽就减少了。

3. 影响碱液蒸发的因素

(1) 一次蒸汽压力　蒸汽是碱液蒸发的主要热源，一次蒸汽(或称生蒸汽)压力的高低对蒸发有很大的影响，通常较高的一次蒸汽压力能使系统获得较大的温差，单位时间所传递的热量也会增加，使装置具有较大的生产能力。

同时蒸汽的压力也不能太高，过高的蒸汽压力容易让加热管内的碱液温度上升过高，使液体在管内剧烈地沸腾，形成气膜，降低传热系数，反而使装置能力受到影响。同样，如果蒸汽的压力太低，经过加热器的碱液不能达到需要的温度，使单位时间内的蒸发量减少，降低蒸发强度。因此合适的蒸汽压力是保证蒸发进行的重要因素。

(2) 蒸发器的液位控制　在循环蒸发器的循环过程中，保持蒸发器液位是稳定整个蒸发过程的必要条件。如液位高度发生变化，会引起静压头的变化，使蒸发过程变的极不稳定，液位高度低，会让蒸发和闪蒸剧烈，夹带严重，在大气冷凝器的下水中带碱；如液位高度较高，蒸发量减小，让进加热室的料液温度变高，使传热的有效温差降低，另外也降低了循环速率，导致蒸发能力的下降。所以，稳定液位是提高循环蒸发器蒸发能力的重要环节。

(3) 真空度　真空度是蒸发过程中生产控制的重要指标。提高真空度是提高蒸发能力和降低气耗的有效途径。如使真空度提高，会使二次蒸汽的饱和温度降低，有效温度差就会提高，并且蒸汽冷凝水的温度也会降低，也就更充分地利用热源，使蒸汽消耗降低。

(4) 蒸发器的效数　蒸发器的效数是决定蒸汽消耗最重要的指标之一。采用多效蒸发可以降低蒸汽消耗，但是它受到设备投资的约束。在离子膜电解碱液蒸发中，大多数氯碱厂都采用双效流程，但是伴随能源价格的上涨，将会有越来越多的企业选择三效蒸发流程。

【任务评价】

(1) 填空题

① 电解碱液的蒸发就是将碱液加热，使其温度升高，将碱液中的水_____，从而提高溶液中碱的浓度的物理过程。

② 影响碱液蒸发的因素有_____、蒸发器的液位控制、真空度、蒸发器的效数等。

(2) 思考题

① 叙述电解液蒸发的工艺原理。

② 描述电解液蒸发有哪些影响因素。

【课外训练】

通过互联网搜索，查找电解液蒸发还有其他哪些影响因素。

二、电解碱液蒸发的生产过程

1. 常用的工艺流程

电解碱液蒸发的工艺流程主要有单效旋转薄膜蒸发、单效升膜蒸发、双效顺流蒸发、降膜式双效逆流蒸发、双效逆流蒸发、三效顺流强制循环蒸发、三效逆流强制循环蒸发、三效降膜逆流蒸发等八种。

2. 蒸发流程选用的依据

氯碱企业对于离子膜电解液蒸发流程的选用，主要从以下几个方面考虑。

（1）蒸发器效数的选择 针对蒸发流程的效数选择从理论上来说，蒸发器的效数越多，蒸汽被利用的次数也就越多，汽耗也就越低，从而使生产运转费降低，产品成本下降，但随着效数越多，基础设施投资就越大，要求也增加。因此对于效数的选择，要进行综合评价。从现状看，一般氯碱企业选择三效在经济上是比较合理的。

（2）蒸发器的选择 常用的蒸发器按照循环方式进行分类，可分为自然循环外热式（或内热式）蒸发器、强制循环内循环式（或外循环式）蒸发器、升膜式蒸发器、降膜式蒸发器。选择蒸发器时，要综合具体情况进行全面考虑，才能取得最佳的经济效果。

（3）逆、顺流工艺的选择 一般来说，逆流流程比顺流流程优越，理由如下：

① 能耗低，第三效为真空效，沸点较低，电解液可以不预热进效，闪蒸蒸发产生二次蒸汽，用于次级效加热，可相应增加各效的加热蒸汽量。

② 强度大，逆流蒸发在增加强制循环泵后，料液流动速率增大，传热状况得到改善，生产强度提高。

虽然从理论上讲，逆流优于顺流，但由于浓度大，沸点高，压力大，腐蚀严重，对设备的耐腐蚀性、泵的密封性要求高，所以很多厂家不采用逆流流程，随着技术进步，逆流流程一定会在国内有更好的应用。

3. 蒸发的工艺流程

在我国生产氯碱的企业之中，大多数生产30%的液体烧碱企业都采用自然循环的蒸发器组成双效顺流或三效顺流流程。而生产45%的液体烧碱企业一般采用双效顺流、三效顺流强制循环、三效逆流强制循环的蒸发流程。应用离心机或集盐箱分离在蒸发过程中产生的副产品盐。现主要介绍一下三效顺流的工艺流程。

三效顺流循环工艺流程包括三个蒸发器，分别叫Ⅰ效、Ⅱ效、Ⅲ效蒸发器，碱的流向与蒸汽的流向一致，称之为顺流。其工艺流程如图2-1所示。电解液由加料泵从贮槽进入预热器进行预热，预热温度为100℃，之后再通入Ⅰ效蒸发器中；料液从Ⅰ效蒸发器出来后通过循环泵进入Ⅱ效蒸发器，再经旋液分离器分离后，使Ⅱ效蒸发器的出料液进入Ⅲ效蒸发器，由Ⅲ效蒸发器出来的成品碱液被送入浓碱冷却澄清桶，冷却泵将其送至冷却器进行循环冷却直至温度在40℃以下，澄清后的碱液送入浓碱贮槽，最后通过成品碱泵送至成品罐中。

由锅炉输出的蒸汽进入Ⅰ效蒸发器的加热室，经电解液预热器的冷凝水对电解液进行预热后送回锅炉循环使用，二次蒸汽（在Ⅰ效蒸发器产生）通入Ⅱ效蒸发器的加热室，其生成的冷凝水流经一段电解液预热器，预热电解液后输入热水槽。由Ⅱ效蒸发器产生的二次蒸汽再继续通入Ⅲ效蒸发器的加热室，将其生成的冷凝水直接通入热水槽中。从热水槽流出的热水主要用来洗蒸发器或化盐。

料液由Ⅰ效蒸发器和Ⅱ效蒸发器流出后进行浓缩分离出盐浆，用分离器使其增稠后集中排入盐泥高位槽，与成品碱一并进行澄清冷却后送入离心机进行分离，把第一次分离出的碱液通入母液槽中。结晶盐（经过洗涤回收）化成盐水后送回盐水工段。

有些厂家的生产工艺流程中，料液在蒸发器中的流动都是依靠自身的重度差产生的自然流动,即自然循环。这种自然循环料液的流速都比较低,尤其是在后面的几效,由于浓度增高,黏度增大,流速降低,传热系数也越来越小。为了克服以上因素,在蒸碱的流程中,一般使用强制循环蒸发,即在蒸发器底部加一台强制循环泵,强迫料液加速循环。

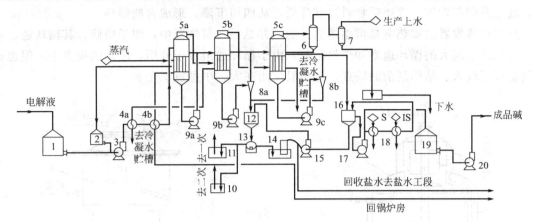

图 2-1 三效顺流工艺流程图

1—电解液贮槽;2—电解液预热循环槽;3—加料泵;4—预热器;5—蒸发器;
6—捕沫器;7—冷凝器;8—旋液分离器;9—循环泵;10—盐碱高位槽;11—离心机;
12—化盐池;13—母液槽;14—洗涤水池;15—盐碱泵;16—冷却澄清槽;
17—冷却泵;18—冷却器;19—浓碱贮槽;20—成品碱泵

【任务评价】

(1) 填空题

① 电解碱液蒸发的生产过程常用的工艺流程有单效旋转薄膜蒸发、单效升膜蒸发、双效顺流蒸发、降膜式双效逆流蒸发、双效逆流蒸发、_____、三效逆流强制循环蒸发、三效降膜逆流蒸发。

② 氯碱企业对于离子膜电解液的蒸发流程的选用依据有_____、蒸发器的选择、逆顺流工艺的选择等。

(2) 思考题

一般说电解碱液蒸发逆流流程比顺流流程优越,为什么?

(3) 技能训练题

试着叙述电解液三效顺流蒸发的主要工艺流程过程,并绘制出简图。

【课外训练】

通过互联网查询单效旋转薄膜蒸发、单效升膜蒸发、双效顺流蒸发、降膜式双效逆流蒸发、双效逆流蒸发的工艺流程。

三、电解碱液蒸发中的主要设备

电解碱液蒸发中的主体设备是蒸发器,辅助设备有旋液分离器、离心机、滤盐器等。

1. 蒸发器

蒸发器是电解碱液蒸发过程中的主要设备,一般是由蒸发室、加热室和循环系统三部分构成的。蒸发器性能、结构、材质的好坏直接影响装置生产强度的高低、产品质量的好坏和能源消耗的多少。因此,氯碱厂对蒸发器的研讨较深,改进也快,从目前看一般采用以下几种蒸发器。

(1) 悬框式蒸发器　悬框式蒸发器如图2-2所示。它的外壳是一个圆柱体，分上、下两部分，上部为蒸发室，下部为加热室。加热管在加热室的中间，在加热管与外壳之间留出一定的距离，为循环空间。当蒸汽加热时，中间加热管内物料的温度要比四周高，所以相对轻，就上升到蒸发室，汽化后物料温度降低，从四周下降，形成自然循环。

悬框式蒸发器的加热室是可整体装拆的，并悬吊在蒸发器中，便于检修。其循环通道较大，可以产生较大的循环速率和传热系数，由于循环通道位于外周，因此热损失小。但也存在制造费用较大、结构复杂的缺点。它一般应用在大、中型氯碱企业。

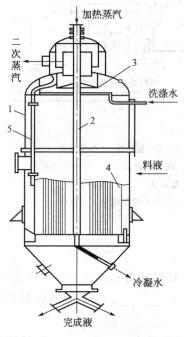

图2-2　悬框式蒸发器

1—外壳；2—加热蒸汽管；3—除沫器；
4—加热室；5—液沫回流管

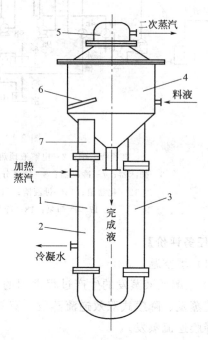

图2-3　列文式蒸发器

1—加热室；2—加热管；3—循环管；4—蒸发室；
5—除沫器；6—挡板；7—沸腾室

(2) 列文式蒸发器　列文式蒸发器也属于自然循环式蒸发器，其主要结构如图2-3所示。列文式蒸发器有如下特点。

① 在加热室的上方新增加了一段液柱，作用是使碱液的沸腾区移至加热室外面，从而减少加热室的结晶和结垢机会。

② 循环管通道更大，可以提高循环速率，循环速率可达2~3m/s，延长操作周期，传热效果较好。

③ 它的缺点是设备庞大、消耗材料多、结构复杂、工艺要求高等，一般在大、中型氯碱企业中使用。

2. 电解碱液蒸发中的其他设备

(1) 离心机　离心机是化工系统的定型产品。目前氯碱厂分离盐泥使用较多的是WG型，即刮刀卸料式离心机，它主要由主轴、机壳、转鼓、刮刀等部件构成，如图2-4所示。在离心机转鼓壁上钻有直径8~10mm的小孔，开孔率为5%左右，在转鼓的内壁上衬有镍丝滤网，供截留结晶固体盐用。离心机的特点是：密封性能好，操作劳动强度低，自动

项目二 成品碱生产

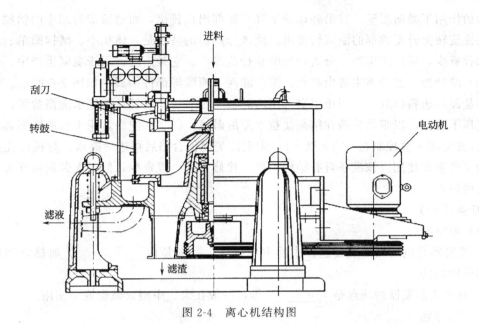

图 2-4 离心机结构图

化程度高,可采用计算机中的多台自控管理;属于一种高效率处理碱、盐的分离设备;存在刮刀卸料不彻底的缺点,这使工作周期内的过滤阻力逐渐增大,必须定期进行清洗;投资费用较大。离心机主要操作步骤:多次加料→甩干→洗涤→甩干→刮料→溶盐。

(2) 旋液分离器 旋液分离器如图 2-5 所示,其结构和原理与旋风分离器相似。进料口为圆柱状,下部是圆锥体,中心有一根导液管。其工作机理为:当含结晶盐的液碱料液经切向高速进入旋液分离器后,液体就以螺旋向下的外涡流和锥底螺旋上升的内涡流的形式开始运动。当料液(悬浮液)螺旋下行至圆锥部分时,所受到的离心力作用加剧。将固体盐颗粒在

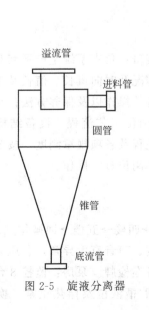

图 2-5 旋液分离器

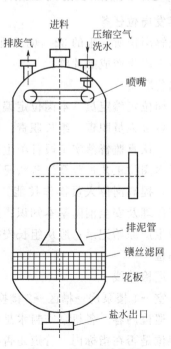

图 2-6 滤盐器结构图

离心力的作用下抛向器壁,并沿外螺旋下降至底部出口排出,而清液带着细小的颗粒,将会随内涡流旋转上升至顶部的溢流管排出。旋液分离器的特点是:体积小、结构简单、生产能力大和投资少,可连续生产,分离颗粒的直径范围广。它被广泛运用于氯碱生产中。

(3) 滤盐器　滤盐器主要由花板、镶丝滤网、喷嘴等部件构成,如图2-6所示。操作过程:①盐泥从进料口放入,用压缩空气压出碱液,然后排出废气;②进水洗涤盐泥,再用压缩空气压干料液,以带出黏滞在结晶盐粒表面的碱液;③多次洗涤,压干后取样测其洗盐水波美度(波美度一般控制在27°Bé以下);④当波美度值合格后可进冷凝水,打循环化盐后送至化盐工段重复使用。该设备具有结构简单、检修方便、投资少;但工人劳动强度大、操作时间长的特点。

【任务评价】

(1) 填空题

① 蒸发器是电解碱液蒸发过程中的主要设备,一般是由_____、加热室和循环系统三部分构成的。

② 列文式蒸发器的缺点是_____等,一般在大、中型氯碱企业中使用。

(2) 思考题

常用蒸发器有几种?简述它们的主要结构及工作原理。

(3) 技能训练题

① 画出离心机结构简图。

② 用自己的语言描述旋液分离器和滤盐器的结构。

【课外训练】

通过互联网查找一下电解碱液蒸发中还有哪些设备,它们的结构原理分别是什么。

四、电解碱液蒸发的岗位操作

1. 蒸发岗位任务

将电解岗位所送来的32%烧碱通过蒸发器加热的办法提浓到45%后灌装外卖;大部分送至片碱工段生产成品片碱。

2. 岗位职责

(1) 岗位定编定员　本岗位定编定员4人。

(2) 各级人员职责　组长职责:负责岗位上生产交接班;负责系统生产平衡和监控重点工艺指标;认真监督落实工段各项生产指令;发生异常情况及时向班长、值长及工段领导汇报;熟悉本岗位工艺过程及设备状况,熟练掌握岗位设备的操作以及保养方法;负责对组员进行培训,提高岗位人员操作技能。组员职责:熟悉本岗位工艺流程、设备结构、物料性质、生产原理及安全消防基本知识;严格遵守岗位操作规程及各项规章制度,按要求准确及时填写好生产原始记录;服从组长安排,协助组长做好本岗位日常操作。

3. 巡检

(1) 巡检路线

操作室→1楼泵房→槽区→2楼换热器→3楼真空泵→四楼→五楼→回操作室。

(2) 巡检内容　各机泵密封水是否正常,油位、温度、声音有无异常,各压力表是否正常,各液位是否在指标内,管道是否有漏点,并按时翻各巡检牌。泵房:监控8台泵正常运行,1个冷凝液槽。槽区:监控11台泵正常运行,7个贮槽液位及伴热正常。换热器巡检区：监控5台换热器，分离器液位。真空泵巡检区：监控真空泵的正常运行及真空度，表面冷运行情况。其他巡检区：监控各物料的进料情况，跑、冒、滴、漏情况。

(3) 巡检记录　记录各碱槽液位、蒸发器温度、成品碱温度、真空度及分析结果。

4. 碱液蒸发开车前的准备

① 容器的检查和清洗。容器必须进行清洗，并排净脏物，检查内部是否清洁，内件是否齐全，安装是否正确。

② 管道的检查和冲洗。管道安装完后应按要求进行焊缝检查，合格后，清除掉污垢、碎屑和杂物，并进行冲洗或吹扫。值得注意的是，调节阀、流量计，在冲洗或吹扫时要用短管替代，吹净后再装上；冲洗或吹扫时与机泵相连的所有接口必须隔断或拆开；管线冲洗时所有仪表接口都应关严，或把仪表拆下再清洗。

③ 水压和气压试验。需要水压试验的设备见设备装配图。管路系统须进行压力试验。真空管道压力试验合格后，必须进行24h真空度试验，增压率不超过5%为合格。试压用的水温度不得低于5℃，气体宜为15～40℃。试验结束后必须将水排净。拆出盲板和临时接管，恢复正常管线。

④ 仪器仪表的调校合格。安全阀调校整定为设定压力。

⑤ 检查各机泵润滑油是否足够。

⑥ 单机试车，机泵按制造厂的试车或操作说明进行单机试车，以检验设备、电器和仪表的性能是否符合规范和设计要求。

⑦ 检查公用工程条件，检查蒸汽、循环水、仪表空气等公用工程条件是否满足开车要求。

⑧ 检查消防、安全、急救等设施是否齐全待用；操作报表、操作记录是否已备齐。

5. 碱液蒸发开车必备条件

① 建筑物内环境温度必须在10℃以上。

② 操作人员必须熟悉DCS，记住设备、仪表、工艺阀门的现场位置。

③ 操作人员必须掌握单台设备操作和维护的方法。

④ 各单台设备独立预运行必须完成。

⑤ 投料前必须从管道上拆除临时过滤器、插板等物。

⑥ 操作人员必须掌握安全说明，急救物品安排到位。

⑦ 防护用品和安全装置必须就位，安全淋浴洗眼器安装完工，并调试合格。

⑧ 施工用的临时设施必须全部拆除。

⑨ 蒸发装置的系统联锁处于解除状态。

6. 碱液蒸发开车操作

① 启动真空泵，向泵体内加密封水，系统达到一定的真空度。确保真空泵密封水入口的水供给充足，同时将冷凝器的循环冷却水进、出口阀打开，并打开总阀和调节阀，对水流量进行适当的调节。

② 通知DCS的操作工将蒸汽调节阀开启，将压力控制在0.1MPa以内，当有少量蒸汽进入换热器，并且有蒸汽从排空阀排出时，将排空阀及蒸汽调节阀关闭。

③ 启动进料泵，保证有足够的液碱供应，在DCS最初的手动模式打开液碱进料自动调节阀，并调整液碱流量为$9m^3/h$，然后，在此流量下打到自动模式。

④ 当各气液分离器有足够的液位后，启动送料泵及产品泵，当液位控制阀开度稳定后，

逐渐打开液位控制阀的隔断阀。

⑤ 当液碱开始循环和气液分离器的液位稳定后，通知 DCS 操作工缓慢打开蒸汽的调节阀，并观察碱液的温度变化，调整蒸汽的调节阀开度，使碱液的温度升到规定温度，同时当工艺冷凝罐的液位达到规定值时，通过手动调整使液位保持在 50％。

⑥ 当工艺冷凝罐的液位超过 50％时，打开工艺冷凝液泵。

⑦ 让 DCS 的操作工手动调节各自动控制阀到工艺规定的参数范围。

⑧ 当指标正常后，将所有自控阀、泵、浓度控制器打到"自动"位置。

⑨ 取样并分析碱液的浓度。

⑩ 将增湿减温阀打开，当运行稳定后，将工艺冷凝罐的液位设为自动。

⑪ 当浓度稳定显示为 50％时，打开碱的手动阀向罐区送碱，将开车临时管阀门关闭，同时打开碱冷却器的冷却水进、出口阀，调整流量并保证液碱的温度在 45℃以下。

⑫ 将所有相关原始数据记录下来。

7. 碱液蒸发停车操作

① 把生蒸汽自动调节阀打开到手动状态，并关到 25％，然后慢慢关闭蒸汽管线上的隔离阀。

② 将供料量减为 30％负荷，在 5～10min 内生蒸汽自动调节阀逐渐关闭。

③ 关闭主蒸汽阀。

④ 保持循环直到浓缩液浓度降为 32％，为避免产品结晶和阻塞管道，用 32％液碱冲洗产品冷凝器和液碱管道，然后停成品泵，并立即停止进料和关闭进料线路上的隔离阀。

⑤ 停冷真空泵和冷凝水泵。

⑥ 系统温度降低的同时慢慢破真空；将产品排至收集罐内。

⑦ 将排放阀打开冲洗系统，避免产品结晶堵塞管道。

⑧ 停冷凝器和产品冷却器的冷却水。

【任务评价】

思考题

① 简单描述碱液蒸发的岗位职责。

② 描述碱液蒸发过程中的开、停车操作步骤。

【课外训练】

通过电解碱液蒸发中岗位操作的学习，分析每个操作步骤的意义。

五、电解碱液蒸发中的安全防范

1. 高温液碱或蒸汽外泄

在蒸发器设备和管道中流动的液体烧碱具有很强的腐蚀性，对人体皮肤、皮革、毛织品等都有强烈侵蚀作用，温度的升高加剧了腐蚀性。为了预防物料喷出，开车前必须进行检查，对薄弱环节采取防护措施，操作工要穿戴好劳动防护用品，工作中尽力尽责。

（1）产生原因

① 设备和管道中焊缝、法兰、密封填料处、膨胀节等薄弱环节处，尤其在蒸发工段开、停车时受热胀冷缩的应力影响，造成拉裂、开口，发生碱液或蒸汽外泄。

② 管道内有存水未放净，冬天气温低，存水结冰将管道胀裂。在开车时蒸汽把冰融化后，蒸汽大量喷出，造成烫伤事故。

③ 设备管道等受到腐蚀。壁厚变薄，强度降低，尤其在开、停车时受压力冲击，热浓烧碱液从腐蚀处喷出造成化学灼伤事故。

(2) 预防措施

① 蒸发设备及管道在设计、制造、安装及检修时均需按有关规定标准执行，严格把关，不得临时凑合。设备交付使用前需专职人员验收。开车前的试漏工作要严格把关。

② 要充分考虑到蒸发器热胀冷缩的温度补偿，合理配管及膨胀节。对薄弱环节采取补焊加强等安全预防措施。

③ 长期使用的蒸发设备，每年要进行定期检测壁厚及腐蚀情况。对腐蚀情况要进行测评，有的可降级使用，严重的判废。

④ 当发生高温液碱或蒸汽严重外泄时，应立即停车检修。操作工和检修工要穿戴好必需的劳动防护用品，工作中尽心尽责，严守劳动纪律，按时进行巡回检查。

⑤ 当人的眼睛或皮肤溅上烧碱液后，须立即就近用大量清水或稀硼酸彻底清洗，再去医务部门或医院进行进一步治疗。

【案例分析】

事故名称：烧碱灼伤。

发生日期：1960年11月X日。

发生单位：浙江某厂。

事故经过：一名操作工站在敞开式的烧碱蒸发锅边掏盐泥时不慎滑入锅内，被烧碱灼伤后，抢救无效而死亡。

原因分析：缺乏防护装置。

教训：烧碱具有极强的腐蚀性，尤其温度高、浓度高时腐蚀性更强，凡是操作与烧碱有关的各项装置时，均必须戴好必要的劳保用品，防止烧碱溶液外泄飞溅触及人体眼睛及皮肤而发生化学灼伤。在组织生产时，首先对操作工进行三级安全生产技术教育和应知应会培训工作，严肃劳动纪律、工艺纪律，严格遵守操作规程，严禁违章操作与野蛮操作。烧碱蒸发设备设计、制造、安装、验收等有关科室要有严格的制度保证。敞口容器必须设置栅栏、安全挡板等安全措施。

2. 管路堵塞，物料不通，蒸发器阀门堵塞

(1) 产生原因　烧碱在蒸发浓缩过程中，由于电解碱液连续不断地被蒸汽加热、沸腾、蒸发、浓缩，随着烧碱浓度不断提高而电解碱液中所含的氯化钠溶解度不断下降，最后成结晶状态氯化钠析出悬浮在碱液之中。如果分离盐泥不够及时，氯化钠结晶变大，会堵塞管道、阀门、蒸发器加热室，造成物料不能流通，影响蒸发工艺操作的正常运行。

(2) 预防措施　在蒸发过程中要及时分离盐泥。注意盐碱分离的旋液分离器的使用效果，发现分离盐泥效果差时要及时调整操作进行处理，堵塞时要及时冲通，保证正常运行。对第二效蒸发器每次接班后用水进行一次小洗。对第三效蒸发器每隔四天进行一次彻底大洗，如发现结晶盐堵塞管道、阀门等情况，可及时用加压水清洗畅通或借用真空抽吸等补救措施来达到管道、阀门的畅通无阻。

【案例分析】

事故名称：物理爆炸。

发生日期：1975年5月×日。

发生单位：广东某厂。

事故经过：因4#蒸发罐出口堵塞而出料不畅。一名沉降工利用2#正压罐的压力疏通4#罐的物料，结果因没有关好5#泵入口阀，而2#正压罐压力过大，导入5#泵，致使5#泵承受不了压力而爆裂，碱液喷出，将一名分离工的面部和双眼严重烧伤，另一人轻伤。

原因分析：违反操作规程，未戴防护眼镜。

教训：蒸发器在正常操作中要严防结盐，各效蒸发罐要定期进行清洗，当蒸发器过料不畅有结盐现象时要及时进行清洗。在检修时必须穿好劳动用品，严禁违章作业及野蛮操作，巡回检查时，发现异常情况需立即汇报并及时组织抢修处理，排除故障。

3. 蒸发器视镜破裂，造成热浓碱液外泄

（1）产生原因　高温、高浓度烧碱溶液具有极强的腐蚀性，对许多物质均呈强腐蚀性。高温高浓度烧碱能与玻璃发生化学反应。造成玻璃碱蚀，厚度变薄，机械强度降低，受压后爆裂，引起热浓碱液外泄，易发生化学灼伤事故。

烧碱与玻璃中的二氧化硅反应，生成硅酸钠：

$$2NaOH + SiO_2 \longrightarrow Na_2SiO_3 + H_2O$$
（氢氧化钠）　（二氧化硅）　　（硅酸钠）　（水）

（2）预防措施　为了防止蒸发器上安装的玻璃视镜受烧碱溶液的腐蚀，可在玻璃视镜上面衬透明的聚四氟乙烯薄膜保护层，并定期进行检查更换，也可采用薄膜保护层对玻璃视镜进行防腐保护。蒸发器的视镜在日常工艺巡回检查及检修中均应重点检查。

4. 坠落事故

（1）产生原因　蒸发厂房内设备多，管线交错复杂，常因预留孔无盖，或有些笆子板长年使用发生腐蚀而强度降低，在操作中不慎被踩坏，发生人员坠落伤亡事故。

（2）预防措施　树立"安全第一、预防为主"的安全生产方针，职工要加强自我保护的意识。针对蒸发厂房设备多、管线复杂的特点，对预留孔要加盖，对笆子板等设施要定期检查，查出隐患及时整改。

5. 碱液冲出伤人

（1）产生原因　有些氯碱厂为了强化蒸发器的循环速率，在列文等型号蒸发器上安装了强制循环泵。泵均设在循环管口的最低点。当循环泵发生机械故障修理时需要拆泵。但在拆泵时由于结晶盐在泵的进、出口处堵塞，而在最低点排碱液时又排不出，当检修工将泵法兰撬开时，管道中大量剩余碱液喷出造成碱液化学灼伤事故。

（2）预防措施　这类事故多数由于思想麻痹、违章作业和违章指挥等原因造成。随着化工生产技术不断发展，新工艺、新设备不断增多，在此类情况下，必须进一步提高广大职工的安全意识和技术素质，通过系统安全教育，提高规范操作技能。在日常检修中必须确定检修项目，制订检修方案，明确检修的任务、要求和安全防范措施。参加检修的部门和人员应认真进行现场检查，弄清检修现场环境情况和设备结构、性能、设备内危险物质及可能发生哪些意外情况。生产车间则应与检修工密切配合，主动介绍情况，为搞好检修工作提供方便。

6. 发生离心机移位的事故

（1）产生原因　离心机是过滤浓碱液中盐泥的常用设备，其工作原理是借旋转液体产生的径向压差即离心力作为过滤的推动力由滤网阻拦碱液中的盐泥，实现碱液与结晶盐颗粒的分离。离心机在运转中应注意防止发生震动。

引起震动的原因：①加料分布器部分堵塞，使料层分布不均；②盐碱固液比超出允许值，一般固液比要求在1～3之内，过稠会引起物料分布不均；③刮刀上升速率过快；④滤

网有损坏,形成类似"穿孔"现象而破坏平衡;⑤甩干时间过长,料层太硬洗网效果又不好;⑥地脚螺钉松动。

其中盐碱固液比大、加料不均、洗网效果不好等是常见的引起离心机震动的主要原因。由于离心机转鼓料层不均所造成的强烈震动,严重时可拉断地脚螺钉,发生离心机移动的重大安全事故,造成设备损坏,人员伤亡。

(2) 预防措施　加强安全措施,杜绝事故隐患。离心机的控制操作可由人工手动改成计算机自动控制,同时要增设配料槽使盐泥固液比相对稳定,基本稳定盐泥温度、黏度、浓度条件,保证离心机操作稳定,防止发生震动。每天应对离心机的运行状况做一次全面检查,主要检查机械转动部分声音是否正常,各处紧固的螺栓是否有松动,润滑油是否加妥,发现有异常情况要通知检修工及时处理。

【课外训练】

通过互联网查找电解液蒸发中还有哪些安全防范措施。

六、测定离子膜电解液中氢氧化钠的含量

近年来,离子膜电解法生产烧碱在我国得到了飞速的发展,许多企业纷纷对原工艺进行改造或引进离子膜新技术。在生产过程中,烧碱中氢氧化钠的含量分析,是一个重要的项目,也是必检项,为了更有效地指导生产,需要及时、快速、准确地分析出氢氧化钠的含量。目前烧碱车间在氢氧化钠的分析过程中,采用的是GB/T 4348.1—2013。

1. 原理

试样溶液中加入氯化钡,将碳酸钠转化为碳酸钡沉淀,然后以酚酞为指示剂,用盐酸标准溶液测定至终点。反应如下:

$$Na_2CO_3 + BaCl_2 = BaCO_3\downarrow + 2NaCl$$
（碳酸钠）　（氯化钡）　　（碳酸钡）　　（氯化钠）

$$NaOH + HCl = NaCl + H_2O$$
（氢氧化钠）（氯化氢）　（氯化钠）（水）

2. 试剂与仪器

(1) 试剂　盐酸标准滴定溶液:$c(HCl)=1.000mol/L$;氯化钡溶液:$100g/L$,使用前,以酚酞为指示剂,用氢氧化钠标准溶液调至微红色;酚酞指示剂:$10g/L$。

(2) 仪器　一般实验室分析仪器和磁力搅拌器。

3. 分析步骤

(1) 试样制备　用已知质量的干燥、洁净的称量瓶,迅速从试样瓶中移取固体氢氧化钠$(36±1)g$或液体氢氧化钠$(50±1)g$(精确0.01g),将称取的样品置于盛有约300mL水的1000mL容量瓶中,冲洗称量瓶,洗液加入容量瓶中,冷却至室温稀释到刻度线,摇匀。

(2) 测定　量取50.00mL试样溶液,注入250mL具塞三角瓶中,加入10mL氯化钡溶液,再加入2~3滴酚酞指示剂,在磁力搅拌器搅拌下,用盐酸标准滴定溶液密闭滴定溶液至微红色。记下滴定所消耗标准溶液的体积V。

4. 结果计算

以质量分数表示的氢氧化钠(NaOH)的含量按下式计算:

$$w = \frac{cV \times 40 \times 10^{-3}}{m \times 50/1000} \times 100\%$$

式中　c——盐酸标准滴定溶液的实际浓度,mol/L;

V——测定氢氧化钠所消耗盐酸标准溶液的体积，mL；

m——试样质量，g。

【任务评价】

思考题

简述测定离子膜电解液中氢氧化钠的含量有哪些步骤。

任务二 固碱生产

一、固碱生产的常用方法

液碱(45%～50%)在高温下进一步浓缩呈熔融状，再经冷却成型，所制得的不同形状的固体烧碱，简称固碱。

1. 离子膜固体烧碱的种类

(1) 桶状固碱 桶状固碱是用 0.5mm 的薄铁皮制成的容器装入离子膜固碱而得，一般的桶重 200kg。桶状固碱一般由大锅熬制而成。桶状固碱的外包装材料价格较高，在使用的时候需要破碎桶，这样既麻烦又不安全。目前，桶状固碱仍然是我国一种主要的固碱生产包装方式。

(2) 片状固碱 锅式法和膜式法生产的熔融烧碱，都可以经过片碱机生产片状固碱。片碱的厚度和温度会随片碱机刮刀调节的距离和冷却水的冷却状况不同而不同。一般片碱的厚度维持在 0.5～1.5mm，温度一般控制在 60～90℃。

片碱包装的材料不同企业都不太一样，有用小桶的，有用一层牛皮纸内衬一层改性聚丙烯塑料袋的。因片状固碱使用方便，所以在国内市场很畅销，备受用户青睐。

(3) 粒状固碱 粒状固碱就是将熔融的碱通过造粒塔制成 $\phi 0.25mm \times 1.3mm$ 的小粒，自由落体与塔底进入的干燥空气进行逆向流动，冷却凝固得到的。粒状固碱具有小包装，方便使用的特点，一般适合于一些小用户，因此，将来国内会有粒状固碱的生产，以填补目前市场的空白。

目前国内对于桶状固碱、片状固碱的质量指标还没有规定，一般按企业标准进行控制。

2. 固碱的生产原理

固碱的生产主要有间歇法的锅式蒸煮和连续法的膜式蒸发这两种方式。

锅式蒸煮固碱采用直接加热，蒸煮熬制固碱。这种工艺成熟可靠，产品质量稳定，但是工艺陈旧，间歇操作，生产能力低，占地面积大，劳动强度高，不便于自动化生产。

膜式法生产片状固碱是使碱液和加热源的传热蒸发过程在薄膜传热状态下进行。这种过程可在升膜和降膜两种情况下进行，常采用熔盐进行加热。

离子膜固碱生产一般分为两个步骤进行，首先是离子膜电解来的碱液从浓度 32% 左右浓缩至 45%，这既可在升膜蒸发器中进行，也可在降膜蒸发器中进行，加热源采用蒸汽，并在真空下进行蒸发；其次是将 45% 的碱液加热浓缩成熔融碱，再经片碱机制成片状固碱。

膜式蒸发法有以下特点：①设备紧凑，热利用率高，易于操作。②能耗低、碱损小、成本低。③杂质含量少，浓度高，片碱质量优。④便于大型化、连续化、自动化生产。

【任务评价】

(1) 填空题

① 液碱在高温下进一步_____，再经冷却成型，所制得的不同形状的固体烧碱，简称固碱。

② 固碱的生产主要有间歇法的锅式蒸煮和连续法的_____这两种方式。

(2) 思考题

① 离子膜固体烧碱有哪些种类？

② 描述固碱生产的原理。

【课外训练】

通过互联网查找固碱的生产原理还有哪些。

二、固碱的生产过程与工艺指标

1. 双效降膜固碱工艺流程

双效降膜固碱工艺流程，如图2-7所示，碱液首先从蒸发工序出来，之后要进入Ⅰ效降膜蒸发器，液体受热蒸发后加入糖液，经碱泵送入Ⅱ效降膜浓缩器，再进行高温浓缩。然后将降膜器产出的熔融碱送入碱分配器中，最终送入片碱机，经片碱机转鼓转动之后，通入循环水使转鼓上的碱冷却，刮刀制片后送入料仓，原料经机械自动包装后贮存起来。

双效降膜浓缩工艺如下：Ⅰ效降膜蒸发器蒸发的热源则是以Ⅱ效降膜浓缩器产生的二次蒸汽作为基础，蒸发产生的蒸汽经表面冷凝器冷凝后形成的冷凝水通入工艺冷凝水槽，再送至脱盐水站。未被冷凝的蒸汽则需通过蒸汽喷射泵将其抽吸放空。

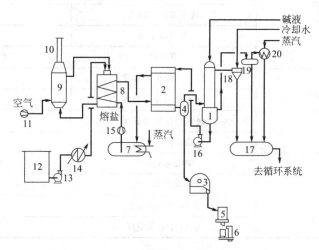

图2-7 双效降膜工艺流程

1—Ⅰ效降膜蒸发器；2—Ⅱ效降膜浓缩器；3—片碱机；4—分离器；5—包装秤；6—封口机；7—熔盐罐；8—熔盐炉；9—余热交换器；10—烟囱；11—鼓风机；12—重油贮罐；13—油泵；14—热交换器；15—熔盐泵；16—过料碱泵；17—冷凝水罐；18—直接冷却器；19—表面冷凝器；20—蒸汽喷射泵

在开车的初始阶段，将熔盐全部投入熔盐罐。通过过热的蒸汽(压力0.8～1.0MPa，温度>142.2℃)加热后熔盐全部熔化，用熔盐泵将其送至熔盐炉（重油燃烧加热）。当熔盐温度升至420℃后送往Ⅱ效降膜浓缩器，从浓缩器出来的被冷却的熔盐送回熔盐罐。如果熔盐没有达到预期规定的使用温度，那么熔盐须继续使用熔盐泵送到熔盐炉进行加热。熔盐可循环使用。

助燃空气经助燃风机后被送至空气预热器（余热交换器），会与熔盐炉出来的热废气进行热交换，作为重油燃烧的助燃物进入熔盐炉，经燃烧后从熔盐炉烟道出来，进入空气预热器与冷空气换热后送往烟囱排放。

将公用工程过来的循环水（33℃）通入片碱机中，冷却转鼓上的碱膜，并送回到冷却水槽，可作为下一次循环使用。

公用工程来的水经尾气洗涤液槽由洗涤液泵送入尾气洗涤塔上部，与片碱机和包装机所产生的尾气进行逆流接触，洗涤液回到洗涤液槽，当洗涤液达到一定浓度后，通过洗涤液循环泵送至一次盐水的配水槽。洗涤塔尾气通过尾气风机抽吸排空。

2. 双效降膜法固碱生产中的工艺指标

双效降膜法固碱生产中的工艺指标，如表2-1所示。

表2-1 双效降膜法固碱生产中的工艺指标（参考值）

名称	项目	指标
原料液的成分	NaOH	45%～50%
	NaCl	<50mg/L
	$NaClO_3$	<30mg/L
	Fe	<10mg/L
Ⅰ效降膜蒸发器	二次蒸汽压力	0.1MPa
	冷却下水温度	<36℃
	出料碱温	96～98℃
	喷射泵进口压力	0.3～0.4MPa
	出料碱浓度	>60%
	真空度	86.7～90.7kPa
降膜浓缩器（Ⅱ效）	熔盐进浓缩器温度	430℃
	碱液进浓缩器温度	96～98℃
	碱液出浓缩器温度	413～416℃
	熔盐出浓缩器温度	410℃
片碱机	碱液进料温度	400～405℃
	片碱出料温度	55～60℃
	出口冷却水温度	32～36℃
	进口冷却水温度	25～28℃

【任务评价】

思考题

① 用自己的语言描述固碱生产双效降膜固碱工艺流程，并绘制工艺简图。

② 固碱生产的主要工艺指标有哪些？

【课外训练】

查找固碱生产升膜降膜工艺流程，画出流程图并描述固碱生产升膜降膜流程。

三、双效降膜法固碱装置的操作

1. 片碱系统的开车操作

(1) 首先检查并清除各蒸发器、管路、贮槽中的积水,除必要的冷凝水贮槽、尾气洗涤槽、真空泵泵体水箱有规定的存水之外,确保其他设备内没有水。

(2) 检查片碱机组、包装机组、码垛机组是否完好无损。

(3) 检查真空系统、糖液系统、燃烧系统是否正常运行。

(4) 确保碱液预热器出口的液碱符合生产要求,并保证能连续正常供应,保证水、蒸汽、碱、熔盐管路的阀门开关都正确;使片碱机浸槽的排废管道畅通;检查包装袋和托盘是否已经准备充足;确保包装和码垛系统具备开车条件;保证碱分配器的蒸汽吹扫合格。

(5) 保证润滑油液位和冷却水流量正常,检查熔盐泵、冷却水泵、洗涤液循环泵、片碱包装尾气风机、工艺冷凝水泵、真空泵、助燃风机是否灵活好用,操作盘已经打到"就地停止"位置。

(6) 在进行正常生产时,糖液必须每天在贮槽配制一次,糖液配制含量浓度为10%~15%。将糖液配制好,同时启动糖液计量泵,确认在不同冲程和速率下,出糖量都符合要求。

(7) 将熔盐投入熔盐罐,并开始送蒸汽,用蒸汽加热使熔盐熔化,当疏水器冷凝水排出正常后,开启碱液、熔盐管道的电伴热。

(8) 对熔盐进行升温操作

① 当熔盐罐内的熔盐升温至≥180℃,通过手盘动熔盐泵及熔盐阀门均能灵活转动。

② 当熔盐熔化后,保持通入氮气压力在15kPa。

③ 保证电伴热正常工作,且熔盐管道通过电伴热预热至200~220℃。

④ 对熔盐样品取样,检验其中的 $NaNO_2$ 含量和熔盐熔点是否已经符合要求。

⑤ 检查熔盐泵的冷却水及油液位是否正常;对于片碱装置部分,保证所有阀门都处在规定状态。检查熔盐的阀门,将去Ⅱ效浓缩器的熔盐阀门关闭,并打开回流阀门,在液碱能正常生产的前提下,保证水、电、蒸汽、氯气等公用工程符合工艺要求。

⑥ 通过DCS的控制员检查巡检自控阀、压力表、温度表、液位计、流量计是否好用。并同时启动冷却水泵,将冷却器的冷却水循环进、出口阀门打开。将片碱机(先进风,后进水)启动,并保证其运转正常。

⑦ 确认重油(或天然气)的供应正常。将可控程序温度控制器内管熔盐温度上限调节到240℃,将熔盐炉内管温度设为350℃,熔盐炉外管温度设为180℃。将熔盐炉控制系统保持在"预热"位置。

⑧ 将助燃空气风机启动,将熔盐炉燃烧器进行点火,随时观察熔盐炉内、外管中温升情况。

⑨ 当熔盐炉内管中温度达180℃以上时,启动熔盐泵,在熔盐旁路进行小循环,随时观察熔盐泵的电流情况,并记录电流示数,及时检查是否有漏电现象。

⑩ 在可控程序温度控制器达220~230℃时,观察熔盐泵电流情况,正常泵电流为170A。将去往Ⅱ效浓缩器的熔盐阀门打开,将熔盐的回流阀关闭。

⑪ 将加热炉内管中温度的设定从350℃调到450℃,并将可控程序温度控制器加热速率设定为45℃/h,终点设定调整到400℃。

⑫ 关闭所有的熔盐管路电伴热。将熔盐炉控制系统打到"加热"位置，使熔盐开始梯度升温直到 400℃。

⑬ 当熔盐的出口温度达到设定温度 350℃时，启动片碱机。

（9）确保片碱机的转鼓两端轴封不漏，把片碱机的刮刀调至合适位置，调节浸槽到位，使转速为 3r/min，打开片碱机，要先开仪表空气，使仪表空气压力为 0.05MPa，调整冷却水压力为 0.4MPa。

（10）将表面冷却器和真空泵循环水的进、出口阀打开，并使真空度达到规定范围。让流量达到规定值后启动真空泵。

（11）将成品碱冷却器循环水进口阀门关小，同时，打开碱液系统碱预热器去Ⅰ效蒸发器的手动阀门，通知控制员手动打开液碱的调节阀，让其流量控制在规定范围，并向Ⅱ效浓缩器送碱，当Ⅱ效分离器液位低报警停止时，启动碱泵，手动调节使其流量达到规定值。

（12）打开糖泵并向 62%碱泵的进口碱液中加糖。

（13）在准备向Ⅱ效浓缩器进碱前，将点火器打到"操作"的位置使熔盐温度维持在 420～430℃，并启动熔盐炉，使熔盐罐温度维持在 410℃左右。

（14）当发现转鼓挂碱时，应及时调整刮刀位置，观察Ⅱ效浓缩器的熔盐、碱液的温度变化情况。

（15）根据进浓缩碱流量及片碱的切片情况，及时调整转鼓的速率。

（16）打开片碱包装尾气风机和洗涤液循环泵，手动调节各阀门，使尾气洗涤液槽的液位控制在 50%左右。

（17）当所有指标正常后，将所有自控阀门打到"自动"位置。

（18）按规定及时巡检，并及时认真地做好记录。

2. 固碱系统的正常停车操作

（1）当接到停车通知后，各岗位要准备停车。

（2）将去 62%碱泵进口糖液手动阀全关，最后将糖泵停止，同时立即将去Ⅰ效降膜蒸发器的碱路手动阀全关。

（3）关闭真空泵，通过手动操作将Ⅰ效降膜蒸发器的真空放掉，并保持工艺冷凝水槽的液位在 50%，再将工艺冷凝水泵停止。

（4）使 HTS（熔盐）在整个系统保持循环，将燃烧器的程序选择开关由"加热"打到"预热"。

（5）将进碱分配器低压蒸汽阀门立即打开，并吹扫碱分配器去片碱机熔融碱管道、碱分配器，吹扫时间保持 8h 以上，并观察是否畅通。当片碱机转鼓无料时，将刮刀撤下，通过蒸汽和水进行冲洗转鼓和料仓，并放下片碱机浸槽，将浸槽中的残碱处理干净。

（6）立即调节浓缩器，使之与生产负荷相适应，将成品冷却器循环水流量开大。

（7）通过干空气把包装系统吹干。同时通过水冲洗包装系统及周围的现场，将溢流的碱液处理干净。

（8）将洗涤液循环泵和尾气风机停止，并保持尾气洗涤液槽的液位在 50%。如果在短时间内未开车，就要先关片碱机的冷却水，再关片碱机的仪表，最后停片碱机。

（9）将所有电伴热停止。

（10）如果碱系统需要全部停车，则继续液碱的停车步骤。

【任务评价】
思考题
固碱过程的开、停车有哪些操作步骤?
【课外训练】
请通过互联网查找双效降膜法固碱装置操作的注意事项。

 项目小结

1.不管是离子膜法还是隔膜法生产出来的碱液一般浓度较低,不能作为成品出售,因此必须通过其他的工序处理将其浓度提高才能得到成品,一般采用碱液的蒸发和固碱操作。

2.影响碱液蒸发的因素有一次蒸汽压力、蒸发器的液位控制、真空度、蒸发器的效数等。

3.蒸发的流程很多,不同的氯碱企业应该从效数、蒸发器、逆顺流工艺、循环方式等几个方面进行考虑,进行流程的选择。

4.电解碱液蒸发的工艺流程主要有单效旋转薄膜蒸发、单效升膜蒸发、双效顺流蒸发、降膜式双效逆流蒸发、双效逆流蒸发、三效顺流强制循环蒸发、三效逆流强制循环蒸发、三效降膜逆流蒸发。

5.电解碱液加工处理的主体设备是蒸发器,辅助设备有旋液分离器、离心机、滤盐器等。

6.掌握电解碱液蒸发的岗位操作,并熟悉碱液蒸发开、停车操作。

7.电解液蒸发中的安全防范不可忽视,应对常见的事故有所了解。

8.液碱在高温下进一步浓缩呈熔融状,再经冷却成型,所制得的不同形状的固体烧碱,简称固碱。目前的固碱形状主要有桶装、片状和粒状。

9.固碱的生产主要有间歇法的锅式蒸煮和连续法的膜式蒸发这两种方式。

项目三

氯氢处理

知识目标
1. 掌握氯气处理和氢气处理的工艺原理。
2. 掌握氯气处理和氢气处理的工艺方法与流程。
3. 了解氯气处理和氢气处理中主要设备的作用与结构。
4. 掌握氯气处理和氢气处理的岗位操作及安全规范。

能力目标
1. 能识读氯、氢处理的工艺流程图,并能绘制工艺流程简图。
2. 能熟悉氯气处理和氢气处理的岗位操作。
3. 能准确判断及处理氯、氢处理中出现的常见故障。
4. 能实施氯、氢处理的安全防范。

任务一
氯气处理操作前的准备

一、氯气冷却、干燥的常用方法和生产过程

1. 氯气处理的生产任务及主要控制指标

从电解槽阳极析出的氯气温度很高(可达 90℃以上),并伴有饱和水蒸气,这种湿氯气的化学性质比干燥的氯气更活泼,对钢铁以及大多数金属都有强烈的腐蚀作用;只有少量的贵、稀有金属或非金属材料在一定条件下才能抵抗湿氯气的腐蚀作用。因而这对氯气的输送、使用、贮存等都带来了极大的困难。而干燥的氯气对铁等常见的金属腐蚀作用相比之下是较小的。氯气对碳钢的腐蚀速率,如表 3-1 所示。

表 3-1 氯气对碳钢的腐蚀速率

氯气含水分/%	腐蚀速率/(mm/年)	氯气含水分/%	腐蚀速率/(mm/年)
0.00567	0.0107	0.0870	0.114
0.01670	0.0457	0.1440	0.150
0.0206	0.0510	0.330	0.38
0.0283	0.0610		

由表 3-1 可知,随着氯气的含水量增加,对碳钢腐蚀的速率也增加。可见湿氯气的脱水

和干燥是生产和使用氯气的必要条件。而氯气处理的生产任务就是除去湿氯气中的水分，使之变成含有微量水分的干燥氯气以适应氯气的各种需求。

2. 氯气冷却、干燥的常用方法

氯气处理的核心任务便是脱水，就是通过处理使氯气的含水量降到0.01%以下，一般脱水的方法有冷却法、吸收法、冷却吸收法等三种。

(1) 冷却法　冷却干燥工艺就是降低氯气的温度使湿气冷凝，从而达到降低氯气湿含量的目的。氯气冷却方式主要分为直接冷却和间接冷却两种。直接冷却方式就是将电解槽阳极来的湿氯气直接进入氯气洗涤塔，采用工业冷却水或者冷却以后的含氯洗涤液与氯气进行气、液相的直接逆流接触，以达到降温、传质冷却，使气相的温度降低，并除去气相夹带的盐粒、杂质。在氯气洗涤塔中气、液相直接接触，既进行传热、又进行传质。间接冷却方式就是将来自电解槽阳极的高温湿氯气直接引入列管式冷却器的管程或者壳程，用冷冻氯化钙盐水对氯气进行间接传热冷却，达到使气相中所含的水蒸气冷凝下来的目的。

(2) 吸收法　吸收法干燥工艺是将高温湿氯气在干燥塔中用浓硫酸吸收氯气中的水分、降低氯气的湿度，从而实现氯气的干燥。为了使氯气中的含水量小于50mg/L，一般用98%的浓硫酸进入干燥塔，且温度应尽量低，但也不要使酸温度过低，以防止硫酸溶液生成$H_2SO_4 \cdot 2H_2O$、$H_2SO_4 \cdot H_2O$等结晶，造成设备和管道的阻塞，影响生产。硫酸吸水是放热过程，故干燥用的硫酸要进行冷却，进塔的酸温度控制在20℃左右。该法使用设备较多，工艺复杂，但水分脱除率较高。

(3) 冷却吸收法　冷却吸收法，通俗说就是要先冷却，再干燥，综合上述两种方法的优点，第一阶段先用冷却法将80~90℃氯气降低到20℃左右（不能低于9.6℃），第二阶段用浓硫酸吸收剩余水分。该法既减少了硫酸消耗，又保证了工艺指标，为各厂家广泛采用。

湿氯气中平衡"含湿量"与压力、温度有关。在压力相同的情况下，湿氯气中湿含量与温度的关系，如表3-2所示。

表3-2　湿氯气中平衡含湿量与温度的关系

温度/℃	湿氯气中水蒸气平衡分压/mmHg	湿氯气中平衡湿含量/(g/m³ 湿氯气)	湿氯气中平衡湿含量/(g/kg 湿氯气)
10	9.2	9.4	3.1
15	12.8	12.8	4.3
20	17.5	17.5	5.9
25	23.8	23.0	8.1
30	31.8	30.0	10.8
35	42.2	39.6	14.7
40	55.3	51.2	19.8
45	71.9	65.4	26.2
50	92.5	83.1	34.9
55	118.0	104	46.2
60	149.4	130	61.6
65	187.5	161	82.5
70	233.7	198	112
75	289.1	242	115
80	355.1	293	219
85	433.6	354	338
90	525.8	424	571
95	633.9	505	1278

注：1mmHg=133.322Pa。

由表 3-2 可知，在相同压力下，湿氯气温度下降，湿氯气中"含湿量"也明显下降。例如，湿氯气温度为 90℃ 时，每千克湿氯气中平衡湿含量可达到 571g，若将其冷却、温度降至 40℃，则每千克湿氯气中平衡湿含量（最多可达到的湿含量）为 19.8g，理论上通过冷却最多可除去湿含量（水分）500g 以上。

但在氯气温度较低时，用冷却法除湿就不再可行。因为当氯气降到 9.6℃ 时，将会形成 $Cl_2 \cdot 8H_2O$ 的结晶体，从而使设备、管道结冰堵塞，使气体无法通过。因此湿氯气温度不可无限降低，最佳进干燥塔温度为 11~14℃。

因而，冷却吸收法氯气干燥工艺，是在 11~14℃ 以上，用冷却法除去绝大部分湿含量（水分），余下的水分用浓硫酸吸收法继续脱除，从而使氯气达到预定的脱湿（干燥）效果。

3. 氯气冷却、干燥的生产过程

（1）氯气处理的工艺流程 氯气处理工艺流程，如图 3-1 所示，包括冷却除沫、干燥脱水、除雾净化、压缩输送以及事故氯气处理五部分。

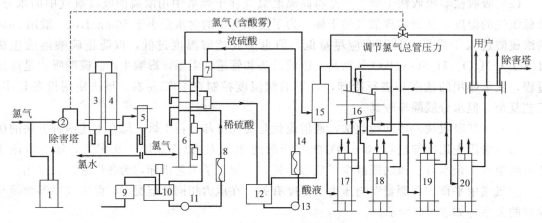

图 3-1 氯气处理工艺流程图

1—湿氯气水封；2—湿氯气缓冲器；3—工业水钛管冷却器；4—盐水钛管冷却器；5—水沫过滤器；6—泡沫干燥塔；7—浓硫酸高位槽；8—稀硫酸冷却器；9—废硫酸贮槽；10—稀硫酸循环槽；11—稀硫酸循环泵；12—浓硫酸循环槽；13—浓硫酸循环泵；14—浓硫酸冷却器；15—酸雾过滤器；16—氯气离心式压缩机；17~20—Ⅰ~Ⅳ级氯气中间冷却器

湿氯气缓冲器将来自电解槽阳极的高温湿氯气进行分配，进入工业水钛管冷却器中，通过工业水进行冷却，使气相温度降低（40℃ 以下），再进入盐水钛管冷却器，用 6~10℃ 的氯化钙冷冻盐水进行冷却，使气相温度降至 12~14℃。水沫过滤器除去冷却后气相中夹带的游离水，之后气相进入泡沫干燥塔。在干燥塔内，气相自下而上，浓硫酸自上而下，在干燥塔塔板上错流接触，进行吸收传质，气相中的水分被浓硫酸吸收掉，气相出泡沫干燥塔顶部时，已成为含湿量低于 100mg/L 的合格氯气。出泡沫塔的干燥氯气进入酸雾过滤器去除酸雾，再进氯气离心式压缩机，经过四段冷却使氯气达到常温，并保持 0.38MPa（表压）以下的排出压力，最后分配送至用户。

（2）氯气处理中的氯气冷却工艺 在生产规模较大的离子膜电解装置中为回收利用电解工序高温湿氯气中的热量，一般在进入氯气处理工序前，在电解工序设置盐水和氯气热交换器，加热精盐水（可使其温度提高约 10℃），同时降低氯气处理工序湿氯气的冷却负荷。

氯气处理工序湿氯气的冷却工艺流程一般有两种：一是采用两级间接冷却，将湿氯气冷却至 12~14℃；二是采用直接冷却和间接冷却相结合，将湿氯气冷却至 12~14℃。下面主要介绍直接冷却和间接冷却相结合的工艺流程。

氯气直接冷却加间接冷却工艺流程如图3-2所示,通常适用于规模大于5万吨/年烧碱装置。

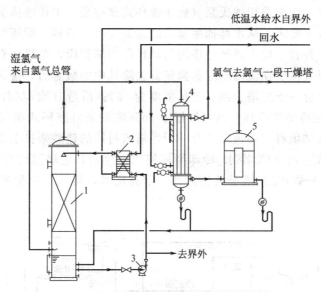

图 3-2　氯气直接冷却加间接冷却工艺流程
1—氯气洗涤塔；2—氯水冷却器；3—氯水泵；4—钛管冷却器；5—水雾捕集器

来自电解工序的高温湿氯气(约80℃)由氯水洗涤塔底部进入,在塔内自下而上与塔顶进入的氯水充分接触,洗涤盐雾、交换热量,湿氯气被氯水洗涤冷却至40℃左右后,从塔顶流出。氯水用氯水泵来加压,并用氯气冷却器冷却后循环使用,以确保循环使用的氯水进入氯气洗涤塔的温度在30℃左右；多余的氯水由泵送至界外。

从氯气洗涤塔顶流出的湿氯气由钛管冷却器的上部封头进入其管间,被走壳程的冷水冷却至12～14℃,然后由其下部封头流出至水雾捕集器,除去水雾后,进入干燥系统。其间冷凝下来的氯水经水封流出至氯水贮槽。

当生产规模较大、氯气压缩机采用大型离心式氯气压缩机时,为满足大型进口氯气压力为正压的要求,在氯水洗涤塔出口处设置氯气鼓风机,将湿氯气加压为正压操作后,再进入钛管冷却器冷却和干燥系统。

氯气处理冷却单元和干燥单元合理搭配,可以达到既减少设备投资,又节省操作费用的目的,优选湿氯气冷却后的温度指标是非常重要的途径之一。

湿氯气中的含水量与其温度有关,温度越高,其含水量越大；温度越低,则含水量就越小。通过降低被水蒸气饱和的湿氯气温度可使氯气中含水量大幅度降低,但随着温度的降低其幅度趋缓。

虽然,较低温度的湿氯气可使干燥单元负荷减小,达到同样含水指标时,浓硫酸消耗少；但为此需加大冷却单元设备投入,增加冷量的消耗；更为重要的是湿氯气在9.6℃时会生成$Cl_2·8H_2O$结晶,阻塞设备和管道,并造成氯气的损失。因而湿氯气冷却后温度不能过低。实际生产中,一般湿氯气冷却温度控制在12～14℃。

(3) 氯气处理中的氯气干燥工艺　氯气干燥工艺一般有三种：一是"填料+筛板"二合一塔工艺；二是"一级填料塔"和"填料+泡罩"二级复合塔组合,形成两级干燥工艺；三是三级填料塔(或第三级为填料+泡罩塔)或多级填料塔干燥工艺。下面对"填料+筛板"二合一塔工艺进行详细介绍。

氯气"填料+筛板"二合一塔干燥工艺流程，如图3-3所示。干燥后氯气含水约300mg/L，可满足氯气压缩采用纳氏泵（属于液环式真空泵，工作液体为浓硫酸，氯气经该泵继续被干燥）的含水要求。从水雾捕集器来的湿氯气由"填料+筛板"二合一干燥塔底部的填料层下部进入，并自下而上地经过塔内的填料段和筛板段，与塔内自上而下的浓硫酸充分接触而被干燥，氯气由塔顶流出至酸雾捕集器去除其中的酸雾后，进入氯气压缩系统。进入"填料+筛板"二合一干燥塔上部、含量浓度为95%（质量分数）左右的硫酸来自95%酸高位槽，并经95%酸冷却器冷却；该高位槽中95%硫酸来自液环式氯气压缩机（纳氏泵）定期更换的泵酸。进入"填料+筛板"二合一干燥塔填料段的硫酸来自上部筛板段，并用硫酸循环泵和硫酸冷却器[(8±3)℃冷水]冷却循环使用，控制其进塔温度在20℃左右；当其浓度降至约75%（质量分数）时或塔釜液位达到一定高度时，将其泵至稀硫酸贮槽，然后用稀硫酸泵包装外卖。

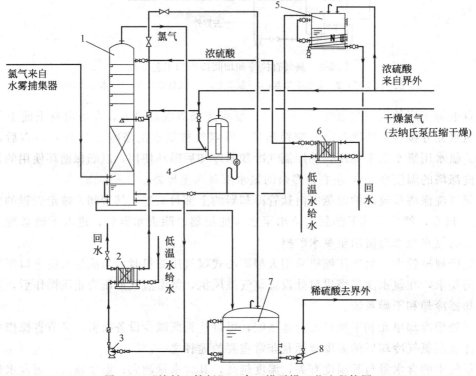

图3-3 "填料+筛板"二合一塔干燥工艺流程简图
1—氯气"填料+筛板"二合一干燥塔；2—硫酸冷却器；3—硫酸循环泵；4—酸雾捕集器；
5—95%酸高位槽；6—95%酸冷却器；7—稀硫酸贮槽；8—稀硫酸泵

【任务评价】

(1) 判断题

① 从电解工段来的湿氯气，温度越高，含水量越大。（   ）

② 从电解工段出来的氯气常用钢管输送至氯氢处理工序。（   ）

③ 从电解工段来的湿氯气经冷却后可除去其中80%以上的水。（   ）

(2) 选择题

下列关于氯气冷却流程的叙述中不正确的是（　　）。

A. 直接冷却流程是以工业水在填料塔或空塔内直接喷淋洗涤氯气

B. 目前普遍采用闭路循环氯水直接冷却流程

C. 直接冷却流程可以洗除氯气中部分盐雾及其他有机杂质

D. 间接冷却法流程简单，氯水废液少

(3) 思考题

① 为什么氯气要经过处理才能使用？氯气处理的原理是什么？

② 简述氯气处理的工艺流程，并绘制氯气处理的流程简图。

③ 为什么湿氯气冷却后的温度一般控制在 12～14℃？

【课外训练】

通过互联网查找氯气安全说明书，熟悉氯气的化学性质，并查找氯气有关的事故案例，小组讨论氯气生产常见事故预防和个人防护。

二、氯气冷却、干燥中的主要设备及作用

氯气冷却、干燥中的设备主要有湿氯气水封、钛管冷却器、水沫过滤器、泡沫干燥塔、网筒式酸雾自净过滤器等。

1. 湿氯气水封

湿氯气水封又称安全水封（正压水封），其结构如图 3-4 所示。湿氯气水封安装在电解氯气总管的旁路上，一端与事故氯气处理塔相连，另一端与电解氯气总管相连，中间有隔板隔开，液封高度为 60mm。它的作用是当氯气处理的负压系统因故障发生正压时，带压的事故氯气便将水封冲开，向事故氯气处理塔泄压，用碱液进行吸收处理，以保证氯气负压系统的管道、设备以及电解槽的安全。水封高度的确定应充分考虑系统所能承受的最大正压冲击。

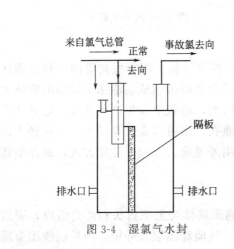

图 3-4　湿氯气水封　　　　图 3-5　钛管冷却器

2. 钛管冷却器

钛管冷却器如图 3-5 所示，由上封头、列管壳体及下封头三个部分构成。列管壳体由钛

制列管束、定距杆、折流挡板、上下分布管板等构成。钛对湿氯气有较好的抗腐蚀性能，钛列管传热效果也不错。

钛管冷却器在Ⅰ段冷却时一般使用工业水作为冷却剂，Ⅱ段冷却时使用冷冻氯化钙溶液作为冷却剂。在实际生产过程中，气相湿氯气走壳程，传热系数较走管程高很多，但造价投资前者高于后者。

钛管冷却器的作用是使电解来的湿氯气与冷却剂在钛列管管壁进行间接换热，移走气相中所带的热量，达到降低温度的目的，同时气相中的含水量也大量减少。

3. 水沫过滤器

水沫过滤器是上封头、过滤层筒体组成的圆筒体。过滤层筒体由上压盖、丝网过滤层（系丝网填料盘卷而成）、底板等构成，如图 3-6 所示。整个设备用硬质聚氯乙烯制成；丝网可采用聚乙烯、金属丝（钛丝）等，其宽度为 150mm。水沫过滤器的作用在于通过丝网层捕集、过滤去除气相中夹带的游离水分，水沫过滤器可以降低用于干燥脱水的吸收剂浓硫酸的单耗，并有效地防止游离水随气相带入干燥塔。一般除沫效率可达 98% 以上。

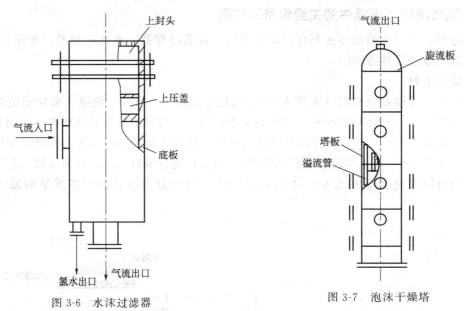

图 3-6 水沫过滤器　　　　　图 3-7 泡沫干燥塔

4. 泡沫干燥塔

泡沫干燥塔如图 3-7 所示，是应用十分广泛的气液传质设备，属于板式塔的一种。泡沫干燥塔是由一个圆柱形壳体及按一定间距、水平设置的若干塔板组成。泡沫干燥塔的筒体上有塔板、内外溢流管、接收液盘等。全塔共设置数块塔板，塔板上按生产负荷及一定开孔率开设相当比例的筛孔。筛孔可以是上下相同直径的直通孔，也可以是上孔径小、下孔径大的异径喷嘴孔。目前强化型泡沫干燥塔正在推广，它采用外溢流、大液流循环方式，确保输送气体负荷适应生产的需要。

5. 网筒式酸雾自净过滤器

网筒式酸雾自净过滤器如图 3-8 所示。它是由圆筒形筒体与上下封头和滤筒组成，圆筒体外壳、上下封头及滤筒是由碳钢制作，滤筒分内层、玻璃纤维层及外层。内外层使用金属网，玻璃纤维层使用氟硅油处理浸渍过的长丝玻璃棉，长丝玻璃棉具有十分良好的憎水疏酸性能和自净酸雾能力。玻璃纤维过滤层的厚度及填充密度要由输送气量、气流通过的阻力以及除去酸雾的效率等因素决定。一般要求过滤器除酸雾效率在98%以上。

酸雾过滤器的作用是将气相夹带的酸雾液滴除去，使气相得以净化，保证进入氯气离心式压缩机的氯气洁净，不结污垢。

【任务评价】

(1) 判断题

① 由于湿氯气的腐蚀作用，列管冷却器常采用钛材。（　　）

② 出干燥塔的氯气最终含水量取决于进最后一塔的硫酸的温度和浓度。（　　）

③ 酸雾捕集器主要用于除去氯气中夹带的盐雾和酸雾。（　　）

(2) 思考题

① 简述湿氯气水封的作用与结构。

② 简述网筒式酸雾自净过滤器的作用与结构，并绘制结构简图。

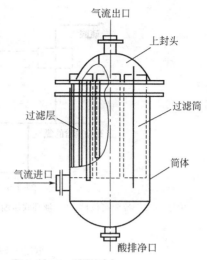

图3-8　网筒式酸雾自净过滤器

【课外训练】

通过互联网查找氯气冷却、干燥的设备还有哪些，这些设备的结构原理是什么？

三、氯气压缩输送过程与设备

氯气压缩输送过程就是用氯气压缩机把冷却干燥的氯气增压后送出界区至各用户，并保持电解槽阳极室压力稳定。

1. 氯气压缩输送过程

氯气的压缩输送方式很多，一般采用液环式氯气压缩机（纳氏泵）、离心式氯气压缩机、大型离心式氯气压缩机等。

(1) 液环式氯气压缩机的工艺流程　液环式氯气压缩机是借助浓硫酸作为液环、密封介质，利用浓硫酸进行冷却循环，以带走氯气压缩时产生的热量，流程简图如图3-9所示。

来自硫酸高位槽的98%浓硫酸经节流进入叶轮式压缩机，在压缩机的运转作用下在叶轮周围形成密封的液流环，使进口总管中的常温氯气被抽吸进压缩机；在压缩机的压缩作用下，氯气得到增压，同时夹带着硫酸的氯气流入气液分离器。在气液分离器中，氯气被旋风离心分离，往上进入氯气出口总管。硫酸被分离后，往下进入硫酸冷却器冷却至常温再返回压缩机，如此循环。

经分离器分离出来的泵酸进入冷却器进行循环冷却（设置一级或二级，分别采用循环水和约8℃冷水），保持酸温在约20℃，并用98%浓硫酸定期更换，确保泵酸浓度不低于92%。

(2) 离心式氯气压缩机的工艺流程　离心式氯气压缩机的工艺流程如图3-10所示。来自氯气干燥系统并经酸雾捕集器除去酸雾的干燥氯气，进入离心式氯气压缩机（国产小型透平机）经二段压缩，使其压力升至0.26~0.45MPa。压缩过程会使氯气温度上升，经过一级压缩后，需用一段氯气冷却器将氯气温度冷却至30~40℃，再进入第二级压缩；第二级压缩后，经二段氯气冷却器冷却后进入氯气分配台向下游用户分配。

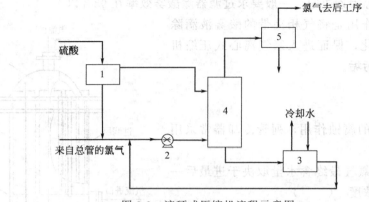

图 3-9 液环式压缩机流程示意图

1—硫酸高位槽；2—液环式压缩机；3—硫酸冷却器；4—气液分离器；5—氯气除雾器

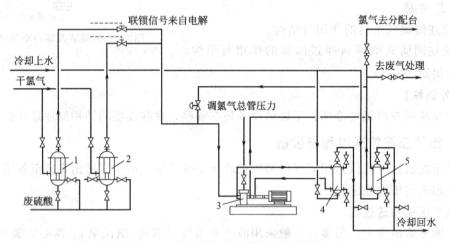

图 3-10 离心式氯气压缩机工艺流程

1,2—酸雾捕集器；3—离心式氯气压缩机；4——段氯气冷却器；5—二段氯气冷却器

为确保氯气系统的压力稳定，通过设置回流调节氯气的方式来实现；为防止高压侧氯气在异常情况下窜回至低压侧，还需设置氯气防窜回自动控制功能。

(3) 大型离心式氯气压缩机的工艺流程　大型离心式氯气压缩机的工艺流程如图 3-11 所示，来自氯气干燥系统并经酸雾捕集器除去酸雾的干燥氯气，进入大型离心式氯气压缩机（一般为进口机器）第一级进口，经四级压缩，使其压力升至 0.45~1.20MPa（可根据下游氯产品用氯压力要求，选择出口压力）。压缩过程中，氯气温度上升，配备各级间冷却器和后冷却器将每级氯气进口温度和最终出气温度冷却至 40℃；然后进入氯气分配台向下游用户分配。

各级冷却器所用循环水均由设置的循环水高位槽提供，以防止氯气冷却器泄漏时，水进入氯气侧，造成压缩机损坏；另外，各循环水回路上均设置 pH 计随时监测回水 pH。

为确保氯气系统的压力稳定，通过设置两个回流调节氯气的方式来实现：一是将压缩机的出口管路和进口管路之间设置回流（俗称小回流）；二是将氯气分配台设置一路回流至干燥塔氯气进口处（俗称大回流）。为防止高压侧氯气在异常情况下窜回至低压侧，还需设置氯气防窜回自动控制功能。

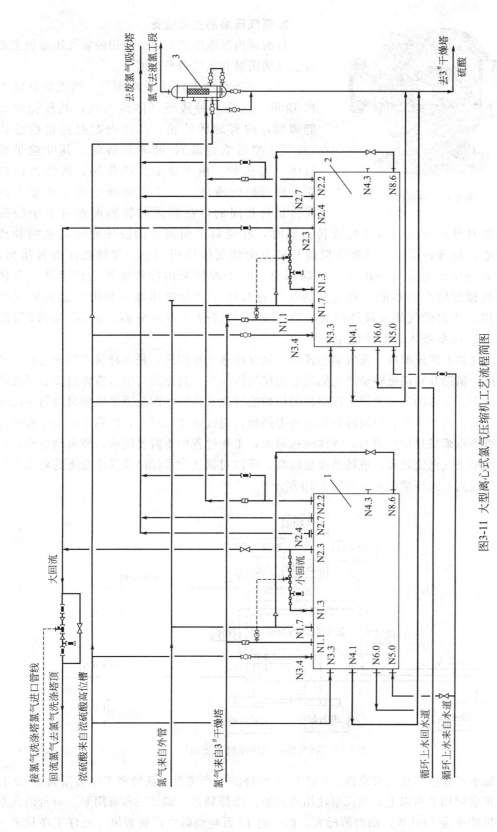

图3-11 大型离心式氯气压缩机工艺流程简图

1—大型离心式氯气压缩机a；2—大型离心式氯气压缩机b；3—酸雾捕集器

2. 氯气压缩的主要设备

目前国内氯碱生产企业中使用的氯气压缩机主要有氯气纳氏泵和氯气透平压缩机。

(1) 纳氏泵的工作原理及特点　纳氏泵如图3-12所示。它是一种液环气体压缩机，其外壳略似椭圆形，内有旋转叶轮，壳体内贮有适量的液体（氯气压缩用浓硫酸），叶轮旋转时，其叶轮带动液体一起运动。由于离心力的作用，液体被抛向壳壁形成椭圆液体。由于在运动中各个角度上的液体量是相同的，在椭圆的长轴两端有2个较短

图3-12　纳氏泵

轴方向大的月牙形空间。当叶轮旋转一周时，叶轮每个间隔中的液体轮流地趋向和离开叶轮中心，仿佛许多液体活塞在椭圆长轴方向使气体体积缩小。气体被压缩并排出，气体的吸入与压出通道为壳体及不运动部分。由于液体泵内旋转摩擦会产生热，气体的压缩将机械能转变为热能，在气体的压缩过程中，部分液体被带到出口通道随气体压出，所以，压出的气体及液体的混合物需要在气液分离器中分离。液体（硫酸）需经冷却后返回纳氏泵吸入口循环使用。

(2) 氯气离心式压缩机　氯气离心式压缩机又称透平压缩机，是一种具有蜗轮的离心式气体压缩机，借助叶轮高速转动产生的离心力使气体压缩，其作用与输送液体的离心泵或离心式风机相似。气体的压缩使透平压缩机的机械能转化为热能，因此透平压缩机的每一段压缩比不能过大，级间需要有中间冷却器以移走热量，使气体体积减小，以利于压缩过程的逐级进行。透平压缩机排出压力高，气体输送量大，工作过程中不需要硫酸，所需动力小，但在压缩过程中氯气温度较高，机械精度也较高，所以对氯气含水（酸）及其他杂质的要求亦相对提高。氯气离心式压缩机系统如图3-13所示。

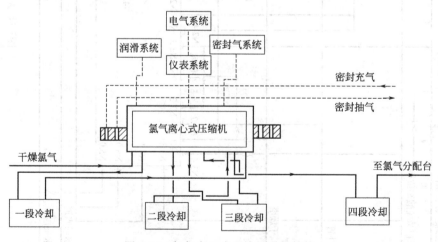

图3-13　氯气离心式压缩机系统结构

从氯碱生产企业使用效果来说，1套10万吨烧碱生产装置，氯处理工序需安装8～9台纳氏泵，正常使用6台以上，纳氏泵使用寿命短，维修频繁，需二三台备用泵。每台纳氏泵的配套电机功率为110kW，动力消耗大。而一套10万吨烧碱生产装置氯气处理工序只需一台透平压缩机。因此，透平压缩机不仅占地面积小，且动力消耗低。

【任务评价】

(1) 判断题

① 氯碱厂一般都是采用纳氏泵或透平压缩机来压缩输送氯气。（　　）

② 透平压缩机采用分级压缩，分级压缩的主要目的是为了降低冷冻和压缩负荷。（　　）

(2) 思考题

① 简述氯气压缩的任务。

② 氯气的压缩方式有几种？

③ 描述离心式氯气压缩机(小型透平机)工艺流程，并绘制流程简图。

④ 简述纳氏泵的工作原理及特点。

【课外训练】

以小组为单位通过互联网查找氯气压缩还有哪些设备，并叙述设备的原理及流程。

四、事故氯处理的方法与生产过程

1. 事故氯处理的原理

一般完整的氯气处理工艺过程中必然会有事故氯气处理系统。事故氯气处理系统是氯气处理工艺过程中的应急处理系统，其作用是当遇到系统停车、各类事故及全厂突然停电后用碱液吸收氯气系统内的氯气，以防止氯气外泄。它是确保整个氯气处理工序、电解槽生产系统以及整个氯气管网系统安全运行的有效措施。国内外的氯碱企业都十分重视在故障状态下怎么防止氯气"外溢"和妥善处理事故氯气的问题。随着环保法规的健全，控制环境污染的手段更为严格，事故氯气处理系统更为人们所重视，而事故氯气处理系统也被给予了更为人性化的称呼"除害塔"。

本工序采用烧碱吸收法来处理氯气，其反应原理如下：

$$Cl_2 + 2NaOH == NaClO + NaCl + H_2O + Q$$

（氯气）（氢氧化钠）　（次氯酸钠）（氯化钠）（水）（放热）

由反应式可以看出反应是放热反应，因而必须及时通过换热器用循环冷却水移走反应热，否则会使吸收液温度上升，发生如下副反应：

$$3NaClO == NaClO_3 + 2NaCl$$

2. 事故氯气处理系统工艺流程

(1) 通用事故氯气处理系统工艺流程　通用事故氯气处理系统工艺流程，如图3-14所示。开车时的低浓度氯气、停车后系统内的氯气、事故氯气和全厂停电状态下系统内氯气等各种需要吸收的氯气由氯气处理塔(一般采用填料塔或喷淋塔)底部进入，在塔内与从塔顶流下的液碱充分接触，氯气与烧碱反应生成次氯酸钠；残留尾气从塔顶由风机抽出排入大气(要求含氯量≤1mg/m³)。吸收碱液由塔底流出至吸收碱液低位槽，再经吸收碱循环泵输送至吸收碱冷却器冷却，移走反应热后，返回塔顶，进行下一轮吸收；直至吸收碱液达到次氯酸钠质量要求时，泵至次氯酸钠销售处包装外销；新配制的液碱补充至吸收碱低位槽(设置两台，交替使用)，然后由吸收碱循环泵输入塔顶。

新配制的液碱还需送入吸收碱高位槽；当全厂突然停电时，或吸收碱循环泵故障无法供碱液时，吸收碱高位槽出口管线上的切断阀自动打开(在DCS系统中设置相应的联锁回路)，碱液靠位差流入氯气处理塔顶，吸收氯气(氯气靠压差流入塔内)。吸收碱高位槽所贮存的液碱量需满足全部吸收氯气系统内的氯气要求量。

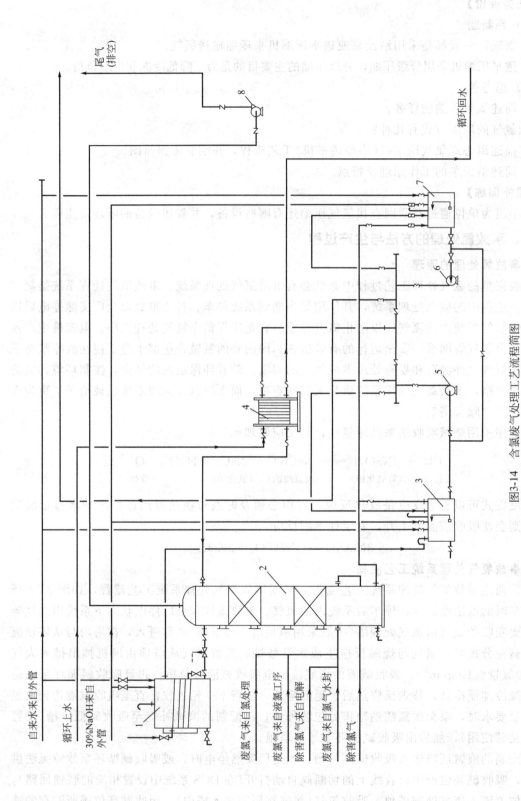

图3-14 含氯废气处理工艺流程简图

1—吸收碱高位槽；2—除害塔；3,7—吸收碱低位槽；4—吸收碱冷却器；5,6—吸收碱循环泵；8—风机氯气是有毒、有害的气体,杜绝氯气外泄是防止发生氯气中毒的最有效的手段。整个氯气处理工序设置有两套事故氯气处理装置。一套设置在电解槽出口,与湿氯气水封相连。另一套设置在氯气离心式压缩机出口,与机组排气管相连。

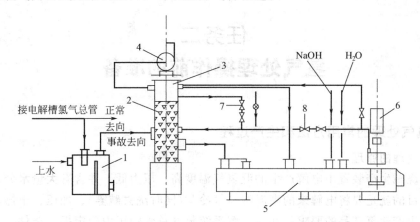

图 3-15 电解槽出口事故氯气处理装置
1—湿氯气水封;2—吸收塔;3—NaOH 高位槽;4—鼓风机;5—NaOH 循环槽;
6—液下泵;7—截止阀;8—止回阀

(2) 电解槽出口/氯气离心式压缩机出口的事故氯气处理系统　电解槽出口/氯气离心式压缩机出口事故氯气处理系统工艺流程如图 3-15 所示。设置在电解槽出口的事故氯气处理装置的运转启动与电解槽氯气出口总管的压力联锁,即当电解槽氯气总管刚呈正压时,该处理装置的碱液循环泵及抽吸的鼓风机便自动开启。碱液(配制成 16%～20%),经液下泵压送入喷淋吸收塔中,在不同高度的截面上喷淋而下,与正压冲破湿氯气水封进入喷淋吸收塔由下而上的氯气进行传质吸收,未能吸收的不含氯的尾气被鼓风机抽吸放空。

设置在氯气离心式压缩机出口的事故氯气处理装置的运转启动,与机组的停机信号及电解槽直流供电系统联锁,即当机组因故停机时,该处理装置的碱液循环泵及抽吸鼓风机便自动开启,将氯气管网(输出)中倒回的氯气经排气管抽吸入事故氯气喷淋吸收塔进行吸收,惰性气体放空。

由此可见,确保事故氯气处理装置的完好,就能在紧急情况下迅速启动使用,由正压变为负压,从而能有效地防止氯气的外逸。这就需要在平时经常做各种联锁试验,以确保联锁灵敏可靠。另外保证碱液浓度合格,氯气的中毒事故便会得到有效的防止。

【任务评价】

(1) 填空题

① 氯气紧急处理系统的作用是当遇到系统停车、各类事故及全厂突然停电后用碱液吸收氯气系统内的氯气,以防止_____。

② 整个氯气处理工序设置有两套事故氯气处理装置,分别设置在_____和氯气离心式压缩机出口,与机组排气管相连。

(2) 思考题

① 简述事故氯处理的作用。

② 为什么要在离子膜烧碱生产装置中设置含氯废气处理工序?

③ 简述含氯废气处理工艺流程,并绘制流程简图。

【课外训练】

通过互联网查找氯气泄漏事故，以小组形式进行交流，总结事故氯气处理系统的意义。

任务二
氢气处理操作前的准备

一、氢气处理的常用方法和生产过程

1. 氢气处理的原理

离子膜烧碱生产装置中电解产生的湿氢气温度高、压力低，并含有大量水分；设置氢气处理工序的目的就是要将电解来的高温湿氢气冷却（同时洗去碱雾）、加压、干燥，输送给下游工序满足生产耗氢产品的要求，并为电解系统氢气总管的压力稳定提供条件。

2. 氢气处理的工艺流程

目前，国内离子膜烧碱生产装置中的氢气处理工序典型工艺流程一般有三种。第一种，冷却、压缩工艺流程；第二种，冷却、压缩、冷却工艺流程；第三种，冷却、压缩、干燥工艺流程（或在冷却后干燥）。这三种工艺流程一般根据生产规模和下游产品对氢气含水量以及压力的要求不同而有所不同。

（1）氢气冷却、压缩工艺流程　氢气冷却、压缩工艺通常适用于下游产品对氢气含水量和压力要求不高或设有氢气柜的装置。

氢气冷却、压缩工艺流程如图 3-16 所示。来自电解工序的高温氢气（约 80℃）经水封罐进入氢气冷却塔（洗氢桶或填料塔）底部，冷却水由塔上部进入直接喷淋冷却，使氢气温度降至约 35℃，并洗涤所夹带的碱雾；从塔顶排出的氢气进入氢气泵（水环式压缩机）压缩至一定压力后，排至气水分离器将夹带水分离；从气水分离器顶部排出的氢气依次进入氢气水雾捕集器和氢气缓冲罐，然后进入氢气分配台向下游用户分配。

为确保氢气系统的压力稳定，通过设置回流调节氢气的方式来实现，并在氢气冷却塔前和氢气分配台上分别设置氢气安全放空。氢气冷却塔（洗氢桶或填料塔）冷却用水，一般用软水采用中间冷却器和循环泵闭路冷却循环使用，当水中含碱量达一定浓度时予以回收；这样既能保证洗涤冷却效果又能回收碱，减少碱损失。氢气泵（水环式压缩机）用水经冷却器冷却后循环使用或定期更换。为保证氢气系统的安全生产，在氢气冷却塔前、后和分配台等各管路上，设置充氮置换系统。

（2）氢气冷却、压缩、冷却工艺流程　氢气冷却、压缩、冷却工艺通常适用于下游产品对氢气含水量和压力要求不高的装置。来自电解工序的高温氢气（约 80℃）经水封罐进入氢气冷却塔（洗氢桶或填料塔）底部，冷却水由塔上部进入直接喷淋冷却，使氢气温度降至约 35℃，并洗涤所夹带的碱雾；从塔顶排出的氢气进入氢气泵（水环式压缩机）压缩至一定压力（0.05～0.10MPa）后，排至气水分离器将夹带水分离；从气水分离器顶部排出的氢气因压缩温度升高，使得其含水量上升；采用列管式换热器（8℃水）将氢气温度冷却至约 15℃，以降低氢气中的含水量；然后依次进入氢气水雾捕集器和氢气缓冲罐，再进入氢气分配台，由此向下游用户分配。

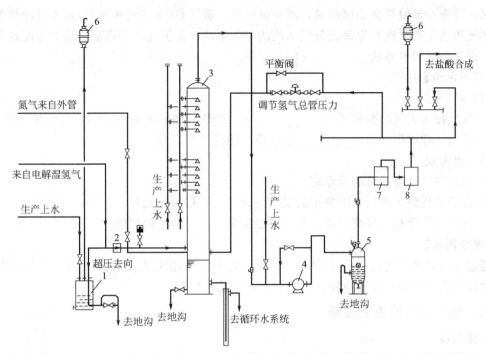

图 3-16 氢气冷却、压缩工艺流程简图
1—氢气安全水封；2—水封罐（防回火）；3—氢气冷却塔；4—氢气泵；5—气水分离器；
6—阻火器；7—氢气水雾捕集器；8—氢气缓冲罐

为确保氢气系统的压力稳定，通过设置回流调节氢气的方式来实现，并在氢气冷却塔前和氢气分配台上分别设置氢气安全放空。氢气冷却塔（洗氢桶或填料塔）冷却用水，一般用软水采用中间冷却器和循环泵闭路冷却循环使用，当水中含碱量达一定浓度时予以回收；这样既能保证洗涤冷却效果又能回收碱，减少碱损失。氢气泵（水环式压缩机）用水经冷却器冷却后循环使用或定期更换。为保证氢气系统的安全生产，在氢气冷却塔前、后和分配台等各管路上，设置充氮置换系统。

(3) 氢气冷却、压缩、干燥工艺流程　氢气冷却、压缩、干燥（或在冷却后干燥）工艺通常适用于下游产品对氢气含水量[≤2%（质量分数）]和压力要求较高的装置。来自电解工序的高温氢气（约80℃）经水封罐进入氢气冷却塔（洗氢桶或填料塔）底部，冷却水由塔上部进入直接喷淋冷却，使氢气温度降至约35℃，并洗涤所夹带的碱雾；从塔顶排出的氢气进入氢气泵（水环式压缩机）压缩至一定压力后，排至气水分离器将夹带水分离；从气水分离器顶部排出的氢气因压缩温度升高，使得其含水量上升；采用列管式换热器（8℃水）将氢气温度冷却至约15℃，然后经水雾捕集器将水雾除去后进入氢气干燥塔，在塔内用固碱进一步吸收氢气中的水分；干燥后的氢气（含水量≤2%）经氢气缓冲罐进入氢气分配台，由此向下游用户分配。

干燥塔内的固碱定期更换或根据干燥后氢气中的含水量来确定是否更换补充；吸收水分后产生的碱液回收利用。

为确保氢气系统的压力稳定，通过设置回流调节氢气的方式来实现，并在氢气冷却塔前和氢气分配台上分别设置氢气安全放空。氢气冷却塔（洗氢桶或填料塔）冷却用水，一般用软水采用中间冷却器和循环泵闭路冷却循环使用，当水中含碱量达一定浓度时予以回收；这样既能保证洗涤冷却效果又能回收碱，减少碱损失。氢气泵(水环式压缩机)用水经冷却器冷却后循环使用或定期更换。为保证氢气系统的安全生产，在氢气冷却塔前、后和分配台等各管路上，设置充氮置换系统。

【任务评价】

(1) 填空题

① 氢气排入大气时要先经_____，氢气带压设备和管道在适当位置应加防爆膜。

② 氢气处理流程分为_____、洗涤、输送三个部分。

(2) 思考题

① 简述氢气处理的目的及原理。

② 离子膜烧碱生产装置中典型的氢气处理工艺流程有哪几种？

③ 简述氢气冷却、压缩工艺流程，并绘制氢气处理的流程简图。

【课外训练】

通过氢气处理工艺流程的学习，参照氢气冷却、压缩工艺流程图，画出氢气冷却、压缩、冷却工艺流程图及氢气冷却、压缩、干燥工艺流程图。

二、氢气处理的主要设备

1. 阻火器

阻火器是防止外部火焰窜入存有易燃易爆气体的设备、管道内或阻止火焰在设备、管道间蔓延的装置。大多数阻火器是由能够通过气体的带有许多细小、均匀或不均匀的通道或孔隙的固体材质所组成，这些通道或孔隙要求尽量小，小到只要能够通过火焰就可以。这样，火焰进入阻火器后就分成许多细小的火焰流被熄灭。阻火器的阻火层结构有砾石型、金属丝网型和波纹型。

2. 水封罐（防回火）

水封罐的作用是防止回火现象的发生，假设发生回火，火焰通过火炬气出口进入水封罐后因为入口管道在水面以下，因此杜绝了火焰的继续传播。水封罐有低压、中压两种，低压水封罐的结构如图3-17所示，用于低压生产系统；中压水封罐的结构如图3-18所示，用于中压生产系统。

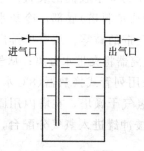

图3-17 低压水封罐示意图

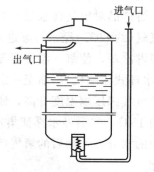

图3-18 中压水封罐示意图

3. 水环真空泵

水环真空泵，简称水环泵，如图3-19所示。它由叶轮、泵体、吸排气盘、水在泵体内壁形成的水环、吸气口、排气口、辅助排气阀等组成。

叶轮被偏心地安装在泵体中，当叶轮按图3-19所示方向旋转时，进入水环泵泵体的水被叶轮抛向四周，由于离心力的作用，水形成了一个与泵腔形状相似的等厚度的封闭的水环。水环的上部内表面恰好与叶轮轮毂相切，水环的下部内表面刚好与叶片顶端接触(实际上，叶片在水环内有一定的插入深度)。此时，叶轮轮毂与水环之间形成了一个月牙形空间，而这一空间又被叶轮分成与叶片数目相等的若干个小腔。如果以叶轮的上部0°为起点，那么叶轮在旋转前180时，小腔的容积逐渐由小变大，压力不断地降低，且与吸排气盘上的吸气口相通，当小腔空间内的压力低于被抽容器内的压力，根据气体压力平衡的原理，被抽的气体不断地被抽进小腔，此时正处于吸气过程。当吸气完成时与吸气口隔绝，小腔的容积逐渐减小，压力不断地增大，此时正处于压缩过程，当压缩的气体提前达到排气压力时，从辅助排气阀提前排气。而与排气口相通的小腔的容积进一步地减小，压力进一步地升高，当气体的压力大于排气压力时，被压缩的气体从排气口排出，在泵的连续运转过程中，不断地进行着吸气、压缩、排气过程，从而达到连续抽气的目的。在水环泵中，辅助排气阀是一种特殊结构，一般采用橡胶球阀，它的作用是消除泵在运转过程中产生的过压缩与压缩不足的现象。

水环泵和其他类型的机械真空泵相比有如下优点：结构简单，制造精度要求不高，容易加工。结构紧凑，泵的转速较高，一般可与电动机直连，无须减速装置。故用小的结构尺寸，可以获得大的排气量，占地面积也小。压缩气体基本上是等温的，即压缩气体过程温度变化很小。由于泵腔内没有金属摩擦表面，无须对泵内进行润滑，而且磨损很小。转动件和固定件之间的密封可直接由水封来完成。吸气均匀，工作平稳可靠，操作简单，维修方便。水环泵也有其缺点：效率低，一般在30%左右，较好的可达50%；真空度低，这不仅是因为受结构的限制，更重要的是受工作液饱和蒸汽压的限制。

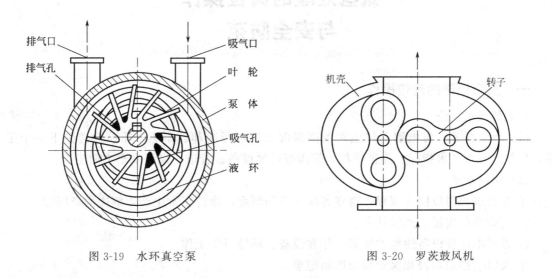

图 3-19 水环真空泵　　　　图 3-20 罗茨鼓风机

4. 罗茨鼓风机

罗茨鼓风机的结构如图 3-20 所示。它是一种容积式气体压缩机械，其特点是在最高设计压力范围内，管道阻力变化时流量变化很小，工作适应性强，故在流量要求稳定、阻力变动幅度较大的工作场合，可予自动调节，且叶轮与机体之间具有一定间隙，不直接接触，结构简单，制造维护方便。罗茨鼓风机是靠一对互相啮合的等直径齿轮（以保证两个转子等速反向转动）达到输送气体的目的，在结构上分立式、卧式两种。罗茨鼓风机可用于输送气体和抽去系统内气体达到负压。

当罗茨鼓风机运转时，气体进入由两个转子和机壳围成的空间内，与此同时，先前进入的气体由一个转子和机壳围在空间处，此时空间内的混合气体仅仅被围住，而没有被压缩或膨胀，随着转子的转动，转子顶部到达排气的边缘时，由于压差作用，排气口处的气体将扩散到围住的空间处，随着转子的进一步转动，空间内的混合气体将被送至排气口，转子连续不断地运转，更多的气体将被送至排气口。

【任务评价】
(1) 填空题
① 阻火器是防止外部火焰窜入存有_____的设备、管道内或阻止火焰在设备、管道间蔓延。
② 水环泵由叶轮、泵体、吸排气盘、_____、排气口、辅助排气阀等组成。
(2) 思考题
① 水环真空泵的结构及工作原理是什么？
② 影响氢气泵(水环式压缩机)抽气能力的因素有哪些？
③ 罗茨鼓风机的特点是什么？

【课外训练】
通过互联网查询氢气处理设备除了书中介绍的外还有哪些。

任务三
氯氢处理的岗位操作与安全防范

一、氯氢处理的岗位操作

1. 氯气岗位操作

(1) 岗位任务　将电解工段生产的高温湿氯气进行冷却、干燥、压缩输送到下一个工序，控制好各项技术指标。降低消耗，管理好所属设备、管道，搞好安全文明生产。

(2) 岗位职责
① 严格按照岗位操作规程，遵守各项纪律和制度，维持正常生产，解决生产问题。
② 完成岗位质量、产量任务。
③ 做好本岗位设备的维护保养工作和设备、环境卫生工作。
④ 及时、准确填报和保管岗位原始记录。
⑤ 严格执行本岗位作业指导书。
⑥ 定时进行巡回检查，发现问题及时处理，同时向班长汇报。
⑦ 严格执行交接班制度。

(3) 正常开车准备
① 检查安全水封是否有水，氯水液封是否有水，泡沫干燥塔液封是否正常。
② 检查氯气系统所有设备、管道及阀门等附件是否完好无损，校对各测压、测温仪表

是否准确无误。

③ 联系冷却用水，氯气预冷器、氯气冷却器冷却上水。

④ 检查氯气压缩机、酸高位槽、酸循环槽的所有酸阀、管道及其他附件是否完好，密封是否可靠，所有酸阀在使用前应试转灵活后，处于关闭状态。

⑤ 使开车前塔酸高位槽、泵酸高位槽、酸循环槽的液位保持满槽溢流状态。依次打开泵酸高位槽下酸总阀，将要运行的氯气压缩机加酸阀和循环酸阀，通过泵酸冷却器加酸至气液分离器视镜的1/2处，关闭循环酸阀，关闭泵加酸阀及泵酸高位槽下酸总阀。

⑥ 盘动氯气压缩机，上好联轴器安全护罩。

⑦ 打开氯气压缩机循环酸冷却器的冷却水阀。

⑧ 按照调度指令开启分配台相应阀门。

⑨ 现场将氯气压缩机出口的氯气送到除害塔的阀门打开，待氯气浓度合格后打开去液氯工序的阀门。

⑩ 确认氯气回流阀门关闭。

⑪ 备好防毒面具，操作人员必须按要求穿戴好劳动保护用品。

⑫ 通知DCS操作台，本岗位开车准备工作完毕，等候开车指令，接到DCS操作台开车指令后，方可启动设备开车。

(4) 开车操作

① 根据计划，电解槽开车送电前，打开洗涤塔加水阀和氯气安全水封的加水阀，加满水封并保持有少部分溢流，启动洗涤塔氯水循环泵。

② 打开氯气预冷器、冷却器、循环酸冷却器的冷却水进、出口阀。

③ 关闭氯气回流阀的旁通。

④ 打开进泡沫塔浓硫酸加酸阀，打开稀硫酸循环泵出口阀，开启泡沫干燥塔加酸阀，启动稀硫酸循环泵。

⑤ 打开泵酸冷却器冷却水进水阀、回水阀。

⑥ 启动氯气压缩机，同DCS操作员配合，接到DCS操作员启动指令后，由开压缩机出口阀的人向启动压缩机的人员发出启动示意，打开出口阀，启动电机。当电机启动后，应观察电机运行电流是否稳定正常。调节循环酸流量，微开氯气压缩机进口阀，并根据氯气总管吸力情况缓慢调节氯气压缩机进口阀门。

⑦ 随着电解电流的升高，听从DCS操作员的指示逐渐开大氯气压缩机进口阀门，DCS操作员调节回流阀控制氯气总管压力，使氯气压缩机进口压力处在稳定正常的状态下。

⑧ 手动调节氯气预冷器、冷却器冷却水量，使进干燥塔的氯气温度为12～15℃。

⑨ 调节循环酸冷却器的冷却水量，使循环酸温度保持在10～20℃，调节泵循环冷却器的冷却水量，使循环酸温度保持在35～50℃。

⑩ 将氯气回流调节器投入"自动"。

⑪ 运行时始终注意观察氯气总管的压力，根据电解槽的电流大小调节氯气压缩机入口阀门的开度，使氯气总管保持压力正常。

(5) 正常操作

① 氯气压缩机运转正常后，应根据运行工艺指标要求，经常注意观察运行情况，每2h巡回检查记录一次。

② 操作人员特别注意操作氯气冷却器冷却水量，保持进干燥塔湿氯气的温度(约12～

15℃），若低于10℃易形成氯的水合结晶堵塞管道，造成氯气压力异常上升；若高于15℃则影响干燥效果且硫酸的消耗量增加。

③ 经常根据泡沫塔鼓泡情况，调整下酸量，保持良好的鼓泡情况。使出塔稀酸浓度保持在72%～75%。

④ 控制循环酸温度在10～15℃。

⑤ 控制浓酸高位槽液面满槽溢流状态。

⑥ 定期分析氯气泵酸浓度，如浓度低于96%，应进行换酸，打开氯气压缩机加酸阀门，分离器液位上升时，关闭循环酸阀，再打开排酸阀，分析泵酸浓度达到要求后，关闭排酸阀，停止换酸，待气液分离器的液面在视镜的1/2处，关闭加酸阀，打开循环酸阀。

⑦ DCS操作人员必须根据氯气压缩机进口压力情况，随时调节回流量，确保生产正常稳定进行。

⑧ 经常校正氯气压力计的准确值，为保证生产安全运行，杜绝氯气外溢事故的发生。

(6) 停车操作

① 接到DCS操作员的停车指令后，注意氯气压缩机进口压力。

② 打开去除害塔的阀门，关闭干氯气出口总阀。

③ 关闭氯气压缩机进、出口阀，同时打开其平衡阀。

④ 停车在短期之内，可不停氯气压缩机，长期则停氯气压缩机。

⑤ 按下循环硫酸循环泵停机按钮，停循环酸泵，关闭循环酸冷却器加水阀。

⑥ 关闭泡沫干燥塔加酸阀。

⑦ 关闭各冷却器冷却水阀。

2. 氢气岗位操作

(1) 岗位任务　将电解工段生产的高温氢气进行冷却、加压、干燥并输送到下游加工工序，控制好各项技术指标。管理好所属设备、管路，搞好安全文明生产。

(2) 岗位职责

① 严格执行本岗位作业指导书。

② 严格遵守工艺纪律、安全纪律、劳动纪律。

③ 定时进行巡回检查，发现问题及时处理，同时向班长汇报。

④ 对本岗位运转设备做好维护保养工作。

⑤ 做好本岗位设备、环境卫生工作。

⑥ 严格执行交接班制度。

⑦ 做好本岗位原始记录。

⑧ 由分析室人员，负责质量分析。

⑨ 日常设备维护保养及岗位文明卫生。

(3) 正常开车准备

① 检查所属设备、管道及附件是否完好，投入运行的设备、管道是否畅通。检查仪表空气是否有气，检查自动控制阀是否处在规定状态下。

② 撤掉氢气系统上的所有电源线、火种。

③ 联系冷却上水，使氢气水洗塔中的冷却水流量适中。

④ 放净氢泵内积水并盘泵，检查氢气回流阀的开关情况。

⑤ 通知下游工段准备送氢气，打开氢气主管路的所有手动阀门。
⑥ 开车前通知电工检查各电机情况。
⑦ 检查氢气电动开关是否完好灵敏。
⑧ 操作人员必须穿戴好有关劳保用品。
⑨ 通知DCS操作台，本单元开车前准备工作完毕，等待开车指令，接DCS操作台开车指令后，方可启动设备开车。

（4）开车操作
① 打开通往氢气洗涤塔冷却器的冷却上水、回水阀门。
② 打开洗涤塔纯水入口阀，待水开始溢流到排放罐时，打开氢气洗涤塔循环泵进、出口阀，循环水进口阀及出口阀。
③ 从氢气洗涤塔入口和氢气压缩机进口充入N_2置换系统内的空气，并打开氢气分配台出口排空阀，由氢气过滤器出口测定系统含$O_2<0.5\%$为合格（氮气置换流程：洗涤塔→氢气压缩机→氢气预冷器→氢气冷却器→氢气过滤器→氢气分配台放空）。
④ 关闭氮气阀。
⑤ 打开氢泵出口阀至氢气放空烟囱自动阀的平衡阀，全开调节阀。
⑥ 启动氢气压缩机。
⑦ 打开氢气泵进口阀门，并缓慢关闭平衡阀。
⑧ 分析氢气纯度，达到要求后，关闭氢气分配台放空阀门，打开送往氢气用户的阀门，并根据压缩机出口压力，调节阀门的开度。

（5）正常操作
① 调节去用户阀门开度，控制氢气输出压力。
② 经常查看氢气冷却塔出口氢气管道上氢气的温度，是否在控制指标内。
③ 设定液位值，控制氢气密封槽的液面在60%以上。
④ 经常查看氢气预冷器、冷却器，使其出口的温度分别保持在30~42℃、10~35℃。

（6）正常停车
① 慢慢打开氢气分配台放空管道阀门，同时慢慢关闭去用户阀门，将氢气放空。
② 停氢泵时，必须保持氢气压力在规定范围内，停氢泵操作按传动设备停泵程序进行。
③ 关闭压力控制调节阀。
④ 关闭泵循环水阀、冷却水和气水分离器冷却水阀门及氢气的回流调节阀。

【任务评价】
思考题
① 氢气处理的岗位职责是什么？开车前的准备工作有哪些？
② 氢气处理系统停车步骤有哪些？

【课外训练】
请将书中氯氢处理的岗位操作进行整理，适当添加你认为还需要进行的操作，并写出你认为岗位操作中的注意事项。

二、氯氢处理中常见事故的判断与处理

1. 氯气处理中不正常现象和事故的处理

氯气处理操作中常见的不正常现象、原因及处理方法，如表3-3所示。

表 3-3 氯气处理中常见事故的判断与处理

不正常现象	原因	处理方法
氯气压缩机启动困难或启动电流大	①密封压盖太紧	①松压盖
	②泵叶轮和锥体锈住	②反复盘泵
	③轴承架安装不正或轴弯	③调整轴承架或换轴
	④叶轮和锥体间端盖间隙过小	④拆开端盖,加上垫子
氯气压缩机振动大	①靠背轮不同心	①校正靠背轮
	②轴承坏或轴弯	②更换轴承或轴
	③循环酸过多	③减少循环酸加入量
	④地脚螺钉松动	④上紧或更换地脚螺钉
	⑤叶轮动平衡差,靠背螺钉安装不正或脱落	⑤必要时停泵修理
氯气压缩机壳温度过高	①循环酸量太小	①适当增大酸量
	②氯气含水量大	②改善氯气冷却干燥效果
	③换热器传热差	③清理换热器内污垢,开大冷却器
	④叶轮间隙小	④换泵检修
	⑤硫酸浓度太低	⑤换酸
	⑥泵出口压力大	⑥降低出口压力
氯气压缩机中有冲击杂质	①循环酸量过大	①调节酸量
	②泵内有固体杂质	②换泵检修
	③叶轮损坏	③换泵
	④泵内流体通道过小	④换泵
氯气压缩机盘根漏酸、漏气	①压盖松或弹簧坏	①紧螺钉或换弹簧
	②循环酸量过大或过小	②调节循环酸量
	③出口压力过大	③联系调度降压
	④叶轮与锥体间隙过大,使填料由原来的负压成正压	④换泵或修泵
	⑤轴被磨损	⑤换泵
	⑥轴弯	⑥停泵检修
氯气压缩机电流升高	①循环酸量大	①减小酸量
	②出口压力高	②联系调度降压
	③泵轴弯或泵振动	③修泵
	④轴承损坏,叶轮间隙过小受热膨胀产生摩擦	④停泵检查
	⑤压盖太紧	⑤松螺钉
	⑥叶轮破损	⑥停泵检修
氯气压缩机抽气量不够	①循环酸量过大或过小	①调节酸量
	②叶轮间隙大	②换泵
	③叶轮装反	③停泵检修
	④泵内有固体物质造成半通或堵塞	④停泵检修
	⑤入口阀或管道堵塞	⑤换阀或疏通管道
	⑥电机反转	⑥电源线换相
	⑦泵质量差	⑦换泵
干燥塔积酸	①筛孔堵塞	①拆开塔,疏通筛孔、溢流管
	②塔前设备管道堵塞	②找出堵塞点给予排除
	③塔超负荷运行	③降负荷或加备用塔
氯气管道水封抽水	①吸力太大	①调整吸力
	②水封前氯气管积水或堵塞	②水封前氯气管积水或堵塞
预冷器冷却器水封抽水	①吸力太大	①调整吸力
	②降温过低氯水结晶堵塞列管使下封头负压太大	②减少冷却水量并向水封加水
干燥塔不起泡沫	①气量太小	①换塔或增加塔前气体回流量
	②塔酸倾斜,氯气走短路	②调整塔板水平度
	③溢流面高度不稳	③换塔板

续表

不正常现象	原因	处理方法
氯气含水超标	①入塔温度过高	①开大钛管冷却器水或冷冻水,清理钛管冷却器内结垢
	②塔酸浓度不够	②提高使用塔酸浓度
	③加酸量太小	③加大塔酸量
	④塔运行超负荷	④降负荷或增加备用塔
	⑤干燥塔不起泡沫	⑤检查氯气输送管道和设备是否被堵
氯气 U 形压力计吸力突然下降	①循环酸中断	①开大循环酸
	②入口阀芯脱落	②换阀门
	③用氯部门突然关阀门或液氯水有高压氯气窜入	③联系用氯部门处理
	④动力停电或跳闸	④在合闸不成后降电流迅速倒泵
	⑤电解电流突然升高	⑤及时开大入口阀,加开氯泵
	⑥负压系统设备管道冻结	⑥查找冻结处用热水或蒸汽熔化
	⑦负压系统氯气管水封失水	⑦加水密封
	⑧U 形压力计导压管积水	⑧校正压力计排出积水
氯气 U 形压力计吸力波动	①正压系统有酸	①排放缓冲罐等处的存酸
	②氯气水封位不足	②加量到位
	③泡沫塔板阻力增大,氯气窜入溢流管	③修塔
	④酸捕沫器或塔底液位浸没氯气入口	④在合闸不成后降电流迅速倒泵
	⑤负压氯气管滴水管堵塞,管内积水	⑤疏通积水管
	⑥泡沫塔加酸量过大	⑥调好塔酸量
	⑦U 形压力计导压管积水	⑦排除导压管积水
	⑧直流电不稳定	⑧联系整流工段

2. 氢气处理中不正常现象和事故的处理

氢气处理操作中常见的不正常现象、原因及处理方法,见表 3-4。

表 3-4 氢气处理中不正常现象和事故的处理

不正常现象	原因	处理方法
氯气 U 形压力计波动	①电解 H_2 管至盐酸工序 H_2 管道及缓冲罐积水	①排放各处积水
	②氢气冷却塔水量太大或水出口堵塞	②减小 H_2 冷却水量或疏通水出口
	③氢泵进水流量不稳定	③控制稳定水量
	④回流阀失灵	④换回流阀或开大入口阀
	⑤压力太大, H_2 管水封鼓冒	⑤及时调节压力
氢气压力大	①氢泵能力下降	①调节氢泵进水量或换泵
	②合成工序使用压力高	②联系合成工序处理
	③电解电流上升	③随即开大氢泵入口,联系整流工序
	④氢气管内或设备水分冻结	④用蒸汽加热放出积水
	⑤回流阀失灵	⑤换回流阀
	⑥入泵氢气温度过高	⑥加大氢气冷却上水量
	⑦泵入口阀芯脱落	⑦停泵检修
氢泵入口压力波动	①氢泵抽力不稳	①检查泵水,必要时倒泵检修
	②氢泵入口管路积水	②排出积水
氢泵运转发热电流不稳	①给水中断或不稳	①调整水量
	②泵的排水出口堵塞	②清理
氢气排空管着火	①氢气排空时有火花	①打开氢气排空,灭火蒸汽灭火
	②正常运行时,排空阀不严密有火花	②关死排空阀
氢泵轴封漏氢气	盘根损坏	更换盘根

三、氯氢处理岗位的安全防范

1. 岗位有关安全防护

① 氯气是剧毒气体，各接头、法兰、管道和设备密封良好，不得有任何泄漏，泵前负压区也不得漏入空气。

② 硫酸有腐蚀性，而且溶解有氯气，贮酸槽和酸管不得有泄漏，溶有氯气的硫酸要求与大气密封良好。

③ 备用设备保持完好，转动设备必须加防护罩。

④ 氯气压缩机氯气出口装上止回阀，严防氯气被倒压，返回压缩机。

⑤ 氯水有毒，有腐蚀性，氯水贮槽和氯水管不得有泄漏。

⑥ 生产期间工段严禁烟火，特殊情况动火，必须办理动火许可证。

⑦ 割焊酸管路设备，不得让管路设备混入水分，如需割焊应用大量水冲洗到不含酸为止，割焊必须使管道设备敞口。

⑧ 检修酸管道设备前，应切断物料来路，泄掉压力后方可拧开螺钉，松螺钉时动作需缓慢，面部不向法兰正面、密封面等物料可能冲击的方向。酸油溅到人体时，应立即用大量自来水冲洗。

⑨ 操作时应当穿戴好有关劳保用品，氯气中毒后，应将中毒者移到新鲜空气处，重者送医院治疗。

⑩ 操作人员不得用湿手触摸电器设备，如触电应立即用绝缘物体隔开或拉下电源开关。

⑪ 新工人及外来培训人员不得独立操作。

2. 岗位有关劳动保护

① 操作人员必须每人一套防毒面具，防毒面具必须定期检查和更换，必须存放于操作现场。

② 接触硫酸必须戴上橡胶手套，穿上长筒雨靴。

③ 应定期检测生产岗位空气中有毒、有害物质的含量。

④ 操作女工不得留长辫子，避免发生人身事故。

【任务评价】

（1）填空题

① 氯气压缩机启动困难或启动电流大的原因是_____、泵叶轮和锥体锈住、轴承架安装不正或轴弯、叶轮和锥体间端盖间隙过小等。

② 干燥塔积酸处理办法有_____、找出堵塞点给予排除、降负荷或加备用塔。

③ 氢泵运转发热电流不稳的原因是_____或泵的排水出口堵塞。

（2）思考题

① 简述氯气处理的常见事故及其处理办法。

② 对于氢气处理中的常见故障，简单说明其发生的原因及处理办法。

【课外训练】

请上网查找氯氢处理岗位还有哪些安全防范措施。

项目小结

1. 氯气处理的目的就是除去湿氯气中的水分，使之变成含有微量水分的干燥氯气以适应氯气的各种需求。

2. 氯气处理的方法主要有冷却法、吸收法和冷却吸收法三种。氯气冷却的方式主要分为直接冷却和间接冷却两种。

3. 氯气处理的工艺流程主要包括冷却除沫、干燥脱水、除雾净化、压缩输送和事故氯气处理五部分。

4. 氯气冷却、干燥的设备主要有湿氯气水封、钛管冷却器、水沫过滤器、泡沫干燥塔、网筒式酸雾自净过滤器等。

5. 氯气的压缩方式一般有三种：一是采用液环式氯气压缩机（纳氏泵）；二是采用离心式氯气压缩机（即小型透平机）；三是采用大型离心式氯气压缩机（即大型透平机）。

6. 事故氯气处理系统是氯气处理工艺过程中的应急处理系统，其作用是当遇到系统停车、各类事故及全厂突然停电后用碱液吸收氯气系统内的氯气，以防止氯气外泄。

7. 氢气处理工序的目的就是要将电解来的高温湿氢气冷却（同时洗去碱雾）、加压、干燥，输送给下游工序满足生产耗氢产品的要求，并为电解系统氢气总管的压力稳定提供条件。

8. 离子膜烧碱生产装置中的氢气处理典型工艺流程一般有三种：第一种为冷却、压缩工艺；第二种为冷却、压缩、冷却工艺；第三种为冷却、压缩、干燥工艺（或在冷却后干燥）。

9. 氯氢处理的岗位操作中应明确岗位任务、岗位职责，做好正常开车准备，并会开车操作、停车操作。

10. 了解氯、氢处理过程中常见的故障如氯气压缩机振动大，找到故障原因并会处理故障。

11. 明确氯氢处理过程中设备的安全防护措施以及自身的安全保护，并学会常见安全事故的急救方法。

项目四

液氯生产

项目目标

知识目标
1. 掌握氯气液化的生产原理和方法。
2. 掌握氯气液化的生产过程。
3. 了解氯气液化生产中主要设备的作用与结构。

能力目标
1. 能熟悉氯气液化生产的岗位操作。
2. 能准确判断及处理氯气液化生产中出现的故障。
3. 能实施氯气液化生产的安全防范。

任务一 液氯生产前的准备

一、液氯生产的常用方法

1. 岗位操作的任务

本岗位操作任务是对来自氯处理工序的氯气进行液化。若采用低压法，可利用自氯处理工序的氯气本身压力，在液氯生产岗位不要压缩；而中压法、高压法在液氯生产岗位需要进一步压缩，以产生足够大的压力。生产过程还包括压缩机对气态氨的压缩、液化、蒸发，与气态氯气进行热交换，实现气态氯气的液化，方便后续的灌装和运输。

2. 氯气液化的目的

(1) 制取纯净氯气　在氯气液化的过程中，绝大多数氯气得到冷凝，难凝性的气体(氢气等)作为尾气排出，这样便可以得到纯度较高的液态氯。

(2) 便于贮存和运输　氯气液化以后，体积大大缩小。在0℃、0.1MPa下，1t 气态氯的体积为311.14m³，而液态氯仅为0.68m³，相差457倍。因此，氯气液化后便于贮存和长距离输送。

(3) 用于平衡生产　由于氯碱企业的生产是连续的，当某一氯气用户无法正常消耗氯气时，电解槽的负荷就必须降低。而生产液氯就有了缓冲的余地，可以将用户未消耗的氯气液化后暂时贮存起来，使电解槽不必降低负荷，从而使整个氯气供给网络更加平衡。

3. 液氯生产的原理

气体液化必须满足两个条件：把温度至少降低到一定的数值(临界温度)；同时，在临界温度下，气体压力必须增大到最小压力（临界压力）。氯气的临界温度是144℃，氯气属于较易液化的气体。若采用低温低压法，则在压力为0.1MPa、温度为-34.5℃时就可以将氯气制成液态氯。压力加大，液化的温度可以相应提高。工业上一般采用的方法是：在0.15MPa下、温度为-24℃时将氯气制成液态氯。

纯氯气的压力与液化温度之间成单值函数关系，一定的氯气压力，具有一定的液化温度。压力上升，液化温度随之上升；压力下降，液化温度随之下降。

氯气处理工序来的原料氯气是一种多组分的气体。由于氯气的临界温度比其他易挥发性气体组分的临界温度高，当氯气液化时，其他易挥发性气体组分仅有少量被液化，它们中的大部分将存在于不凝性尾气中。随着液化率增大，液氯中其他易挥发性组分的含量也相应增大，此时所需制冷量也相应增加。

在原料氯气中通常含有少量的氢气，而氢与氯在一定的混合程度下，会变成一种爆炸性的气体混合物。在液化前，由于氢在氯中的比例较小，没有达到爆炸下限，因而他们的存在是不会爆炸的。但当氯气液化时，氢气没有液化，它将在不凝性气体中存在。随着氯气的液化，不凝性气体中氢气的含量就会不断升高，以至达到爆炸范围，威胁生产的安全，因而在生产液氯的过程中，必须根据不凝性气体（或称液化尾气）中的含氢量来控制氯液化的程度，因此氯气的液化程度就受到一定的限制，如表4-1所示。氯气的液化程度通常称为液化效率，它是液氯生产中的一个主要控制指标，表示已被液化的氯气的质量与原料氯气中氯气的质量之比。考虑到安全性及不凝性尾气的利用，一般控制液化效率在85%～90%，以保证尾气中的含氢量不大于4%（体积分数）。

表4-1　不同含氢量的原氯所允许的液化效率（原料Cl_2纯度为95%）

原氯含氢/%	0.3	0.4	0.5	0.6	0.7	0.8	0.9	1.0
液化效率/%	97.5	94.8	92.1	89.4	87.0	84.1	81.5	79.0

在实际生产中，液化效率可通过下式计算（原料氯气中含氯气、氢气及其他不凝气）：

$$\eta = [100 \times (\phi_{H_2尾} - \phi_{H_2原})/\phi_{H_2尾} \times \phi_1] \times 100\%$$

式中　ϕ_1——原料氯气中氯气的体积分数，%；

$\phi_{H_2原}$——原料氯气中氢气的体积分数，%；

$\phi_{H_2尾}$——液化尾气中氢气的体积分数，%。

如前所述，液化效率要受到尾气中含氢量的限制。当尾气中氢气的含量达到4%时的液化效率称为最大液化效率，也可通过下式计算：

$$\eta_{max} = [100 \times (4 - \phi_{H_2原})/4 \times \phi_1] \times 100\%$$

式中　ϕ_1——原料氯气中氯气的体积分数，%；

$\phi_{H_2原}$——原料氯气中氢气的体积分数，%。

4. 制冷剂

压力越低，液态制冷剂的沸点越低，更易汽化带走热量；压力越高，气态制冷剂的冷凝温度越高，更容易被液化。利用这一原理，使液态氨于低压下蒸发并吸取气态氯的热量，在氯气液化器中与氯气间接换热达到制冷的目的。压缩机将低温低压的气态氨压缩升压，使氨的温度升高到高于循环冷却水的温度（28～32℃），在冷凝器内氨被冷却水冷却而变为液态，过冷后再送至氯气液化器用以吸收热量，从而实现循环制冷。

在用氨作为制冷剂时，若操作不当，氨混入液氯中，很容易产生易爆的三氯化氮。另外，在国内很多氯碱企业采用氟利昂作为制冷剂，众所周知，氟利昂对臭氧层有极强的破坏作用，目前国家已经开始限制氟利昂的使用。因此，氯气液化技术也逐渐向高温高压法过渡。

【任务评价】

(1) 填空题

① 氯气由气态变成液态后，体积变_____。

② 氯气的临界温度是_____。

③ 当尾气中氢气的含量达到_____时的液化效率称为最大液化效率。

④ 对臭氧层有极强的破坏作用的制冷剂是_____。

(2) 思考题

为什么一般控制氯气的液化效率在85%～90%，而不是越大越好？

【课外训练】

当家里用的冰箱或空调制冷效果不好时，一般要充哪种制冷介质？其作用是什么？

二、液氯生产过程和主要设备

1. 液氯的生产方法

来自氯气处理工序的原料氯气在一定的压力下经氯气液化器与冷冻盐水间接换热后，使氯气冷却到低于该压力下的液化温度，此时大部分氯气被冷凝成液氯，少部分不凝性气体作为液氯尾气送往盐酸合成工序。工业上生产液氯的方法主要有三种。

(1) 高温高压法　氯压力在1.4～1.6MPa（表压），液化温度30～50℃。

(2) 中温中压法　氯压力在0.2～0.4MPa（表压），液化温度0～10℃。

(3) 低温低压法　氯压力在0.15MPa（表压），液化温度-30℃左右。

高压法消耗冷冻量少，不需用制冷机，能耗低。但对氯气处理工艺、氯气输送设备的要求较高，增加投资费用。因此国内一般采用中压或低压液化法生产液氯。

低压法一般用氨或氟利昂制冷。氨制冷是国内老企业传统性的工艺技术，其设备多，占地面积大，工艺流程长。氟利昂制冷是国内近十几年来多采用的技术，在设备数量、占地面积、能耗方面均优于氨制冷。

以上三种生产方法中高温高压法流程最短，操作简单，能耗最低。因此，采用高温高压法氯气液化已是大势所趋。

2. 低压法液氯生产工艺流程

本工段的主要任务是将来自氯处理工段有一定压力的气体氯经低温冷却成液体氯，液氯贮存在贮槽内，经计量包装入钢瓶或槽车，未液化的气体去盐酸合成工段。氯气液化所需的冷量由液氨的蒸发（节流膨胀）所提供，液氨蒸发形成氨气，氨气靠制冷机组对其压缩、冷却产生液氨而获得循环。

液氯工段由冷冻、液化、包装、整瓶（对进厂钢瓶进行检查和校检）四个工序组成。低压法流程如图4-1所示。来自氯氢处理工段有一定压力的合格干燥氯气进入液化槽，与槽内-25～-10℃的冷冻盐水（氯化钙水溶液）进行间接换热，冷凝成气液混合物后进入液氯气液分离器，液氯由底部出口管流入液氯计量槽，没有冷凝的不凝含氯尾气送盐酸工段合成盐酸。自液氯气液分离器来的部分液氯进入汽化器内，通过夹套热水加热，使液氯汽化产生1.0MPa（表压）的压力，返回液氯计量槽，将液氯压入经过整瓶的液氯钢瓶，按计量对0.5t或1t钢瓶进行灌装（重量误差±1%）。

氯气冷凝的传热过程为：氯气将热量传给液化槽内的冷冻盐水（氯化钙水溶液），冷冻

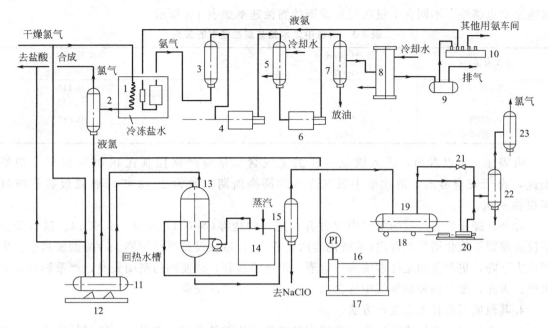

图4-1 低压法生产液氯的工艺流程图

1—液化槽；2—液氯气液分离器；3—集氨器；4—低压机；5—中间冷却器；6—高压机；7—氨油分离器；
8—冷凝器；9—氨贮槽；10—氨分配台；11—液氯计量槽；12—20t地中衡；13—冷化器；
14—热水槽；15—排水槽；16—钢瓶；17，18—地中衡；19—缓冲器（平衡压力贮槽）；
20—纳氏泵；21—平衡阀；22—旋风分离器；23—酸沫捕集器

盐水（氯化钙水溶液）再将热量传给液氨，液氨吸热蒸发汽化以提供氯气液化时所需的冷量，冷冻盐水（氯化钙溶液）则在氨蒸发器和氯冷凝器之间循环流动以传递冷量。液氨吸热蒸发成氨气后进入集氨器，经双级压缩压力升至1.5MPa，进入氨油分离器分离掉油污，然后进入氨冷凝器冷凝成液氨后进入氨贮槽，最后经分配台节流分配到液化槽和其他用冷车间循环使用。

液氯计量槽分离器底部积存的NCl_3定期排放到排污槽，须定期分析其中的NCl_3含量，控制在40g/L以下（极限值为60g/L）。

事故时泄漏的氯气通过布置在该厂房区域内的环形管道由废氯气风机抽出，送往废气处理工序。通过15%烧碱溶液吸收，氢氧化钠与氯气反应生成次氯酸钠溶液。其反应式如下：

$$Cl_2 + 2NaOH =\!=\!= NaClO + NaCl + H_2O$$

主要工艺控制指标如表4-2所示。

表4-2 液氯生产主要工艺指标

项目	数据	项目	数据
冷冻盐水温度	$-25 \sim -10℃$	汽化器热水温度	$\leqslant 80℃$
液化效率	75%～90%	汽化器最高压力	$\leqslant 1.1$MPa
尾气含氢	$\leqslant 3.5\%$	液氯充装系数	$\leqslant 1.25$g/L
废氯压力	不大于0.15MPa（表压）	钢瓶充装重量误差	$\leqslant 1\%$

3. 氯气液化对水分及杂质含量的要求

氯气含水量的高低，直接影响其化学活泼性。含水量越高，化学活泼性越强，对碳钢的腐蚀速率也越快。不同含水量氯气对碳钢的腐蚀速率如表4-3所示。

表4-3 液氯中含水量与腐蚀速率的关系

氯含水量/%	年腐蚀(钢)速率/(mm/年)	氯含水量/%	年腐蚀(钢)速率/(mm/年)
0.00567	0.0107	0.087	0.114
0.00670	0.0457	0.144	0.150
0.0206	0.0510	0.330	0.380
0.0283	0.0610		

由表4-3可以看出，进入液氯工段的氯气含水量应严格控制在0.05%以下。即使如此，出于安全考虑，液化槽中氯气冷管的调换周期一般为2~3年，液氯包装管则每年更换一次。

此外，经干燥处理后的氯气中常含有一定量的盐雾(NaCl)及酸雾(H_2SO_4)。这些杂质不仅会滞留于液化槽的盘管内(或液化器的壳程内)，造成设备腐蚀加剧、冷凝面积减小、生产能力下降，更严重的是经常堵塞计量槽、钢瓶等接管，或使阀门密闭失灵，严重影响安全生产。因此，要严格控制氯气中的含水量，以保障生产的安全。

4. 其他氯气液化工艺生产方法

(1) 中压法 中压法可分为一级液化和二级液化两种流程。如果工厂能对低浓度液氯尾气适当处理可采用一级液化流程。如果工厂对低浓度液氯尾气处理有困难，希望得到更多的液氯可采用二级液化流程。

原料氯气经压缩机加压至0.3~0.4MPa，在第一级液化器内用氟利昂作制冷剂在-20℃下液化，再通过第二级液化器在-60℃下液化，尾气用氢氧化钠溶液吸收，总的液化效率可达到99%以上。

(2) 高压法 高压法是指氯气压力在1.4~1.6MPa时氯的液化方法。生产能力小时可用往复式压缩机，生产能力大时用透平式压缩机。

三、液氯生产中的主要设备

1. 氯气液化装置

氯气液化装置是氯气液化的主要设备，主要包括制冷用压缩冷凝机组、氯气液化器和氯的气液分离器三个独立部分。

氯气液化装置的工作原理为：有一定压力的原料氯气从氯气液化器内流过，与液态制冷剂进行间接换热，使氯气降温液化，液氯再经气液分离器进一步将未液化的气体分离。

氯气液化器有多种类型，简要介绍以下两种。

(1) 箱式液化槽 箱式液化槽为长方形碳钢设备，结构如图4-2所示，槽的一边为多组盘管组成的氯气冷凝器，另一边为多组盘管组成的液氨蒸发盘管，并装有立式搅拌器，槽内充满密度为1.25~1.28g/cm³的氯化钙溶液。氯气从冷凝盘管上部进入，被管外-25℃左右的氯化钙溶液冷却成气液混合物后从底部排出。吸收热量后的氯化钙溶液在搅拌机的作用下流向液氨蒸发盘管，管内的液氨吸热蒸发成氨气以带走热量。管外的氯化钙溶液冷却后重

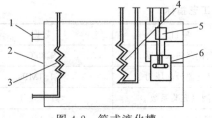

图4-2 箱式液化槽
1—$CaCl_2$溶液溢流口；2—外壳；3—氯气冷凝盘管；
4—液氨蒸发盘管；5—搅拌机电机；6—搅拌机叶轮

新流向氯气冷凝管,从而确保氯气液化温度不变。

(2) 螺旋板式液化器　螺旋板式液化器多用于气相的冷凝和无相变的对流传热,结构如图 4-3 所示。其传热系数比箱式液化器高,也需用盐水泵供给冷冻盐水。由于通道的间距相对较小,所以对氯气的纯度要求较高,以便达到预期的液化效果。

螺旋板式液化器的优点:①传热效果好,弯曲的螺旋通道和定距柱,可提高设计流速,有助于提高传热系数;②有自清洗作用,单通道内的流体通过通道内杂质沉积处时,流速会相对提高,容易把杂质冲掉;③不可拆式结构的密封性能好,适用于剧毒、易燃、易爆或贵重流体的换热;④结构较紧凑,传热面积可达 $150m^2/m^3$;⑤由于螺旋通道本身的弹性自由膨胀,温差应力小;⑥价格低廉。

螺旋板式液化器的缺点:能否选用螺旋板换热器的关键是堵塞问题,尽管它有自清洗作用,但由于设计或操作不当也会发生堵塞,这时即使用可拆式结构也难以用机械方法清洗,只能采用水、气或蒸汽吹洗。因此,螺旋板式液化器最大的缺点是检修困难,如发生内圈螺旋板破裂,便会使整台设备报废。

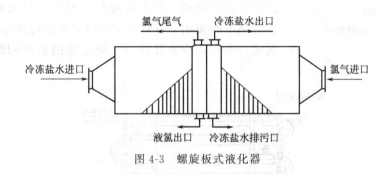

图 4-3　螺旋板式液化器

2. 液氯计量槽

液氯计量槽包括液氯计量设备和贮存设备两个部分,结构如图 4-4 所示。液氯计量槽是一个圆柱形卧式设备,两端为椭圆形封头,筒体上部开有液氯进料口、包装液氯出口、加排压接口(用于增加槽内压力,以使液氯压至包装岗位)等。该设备使用温度为≤50℃,材质为 Q345R。由于氯处于液体状态,因此必须有准确的计量装置确保进入贮槽的液氯不过量,有些企业采用磁性翻板液位计计量,还有将计量槽直接坐落于地中衡上,以防止超载而引起事故。

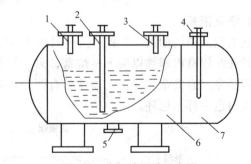

图 4-4　液氯计量槽示意图
1—液氯进料接管;2—包装液氯出口接管;
3—加排压插入管;4—加排压液氯出口接管;
5—排污口;6—壳体;7—封头

3. 液氯汽化器

(1) 圆筒汽化器　液氯汽化器是液氯包装工艺中的主要设备,结构如图 4-5 所示。它为立式圆柱形结构,上下为椭圆形封头,外有钢质水夹套,胆材质采用 16MnDR。筒外装有磁性翻板液位计以判断进入的液氯量,上封头的人孔盖上开有进液氯管、排气管等。其工作原理是将来自计量槽的液氯在汽化器中经夹套内 80℃左右的热水加热汽化,产生 1.0MPa(表压)压力的氯气,借助此压力将计量槽内的液氯压入钢瓶中，进行计量包装工作。

由于三氯化氮沸点是72℃，液氯沸点是-34℃，如果在低于72℃汽化，则有可能产生残余三氯化氮在液氯中积累，这就是安全隐患，因此必须定期进行三氯化氮的检测和排放。

(2) 盘管式汽化器 在中国氯碱行业中，有很多企业使用盘管式液氯汽化器，结构如图4-6所示。此汽化器管程物料为液氯，壳程（热水箱）物料为热水，盘管浸没于热水箱中，设置热水温度计，控制热水温度75~80℃。盘管采用DN50无缝钢管，材质选用16MnDR（-40℃）或09MnD（-50℃），宜采用单程，以确保液氯全部汽化。

在操作过程中，须在液氯贮槽或液氯气瓶来的液氯管路中设置控制阀，严禁将液氯贮槽的阀门或液氯气瓶瓶阀作为调节阀使用。盘管式液氯汽化器的特点是将液氯100%汽化，不存在残余液氯中三氯化氮的积累问题，是一种安全工艺。

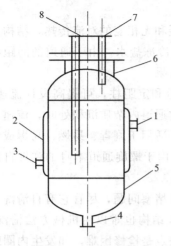

图4-5 圆筒汽化器

1—热水出口；2—外夹套；3—热水进口；
4—排污口；5—筒体；6—人孔；
7—排气口；8—进氯口

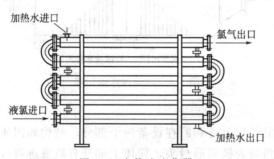

图4-6 盘管式汽化器

4. 液氯钢瓶

液氯钢瓶结构如图4-7所示。一般以16MnR制造，其外形为圆筒形，两端有封头，尾端上开孔并焊有内螺纹以装上易熔塞，另一端焊有钢瓶阀，并都用焊在瓶上的防护圈围住。钢瓶阀还专门有安全帽保护，瓶体外有两条橡胶防震圈。在钢瓶表面涂有国家标准规定的绿色漆及白色字样、色环。

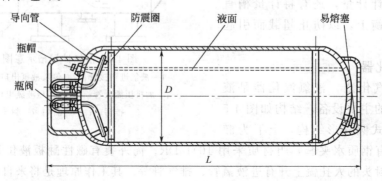

图4-7 液氯钢瓶

我国用于液氯的钢瓶设计压力约为 1.0MPa（表压），此时按规定充装量装的液氯在允许的温度下体积膨胀后，瓶内仍保持有 5% 的气体空间。我国某厂的 1t 和 0.5t 两种液氯钢瓶的主要技术指标如表 4-4 所示。

表 4-4　我国某厂的 1t 和 0.5t 两种液氯钢瓶的主要技术指标（参考值）

规格	1t	0.5t
气压试验压力/MPa	2	2
容积/L	约 832	约 415
材质	16MnR	16MnR
自重/kg	约 440	约 230
使用温度/℃	−40～60	−40～60
易熔塞个数（熔点 65℃）/个	6	3
−30℃时充装率/%	77.6	77.6
充装系数/(kg/L)	1.202	1.205
尺寸（外径×总长）/mm×mm	ϕ810×2000	ϕ608×1800

液氯钢瓶当充装系数为 1.25kg/L、液氯温度在 68.8℃时，容器内的气体空间将为零，这时称容器到达"满量"，此时液氯的饱和蒸汽压为 2.0MPa（表压），已达到试验压力。因此，在充装时只要钢瓶不超装，温度超标时也可以有一安全量。500kg 液氯钢瓶超装后的危险温度如表 4-5 所示。

表 4-5　液氯钢瓶超装后的危险温度

充装量/kg	超装量/kg	液氯膨胀后充满钢瓶时的温度/℃	钢瓶开始屈服时的温度/℃	充装量/kg	超装量/kg	液氯膨胀后充满钢瓶时的温度/℃	钢瓶开始屈服时的温度/℃
500	0	78	79～81	560	60	37	40～41
510	10	69	74～75	570	70	31	32～34
520	20	66	67～68	580	80	24	25～26
530	30	59	60～61	590	90	15	16～19
540	40	51	53～55	600	100	8	8～10
550	50	45	46～49				

【任务评价】

(1) 填空题

① 目前我国大多数氯碱厂仍采用＿＿＿＿＿＿法生产液氯。

② 工业上生产液氯的三种方法中能耗最低的是＿＿＿＿＿＿。

③ 液氯计量槽分离器底部积存的 NCl$_3$，须控制在＿＿＿＿＿＿以下。

④ 氯气含水量越高，化学活泼性越强，对碳钢的腐蚀速率也越＿＿＿＿＿＿。

⑤ 进入液氯工段的氯气含水量应严格控制在＿＿＿＿＿＿以下。

⑥ 箱式液化槽内的冷冻盐水为密度 1.25～1.28g/cm^3 的＿＿＿＿＿＿溶液。

⑦ 能够实现氯气 100% 汽化的汽化器种类为＿＿＿＿＿＿汽化器。

(2) 思考题

请叙述低温低压法液氯生产工艺流程。

任务二
液氯生产的岗位操作与安全防范

一、液氯生产的岗位操作

1. 正常开工

(1) 开车条件确认

① 生产上水、循环水、氨的供应正常。
② 确认所有用电设施正常供电并能及时处理电器故障。
③ 确认所有仪表灵活好用并能及时处理仪表故障。
④ 确认上下工序均已做好准备工作,具备开车条件。

(2) 检查工作

① 全面检查所有设备(化工设备、机泵、电气、仪表)是否处于良好状态。
② 检查所有设备管道密封是否严密,水封是否有水,压力表、温度计是否完好。
③ 检查所有阀门的开启是否正确、灵活,盘动或点动所要开启泵是否灵活。
④ 检查所使用水(循环水、一次水、冷却水、纯水)的温度是否符合工艺指标。
⑤ 检查所有安全设施及其他设施是否完好。
⑥ 检查所有工器具是否齐全。

(3) 开车操作

① 投用制冷机组,确认液化器开始通气前液化器内温度降至 $-24℃$ 左右。
② 打开氯进出口阀门及液氯分离器气相出口阀门。
③ 打开氯气入氯气分配台阀门以及氯气分配台去液化器阀门,向装置进氯气。
④ 打开液氯气液分离器去排污槽阀门,保持分离器气相出口压力在 0.1MPa 左右。
⑤ 等液氯合格后,关闭液氯分离器去排污槽阀门并打开去液氯计量槽阀门。
⑥ 向液氯汽化器内通入热水,待温度达标后打开去液氯汽化器阀门。
⑦ 待液氯计量槽内压力达标后,打开液氯去钢瓶流量控制阀,进行液氯灌装。

(4) 正常生产期间的注意事项

① 注意监控原料氯气压力,控制液化效率以保证尾氯中氢含量为 3.5%(体积分数)。
② 严格控制各液氯贮槽的液位,以防超标贮液。
③ 定期分析液化箱、液氯分离器底部液氯中的三氯化氮(NCl_3)含量,并定期排污,控制排污液中的 $NCl_3 < 40g/L$。当排污液中的 NCl_3 达到 $60g/L$ 时,必须加强排污,并立即查找原因,制订解决措施。
④ 需要排污的设备必须定期排污,并且必须是带液氯排污,严防干排,以防 NCl_3 爆炸。
⑤ 排污槽一般情况下不得抽真空,排污后,携带的液氯通过平衡线泄放,并确保排入中和槽的残液中三氯化氮含量 $\leqslant 40g/L$。

⑥ 本工序的液氯贮槽必须保证始终有一台空的贮槽,作为紧急情况下的液氯倒槽使用。当发生液氯贮槽泄漏时,应立即戴上防毒面具进入液氯厂房对正在泄漏的贮槽进行堵漏处理,并启动液氯泵倒槽,将泄漏量减到最小,同时启动事故风机将泄漏的氯气抽至废气处理工序处理。

(5) 控制要点

① 去液化器氯气流量控制

a. 控制目标　保证出原氯缓冲罐氯气流量在稳定的范围内,控制进液化器氯气量的大小。

b. 控制范围　视生产装置而定,如 $1813m^3/h$（标准状况）。

c. 相关参数　原料氯气压力、液化效率、氯压机出口压力。

d. 控制方式　通过阀门的开度调节,控制进液化器的氯气量,平衡氯气进液化器压力。

e. 正常调整　调整方法如表 4-6 所示。

表 4-6　去液化器氯气流量调整方法

影响因素	调整方法
出原氯缓冲罐氯气流量大	①调小氯气进口阀门的开度
	②调节氯气压缩机出口压力
出原氯缓冲罐氯气流量小	①调大氯气进口阀门的开度
	②调节氯气压缩机出口压力

f. 异常调节　处理方法如表 4-7 所示。

表 4-7　去液化器氯气流量异常处理方法

现象	原因	处理方法
仪表压力显示异常	仪表故障	联系仪修处理

② 液氯灌装压力控制

a. 控制目标　保证液氯灌装压力的稳定。

b. 控制范围　1.0MPa。

c. 相关参数　汽化器夹套水阀门开度、包装工序用液氯量变化。

d. 控制方式　通过调节阀门开度,达到液氯灌装压力稳定。

e. 正常调整　调整方法如表 4-8 所示。

表 4-8　液氯灌装压力调整方法

影响因素	调整方法
包装工序用液氯量变化	与包装工序联系
灌装压力偏高	减小夹套热水流量或开大灌装阀门的开度
灌装压力偏低	增大夹套热水流量或关小灌装阀门的开度

f. 异常调节　处理方法如表 4-9 所示。

表 4-9　液氯灌装压力异常处理方法

现象	原因	处理方法
仪表压力显示异常	仪表故障	联系仪修处理
灌装阀门不灵敏	腐蚀严重或卡住	清理或更换

③ 原氯尾氯压差控制

a. 控制目标　保证氯系统压力的稳定。
b. 控制范围　视生产装置而定，原料氯气进口压力 0.12MPa。
c. 相关参数　氯气流量、氯气压力、液化效率、尾气压力。
d. 控制方式　通过调节原料氯气进口阀等阀门的开度，达到氯系统压力稳定。
e. 正常调整　调整方法如表 4-10 所示。

表 4-10　原氯尾氯压差调整方法

影响因素	调整方法
氯气流量	调节氯气进口阀的开度
尾气压力	调节尾气分配台上去盐酸或废气的阀门
液化效率	调节制冷机的制冷量

f. 异常调节　处理方法如表 4-11 所示。

表 4-11　原氯尾氯压差异常处理方法

现象	原因	处理方法
原料氯气压力高	①原料氯气进口阀的开度小 ②氯气压缩机出口压力高 ③液化系统原氯用量减少	①调大原料氯气进口阀的开度 ②调节氯气压缩机出口压力 ③适当开启去尾气分配台的阀门
原料氯气压力低	①原料氯气进口阀的开度大 ②氯气压缩机出口压力低 ③液化系统原氯用量增多	①调小原料氯气进口阀的开度 ②调节氯气压缩机出口压力 ③适当关闭去尾气分配台的阀门

2. 停车操作

（1）停车操作

① 关闭氯气去氯气分配台阀门，停止向装置进料。

② 关闭液氯分离器去液氯计量槽阀门，将液氯计量槽液氯全部灌装入钢瓶，残余尾气去废气处理工序进行处理。

③ 打开液化器、液氯计量槽的气相出口阀门，排空设备中的气体后，关闭所有阀门。

（2）装置停工安全注意事项

① 设备、管线明确吹扫程序、吹扫时间和负责人，依次进行吹扫置换，以防遗漏或扫后又窜进物料。

② 禁止向地面、下水井和空中大量排放易燃易爆、有毒有害气体，以防影响操作和发生爆炸、着火、中毒事故，并应尽可能地将设备内化工物料抽干净。

③ 吹扫管线前，除改好扫线流程外，还应注意检查并将管路上的压力表、真空表及仪表引压导管上的一次阀全部关死。

④ 在拆卸设备、管线之前，必须检查所有放空阀、排凝阀是否已打开，确认残剩介质已放净，压力已泄尽，才允许拆卸，以防残液、残气伤人。

【任务评价】

（1）填空题

① 控制氯气液化效率以保证尾氯中氢含量为_____（体积分数）。

② 液氯进行钢瓶灌装时压力为_____。

(2) 思考题

① 请简述装置正常生产期间应注意的事项。

② 装置在停车时为何要将残液排放干净？想想生活中类似的例子还有哪些？

二、液氯生产中常见故障的判断与处理

1. 事故处理的原则

① 事故发生时，每位职工都要坚守岗位，服从指挥，采取措施果断处理。避免事故扩大，减少事故的影响。

② 事故发生后，立即向车间和调度汇报，启用车间制订的应急预案。

③ 进行事故处理时，应将人员安全放在第一位，以人为本。

④ 遵照"四不放过"的原则，调查事故原因，总结事故教训，避免事故的重复发生。

2. 生产过程中常见事故的判断及调整方法

液氯生产过程中常见事故的原因及处理办法如表 4-12 所示。

表 4-12 液氯生产常见事故的原因及处理办法

现象	原因	处理办法
系统压力升高	①原氯纯度低，液化效率下降 ②制冷效果变差 ③废气系统压力比较高	①联系电解工序 ②改善制冷效果 ③联系检查废气吸收系统运行状况
原料氯压力升高	①液氯计量槽进料管或阀门堵塞 ②尾气阀未开或阀芯脱落	①换用其他计量槽，检查管路和阀门 ②检查尾气阀门
液化效率低	①原料氯气纯度低 ②制冷剂温度升高 ③氯气液化器因积油、结垢、结冰等导致传热效果不好	①与电解联系提高原氯纯度 ②检查螺杆冷冻机组操作情况，降低制冷剂温度 ③停车清洗液化器、放油
液化尾气压力高	①液化量小，氯纯度低 ②原料氯压力高 ③尾气用户用氯减少	①与电解工序联系 ②按原料氯压力高处理 ③联系调度，改变氯平衡状况
尾气分配台有液氯	将液氯送回计量槽或送入废气处理工序	检查相关管线及阀门进行处理
正常液化后氯系统压力高	①液化效率低 ②高纯盐酸用氯量小和废气处理工序处理量小	①提高液化效率 ②按规定使用废气量，调整去尾气处理的调节阀
尾氯系统压力上升	①氯气处理前系统吸入空气，使氯气纯度降低，杂质含量高 ②平衡压力贮槽平衡压力升得太快 ③盐酸工序氯气压力波动	①检查电解工序、氯氢处理工序、氯纯度，查漏堵漏 ②关小平衡阀门 ③打开去废气排放阀
气液分离器液氯进入尾氯系统	①分离器出液处至计量槽进料处有堵塞 ②平衡压力贮槽平衡压力太快 ③误操作，没有开计量槽进料阀门	①查找堵塞，清理堵塞 ②暂时关闭平衡阀门，改氯氯平衡 ③认真操作，仔细检查
尾氯含氢高	①原氯含氢高 ②液化效率过高	①通知电解、氯处理工序处理 ②提高液化温度或降低氯系统压力

3. 液氯充装常见事故应急处理

(1) 液氯钢瓶泄漏

① 瓶钢体焊缝泄漏，立即将泄漏处转动到瓶中氯的气相部位，用橡胶垫盖住泄漏处，

再用铁丝或铁箍箍紧,并尽快进行倒瓶处理。

② 瓶阀泄漏,可根据泄漏部位来采取拧紧阀杆、六角帽等措施,若阀芯密封不严泄漏,应拧紧阀杆后调换密封垫。

③ 易熔塞泄漏,可用铅塞、木塞或用密封带包扎。

④ 严重泄漏而无法处置的钢瓶,可投入配有石灰乳或碱液的池中进行吸收处理。

(2) 充装液氯时,钢瓶阀门关不严或滑丝

液氯充装后,发现钢瓶阀门关不严时,充装人员应立即汇报液氯充装安全员、车间,并立即停止液氯的充装工作。然后将故障瓶的液氯压至空的液氯计量槽,瓶内残氯抽入废气处理工序。

(3) 液氯充装超压

充装人员发现液氯充装压力大于 0.9MPa 时,应立即关闭液氯提压热水的加热蒸汽阀门,并用大量的工业冷水对液氯汽化器夹套水进行置换冷却,降低液氯汽化器的温度,使液氯计量槽压力降至正常包装压力。若情况紧急,则同时打开液氯计量槽排放阀,向空置的液氯计量槽进行迅速送氯并减压,保证充装设备的安全。

【任务评价】

(1) 填空题

① 进行事故处理时,应将人员_____放在第一位。

② 充装人员发现液氯充装压力大于_____时,应立即关闭液氯提压热水的加热蒸汽阀门。

(2) 思考题

请简述液氯钢瓶泄漏的应急处理措施。

三、液氯生产的安全防范

1. 安全生产基本原则

液氯生产具有低温、剧毒、腐蚀性强的特点,这就要求有一套行之有效的安全管理规章制度和技术规程,为现代化生产作保证。在操作过程中每一个岗位操作人员都必须认真执行操作规程,在安全生产过程中遵守"不伤害自己,不伤害他人,不被他人伤害"的原则,只有这样,才能保证装置安全平稳运行。

2. 液氯工段危险源

① 由于液氯压力高,易汽化,若发生泄漏且处理不及时,往往造成重大人员中毒事故。

② 离子膜法生产的氯气纯度很高,一般 H_2/Cl_2 很低,但随着氯气的液化,原氯中的氢气等不凝气体将会在尾气中富集,导致 H_2/Cl_2 升高,有可能达到爆炸极限。

③ 在电解槽阳极室中产生的三氯化氮,随氯气一同进入氯气处理系统,氯气首先冷冻加压变为液氯,当由汽化器升温进行液氯灌装时,较氯气难挥发的三氯化氮便在液氯汽化器中逐步浓缩,当浓度达到一定值时,就存在爆炸危险。

④ 充装液氯的汽车槽车、液氯钢瓶属压力容器,灌装前要认真检查其是否达到质量要求,灌装时要严格遵守操作规程。液氯气瓶若存在设计、制造、材质缺陷,或因疲劳、腐蚀致强度降低,或运输方式、存放位置不当,或碰撞致使气瓶安全附件损坏,均可造成爆炸事故。

⑤ 氯气泄漏,人员未穿防护服或防护不当,身体带汗或被水淋湿的情况下接触氯气可

引起化学灼伤。

⑥ 氯气液化须冷却，因此本工段还存在低温危害。

3. 防中毒窒息措施

① 在有中毒及窒息危险的环境下作业，必须指派监护人，且必须佩戴可靠的劳动防护用品。

② 各类有毒物品和防毒器具必须有专人管理，并定期检查。

③ 有毒有害物质的设备、仪器要定期检查、校验，保持完好。

④ 氯气密度比空气大，出现漏氯现象时，没有防毒面具时应该屏住呼吸，在口鼻处放一湿毛巾，绕过污染区域和低洼地，向上风方向跑去。

【案例分析】

事故名称：液氯钢瓶泄漏。

发生日期：2004年6月11日10时30分左右。

发生单位：山东某厂。

事故经过：该厂物流中心化学品仓库值班室的固定式氯气报警仪突然发生声光报警，液氯气瓶发生泄漏。空气中弥漫着氯气特有的刺激性气味。化学品仓库的操作人员迅速佩戴好正压自给式空气呼吸器，火速赶到现场查找泄漏气瓶，进行堵漏处理。一次堵漏不成功，氯气在常压下迅速汽化，没有浓度减少的迹象。操作人员迅速将泄漏的液氯气瓶推进碱吸收池中。大量气泡从碱吸收池中冒出，险情没有解除。通知救助气体防护站（以下简称气防站）。气防站人员迅速赶到现场，启动化学事故应急救援预案（现场勘查、侦毒、隔离区与疏散区确定、人员疏散、现场检测、成功堵漏、空气中毒物的稀释和消除等），在对环境、人员没有造成危害的情况下，于15时20分堵漏成功，工厂解除警戒，恢复正常生产。

原因分析：液氯在充装时过量，环境温度较高导致钢瓶内压力急剧升高，最终钢瓶易熔塞破裂，液氯大量泄漏。

防范措施：①液氯计量槽依靠计量装置（地中衡、磁性翻板液位计或其他计量装置）严格控制液氯进料量。

②灌装用的地中衡应有严格的管理制度，计量衡器的最大秤量值应为常用秤量的1.5～3倍，计量衡器的校验期限最长不得超过三个月。

③设立整瓶岗位。为确保钢瓶的安全使用，须设置钢瓶整修岗位，负责对进厂所有钢瓶进行必要的检查和校验。

④液氯钢瓶的灌装重量误差为±1%，为确保充装准确，除有专用的灌装地中衡并定期校验外，专设重复称量的地中衡，每次灌装后，有专人重复称量，层层把关以确保安全。

【任务评价】

(1) 填空题

① 相比氯气，三氯化氮较_____挥发，因此会在液氯汽化器中逐步浓缩。

② 液氯钢瓶的灌装重量误差为_____。

③ 液氯工序中，液氯充装压力均不得超过_____（表压）。

(2) 判断题

① 出现漏氯现象时应向上风方向跑去。（   ）

② 液氯钢瓶充装时应尽量充满。（   ）

③ 在电解槽阳极室中产生三氯化氮。（   ）

④ 采用液氯汽化压送法充装时，只准用蒸汽加热液氯汽化器。（　　）

拓展　认识液氯生产中三氯化氮的危害与防治

1. 三氯化氮的特性

三氯化氮，常温下为黄色黏稠的油状液体，密度为1.653kg/L，−27℃以下固化，沸点71℃，自燃爆炸点95℃。纯的三氯化氮和橡胶、油类等有机物相遇，可发生强烈的反应，在日光照射或碰撞"能"的影响下，更易发生爆炸。当体积分数为5%~6%时，在90℃时能自燃爆炸，60℃时受震动或在超声波条件下，可分解爆炸。在容积不变的情况下，爆炸时温度可达2128℃，压力高达531.6MPa。空气中爆炸温度可达1698℃，爆炸方程式为：

$$2NCl_3 =\!=\!= N_2\uparrow + 3Cl_2\uparrow + 459.9kJ$$

NCl_3易液化但难以汽化，容易在液氯中累积，当NCl_3在液氯中的浓度超过5%时即有爆炸危险。

2. 产生三氯化氮的途径

在氨、铵盐或有机胺（如尿素）存在的情况下，遇到氯、次氯酸或次氯酸盐时，都能产生含氮的氯化物。但是，反应生成物是氯的铵盐还是三氯化氮，这要看反应时的条件。在中、低压生产的条件下，反应生成物主要取决于溶液的pH。

当pH＞9时，反应生成物是一氯胺或二氯胺：

$$NH_3 + Cl_2 =\!=\!= NH_2Cl + HCl$$
$$NH_3 + 2Cl_2 =\!=\!= NHCl_2 + 2HCl$$

当pH＜9时，反应生成物是三氯化氮：

$$NH_3 + 3Cl_2 =\!=\!= NCl_3 + 3HCl$$
$$NH_3 + 3HClO =\!=\!= NCl_3 + 3H_2O$$

因此，在氯气和液氯的生产中，控制氨、铵盐或有机胺（如尿素）从各种途径混入系统是非常重要的。从当前大多数氯碱企业的生产工艺看，系统中混入氨、铵盐或有机胺（如尿素）的途径有以下3个。

① 从原料直接混入。这就是按传统方法严格控制入电解槽盐水的总铵量（常是控制原料盐、水等的含氮和铵量），防止在电解等环节的酸性环境下产生三氯化氮。

② 系统外含氨、铵盐或有机胺（如尿素）的物质因设备损坏而进入到系统。这些物质与氯气或液氯反应生成三氯化氮。如含氨的冷冻盐水因氯冷凝器突然穿孔而进入到系统内，也会形成三氯化氮。

③ 制冷中氨蒸发器泄漏，氨被带入氯的管路系统。目前，国内还有很多企业采用氨制冷的方法生产液氯，一些企业发生过氨蒸发器泄漏事故，使一部分氨溶解在氯化钙溶液中（氯化钙溶液里是否含氨，用pH试纸一测便知），修好氨蒸发器后，对含氨的冷冻盐水不及时更换。如果氯冷凝器受腐蚀突然穿孔，含氨的冷冻盐水就会进入氯气系统，那么两者接触立即发生反应并生成三氯化氮。该途径往往被忽视。

因此，用氨制冷方法生产液氯的企业一方面要加强设备管理，定期检查和检测氨蒸发器、氯冷凝器等设备，防止设备发生泄漏；另一方面要增加对冷冻盐水的分析或测试，经常检查冷冻盐水是否含氨，如果含氨要及时更换，确保氨不能进入到氯系统。

3. 紧急处理三氯化氮超标应注意的问题

① 在贮槽或汽化器等设备中三氯化氮超标时，要尽量停止采用汽化氯的办法进行液氯灌装，因液氯汽化会使大部分三氯化氮留在液氯中，使三氯化氮浓度不断提高，达到爆炸的

浓度(含5%就可能发生爆炸)。因此,可采用泵增压包装液氯或倒罐的办法。

② 对三氯化氮严重超标(接近5%时)的液氯不但禁止用汽化的方法处理,而且处理中要严格控制震动或超声波的产生、控制阳光等强光直接照射,避免与臭氧、氧化氮、油脂等有机物接触。因为这些外界条件可以引起三氯化氮分解爆炸。

③ 尽量减少现场紧急处理的人员。处理方案一经确定,现场处理的人员要尽量减少,防止一旦发生意外造成多人伤亡。

4. 液氯工段防止三氯化氮超标的预防措施

液氯汽化器每周三排污1次,排入地池碱液中,与15%的NaOH碱液反应,处理完毕后,中和液经中和液排放泵打到废液处理工序。排污槽每周一、周五做三氯化氮含量分析。在排污时必须带液氯排放,禁止敲击,同时取样测三氯化氮含量,严格控制在40g/L下。

5. 三氯化氮排放操作及注意事项

(1) 三氯化氮排放操作

① 吸收碱液配制。

a. 与电解工序联系,向中和槽送32%的碱液。

b. 打开中和槽加碱阀,加占中和槽体积40%的32%碱液。

c. 打开中和槽加水阀,加占中和槽体积40%的生产用水,与碱液混合均匀。

② 将液化器和液氯分离器底部富集三氯化氮的液氯排至排污槽。

a. 打开液化器和液氯分离器底部的排污阀。

b. 打开排污槽进口阀,将排放液排至排污槽。

c. 关闭液化器和液氯分离器的排污阀。

③ 取样分析。

a. 打开排污槽排污阀门。

b. 轻轻打开取样阀,确认连接处有无泄漏。

c. 从取样阀开始取样。

d. 取样后,关闭取样阀。

④ 排污。

a. 打开中和槽入口阀,将排污槽内富集三氯化氮的液氯排至碱液中和槽。

b. 关闭吸收罐入口阀。

c. 中和完成后,启动中和液排放泵打到废液处理工序。

(2) 三氯化氮排放过程中的注意事项

① 需要排污的设备必须定期排污,并且必须是带液氯排污。

② 排污槽严禁抽真空,只能采取自然蒸发的方式将其中过多的液氯排出,并确保排入中和槽的残液中三氯化氮含量≤40g/L。

③ 排放次数及排放量可根据三氯化氮的含量进行调整;也可根据原盐中的铵含量进行调整,调整时必须得到技术管理部门、安全管理部门的批准。

【案例分析】

事故名称:液氯汽化器爆炸。

发生日期:2004年4月15日。

发生单位:吉林某厂。

事故经过:液氯工段液化岗位1#汽化器曾经突然发生猛烈爆炸。爆炸时先见弧光,紧接着一股白烟腾空而起，随后冒出一片黄油（氯气）。1#热交换器一端的平封头钢板（重58kg）飞出了42m；另一端（重80kg）飞出76m，加热室的一个封头盖（重184kg）飞出后，先与管架相撞，再飞出15m，另一个封头盖（重148kg）飞出21m，有一重14kg的弯管飞出86m。根据测算估计，当时的爆炸瞬间压力在70MPa左右。由于恰逢凌晨，事故造成1人死亡、2人重伤、1人轻伤。

原因分析：①该厂在盐水精制过程中，曾使用含有氨（约20g/L）的废碱液配制盐水。由于盐水氨味太大，加入盐酸中和，故盐水中含有大量氯化铵。氯化铵随盐水进入电解槽，在阳极室内与氯气反应生成大量三氯化氮。②三氯化氮沸点72℃（液氯沸点为－34℃）。当温度升高液氯汽化时，三氯化氮仍留在1#汽化器内。1#汽化器由于数月未排污，三氯化氮累积严重超标。

教训：①严格控制入电解槽盐水无机铵含量≤1mg/L，总铵含量≤4mg/L；②液氯计量槽、汽化器等设备必须按操作规程定期排污；③建议在氯总管中增加一套冷却装置，预先将三氯化氮冷凝捕集，并加以处理。

【任务评价】

(1) 填空题

① 当 NCl_3 在液氯的体积比含量为_____时，在90℃时就能发生自燃爆炸。液氯蒸发系统排污中的三氯化氮含量不得超_____。

(2) 思考题

① 请简述氯气液化过程中如何预防三氯化氮超标。
② 请简述三氯化氮超标的紧急处理措施。

项目小结

1. 氯气液化的目的：①制取纯净氯气；②便于贮存和运输；③用于平衡生产。

2. 氯气液化效率计算公式：$\eta = [100 \times (\phi_{H_2尾} - \phi_{H_2原}) / \phi_{H_2尾} \times \phi_1] \times 100\%$；氯气最大液化效率计算公式：$\eta_{max} = [100 \times (4 - \phi_{H_2原}) / 4 \times \phi_1] \times 100\%$。

3. 液氯的生产方法有三种。

① 高温高压法 氯压力为1.4～1.6MPa（表压），液化温度30～50℃。
② 中温中压法 氯压力在0.2～0.4MPa（表压），液化温度0～10℃。
③ 低温低压法 氯压力在0.15MPa（表压），液化温度-30℃左右。

4. 液氯计量槽分离器底部积存的 NCl_3 定期排放到排污槽，须定期分析其中的 NCl_3 含量，控制在40g/L以下（极限值为60g/L）。

5. 氯气液化装置是氯气液化的主要设备，主要包括制冷用压缩冷凝机组、氯气液化器和氯的气液分离器三个独立部分。

6. 液氯岗位控制要点与方法。

① 去液化器氯气流量的控制 通过阀门的开度调节，控制进液化器的氯气量，平衡氯气进液化器压力。
② 液氯灌装压力的控制 通过调节灌装阀门的开度，达到液氯灌装压力稳定。
③ 原氯尾氯压差的控制 通过调节原料氯气进口阀、排气阀等阀门的开度，达到氯系统压力稳定。

7. 氯碱企业生产过程中，氨、铵盐或有机胺混入系统的途径有 3 条。
① 从原料直接混入。
② 系统外含氨、铵盐或有机胺（如尿素）的物质因设备损坏而进入到系统。
③ 制冷中氨蒸发器泄漏，氨被带入氯的管路系统。

8. 氨、铵盐或有机胺混入液氯生产系统的危害是产生有爆炸性的 NCl_3。
当 pH<9 时，反应生成物是三氯化氮：
$$NH_3 + 3Cl_2 == NCl_3 + 3HCl$$
$$NH_3 + 3HClO == NCl_3 + 3H_2O$$

当 NCl_3 体积分数为 5%～6%时，在 90℃时能自燃爆炸，60℃时受震动或在超声波条件下，可分解爆炸。在容积不变的情况下，爆炸时温度可达 2128℃，压力高达 531.6MPa。空气中爆炸温度可达 1698℃。

9. 液氯生产中的主要预防措施：用氨制冷方法生产液氯的企业一方面要加强设备管理，定期检查和检测氨蒸发器、氯冷凝器等设备，防止设备发生泄漏；另一方面要增加对冷冻盐水的分析或测试，经常检查冷冻盐水是否含氨，如果含氨要及时更换，确保氨不能进入到氯系统。

项目五

氯化氢合成与高纯盐酸生产

项目目标

知识目标

1. 了解氯化氢合成与高纯盐酸生产的方法。
2. 掌握氯化氢合成与高纯盐酸的生产过程。
3. 了解氯化氢合成与高纯盐酸生产中主要设备的作用与结构。

能力目标

1. 能熟悉氯化氢合成与高纯盐酸生产的岗位操作。
2. 能准确判断及处理氯化氢合成与高纯盐酸生产中出现的故障。
3. 能实施氯化氢合成与高纯盐酸生产的安全防范。

任务一
氯化氢合成与盐酸生产前的准备

一、氯化氢合成与盐酸生产的常用方法

1. 氯化氢合成与盐酸生产的岗位任务及产物的质量指标

（1）氯化氢合成与盐酸生产的岗位任务　将氯处理岗位送来的氯气与氢处理岗位送来的氢气，在合成炉中合成氯化氢气体，经冷却后分为三路被真空泵或尾气鼓风机抽出。其中一路去高纯盐酸生产岗位，另外两路分别去本岗位的盐酸合成装置和氯化氢干燥压缩装置。在盐酸合成装置中生产出盐酸产品。氯化氢气体通过氯化氢干燥压缩装置加工，生产出相对干燥的氯化氢气体，压送去乙炔法合成氯乙烯的岗位。

（2）氯化氢合成与盐酸生产的岗位产物的质量指标

① 产物一　合成得到的氯化氢气体经冷却，去高纯盐酸生产岗位，氯化氢气体的纯度 90.0%～94.0%，氯化氢气体总管压力≤50kPa。

② 产物二　合成得到的氯化氢气体经冷却，用水吸收得到盐酸产品，盐酸产品的浓度 31%。

③ 产物三　合成得到的氯化氢气体冷却后经干燥压缩装置，得到干燥氯化氢气体，该产物去合成氯乙烯（VCM）岗位，干燥氯化氢气体总管压力维持 0.3～0.5MPa（表压）。

岗位的主要工序如图 5-1 所示。

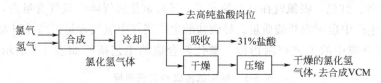

图 5-1 氯化氢合成与盐酸生产岗位的主要工序

2. 氯化氢合成的常用方法

氯化氢是由氯气(氧化剂)和氢气(还原剂)作原料在点燃下合成的，反应如下：

$$Cl_2 + H_2 = 2HCl + Q$$
（氯气）（氢气）　　（氯化氢气体）（放热）

此反应若在低温、常压和没有光照的条件下进行，其反应速率非常缓慢，但在点火燃烧下，反应非常迅速，并且放出大量热。

点燃前需控制合成炉中氢气含量（抽真空和氮气置换使 H_2 的含量≤1.0%）。先用空气（大气中）与氢气（胶管喷出）点燃，让胶管接入燃烧器使氢气在灯头燃烧（空气由炉门进入或用管通入），燃烧正常后再用氯气置换空气（通氯气、关炉门或停止通空气），于是氯气与氢气开始反应。反应中控制氯氢分子比，氯气与氢气大部分能在灯头完成燃烧反应，其余在炉膛中继续。灯头附近温度 2000℃ 左右，炉膛温度则在 400~500℃。

氯气与氢气在合成炉中先混合再点燃，会发生爆炸！

3. 氯化氢合成中的影响因素和工艺控制指标

(1) 氯化氢合成中的影响因素

① 温度与催化剂　当无催化剂、无光时，温度 440℃ 以上氯气和氢气能反应。但温度高于 500℃，会导致氯化氢气体分解，因而合成温度控制在 400~500℃。通常，氯气和氢气的反应在点燃下完成，点燃既可升温，也能产生火光，加快合成反应速率。鉴于反应放热，因而合成炉需要冷却。钢制合成炉有空气冷却（加翅片）和热水冷却（加夹套）两种，石墨合成炉通常也带冷却功能。

海绵状铂可作为催化剂，提高反应速率。

② 水分　绝对干燥的氯气和氢气很难反应，有微量水存在可加快反应速率。含水量超过 0.005% 时对提高反应速率效果不大，同时加剧反应器腐蚀。因而含水量选择 0.005%。

③ 原料纯度　原料为氯气和氢气。

氯气来源有两处：一是来自氯气处理岗位，其中 Cl_2≥98.5%（体积分数）、H_2O≤50×10^{-6}（质量分数）、O_2≤1.0%（体积分数）；二是来自液氯岗位的未液化的氯气，其中 Cl_2≥85.1%（体积分数）、H_2O≤50×10^{-6}（质量分数）、O_2≤13.0%（体积分数）、H_2≤0.53%（体积分数）、N_2≤1.36%（体积分数）。要求氯气纯度不小于 65%，其中含氢量不大于 3%（防止点燃爆炸）。

氢气来自氢处理岗位。要求氢气纯度不小于 98%，其中含氧量不大于 0.4%（防止氧气与氢气混合，遇火爆炸）。

④ 氯氢分子比　理论上，氯气与氢气是按 1:1 分子比进行反应，但实际生产中为防止氯残余，有意让氢气稍过量，但氢气过量太多（超过 20%）有爆炸危险。氢气过量一般控制在 5%~10%，即分子比为氯气:氢气=1:(1.05~1.1)。该比例的氯氢混合气在灯头处点燃，呈现青色（或淡青色）火焰。

若火焰呈白色，则氢气在灯头处多了（或氯气少了），有氢气爆炸危险。

若火焰呈黄色、红色，则氯气在灯头处多了，导致氯化氢气体中氯气含量高，影响氯化氢气体质量，在盐酸生产中也影响盐酸质量，导致盐酸生产尾气中氯气含量过高并引发安全事故。

(2) 氯化氢合成中的工艺控制指标　氯化氢合成的工艺指标如表5-1所示。

表5-1　氯化氢合成的工艺指标

序号	控制项目	控制指标	检测点
1	氯气总管压力/MPa	0.35	氯气总管
2	氢气总管压力/kPa	90	氢气总管
3	氯气流量(标准状况)/(m^3/h)	0~2000	氯气支管
4	氢气流量(标准状况)/(m^3/h)	0~2000	氢气支管
5	氯化氢压力/kPa	≤50	氯化氢缓冲罐
6	氯化氢纯度/%	90.0~94.0	氯化氢缓冲罐

4. 盐酸生产的方法

氯化氢为气体，但易溶于水。合成的氯化氢气体用水吸收，即能生成盐酸。

温度影响吸收效果，温度高时水吸收氯化氢能力弱，温度低时水吸收氯化氢能力强。

为了生产合格的31%盐酸，在吸收前氯化氢气体需要被冷却，在吸收过程中也需要用水冷却。

【任务评价】

(1) 填空题

① 当无催化剂时，温度在_____℃以上，氯气和氢气能反应。

② 温度高于500℃，氯化氢气体会_____。

③ 氯气和氢气合成反应放热，为使温度控制在400~500℃，合成炉需要_____。

④ 绝对干燥的氯气和氢气_____(易/难)发生合成反应。

⑤ 有微量水存在，可_____(加快/降低)氯气和氢气的反应速率。

⑥ 氯化氢合成中，要求氯气纯度不小于65%，其中含氢量不大于_____。

⑦ 氯化氢合成中，要求氢气纯度不小于98%，其中含氧量不大于_____。

⑧ 氯化氢合成中，为防止氯残余，有意让氢气稍_____。

⑨ 氯化氢合成中，氢气过量太多(>20%)有爆炸危险，氢气过量一般控制在_____。

(2) 思考题

在点燃的情况下，氯化氢的合成温度低于440℃(高于400℃)，为什么氯气和氢气也能反应？

【课外训练】

回到家中，观察液化气(相当于氯化氢合成中的氢气，但含碳)燃气灶使用中火焰呈什么颜色，调小空气风门，观察火焰颜色变化。(提示：液化气过量，则碳过量；过量碳粒子颜色决定火焰颜色。但若没有碳仅为氢气，则颜色为无色，当水汽存在时为白色。)

调大空气风门(相当于氯化氢合成中增大氯气流量)，观察火焰颜色变化。(提示：氧气助燃的氧化焰颜色为蓝色，但氯气助燃的氧化焰颜色为黄色。注意安全!)

二、氯化氢合成与盐酸生产过程

1. 钢制合成炉法氯化氢合成生产过程

(1) 氯化氢合成的工序　氯化氢合成岗位工序如图5-2所示。

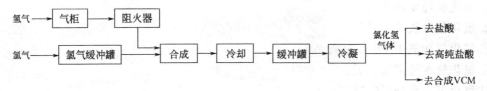

图 5-2　氯化氢合成岗位的工序

(2) 钢制合成炉法氯化氢合成生产过程

钢制合成炉法氯化氢合成工艺流程如图 5-3 所示。

氯气(氯气含量 97%，压力 0.35MPa)经涡轮流量计计量进入氯气缓冲器，在缓冲器中调整压力，控制在 100~150kPa。

氢气(氢气含量 98%，压力 0.09MPa)经涡轮流量计(计量)、阻火器、气液分离器，进入氢气缓冲器，在缓冲器中调整压力，控制在 60~85kPa。

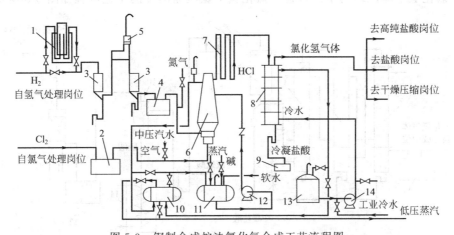

图 5-3　钢制合成炉法氯化氢合成工艺流程图

1—氢气气柜；2—氯气缓冲器；3—氢气阻火器；4—氢气缓冲器；5—气液分离器；
6—氯化氢合成炉；7—空气冷却器；8—石墨圆块孔式冷却器；9—冷凝盐酸槽；10—蒸汽蒸发罐；
11—热水槽；12—热水泵；13—循环水加压槽；14—循环水加压泵

原料氯气和氢气经计量控制，以 1.0∶(1.05~1.10)的比例流经止回阀，进入钢制合成炉，在套筒式燃烧器(石英灯头)中混合、燃烧、反应，石英灯头上的燃烧温度达到 2000℃，并发出热和光，正常火焰为青色或淡青色。石英的传热较慢，套筒口积蓄的热量不易散失，能经常保持引发温度以使合成反应持续进行。反应生成的热量通过合成炉夹套中的循环水(热的纯水)带走。反应生成的氯化氢气体以 400~450℃出合成炉，经空气冷却器冷却至 165℃以下，进入石墨圆块孔式冷却器，用工业水冷却，氯化氢被冷却、水汽被冷凝，冷凝的水吸收氯化氢气体成为冷凝盐酸，收集在冷凝盐酸槽中，冷却后氯化氢气体温度降至 45℃，送高纯盐酸岗位，或送盐酸岗位，或送干燥压缩岗位(去合成氯乙烯单体 VCM)。

合成炉冷却用到纯水，纯水来自纯水岗位，要求电阻率 $\geqslant 1 \times 10^5$，Fe 含量 $\leqslant 0.5 \times 10^{-6}$ (质量分数)。本工艺流程生产的氯化氢纯度较低，含量约为 90%~96%。

随着国内石墨设备加工水平的提升，石墨合成炉已逐渐大型化，并用于大型氯化氢合成装置中。

(3) 氯化氢气体产品质量

① 氯化氢纯度≥92%。
② 氯化氢含氧≤0.5%。
③ 氯化氢含氢 1%～2.5%。
④ 氯化氢含游离氯：无。
⑤ 氯化氢含水分≤0.06%。

2. 氯化氢干燥压缩生产过程

(1) 氯化氢干燥压缩的工序　氯化氢干燥压缩岗位的工序如图 5-4 所示。

图 5-4　氯化氢干燥压缩岗位的工序

(2) 氯化氢干燥压缩的生产过程　氯化氢干燥压缩岗位的工艺流程如图 5-5 所示。

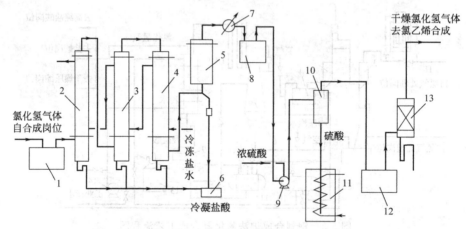

图 5-5　氯化氢干燥压缩岗位的工艺流程图
1,8,12—氯化氢缓冲器；2～4—石墨冷冻塔；5—酸雾捕集器；
6—冷凝盐酸槽；7—氯化氢预热器；9—纳氏泵；
10—气液分离器；11—硫酸冷却器；13—氯化氢捕沫器

　　来自合成岗位的氯化氢气体，在设置于石墨冷冻塔之后的纳氏泵抽吸下，经过石墨冷冻塔，被冷冻盐水冷冻，氯化氢气体中湿气于-30～-20℃下被冷冻成水，水吸收氯化氢后成冷凝盐酸，收集在冷凝盐酸槽中。

　　经冷冻的氯化氢气体进入酸雾捕集器，在其中脱除雾滴，之后进入氯化氢预热器进行机(压缩机，即纳氏泵)前预热(防浓硫酸被冻)，使温度上升到 15～25℃，进入缓冲罐。

　　用纳氏泵将干燥预热过的氯化氢气体压缩到 0.3～0.5MPa。氯化氢气体在气液分离器分出夹带硫酸后进入机后缓冲罐，经氯化氢捕沫器送氯乙烯合成岗位。

　　氯化氢总管压力为 0.3～0.5MPa(表压)。

3. 盐酸生产过程

(1) 盐酸生产的原料和产品
① 盐酸生产岗位的原料　氯化氢气体(来自氯化氢岗位)、水。
② 盐酸生产岗位的产品　31%盐酸。
(2) 盐酸生产过程　盐酸生产工艺流程如图 5-6 所示。

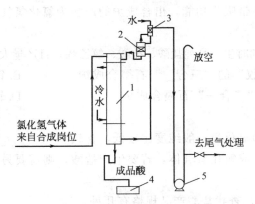

图 5-6 盐酸生产工艺流程图
1—降膜吸收塔；2—尾部塔；3—尾气塔；4—成品酸槽；5—陶瓷尾气鼓风机

盐酸的生产原理是吸收，盐酸的生产过程在降膜式吸收塔、尾部塔、尾气塔中完成。

来自氯化氢合成岗位的氯化氢气体与来自尾部吸收塔的 11% 稀盐酸，同时进入降膜吸收塔，经分液管并流而下，吸收成 31% 盐酸去成品酸槽。未被吸收的氯化氢气体从降膜塔底部出来，进入尾部塔底部，同时从尾气塔流出的稀盐酸进入尾部塔的顶部，两者逆流接触进行吸收，被吸收成 11% 左右的稀酸去降膜式吸收塔，尾气与顶部加入的吸收水在尾气塔（填料塔）中逆流接触。符合排放要求的尾气由鼓风机抽送放空，或送去尾气处理岗位用碱继续吸收。

4. 钢制合成炉法氯化氢合成的工艺特点

（1）优点

① 生产稳定，积累经验多。

② 钢制合成炉合成氯化氢的产量大，在相同生产规模下比石墨合成炉造价更低。

③ 钢制合成炉不带吸收功能，出合成炉的产物为氯化氢气体。该合成炉可适合不同要求的后续加工，其下游可生产盐酸、高纯盐酸，也可向氯乙烯合成工段提供原料。

（2）缺点

① 氯化氢纯度低，含较多氢气。影响高纯盐酸、盐酸的产品质量；氯化氢纯度低对氯乙烯合成也有不利影响。氯化氢纯度低会造成氯乙烯合成中氯化氢用量增加；氯化氢原料中氢气含量高，造成氯乙烯合成转化率降低、精馏系统冷凝器传热系数下降和冷凝尾气放空量增加。

② 若专门生产盐酸或高纯盐酸，则不如带吸收功能的石墨合成炉划算。钢制合成炉只能合成氯化氢气体，若要生产盐酸，则需要另外添加吸收设备。

【任务评价】

（1）能力训练题

① 识读钢制合成炉法氯化氢合成工艺流程图，在图 5-3 中找到合成炉冷却用热水的物料管路。

② 识读氯化氢干燥压缩工艺流程图，在图 5-5 中找到石墨冷冻塔用冷冻盐水的物料管路。

（2）判断题

① 钢制合成炉在相同生产规模下比石墨合成炉造价更低。（　　）

② 钢制合成炉一般不带吸收功能，出合成炉的产物为氯化氢气体。（　　）

(3) 选择题

若一个氯碱化工企业同时生产高纯盐酸、盐酸、氯乙烯，且产量大，则合成炉选择（　　）。

A．"合成＋冷却＋吸收"的"三合一"石墨合成炉　　　B．钢制热水冷却合成炉

C．"合成＋冷却"的"二合一"石墨合成炉　　　　　　D．钢制空气冷却合成炉

(4) 填空题

① 钢制合成炉合成的氯化氢一般纯度比较低，含较多_____。

② 钢制合成炉只能合成氯化氢气体，若要生产盐酸，则需要另外的_____设备。

【课外训练】

(1) 通过互联网搜索，查找盐酸产品规格有几种。

(2) 通过互联网搜索，查找生产42%盐酸用什么做吸收剂。

三、氯化氢合成与盐酸生产中的主要设备

1. 氢气气柜的作用与结构

(1) 氢气气柜的作用　在盐酸生产中，为使氢气供给持续、稳定，往往将罗茨鼓风机或水环泵送来的氢气贮存于气柜之中。气柜的作用是调节和平衡氢气用量，即在供给氢气量多于正常合成炉使用所需的量时，可将多余部分暂存于气柜中；若发生氯化氢或盐酸流量增加时，气柜中的氢气会自动供给合成炉。一旦进入氯化氢合成岗位的氢气输送发生临时故障，气柜内的氢气足以维持其最低流量的供给，防止被迫停炉情况发生。气柜送出气体的压力基本稳定。

(2) 氢气气柜的结构　气柜由圆筒体、支架和钟罩三部分组成，气柜的结构如图5-7所示。圆筒体为圆形柱状，周围有压铁固定，侧面下部有放水或清理内部用的人孔；支架是一种焊在圆筒体顶部的钢架结构，支架的柱上均安装滑轮以方便钟罩上下移动，每根柱的顶端均用槽钢或角钢相互连接固定；钟罩是一种类似圆锥接圆筒体的钢制盖状物（即带盖的内圆筒体），罩顶有人孔，罩内周围吊有压铁块，罩顶四周也设有压铁块以增重加压。

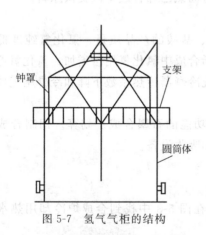

图5-7　氢气气柜的结构

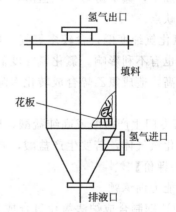

图5-8　气液分离器的结构

2. 气液分离器的作用与结构

(1) 气液分离器的作用　气液分离器一般安装于氢气气柜的出口，其作用是除去氢气中的一大部分水分。因为电解槽阴极出来的氢气会夹带碱雾和大量饱和水蒸气，经过氢气处理后进入氢气气柜，其中仍可能夹带一定量的游离水，游离水被带入合成炉就与生成的氯化氢

气体为伴，一旦合成炉中温度低于108.65℃的露点温度必然产生大量冷凝盐酸，冷凝盐酸加剧腐蚀，使钢制合成炉使用寿命缩短，所以氢气中游离水必须借助气液分离器除去。

(2) 气液分离器的结构　气液分离器的结构如图5-8所示。气液分离器是由圆筒体、下锥体和上端盖组成，圆筒体底部有分布板，板上乱堆瓷环填料，下锥体底部有排液口。

3. 合成炉的分类与钢制合成炉的结构

(1) 合成炉的分类　合成炉是氯化氢合成的重要设备。按其制作材质，合成炉可分为三类，即钢制合成炉、石墨夹套合成炉(非金属)和石英合成炉(非金属)；按其实际功能，合成炉也可分为三类，即钢制翅片空气冷却合成炉、钢制夹套热水冷却合成炉以及石墨制集合成、冷却、吸收于一体的三合一炉或二合一炉(没有吸收功能)。

目前应用较多的合成炉是钢制炉和石墨炉。钢制炉具有容量大、生产能力大、价格相对低廉，但氯化氢产物纯度偏低等特点，一般用于规模较大的氯化氢合成，如为VCM生产提供氯化氢的装置。石墨炉具有结构紧凑、功能多等特点，一般用于规模较小的氯化氢合成，尤其适合为生产高纯盐酸提供氯化氢的装置，若采用三合一炉(具有合成、冷却、吸收三种功能)，并利用高纯水吸收，则在三合一炉中可直接得到高纯盐酸产品。

(2) 钢制合成炉的结构　钢制翅片空气冷却合成炉的结构如图5-9所示。钢制翅片空气冷却合成炉充分利用空气对流传热、辐射传热等方式散热，其炉体较高温度部位在中、上部，因此在中、上部装有散热翅片；炉体的底部装有石英玻璃燃烧器或钢制燃烧器(当氢气非常干燥——经低温冷却脱水和固碱干燥，可以采用钢制燃烧器)；其顶都装有防爆膜，用耐温、耐腐蚀的材料制作。

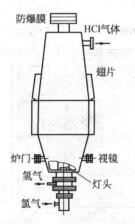

图5-9　钢制翅片空气
冷却合成炉的结构

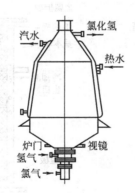

图5-10　钢制夹套热水冷却
合成炉的结构

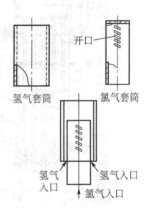

图5-11　套筒式燃烧器
(或称灯头)的构造

钢制夹套热水冷却合成炉的结构如图5-10所示。钢制夹套热水冷却合成炉的炉体形状与钢制翅片空气冷却合成炉的形状相近，其不仅有冷却功能，而且能以蒸汽形式回收氯化氢合成中产生的热量。该合成炉的炉体中、上部装有夹套，以方便通热水冷却，热水在夹套中获得热量成为中压汽水混合物，到蒸汽蒸发罐中闪蒸可以产生低压蒸汽；该合成炉的炉体底部装有石英玻璃燃烧器或钢制燃烧器，而顶都装有防爆膜。

燃烧器(或称灯头)由内外两层圆筒套装而成，其构造如图5-11所示。内层是氯气套筒，是个圆筒形套管，其上端封闭，筒身四周开有斜长方形孔；外层是氢气套管，是个两端开口的圆筒形套管。氯气自下端进入内套筒，因其上端封闭，气流只能从筒身四周侧面斜孔沿切线方向盘旋而出，与由外套筒下端进入的氢气在内外套筒间的流道内均匀混合向上燃烧合成氯化氢气体，燃烧火焰呈青色或淡青色，其中心火焰温度可达 2000～2500℃。由于石英燃烧器具有蓄热功能，因而确保了合成反应得以持续下去。

4. 石墨冷却器的作用与结构

（1）石墨冷却器的类型与作用　常见的石墨冷却器有石墨列管式冷却器、石墨圆块孔式冷却器以及石墨矩形块孔式冷却器等三类，前两类常被采用。石墨冷却器的主要作用是冷却合成气氯化氢至常温，以便制酸或冷冻脱水干燥。

（2）石墨列管式冷却器的结构　石墨列管式冷却器的结构如图 5-12 所示。石墨列管式冷却器的上封头一般采用圆块式封盖，外接水箱，封盖内高温氯化氢气体通过块状石墨可与冷却水换热而被冷却。若不采用块封盖过渡，而直接让高温气体接触冷却器的上管板，则上管板（石墨）与列管（石墨）交接处的胶粘部分会因材料热膨胀系数差异而胀裂损坏，导致冷却水涌入气相、石墨冷却器气相出口被封堵、甚至合成炉熄火，另外当发生冷却水来源中断，与上管板相连的石墨列管也极容易烧坏。而圆块式封盖可以承受短时间的断水（水箱中存有冷却水），一旦恢复供水，可照常工作。石墨列管式冷却器的冷却段由管板（石墨）、列管（石墨）和壳体（钢材）构成，冷却水自下而上走壳程、气体自上而下走管程，两者以逆流方式通过管壁传热，气相被冷却。石墨列管式冷却器的下封头由钢衬胶或玻璃钢制成，保证有极好的防腐蚀性能。列管式冷却器，其壳程许用压力仅 0.2MPa，其冷却效果不如块孔式。

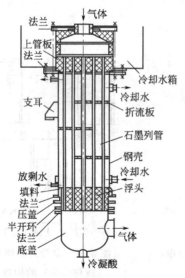

图 5-12　石墨列管式冷却器的结构

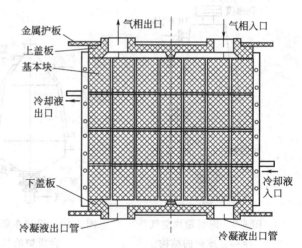

图 5-13　石墨圆块孔式冷却器的结构

（3）石墨圆块孔式冷却器的结构　石墨圆块孔式冷却器的结构如图 5-13 所示。石墨圆块孔式冷却器的结构包括上封头、冷却段和下封头，而上封头和下封头的结构相对简单。冷却段是整个砌块，是用酚醛树脂浸渍处理过的不透性石墨制成，具有极好的耐腐蚀和耐高温性能，因此完全能够承受较高温度。冷却段中，冷却水从径向管内通过，而气相则由纵向管内通过，冷却效果很好；与石墨列管式冷却器相比，石墨圆块孔式冷却器更能经受压力冲击，更能耐高温；可以承受短时间的断水，一旦恢复供水，可照常工作。许用温度-20～165℃，许用压力纵向为 0.4MPa，径向压力为 0.4～0.6MPa。

5. 陶瓷尾气鼓风机的作用与结构

（1）陶瓷尾气鼓风机的作用　陶瓷尾气鼓风机的作用在于将来自尾气吸收塔的合格尾气进行抽吸排空，与水喷射泵的作用相近。其特点是耐腐蚀、运行稳定、作用可靠。在其进口处配有蝶阀或闸板以调节风量，另外在进出口管间可装上回流管。

（2）陶瓷尾气鼓风机的结构　陶瓷尾气鼓风机的结构如图 5-14 所示。其外壳为钢制，内衬陶瓷，叶轮材料过去用陶瓷现改为玻璃钢。前端有塑料压盖，并由八颗压盖螺钉固定；机身置于支座上，用底脚螺栓固定；叶轮用止动螺栓固定在悬臂梁上。

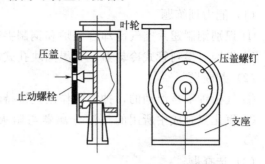

图 5-14　陶瓷尾气鼓风机的结构

6. 石墨冷冻塔的作用与结构

（1）石墨列管式冷冻塔的作用　石墨列管式冷冻塔是氯化氢干燥压缩岗位的重要设备，一般由两组（方便置换工作）各三个石墨列管式冷冻塔组成串联塔组使用。其作用是用 −25℃ 的冷冻氯化钙溶液将氯化氢气体进行冷冻脱水，使其成为含水量小于 0.06% 的干燥氯化氢气体，便于压缩输送。

（2）石墨列管式冷冻塔的结构　石墨冷冻塔的结构如图 5-15 所示。其基本构造与降膜吸收塔相同，所不同的是其顶部分布板上并没有分液管。

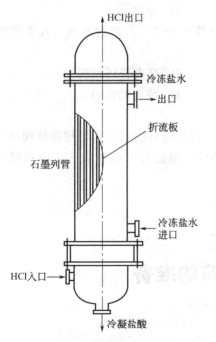

图 5-15　石墨冷冻塔的结构

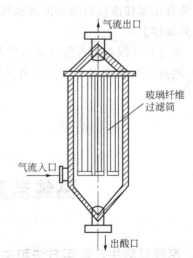

图 5-16　酸雾捕集器的结构

7. 酸雾捕集器的作用与结构

（1）酸雾捕集器的作用　酸雾捕集器的作用是用氟硅油浸渍处理的憎水性玻璃纤维把气流中酸雾截留、捕集下来，从而达到净化气体的目的。

（2）酸雾捕集器的结构　酸雾捕集器的结构如图 5-16 所示。整个容器分为三个部分，上部为圆筒形锥体端盖，中间为圆筒体并带有夹套通冷冻盐水（内部是若干个玻璃纤维滤筒），下端是圆锥体。上部有个带有45°开口的气体导入管，底部有出酸口。气流自下锥体进入，经滤筒成为气溶胶，夹带的酸雾被玻璃纤维捕集，截留下来，净化后的气体由滤筒上部引出。整个容器可用钢衬胶及塑料制成。

【任务评价】

(1) 能力训练题

① 识别钢制翅片空气冷却合成炉和钢制夹套热水冷却合成炉两种设备。

② 识别石墨列管式冷却器、石墨圆块孔式冷却器两种设备。

(2) 判断题

① 气柜钟罩是浮动的，钟罩的作用是维持气柜内气体压力的稳定。（　　）

② 氯化氢合成中所用的气液分离器与阻火器的结构相近，其中所填放的填料也相同。（　　）

(3) 选择题

① 陶瓷尾气鼓风机的作用主要是（　　）。

A. 压缩含大量氯化氢的尾气　　　　　　B. 压缩合格尾气

C. 抽吸含大量氯化氢的尾气　　　　　　D. 抽吸合格尾气

② 石墨列管式冷冻塔的作用是用（　　）将氯化氢气体进行冷冻脱水，使其成为含水量小于0.06%的干燥氯化氢气体，便于压缩输送。

A. －25℃的冷冻氯化钙溶液　　　　　　B. 液氨

C. －10℃的冷冻氯化钙溶液　　　　　　D. 冷水

③ 酸雾捕集器的中间部位是圆筒体，其中放置若干个（　　）的滤筒，在夹套冷冻盐水冷却下，可把气流中酸雾截留、捕集下来。

A. 装有普通玻璃纤维　　　　　　　　　B. 装有瓷环填料

C. 装有用氟硅油浸渍处理的憎水性玻璃纤维　　D. 装有鹅卵石

【课外训练】

(1) 通过互联网查询石墨列管式冷却器的结构，增进对石墨列管式冷却器结构的认识。

(2) 通过互联网查询石墨圆块孔式冷却器的结构，增进对石墨圆块孔式冷却器结构的认识。

任务二
高纯盐酸生产前的准备

一、高纯盐酸生产常用方法和生产过程

1. 岗位操作的核心任务

先将来自氯化氢合成工序的氯化氢气体经工业盐酸和高纯盐酸两次洗涤除去杂质，之后再用去离子水吸收，获得31%以上高纯盐酸，供离子膜电解车间使用或外销。

2. 高纯盐酸的用途与规格

高纯盐酸是离子膜制碱工艺不可缺少的化学品之一。它主要用于调整离子膜电解中二次

精盐水的pH，用于二次盐水精制中螯合树脂的再生以及脱氯淡盐水的酸化。高纯盐酸的质量规格如表5-2所示。

高纯盐酸除了用于离子膜制碱工艺外，还可以稍加处理制成试剂级盐酸。由于它的纯度高，在制造高品位的调味粉、酱油等食品工业及电子工业中有着广泛的应用。此外，它可以和普通盐酸一样应用在化学工业中，如生产无机氯化物、有机氯化物等；在纺织工业中，作织物漂白液的分解促进剂；在造纸工业、冶金工业、医药工业中应用也很广泛。

表5-2　高纯盐酸的质量规格（参考值）

项目	含量	项目	含量
HCl/%（质量分数）	≥31	游离氯/(mg/L)	≤60
Ca^{2+}/(mg/L)	≤0.3	硫酸盐(以SO_4^{2-}计)/(mg/L)	≤70
Mg^{2+}/(mg/L)	≤0.07	灼烧残渣/(mg/L)	≤25
Fe^{3+}/(mg/L)	≤0.1		

3. 高纯盐酸生产的常用方法

(1) "二合一"合成炉法　"二合一"炉制取盐酸时，氯气和氢气由合成炉的下部送入，采用向上燃烧的方式。从合成炉顶出来的氯化氢气体进入石墨冷却槽进一步冷却后，进入石墨吸收塔吸收成合格盐酸送入盐酸贮槽。

"二合一"合成炉，冷却在炉体内完成，吸收在炉体外进行。既可以得到氯化氢气体，又可以部分吸收生产盐酸，可以满足不同的需要，具有广阔的应用前景。

(2) "三合一"合成炉法　"三合一"炉制取盐酸时，原料气体由合成炉的上部送入，燃烧方向为向下燃烧。生成的氯化氢气体立刻在下部的吸收段被水顺流吸收成品盐酸由下部排出。未被吸收的氯化氢气体在尾部塔中进行逆流高效吸收，惰性气体等废气由水流泵抽出经处理后排空。

石墨"三合一"炉具有结构紧凑、传热效率高、拆装检修方便、使用寿命长、操作弹性强、盐酸质量好等优点，在工业上被广泛采用。

(3) 盐酸脱吸法　在铁制合成炉中生成的HCl气体进入膜吸收器，用20%~21%的稀盐酸吸收制成35%的浓盐酸，通过酸泵将35%的浓盐酸送到解析塔顶部喷淋而下，与从再沸器过来的高温HCl气体和水蒸气进行逆流传质和传热，在塔顶得到含饱和水蒸气的HCl，然后HCl气体经冷却后进入石墨吸收器，用高纯水吸收制得31%的高纯盐酸，送入贮槽以供使用。

由于铁制合成炉法制成的HCl含铁量偏高，制取的盐酸颜色发黄而影响产品质量，盐酸脱吸法利用解析原理可得到纯度较高的HCl气体，从而制得质量合格的高纯盐酸。根据经验，用这种方法生产的盐酸一般含铁都能达到0.2mg/L以下，但达到0.1mg/L以下较困难，这对于要求含铁小于1mg/L的离子膜来说足够了。

(4) 洗涤膜式吸收法　在合成炉内生产的HCl气体，往往含有的杂质较多，为保证高纯盐酸的质量，工艺上常用高浓度盐酸(31%工业盐酸及高纯成品酸)洗涤的方法除去杂质，然后再在膜式吸收塔中用去离子水或稀盐酸吸收HCl气体，以得到浓度高于31%的高纯盐酸。

此方法中用到的洗涤液为31%工业盐酸、高纯成品酸，它在洗涤器中主要起到吸收氯化氢气体中杂质的作用，也吸收少量氯化氢气体，因而在吸收之后能产生浓度高于36%的高浓度盐酸，此产品可作为副产品出售。

4. 洗涤膜式吸收法高纯盐酸的生产

（1）工艺流程　高纯盐酸的生产流程如图 5-17 所示。来自氯化氢合成工序（温度降至 60℃以下）的 HCl 气体，进入湍流板塔的底部，在界区尾部水力喷射泵作用下从塔底流向塔顶；同时，31%的工业盐酸从塔顶喷淋而下，对自下而上的 HCl 气体进行洗涤，洗涤液在洗涤同时再吸收部分 HCl 气体而成为高浓度盐酸（浓度可达 36%以上），收集在浓酸罐。洗涤后的 HCl 气体再进入洗涤罐，该罐内盛有成品酸（高纯盐酸）并放有很多聚丙烯小球，HCl 气体在洗涤罐内以鼓泡的方式被进一步洗涤。经两次洗涤的 HCl 气体通过丝网除雾器进入一级降膜吸收塔与稀盐酸逆流接触，稀盐酸吸收 HCl 气体后成为 31%的高纯盐酸进入成品酸罐；未被吸收的 HCl 气体进入二级降膜吸收塔，用尾部吸收塔底来的淡盐酸进行吸收；由于吸收过程放热，因此降膜吸收塔均需用冷却水进行间接冷却；从二级降膜吸收器出来的未被吸收的 HCl 气体进入尾部吸收塔，用去离子水吸收，成为淡盐酸后进入二级降膜吸收塔，从尾部吸收塔顶部出来未被吸收的少量 HCl 气体进入水力喷射泵，在工业水的流体作用下再次被吸收，废水进入酸性水贮槽，然后排入酸性水池进行处理，少量不凝气体直接放空。

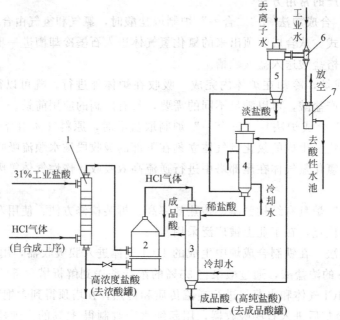

图 5-17　高纯盐酸的生产流程图
1—湍流板塔；2—洗涤罐；3—一级降膜吸收塔；
4—二级降膜吸收塔；5—尾部吸收塔；6—水力喷射泵；7—酸性水贮槽

（2）生产控制点
① 氯化氢纯度≥70%。
② 空气冷却器后温度 120～180℃。
③ 石墨冷却器后温度≤60℃。
④ 稀盐酸温度≤60℃。
⑤ 高纯盐酸浓度≥31%。

（3）操作要点及注意事项
① 进入界区的氯化氢温度≤60℃。

② 调节吸收水的流量，保证成品酸浓度≥31%。

③ 每班更换一次洗涤罐内的洗涤酸。如果鼓泡洗涤罐内的洗涤酸更换不及时，洗涤效果就会不佳，同样会造成成品酸含铁不合格。

【任务评价】

(1) 填空题

① 盐酸脱吸法生产的盐酸一般含铁都能达到_____以下。

② 由合成炉来的 HCl 气体由于温度较高，首先进入空气冷却器冷却至_____℃。

③ 在铁制合成炉中生成的 HCl 需用_____法制高纯盐酸。

(2) 思考题

请简述高纯盐酸生产的工艺流程。

二、高纯盐酸生产中的主要设备

1. 石墨合成炉

石墨炉又分为二合一石墨炉和三合一石墨炉。二合一石墨炉是将合成和冷却集为一体的炉子，而三合一石墨炉是将合成、冷却、吸收集为一体的炉子。

一般石墨合成炉是立式圆筒形石墨设备，结构如图 5-18 所示。它由炉体、冷却装置、燃烧反应装置、安全防爆装置、吸收装置以及物料进出口、视镜等附件组成。

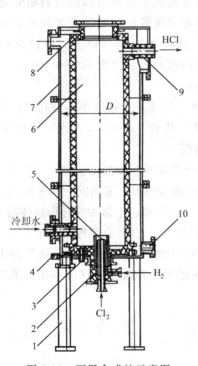

图 5-18　石墨合成炉示意图

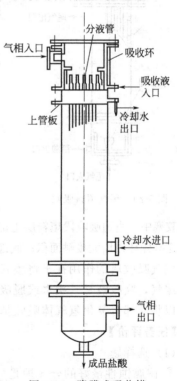

图 5-19　降膜式吸收塔

1—支架；2—灯头座；3—排酸孔；4—排污口；5—石英灯头；
6—石墨炉体；7—钢壳体；8—防爆膜；9—氯化氢出口；10—视镜孔

石墨合成炉与铁制合成炉比较，它的优点是耐腐蚀性好，使用寿命长（一般可达 20 年），生产效率高，制成的氯化氢含铁低等。由于石墨具有优良的导热性，炉内的燃烧反应热可迅速传到炉壁外由冷却水带走,因而氯化氢出口的温度较低,在进入吸收器前,无需用大的冷却器冷却,又由于没有高温炉体的辐射热,改善了操作环境。除此之外,其最突出的优点是耐腐蚀,因而对进入合成炉的原料氯气和氢气的含水量无特殊要求,从电解槽来的氯气和氢气不必经过冷却和干燥处理,可直接供给石墨炉去合成氯化氢。因此,可将生产工艺简化,减少占地面积。

石墨炉的缺点是制造复杂,检修不如铁质炉方便,工艺操作要求严格,一次投资费用大,运输和安装须仔细,否则易损坏等。

2. 降膜式吸收塔

降膜式吸收塔如图 5-19 所示。它主要由上封头、下封头、防爆膜、换热块、分液管及钢制外壳组成。上封头是个圆柱形的衬胶筒体,在上管板的每根管端设置有吸收液的分配器,在分配器内,从尾气吸收塔来的吸收液经过环形的分布环及分配管再分配,当进入处于同一水平面的分液管 V 形切口时,吸收液呈螺旋线状形成自上而下的液膜(又称降膜),以达到对氯化氢气体充分的吸收。

降膜式吸收塔是由不透性石墨制作的,是取代绝热填料吸收塔的换代升级设备。其作用在于将冷却至常温的氯化氢气体用水或稀盐酸吸收,成为一定浓度的合格盐酸。降膜式吸收塔之所以优于绝热式填料吸收塔,是因为氯化氢气体溶于水所释放的溶解热可以经过石墨管壁传给冷却水带走,因而吸收温度较低,吸收效率较高,一般可以达到 85%～90%,甚至可达 95% 以上,所以出酸浓度相应较高。而填料塔的吸收效率仅为 60%～70%。

其技术特性:
① 许用温度 气体进口温度不得超过 250℃。
② 许用压力 壳程 0.3MPa,管程 0.1MPa。

3. 尾气吸收塔

尾气填料吸收塔如图 5-20 所示。尾气吸收塔可分为三个部分:上部为吸收液分布段,采用同一水平面高的玻璃管插入橡胶塞中,直通吸收段填料层上部以实现吸收液的均匀分布;中部为圆柱形筒体的吸收段,内部填充有瓷环以增大接触面积;底部是带有挡液器的圆柱体,并开有稀酸出口和尾气入口。

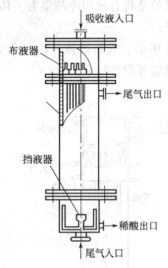

图 5-20 尾气填料吸收塔

尾气吸收塔的作用在于将膜式吸收塔未吸收的氯化氢气体再次吸收,使气相成为达标的合格尾气,吸收液是一次水或脱吸后的稀酸。因为尾气中含氯化氢气体不多,采用绝热吸收就可以将这部分氯化氢气体吸收掉。

【任务评价】

(1) 选择题
① 耐腐蚀性最好的合成炉是_____。
A. 铁质合成炉　　B. 钢制合成炉　　C. 石墨合成炉　　D. 硅砖合成炉
② 降膜式吸收塔吸收效率最高可达_____%以上。
A. 75　　　　　　B. 80　　　　　　C. 90　　　　　　D. 95

(2) 思考题
简述氯化氢石墨合成炉的优点与缺点。

任务三
氯化氢合成与盐酸生产的岗位操作及安全防范

一、氯化氢合成与盐酸生产的岗位操作

1. 开车操作

(1) 开车准备工作

① 工具设施检查。准备防爆对讲机、各种规格的防爆扳手、防爆铜锤、电子点火棒等以备开车之用。确认安全、消防设施、环保设施、救护设施等齐全,备用良好。

② 机电仪表检查。确认动力电、照明电、仪表电源等供应正常。

③ 公用工程检查。确认循环水、纯水、仪表风、氮气系统正常,达到设计要求。

④ 工艺系统检查。确认系统所有阀门及管道安装符合要求、不泄漏,并处于关闭状态。检查三合一炉视镜、垫片、螺栓等是否完备;确认三合一炉灯头、防爆膜完好;确认阻火器达到使用要求,无积水。

⑤ 吸收水系统检查。打开纯水补充阀门向循环液槽内加纯水,确认循环液槽液位保持在75%左右。

(2) 开车操作

① 缓慢关闭氢气排空阀,使氢气达到一定的压力要求。

② 打开氢气切断阀、调节阀,再稍开氢气管道短路阀。

③ 采用自动点火。首先用氮气置换炉中气体,使炉中 H_2 含量<0.05%;通压缩空气;再通氢气并同时在灯头自动点火;然后用氯气逐步替换压缩空气(人工点火:炉内抽真空,炉中 H_2 含量<0.05%;打开炉门以进空气助燃;在有空气下点燃氢气软管管口出气;将管口带火焰的氢气软管插入合成炉灯头氢气进口,并用铁丝绑紧;再逐步开氯气气管上的阀门、逐步关炉门。避开点火孔正面,且不可面对炉门,以防点火时火焰冲出)。

④ H_2 燃烧正常后,打开氯气切断阀及调节阀,再打开氯气管道短路阀,缓慢调节,待炉内火焰呈青白色后,关闭炉门。

⑤ 缓慢调节氯氢流量,控制氯氢配比在1:(1.05~1.10),使火焰燃烧正常。

⑥ 随时观察氯化氢出口温度(不得高于45℃),逐渐加大氯气、氢气流量,直到达到生产要求。

⑦ 随时观察火焰颜色是否正常,切忌炉火发黄、发红。

⑧ 在开车之初 HCl 气体走吸收系统,吸收系统的开车操作步骤如下。

a. 接到开车通知后,将盐酸吸收泵开启;

b. 打开工业水阀门,将工业水通入尾气塔;

c. 根据盐酸浓度逐渐调整吸收液的流量,直到达到盐酸的质量规格。

⑨ 待氯氢配比稳定后,应及时分析氯化氢纯度,当纯度为90%~93%且无游离氯时,请示调度给 VCM(氯乙烯)工序供氯化氢气体。

⑩ 当合成炉的蒸汽压力符合要求时，将合成炉的蒸汽出口阀打开，蒸汽进入蒸汽分配台，送至低压蒸汽管网。

2. 停车操作

(1) 正常停车

合成炉正常停车步骤如下。

① 接到调度停车通知后，逐渐关闭向 VCM 供气的阀门。

② 按比例逐渐减少合成炉进气量，先降 Cl_2 后降 H_2 至最小比例，并保持火焰为青白色。

③ 进气量最小时，迅速关闭氯气调节阀及切断阀，同时关闭氢气调节阀及切断阀。

④ 注意调节氢气排空阀、排氯阀，保持好氯气、氢气压力。

⑤ 停炉 5min 后，开炉前冲氮阀，用氮气置换系统，置换完后关闭冲氮阀。

⑥ 关合成炉夹套冷却水阀门，关闭蒸汽阀门。停合成炉冷却器、吸收器冷却水。

⑦ 待炉温降到 100℃ 以下时(约 30min)打开炉门(注意：炉内正压时严禁打开炉门)。

⑧ 冬季停车，注意将合成炉夹套冷却水放净(或长流水)，以防冻结。

吸收系统正常停车步骤如下。

① 将 HCl 进气总管缓慢关闭。

② 将空气冷却器的风机和相应的阀门关闭。

③ 关闭吸收水阀，停止吸收水，并关闭降膜吸收塔的冷却水阀。

④ 将冷却器、洗涤塔、吸收塔内的残酸排净，并用空气吹扫干净。

(2) 紧急停车

若出现下列情况，请示调度后可进行紧急停车。

① H_2 压力突然大幅度下降。

② H_2 纯度<96%，含氧≥2%。

③ Cl_2 含氢>3%。

④ 炉内冷凝酸急剧增多。

⑤ 冷却水水压过低，突然断水。

⑥ 突然停动力电、直流电。

紧急停车步骤如下。

① 紧急情况和接紧急停车通知后，先关 Cl_2 阀，然后关 H_2 阀。

② 按正常停车处理。

③ 停车完毕，迅速告知调度停车原因及情况。在向 VCM 工序供氯化氢气体时，应与 VCM 工序联系，并说明情况。

3. 控制要点

(1) 氯气进炉压力控制

① 控制目标　控制进炉的氯气压力在规定范围内，防止氯气压力波动过大，保证合成炉内反应的正常进行。

② 控制范围　0.10~0.15MPa。

③ 相关参数　液氯工序尾氯压力，氯气压力控制阀的开度。

④ 控制方式　通过氯气压力控制阀自动或手动控制调节。

⑤ 正常调整　调整方法如表 5-3 所示。

表 5-3　氯气进炉压力调整方法

影响因素	调整方法
系统氯气压力波动	联系液氯工序稳定氯气输送压力
氯气阀门开度过大	调小操作室内氯气进炉量
氯气压力过大	调小氯气压力控制阀的开度;通知液氯工序调整氯气输送压力;调大氢气进炉量和吸收水量
氯气阀门开度过小	调大操作室内氯气进炉量
氯气压力过小	调大氯气压力控制阀的开度;通知液氯工序调整氯气输送压力;调小氢气进炉量和吸收水量

(2) 氢气进炉压力控制

① 控制目标　控制进合成炉的氢气压力在规定范围内,防止氢气压力波动过大,保证合成炉内反应的正常进行。

② 控制范围　0.06~0.085MPa。

③ 相关参数　系统氢气压力,氢气调节阀的开度。

④ 控制方式　通过氢气调节阀自动或手动控制调节。

⑤ 正常调整　调整方法如表 5-4 所示。

表 5-4　氢气进炉压力调整方法

影响因素	调整方法
氢气含水过高造成管道积水	缓慢打开氢气管道阻火器的放净阀门,及时排放氢气管道内的积水
氢气阀门开度过大	调小操作室内氢气手控阀门的开度
氢气压力过大	缓慢调小氢气压力控制阀的开度;通知氯氢工段调整氢气输送压力;调大氯气进炉量和吸收水量
氢气阀门开度过小	缓慢加大操作室内氢气调节阀开度,加大流量
氢气压力过小	缓慢调大氢气压力控制阀的开度;通知氯氢工段调整氢气输送压力;调小氯气进炉量和吸收水量

(3) 合成炉出酸质量控制

① 控制目标　控制合成炉出酸质量在规定范围内,防止出酸浓度过高、过低或游离氯超标,保证对各需求工段的供应。

② 控制范围　成品盐酸(含 HCl)≥31%(质量分数),Fe≤1mg/L,Ca+Mg≤0.5mg/L,游离氯≤5mg/L。

③ 相关参数　吸收剂成分与流量,氢气、氯气的纯度,炉内温度。

④ 控制方式　正常时通过调整操作室内氢气、氯气手控阀门的开度和吸收水转子流量计上水阀门的开度,控制进炉的氯氢配比度和吸收水流量,达到调控合成炉出酸质量的目的。

⑤ 正常调整　调整方法如表 5-5 所示。

表 5-5 合成炉出酸质量调整方法

影响因素	调整方法
氯氢配比	调节操作室内氢气、氯气手控阀门的开度
炉内温度	调节循环冷却水流量

(4) 合成炉火焰控制

① 控制目标　调整合成炉火焰颜色。

② 控制范围　颜色为青白色。

③ 相关参数　进合成炉的氯氢配比，氢气、氯气的纯度。

④ 控制方式　正常时通过调整操作室内氢气、氯气手控阀门的开度，控制进炉的氯氢配比，达到调控合成炉火焰颜色的目的。

⑤ 正常调整　调整方法如表 5-6 所示。

表 5-6 合成炉火焰颜色调整方法

影响因素	调整方法
氯氢配比失调	重新调节氯氢配比
原料不合格	化验氢气、氯气纯度是否达标，联系相关工序调整
氢气系统积水	排放氢气输送系统中的积水

(5) 合成炉尾气压力控制

① 控制目标　调整合成炉尾气压力在正常范围之内。

② 控制范围　-2~6kPa。

③ 相关参数　进合成炉的氯气、氢气量，吸收水流量，炉内温度。

④ 控制方式　正常时通过调整操作室内氢气、氯气手控阀门的开度，控制进炉的氯氢量和吸收水流量，达到调控合成炉尾气压力的目的。

⑤ 正常调整　调整方法如表 5-7 所示。

表 5-7 合成炉尾气压力调整方法

影响因素	调整方法
系统抽吸力度不足	增大水力喷射泵的水流量
进炉气体量过大	减少进炉的氢气、氯气量
下酸管道、尾气输送管道积酸	检查下酸管道、尾气输送管道是否堵塞
系统抽吸力度过大	减小抽吸系统抽吸力度
进炉的氢气、氯气量过小	增大进炉的氢气、氯气量

(6) 合成炉 HCl 气体出炉温度控制

① 控制目标　控制 HCl 气体出炉温度在正常范围之内。

② 控制范围　400~450℃。

③ 相关参数　进合成炉的循环冷却水流量。

④ 控制方式　正常时通过调整循环冷却水上水阀门的开度，控制进炉的循环冷却水流量，达到调控 HCl 气体出炉温度的目的。

⑤ 正常调整　调整方法如表 5-8 所示。

表 5-8　合成炉下酸温度调整方法

影响因素	调整方法
循环冷却水流量小	加大合成炉循环冷却水的流量
循环冷却水温度高	通知循环水厂降温
合成量大，炉内温度高	降低合成量，加大循环冷却水的量

【任务评价】

(1) 填空题
① 氯气进炉压力一般控制在_____。
② 氢气进炉压力一般控制在_____。
③ 合成炉尾气压力一般控制在_____。

(2) 判断题
① 合成炉生产过程中，H_2压力突然大幅度下降不必停车。(　　)
② 紧急情况和接紧急停车通知后，先关Cl_2阀，然后关H_2阀。(　　)
③ 合成炉火焰颜色为暗红色。(　　)

(3) 思考题
① 请简述氯化氢合成开车操作的主要步骤。
② 请简述在哪些情况下氯化氢合成岗位需紧急停车。

二、合成炉异常情况应急处置

1. 氯气进炉压力异常处理

氯气进炉压力异常处理如表 5-9 所示。

表 5-9　氯气进炉压力异常处理

现象	原因	处理方法
压力失控	①调节阀故障	①切换到手动模式操作或打开副线维持生产，并联系仪表维修
	②停电	②紧急停车
	③氯气输送管路被腐蚀泄漏	③紧急停车并联系维修
火焰颜色变化	氯气来源不合格	通知电解或液氯工序调整相关参数
点火时氢气已点着，开氯气阀门时突然有爆鸣声而熄灭	氯气阀门开启过快，将火焰冲熄，炉内氯氢比不正常而爆炸	紧急停车，抽空半小时以上，化验合格后重新点火
合成炉内火焰有跳动，并伴有爆鸣现象	①点火时炉内氢没有排出 ②氯气、氢气纯度低 ③氢气系统氢气泵前漏气，系统内抽入空气	①调整氯氢比 ②联系相关工序提高气体纯度 ③迅速查漏（通知电解或氯氢处理工序）并修好

2. 氢气进炉压力异常处理

氢气进炉压力异常处理如表 5-10 所示。

表 5-10 氢气进炉压力异常处理

现象	原因	处理方法
压力失控	调节阀故障	切换到手动模式,联系仪表维修
点火时合成炉内突然爆炸	①氢气阀门漏气,在炉内形成可爆炸性气体	①停止点火
	②炉内残余气体没有抽净	②开水力喷射泵,将炉内气体抽净,并检查阀门漏气情况,做针对性处理
点着火后调节氢气阀门,合成炉内只有光亮而无火焰	①系统抽力过小	①开水力喷射泵阀门
	②氢气阀门开启度过小	②慢慢开大氢气阀门
	③燃烧嘴堵塞	③停车,清理燃烧嘴
点火时把火源放在氢气点火处突然爆炸	开氢气阀门时,开得太快太大,大量氢气和氧气混合形成可爆炸性气体	停止开车,重新点火时缓慢开氢气阀门

3. 合成炉出酸质量异常处理

合成炉出酸质量异常处理如表 5-11 所示。

表 5-11 合成炉出酸质量异常处理

现象	原因	处理方法
酸浓度过高	①吸收水流量过小	①调大吸收水转子流量计上水阀门的开度
	②氢气、氯气进炉量大	②调小操作室内氢气、氯气手控阀门的开度
酸浓度过低	①吸收水流量过大	①调小吸收水转子流量计上水阀门的开度
	②氢气、氯气进炉量小	②调大操作室内氢气、氯气手控阀门的开度
	③合成炉内漏	③停车检修
	④炉内温度高	④加大循环冷却水流量
游离氯超标	①氯氢配比失调	①根据合成炉火焰颜色,缓慢调节操作室内氢气、氯气手控阀门的开度
	②石英灯头损坏或没有安装好	②停车检查合成炉内石英灯头是否完整,安装是否正确
	③氢气、氯气压力有波动	③通知相关工段稳压
	④氢气、氯气纯度低	④通知相关工段提高原料气纯度
铁含量超标	氯气中含水和硫酸根离子超标,腐蚀管道	通知氯氢工段调整

4. 合成炉火焰异常处理

合成炉火焰异常处理如表 5-12 所示。

表 5-12 合成炉火焰异常处理

现象	原因	处理方法
火焰有波动	①氢气含水量高	①检查氢气含水量;对氢气阻火器进行放水
	②氢气输送管道积水	②排出氢气输送系统的积水
	③原料压力不稳	③通知相关工段稳压
	④氢气管路泄漏	④停车检修
	⑤水力喷射泵故障	⑤停车检修
火焰发红发暗	①氢气纯度未达标	①停车,通知氢气处理工序处理
	②合成炉有漏点,系统为负压	②停车检修

5. 合成炉汽包不正常原因及处理方法

合成炉汽包(或蒸汽蒸发罐)不正常原因及处理方法如表 5-13 所示。

表 5-13 合成炉汽包不正常原因及处理方法

异常现象	发生原因	处理方法
给水泵体发热或响声过大	①无软水输送	①检查软水来源是否断水
	②泵进口阀关闭	②检查泵进口水阀是否关闭
给水泵电机发热	①超负荷转动	①检查给水输送系统是否严重超负荷运转
	②电机长期失修	②保持电机定期维修
给水泵出口压力小,打不上压力	①泵出口循环水阀开得太大	①关小泵出口循环水阀
	②泵体叶轮磨损严重或坏了	②停泵检修,更换磨损件
泵体漏水	①密封轴盖松	①定期检查轴盖
	②轴填料磨损严重	②定期适当加填料
安全阀启动时不排汽	①安全阀出口处结垢	①定期对安全阀检查维修
	②拉杆手柄螺钉断裂	②更换手柄螺钉
安全阀启动后不停汽	①压杆弹簧松,失去弹力	①停车更换安全阀
	②安全阀出口处有异物堵塞	②停车清除异物
	③超压操作	③降低输送系统压力
	④蒸汽输送阀芯脱落	④停车更换阀门
汽包液位计液面静止	①液位计连通管堵塞	①停车清洗连通管
	②液位计进出口阀关闭	②打开进出口阀
汽包液位计无显示	①锅炉干锅	①若发现的确是干锅,必须紧急停炉,严禁匆忙加水
	②排污时间太长,水循环被破坏	②缩短排污时间
	③液位计连通管堵塞	③清除连通管内堵塞物
	④液位计进出口阀关闭	④开启液位计进出口阀

【任务评价】

(1) 填空题
① 合成炉出酸浓度过高,吸收水流量过_____。
② 合成炉火焰有波动,氢气含水量_____。

(2) 思考题
① 请简述合成炉出酸游离氯超标的原因及处理方法。
② 请简述合成炉火焰有波动的原因及处理方法。

三、氯化氢合成与盐酸生产的安全防范

1. 生产特点

(1) 有毒、有害物质较多　氯气是有窒息性且毒性很大的气体,确保管道、设备的气密性,防止氯气外逸是十分重要的。氯气的工业卫生允许浓度 $2mg/m^3$。

氯化氢气体同样是有毒、有害、有强烈刺激性的气体。对呼吸道、皮肤黏膜有很强的刺激、腐蚀作用,可使之充血、糜烂。其排放的最高允许浓度为 $15mg/m^3$,工业卫生允许浓度为 $10mg/m^3$。

(2) 易燃、易爆　氢气是易燃、易爆气体，极易自燃，在800℃以上或点火时则放出青白色火焰，发生猛烈爆炸而生成水。因而安全要求是很高的。

氢气和空气的混合气中，含氢量在4.1%～74.2%（体积分数）是爆炸区间。氢气和氧气的混合气体中，含氢量在4.5%～95%（体积分数）是爆炸区间，氢气和氯气的混合气体中，含氢量在3.5%～97%（体积分数）是爆炸区间。由此可见，氯内含氢量必须严格控制。

(3) 多种物品具有腐蚀性　在盐酸、氯化氢的生产过程中，常接触盐酸、硫酸等强腐蚀性化学物品。现场操作时要戴好劳动防护用品，以免发生化学灼伤等事故。

2. 盐酸工段安全操作要点

(1) 合成炉安全操作要点

① 调节氯、氢量时要缓慢进行，严禁调节过猛，严禁氢气和氯气交替过量。切不可只根据流量计的显示来调节氯、氢的比例。一旦氯气纯度或氢气纯度发生了变化，实际配比也就发生了变化。

② 严格控制反应的氯氢配比。合成反应的氯氢配比为1：(1.05～1.1)，严密注视火焰变化，使火焰稳定为青白色，保持在氢微过量条件下合成HCl。一旦比例失调，就会发生事故。氢气含过量多会使尾气含氢量增加而发生爆炸事故，且影响氯化氢纯度。氯气含量过多，会造成尾气带氯排放，污染大气。

③ 随时注意Cl_2、H_2压力，压力控制在Cl_2：0.10～0.15MPa，H_2：0.06～0.085MPa，HCl总管压力控制在≤0.05MPa。加强巡回检查，发现压力异常现象及时处理，若影响生产，及时向调度及分厂汇报，确保安全生产。

④ 如果氯气含水量高或硫酸分离不好，会腐蚀输送氯气的碳钢管，造成氯气含铁高，使合成的氯化氢含铁高，导致成品酸不合格（发红）。

⑤ 定时取样化验合成炉出酸浓度，根据出酸浓度及温度调节纯水的流量，使吸收水、补充水流量保持平衡，并做好记录。

(2) 其他注意事项

① 每班接班后，及时排放氢气管道内的积水，以防氢气管道和设备积水形成液封，影响氢气压力的稳定。

② 每班检查石墨炉筒外壁水垢厚度，接近0.1mm时用酸洗垢确保石墨炉筒安全。

③ 按时巡回检查系统内的设备、管路，确保工艺指标正常，并做好记录。

④ 若尾气含氧大于4%时，在静电或闪电作用下就可能导致尾气系统爆炸。此时要开启氮气保护阀门，使循环水槽、放空管内的气体含氧量降到4%以下。

⑤ 确保事故处理装置完好。此装置可将事故状态下的氯化氢和氯气进行处理，防止氯化氢和氯气直接排放造成环境污染或人员伤害。

对整个处理装置来说，要随时准备处理事故发生后产生的有外溢可能的气体。其中在处理各台炉子的剩气时，要保证水封有效，让其进入水吸收塔，吸收掉气相中所含的氯化氢，再进入碱吸收塔，将气相中所含的氯气吸收掉，再去排空。

【案例分析】

事故名称：$300m^3$湿式氢气柜爆炸。

发生日期：2000年12月18日下午2点20分。

发生单位：吉化某厂。

事故经过：化验员在气体取样分析时，发现氢气管道中的氧含量超标。其车间对$300m^3$

湿式氢气柜进行紧急充氮保护10min后，氢气脱氧塔管道发生爆鸣，随后300m³湿式氢气气柜发生爆炸事故，气柜钟罩上升2m左右，气柜底端未出水面回落，导致钟罩严重损坏，氢气从钟罩的裂缝中泄漏出来并引发火灾。

事故原因分析：根据事故现场及事故调查分析，认为引起300m³湿式氢气气柜爆炸事故的可能原因有两种。第一种事故原因：300m³湿式氢气气柜在180m³处钟罩导轮卡死，造成气柜不能自由升降。由于压缩机的运行造成气柜内形成负压，使气柜变形，导致钟罩焊缝处开裂，外界空气由钟罩的裂缝处进入气柜，在气柜局部形成氢氧混合气。由于脱氧塔还在工作，在脱氧塔催化剂的催化作用下发生剧烈的氧化反应，放出大量热量，致使干燥塔进口管道油漆被烤焦。当气柜氢气局部达到爆炸上限，在脱氧塔点火源的作用下发生爆炸，造成气柜腾空损坏并引发火灾。第二种事故原因：工艺系统中所用再生氮气质量不好，氮气含氧量超标，由于氢气干燥塔阀门关闭不严，造成氮气中所含氧气混入到氢气系统形成氢氧混合气，在脱氧塔催化剂的催化作用下发生剧烈的氧化反应，放出大量热量，致使干燥塔进口管道油漆被烤焦。对车间进行检查，氢气气柜进行紧急充氮保护时，由于所用的氮气含氧量严重超标，致使气柜内氢气局部达到爆炸上限，在脱氧塔热源的作用下发生爆炸。

防范措施：①牢固树立"安全第一、预防为主"的安全生产意识，建立包括安全思想教育、安全技术知识教育和安全管理知识教育在内的企业安全文化教育体系，提高企业全体员工的安全防范意识，这对于尽早发现事故隐患，降低事故发生概率，减少事故造成的生命财产损失具有重大的现实意义。②严格执行ISO 9002质量控制体系文件，加大安全投入，从在线检测和人工检测两方面提高氢氧车间安全监测水平。③制订、修改、调整事故应急救援预案，并组织岗位职工培训，争取让事故在初始阶段得到有效控制和解决，防止事故扩大造成更大损失。

【任务评价】

(1) 填空题
① 氯气的工业卫生允许浓度为_____ mg/m³。
② 氯化氢气体排放的最高允许浓度为_____ mg/m³。
③ 氢气和氯气的混合气体中含氢量在_____（体积分数）是爆炸区间。

(2) 选择题
① 氯化氢气体工业卫生允许浓度为（　　）mg/m³。
A. 5   B. 10   C. 15   D. 20
② 合成炉中Cl_2与H_2的比例一般控制在（　　）。
A. 1:(1.05~1.1)   B. 1:(1.1~1.15)   C. 1:(1.15~1.2)   D. 1:(1.2~1.25)
③ 为确保石墨炉筒安全，炉筒外壁水垢厚度接近（　　）mm时应用酸洗垢。
A. 0.05   B. 0.1   C. 0.15   D. 0.2

(3) 思考题
请简述氯化氢合成炉安全操作要点。

项目小结

1. 氯化氢合成的常用方法是采用氯气（氧化剂）和氢气（还原剂）作原料在点燃下合成，反应非常迅速，并且放出大量热。

2. 氯化氢合成温度控制在400~500℃，合成炉需要冷却；反应中微量水存在可加快反应速率，一般含水量控制在 0.005%；原料氯气来源有两处：氯气处理岗位氯气和液氯岗位未液化的氯气，氯气处理岗位氯气中 $Cl_2 \geqslant 98.5\%$（体积分数）、$H_2O \leqslant 50 \times 10^{-6}$（质量分数）、$O_2 \leqslant 1.0\%$（体积分数），液氯岗位的未液化的氯气中 $Cl_2 \geqslant 85.1\%$（体积分数）、$H_2O \leqslant 50 \times 10^{-6}$（质量分数）、$O_2 \leqslant 13.0\%$（体积分数）、$H_2 \leqslant 0.53\%$（体积分数）、$N_2 \leqslant 1.36\%$（体积分数）；原料氢气来自氢处理岗位，要求氢气纯度不小于 98%，其中含氧量不大于 0.4%（防止氧气与氢气混合，遇火爆炸）；氯氢分子比，理论上氯气与氢气是按 1:1 分子比进行反应，但实际生产中为防止氯残余，有意让氢气稍过量，氢气过量一般控制在 5%~10%。

3. 盐酸的生产原理是吸收，即用水吸收氯化氢气体，温度影响吸收效果，温度高时水吸收氯化氢能力弱，温度低时水吸收氯化氢能力强；为了生产合格的 31% 盐酸，在吸收前氯化氢气体需要被冷却，在吸收过程中也需要用水冷却。

4. 盐酸生产的设备包括降膜式吸收塔、尾部塔、尾气塔等。氯化氢气体被吸收在降膜式吸收塔、尾部塔、尾气塔中完成。

5. 合成炉是氯化氢合成的重要设备，按其制作材质分为钢制合成炉、石墨夹套合成炉和石英合成炉等三类，按其实际功能分为钢制翅片空气冷却合成炉、钢制夹套热水冷却合成炉、石墨制三合一炉三类；钢制氯化氢合成炉具有生产稳定、产量大、相同生产规模下比石墨合成炉造价更低等优点，但该合成炉的产物氯化氢纯度低（含较多氢气），并且当专门生产盐酸或高纯盐酸时不如带吸收功能的石墨合成炉划算。

6. 常见的石墨冷却器有石墨列管式冷却器、石墨圆块孔式冷却器以及石墨矩形块孔式冷却器等三类，前两类常被采用。石墨冷却器的主要作用是冷却合成气氯化氢至常温，以便制酸或冷冻脱水干燥。

石墨列管式冷却器的上封头一般采用圆块式封盖，冷却段由管板（石墨）、列管（石墨）和壳体（钢材）构成，下封头由钢衬胶或玻璃钢制成。壳程许用压力仅 0.2MPa，冷却效果不如块孔式。

石墨圆块孔式冷却器的结构也包括上封头、冷却段和下封头，而上封头和下封头的结构相对简单。冷却段是整个砌块，用酚醛树脂浸渍处理过的不透性石墨制成，冷却水从径向管内通过，而气相则从纵向管内通过，冷却效果很好；更能经受压力冲击，更能耐高温；可以承受短时间的断水；许用温度 $-20\sim165℃$，许用压力纵向为 0.4MPa，径向压力为 $0.4\sim0.6$MPa。

7. 石墨列管式冷冻塔的作用是用 $-25℃$ 的冷冻氯化钙溶液将氯化氢气体进行冷冻脱水，使其成为含水量小于 0.06% 的干燥氯化氢气体，便于压缩输送；其基本构造与降膜吸收塔相同，所不同的是其顶部分布板上并没有分液管。

8. 酸雾捕集器的作用是用氟硅油浸渍处理的憎水性玻璃纤维把气流中酸雾截留、捕集下来，从而达到净化气体的目的。其结构分为三个部分，上部为圆筒形锥体端盖，中间为圆筒体并带有夹套通冷冻盐水（内部是若干个玻璃纤维滤筒），下端是圆锥体。

9. 高纯盐酸生产有四种常用方法。

① "二合一"炉法　氯气和氢气由合成炉的下部送入，采用向上燃烧的方式。二合一石墨炉是将合成和冷却集为一体的炉子。

② "三合一"炉法　原料气体由合成炉的上部送入，燃烧方向为向下燃烧。三合一石墨炉是将合成、冷却、吸收集为一体的炉子。

③ 盐酸脱吸法　在铁制合成炉中生成的 HCl 气体进入膜吸收器，用 20%~21% 的稀盐酸吸收制成 35% 的浓盐酸，通过酸泵将 35% 的浓盐酸送到解析塔顶部喷淋而下，与从再沸

器过来的高温 HCl 气体和水蒸气进行逆流传质和传热，在塔顶得到含饱和水蒸气的 HCl，然后 HCl 气体经冷却后进入石墨吸收器，用高纯水吸收制得 31% 的高纯盐酸。

④ 洗涤膜式吸收法　在合成炉内生产的 HCl 气体，往往含有的杂质较多，为保证高纯盐酸的质量要求，工艺上常用高浓度盐酸(31%工业盐酸，高纯成品酸)洗涤的方法除去杂质，然后再在膜式吸收塔中用去离子水形成的稀盐酸吸收 HCl 气体，以得到浓度高于 31% 的高纯盐酸。

10. 高纯盐酸生产设备主要有石墨合成炉、膜式吸收塔、尾气填料吸收塔等。

① 石墨合成炉　石墨炉又分为二合一石墨炉和三合一石墨炉。二合一石墨炉是将合成和冷却集为一体的炉子，而三合一石墨炉是将合成、冷却、吸收集为一体的炉子。

② 膜式吸收塔　它主要由上封头、下封头、防爆膜、换热块、分液管及钢制外壳组成。其作用在于将冷却至常温的氯化氢气体用水或稀盐酸吸收，成为一定浓度的合格盐酸。降膜式吸收塔吸收效率较高，一般可以达到 85%~90%，甚至可达 95% 以上。

③ 尾气填料吸收塔　尾气吸收塔可分为三个部分：上部为吸收液分布段，实现吸收液的均匀分布；中部为圆柱形筒体的吸收段；底部是带有挡液器的圆柱体，并开有稀酸出口和尾气入口。

尾气吸收塔的作用在于将膜式吸收塔未吸收的氯化氢气体再次吸收，使气相成为达标的合格尾气，吸收液是一次水或脱吸后的稀酸。

11. 氯化氢合成与盐酸生产的岗位操作要点。

① 控制进炉的氯氢配比，保持氯氢配比在 1：(1.05~1.10)，达到调控合成炉火焰颜色的目的，使火焰颜色为青白色。

② 通过调节循环冷却水上水阀门的开度，控制进炉的循环冷却水流量，使 HCl 气体出炉温度保持在 400~450℃。

③ 通过调节冷却水量，保持冷却器出口氯化氢温度≤60℃。

④ 通过调节吸收水的流量，保证成品酸浓度≥31%。

⑤ 每班更换一次洗涤罐内的洗涤酸，以保证洗涤效果，以确保 HCl 气体中杂质含量不超标。

12. 若出现下列情况，请示调度后可进行紧急停车。

① H_2 压力突然大幅度下降；

② H_2 纯度<96%，含氧量≥2%；

③ Cl_2 含氢量>3%；

④ 炉内冷凝酸急剧增多；

⑤ 冷却水压过低，突然断水；

⑥ 突然停动力电、直流电。

13. 氯化氢合成与盐酸生产的安全防范要点。

① 调节氯气、氢气量时要缓慢进行，严禁调节过猛，严禁氢气和氯气交替过量。

② 随时注意 Cl_2、H_2 压力，压力控制在 Cl_2：0.10~0.15MPa，H_2：0.06~0.085MPa，HCl 总管压力控制在≤0.05MPa。

③ 如果氯气含水高或硫酸分离不好，会腐蚀输送氯气的碳钢管，造成氯气含铁高，使合成的氯化氢含铁高，导致成品酸不合格(发红)。

④ 定时取样化验合成炉出酸浓度，根据出酸浓度及温度调节纯水的流量，使吸收水、补充水流量保持平衡，并做好记录。

项目六

乙炔生产

 项目目标

知识目标

1. 了解电石与乙炔的生产方法。
2. 掌握电石与乙炔的生产过程。
3. 了解电石与乙炔生产中主要设备的作用与结构。

能力目标

1. 能熟悉电石与乙炔生产的岗位操作。
2. 能准确判断及处理电石与乙炔生产中出现的故障。
3. 能实施电石与乙炔生产的安全防范与"三废"处理。

任务一 电石的生产

一、电石的生产方法和生产过程

1. 电石生产的岗位任务

根据工艺要求按比例将石灰和碳材均匀混合后加入电石炉的料仓内,通过操作控制将电石炉内的炉料的电能转化为热能,使碳材与石灰反应生成流体电石,同时监视控制室内各类仪表的运行情况。另外对本岗位的管辖设备进行轮回检查,做好日常维护,保证电石炉安全稳定运行。最后将电石炉产生的尾气经过净化装置净化除尘后送到气烧窑燃烧生产石灰。

2. 电石的生产方法

电石,其化学名称是碳化钙,分子式是 CaC_2。工业电石外观为灰色、棕黄色、黑色或褐色块状固体,是有机合成化学工业的基本原料,利用电石为原料可以合成一系列的有机化合物,为工业、农业、医药提供原料。

工业电石的组成如下:

CaC_2	75%~83%
CaO	7%~14%
C	0.4%~3%
SiO_2、$Fe\text{-}Si$、SiC	0.6%~3%
Fe_2O_3	0.2%~3%
CaS	0.2%~2%

MgO、Ca_3N_2、Ca_3P_2、Ca_3As_2　　　　　少量

电石的生产方法有氧热法和电热法两种。一般多采用电热法生产电石,即氧化钙和含碳原料(焦炭、无烟煤或石油焦)凭借电弧热和电阻热在1800～2200℃的高温下反应而生成碳化钙,碳化钙的生成反应如下：

$$CaO + 3C == CaC_2 + CO - Q$$
（氧化钙）（碳）　　（碳化钙）（一氧化碳）（吸热）

这是一个吸热反应,为完成此反应必须供给大量的热能。

含碳原料中的焦炭是在炼焦炉中将煤隔绝空气加热到900～1200℃而得到的固体产物,主要成分是固定碳,挥发物较少,燃烧时无烟。焦炭为灰黑色,具有金属光泽,坚硬多孔,燃烧热大约25000～32000kJ/kg。焦炭主要用于钢铁的冶炼和铸造,也用作化学工业的原料或燃料。在电石生产中焦炭一方面作为主要原料之一,另一方面焦炭也是化学反应中的导电体和导热体。

焦炭为电石生成提供碳元素。生产电石时焦炭的固定碳含量、水分、粒度等对电石炉的操作都有影响,对焦炭的一般要求是：固定碳>85%,灰分<15%,挥发分<1.5%,水分<1%,粒度3～20mm,粒度合格率>90%。

此外作为制造电石的含碳原料还有无烟煤(含碳量是85%～95%)、石油焦、兰炭等,也可以按照一定比例混合使用。

3. 电石的生产过程

电热法生产电石的工艺流程如图6-1所示。

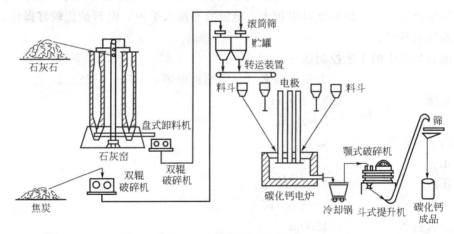

图6-1　电石生产工艺流程

烧好的石灰经破碎、筛分后,送入石灰仓贮藏,待用。把符合电石生产需求的石灰和焦炭按规定的配比进行配料,用斗式提升机将炉料送至电炉炉顶料仓,经过料管向电炉内加料,炉料（石灰、含碳原料）在电炉内利用电极的电弧热和炉料的电阻热反应生成电石。电石定时出炉,放至电石锅内,经冷却后,破碎成一定要求的粒度规格,得到成品电石。

4. 电石生产的影响因素和工艺控制指标

(1) 电石生产的影响因素　电石产品质量的优劣,除操作本身外,主要取决于原料质量、粒度比、电石炉的几个电工参数是否合理匹配等。

① 原料质量的影响　石灰石中的杂质(二氧化硅、氧化铝、氧化镁等),在生产电石时也会反应。氧化镁在熔融区还原成金属镁,部分镁上升到炉料表面,与一氧化碳或空气中的

氧反应，放出大量热，使料面结块，阻碍炉气排出，并产生支路电流。二氧化硅在炉中被还原成硅，部分生成碳化硅积于炉底，造成炉底升高；部分与铁作用生成硅铁，硅铁会损坏炉壁铁壳，出炉时会损坏炉嘴和电石锅等。氧化铝在炉内部分混在电石里，大部分成为炉渣。氧化铁在炉内与硅容易熔融生成硅铁。

含碳原料中的水分影响也较为严重。在炉料进入电石炉内时其中水分与赤热的含碳原料相遇，产生水煤气(含 CO 和 H_2)。其危害一是使炉内炉压过大，炉内一氧化碳从环形加料系统逸出，容易使员工中毒；二是负压过大则炉内进入大量空气，炉压持续不稳，造成炉料温度进一步升高，支路电流增大，电阻下降，影响电极深入，造成料层与电极上抬，三相不通，严重时翻电石，必要时需停炉处理。

② 原料（炉料）粒度的影响　一般是炉料粒度愈小，炉料比电阻（Ω·cm）愈大，在电石炉操作时电极容易深入炉内，熔池电流密度增大，炉温也升高，对生产高质量电石和提高产量有利。从反应速率来说，粒度越小，表面积越大，则石灰与碳材接触越好，越容易反应，有利于电石生成，提高产量。虽然粒度小有利于电石炉操作，但粒度过小，则透气性差，易使炉料结块，造成支路电流大，使电极上升，熔池区电流密度降低，炉温降低，反应速率也就下降。粒度过小，气体排出阻力增加，抑制反应速率，降低产量。在生产过程中，严格控制原料的粒度，保证原料活性高，电阻大，气体容易排出。

③ 炉料配比的影响　炉料配比通常以100kg生石灰配合多少千克含碳原料来表示。石灰和含碳原料共同构成电石的生产原料，炉料配比正确与否，对电石炉操作有很大的影响。通常高配比炉料生产的电石，可以得到发气量高的产品，但炉料比电阻小，操作比较困难；低配比炉料生产的电石，炉料比电阻较大，电极容易深入炉内，电石炉比较好操作，但生产出的电石发气量较低。

(2) 电石生产中的工艺控制指标

炉料配比	石灰：碳素（含碳原料中碳）＝100：(62±2)
焦炭粒度	3～20mm
石灰粒度	5～35mm
石灰的生过烧率	≤7%
焦炭水分	<1%
电极压放	1～16次/班
出炉次数	6～8次/班
电极最大行程	1200mm
电极工作长度	1.6～1.8m
冷却水压力	0.25～0.35MPa
冷却水回水温度	≤45℃
炉压（密封炉）	10～50Pa（表压）

【任务评价】

(1) 填空题

① 电石的化学名称是碳化钙，其化学式为_____。

② 生产电石的基本原料，一是含碳原料，二是_____。

③ 目前生产上常用的电石生产方法是_____。

④ 焦炭的主要成分是_____。

⑤ 含碳原料中的水分,与赤热的含碳原料相遇,产生_____。

(2) 选择题

① 炉料凭借电弧热和电阻热在（ ）的高温下反应而制得碳化钙。

A. 1200～1600℃ B. 1600～2000℃
C. 1800～2200℃ D. 2200～2400℃

② 作为制造电石的含碳原料,焦炭粒度范围应为（ ）。

A. 3～20mm B. 5～25mm
C. 8～30mm D. 10～40mm

(3) 判断题

① 从反应速率来说,粒度越大,则石灰与含碳原料接触越好,越容易反应,有利于电石生成,提高产量。（ ）

② 为使电石炉运行达到良好的生产状态(满负荷或超负荷),必须保证进线电压达到额定电压或高于额定电压。（ ）

【课外训练】

通过互联网搜索,了解我国的煤是怎么分类的。

二、电石生产中的主要设备

1. 双辊破碎机

双辊破碎机适用于矿业、建材、化工、冶金等行业,具有结构简单、性能可靠且过粉碎少等优点,在化工生产中广泛地用于破碎黏性和湿物料块,有时也用于破碎中硬物块(如煤、焦炭等)。

常见的双辊式破碎机如图6-2所示。该机主要由传动装置、辊子部分、壳体及底座等部分组成。双辊式破碎机是利用两组单独传动的辊轴,相对旋转产生的挤轧力和磨剪力来破碎物料。当物料进入机器的破碎腔以后,物料受到转动辊轴的啮力作用,物料被带进两辊之间的间隙中,同时受到辊轴的挤压和剪磨,物料即开始碎裂,碎裂后的小颗粒沿着辊子旋转的切线,通过两辊轴的间隙,向机器下方抛出,超过间隙的大颗粒物料,继续被破碎成小颗粒排出。由此可见,双辊式破碎机是连续操作的,具有强制性卸料的作用,对于黏湿性物料也不会堵塞。

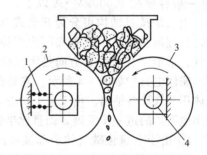

图 6-2 双辊式破碎机
1—弹簧；2—活动辊；3—固定辊；4—固定轴承

2. 颚式破碎机

颚式破碎机,简称颚破,主要用于对各种矿石与大块物料的中等粒度破碎,广泛应用于矿山、冶炼、建材、公路、铁路、水利和化工等行业。被破碎物料的最高抗压强度为320MPa。具有破碎能力大、产品粒度均匀、结构简单、性能可靠、维修容易、生产管理和设备投资低等优点。

颚式破碎机的结构如图6-3所示。颚式破碎机主要由固定颚板、活动颚板、传动机构组成。颚式破碎机工作时,物料块由上部送入固定颚板和活动颚板之间的破碎腔内。在传动机构拖动下,活动颚板对固定颚板作周期性的往复运动,时而靠近,时而离开。当两颚板靠近

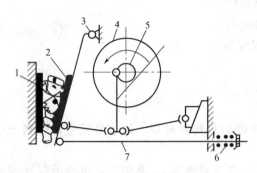

图 6-3 颚式破碎机结构原理
1—固定颚板；2—活动颚板；3—轴；4—飞轮；
5—偏心轴；6—弹簧；7—连接杆

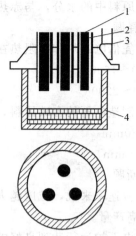

图 6-4 密闭电石炉
1—电极；2—进料管；3—排气管；4—炉底

时，物料在两颚板间受到挤压、劈裂、冲击而被破碎；当活动颚板离开时，已被破碎的物料靠重力作用自动下落而从排料口排出。

3. 电石炉

电石生产过程中的主要设备是电石炉，电石生成的电化学反应就是在电石炉内完成的。

电石炉按其容量可分为小型电石炉（一般容量在 10000kV·A 以下）、中型电石炉（一般容量为 10000～25000kV·A）、大型电石炉（一般容量为 25000～40000kV·A）、超大型电石炉（一般容量在 40000kV·A 以上）

电石炉按其结构可分为开放式电石炉、半密闭电石炉和密闭电石炉。开放式电石炉耗能大，已逐渐被淘汰，现在实际生产使用的电石炉为半密闭电石炉和密闭电石炉。为充分利用炉气，节能降耗，发展方向是大型化、密闭化和自动化。

密闭电石炉如图 6-4 所示。它是在开放式电石炉上盖上一个炉盖，将炉内产生的一氧化碳气体用抽气设备抽出。由于盖上炉盖，隔绝了空气，所以料面上不发生燃烧。密闭电石炉是半密闭电石炉的进一步发展，而且比半密闭电石炉更趋完善。这种炉子有以下几个优点。

① 由于一氧化碳气体全部被抽出，炉面上不发生燃烧，所以电炉功率得到发展。

② 盖上炉盖以后，可用各种仪表来操作，不但使电石生产工艺流程更趋合理，而且机械化程度也较高。

③ 密闭电石炉的另一个特点是盖上炉盖以后，在电炉周围没有火焰和粉尘，大大改善了劳动条件。

④ 炉盖装有料管，炉料自动下落，用不着人工加料和耙料。

⑤ 炉面设备由于不受高温影响而延长了使用寿命。

⑥ 压放电极是在控制室内用按钮进行程序压放，减轻体力劳动，满足工艺要求。

⑦ 电石炉气（CO）可以抽出来经过净化、除尘和降温，作为有机合成工业的原料，从而降低了电石生产成本，做到综合利用。

三、电石运输、贮存和使用的安全要求

1. 电石的运输

搬运电石桶时，如发现电石桶桶盖密封不严等现象，应在室外打开桶盖放气后，再将桶盖盖严。严禁在雨天运输电石。电石桶上应贴上防火防湿的标签字样。进出库搬运电石时应使用小车，轻搬轻放，电石桶不得从滑板滑下或在地面上滚动，防止撞击摩擦产生火花而引起爆炸。

2. 电石的贮存

电石应贮存于阴凉、干燥、通风良好的库房。远离火种、热源。相对湿度保持在75%以下。包装必须密封，切勿受潮。应与酸类、醇类等分开存放，切忌混贮。贮区应备有合适的材料收容泄漏物。应尽量避免露天贮存电石，如实属必需，应存放在高于地面20cm以上无积水的平台或架子上，码放牢固，并遮盖好。露天贮仓应有防雨措施，严防进水。

3. 电石使用中的安全要求

根据电石的燃烧危险性分析，电石在使用中应注意下列安全要求。

① 禁止使用火焰或可能引起火星的工具开电石桶。使用铜制的工具时，含铜量要低于70%。空电石桶在未经安全处理之前，不能接触明火，更不能直接焊接，否则是很危险的。

② 电石桶倒出的碎电石和粉末，不要随便乱倒，应有专人负责，并随时处理掉。最好集中倒在电石渣坑里，并用水彻底分解以妥善处理。电石渣坑上口应是敞开的，渣坑内的灰浆和灰水不得排入暗沟。出渣时应防止铁制工具、器件碰撞而产生局部火花。

总之，电石属于一级危险品，在装桶、搬运、贮存、开桶和使用过程中如果处理不当、极易发生爆炸事故，后果不堪设想。为了保障操作工人的人身安全，防止工伤事故发生和减少经济损失，我们在日常工作当中要严格遵守规定，千万不可大意。

【任务评价】

(1) 填空题

① 双辊式破碎机主要由_____、辊子部分、壳体及底座等部分组成。

② 颚式破碎机主要由固定颚板、_____、传动机构组成。

③ 电石桶上应贴上_____的标签字样。

(2) 选择题

① 中型电石炉的容量为（　　）。

A. 10000kV·A 以下　　　　　　B. 10000～25000kV·A

C. 25000～40000kV·A　　　　　D. 40000kV·A 以上

② 现在实际生产使用的电石炉为（　　）。

A. 开放式　　　　B. 半密闭式　　　　C. 密闭式　　　　D. 无法确定

(3) 判断题

① 搬运电石桶时，如发现电石桶桶盖密封不严等现象，可在室内打开桶盖放气后，再将桶盖盖严。（　　）

② 空电石桶在未经安全处理之前，不能接触明火，可直接焊接。（　　）

(4) 思考题

① 描述双辊式破碎机的工作过程。

② 描述颚式破碎机的工作过程。

【知识拓展】

电石属于一级危险品，操作人员必须严格按照操作规程操作。

若电石落在皮肤上，将损害皮肤，引起皮肤瘙痒、炎症、"鸟眼"样溃疡、黑皮病。皮肤灼伤表现为创面长期不愈及慢性溃疡型。接触工人出现汗少、牙釉质损害、龋齿发病率增高。

皮肤接触：立即脱去被污染的衣物，用大量流动清水冲洗至少15min，然后就医。眼睛接触：立即提起眼睑，用大量流动清水或生理盐水彻底冲洗至少15min，然后就医。

吸入：迅速脱离现场至空气新鲜处，保持呼吸道通畅。如呼吸困难，给输氧；如呼吸停止，立即进行人工呼吸，然后就医。食入：饮足量温水，催吐，就医。

电石干燥时不燃，遇水或湿气能迅速产生高度易燃的乙炔气体，在空气中达到一定的浓度时，可发生爆炸性灾害。与酸类物质能发生剧烈反应，燃烧（分解）产物：乙炔、一氧化碳、二氧化碳。灭火方法：禁止用水或泡沫灭火，二氧化碳也无效，须用干燥石墨粉或其他干粉（如干砂）灭火。

若电石泄漏，应隔离泄漏污染区，限制出入，切断火源。建议应急处理人员戴自给式呼吸器，穿消防防护服，不要直接接触泄漏物。少量泄漏时用砂土、干燥石灰或苏打混合，使用无火花工具收集于干燥、洁净、有盖的容器中，转移至安全场所。大量泄漏时用塑料布、帆布覆盖，减少飞散，与有关技术部门联系，确定清除方法。

任务二
电石法（湿法）乙炔生产

电石法制取乙炔气体的工艺有干法和湿法两种，由于干法乙炔生产反应不完全，产气率低，目前我国多采用湿法乙炔生产。

一、湿法乙炔发生方法与生产过程

1. 湿法乙炔发生的岗位任务及质量指标

（1）湿法乙炔发生的岗位任务　负责将电石料仓破碎合格的电石加入到发生器，使发生器能连续反应生成粗乙炔气，输送到清净工序。巡检发生厂房内的安全及工艺设备。

所用电石原料必须符合质量标准，如表6-1所示。

表6-1　电石国家标准（部分）

项目	指标		
	优等品	一等品	合格品
发气量(20℃,101.3kPa)/(L/kg)	≥300	≥280	≥260
乙炔中磷化氢的含量/%(体积分数)	≤0.06	≤0.08	
乙炔中硫化氢的含量/%(体积分数)	≤0.10		
粒度(5~80mm)的含量/%(质量分数)	≥85		
筛下物(2.5mm以下)的含量/%(质量分数)	≤5		

（2）湿法乙炔发生岗位的主要控制指标与粗乙炔气的质量指标　主要控制指标：电石的水解率大于99.5%，乙炔收率大于98.5%；电石水解反应生成电石渣浆液，主要成分$Ca(OH)_2$，pH为12~14，排渣机口的乙炔浓度低于0.02%。

水解得到的粗乙炔气体经洗涤冷却，去清净工序。

2. 湿法乙炔的生产方法

电石在发生器内与水发生反应生成乙炔气，同时放出大量热。反应如下：

$$CaC_2 + 2H_2O =\!=\!= Ca(OH)_2 + C_2H_2 + Q$$
（碳化钙） （水） （氢氧化钙） （乙炔） （放热）

另外，由于工业电石含有不少杂质，因而生成的粗乙炔气中会含有磷化氢、硫化氢、氨等杂质气体，其中磷化氢还能以 P_2H_4 的形式存在，在空气中极易自燃。

3. 湿法乙炔发生的生产过程

湿法乙炔发生的工艺流程如图 6-5 所示。

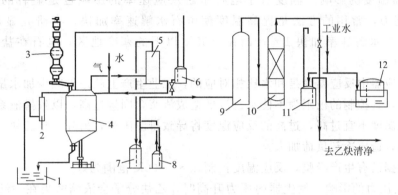

图 6-5 湿法乙炔发生的工艺流程
1—渣浆池；2—溢流罐；3—电石吊斗；4—发生器；5—渣浆捕集器；
6—安全水封；7—正水封；8—逆水封；9—喷淋冷却塔；10—填料冷却塔；
11—乙炔气柜水封；12—乙炔气柜

经破碎后的合格电石，经皮带运输机加入充有氮气的电石料仓，再通过往复料机经过皮带运输机加入加料皮带，通过加料皮带加入发生器坐斗内，在充氮气分析合格的情况下打开第一道翻板阀将电石放入上斗，下斗料用尽后，电石由第二道翻板阀放入座斗，利用电磁震动给料机加入发生器内。电石遇水进行水解反应生成乙炔气，乙炔气从发生器顶部溢出。电石分解时放出大量的热，借助于不断往发生器内加入的水来移走反应产生的热量，水同时也作为反应物料。电石稀渣浆则从溢流管不断排出，以保持发生器液面。浓渣浆和硅铁由发生器内耙齿耙至发生器底部，经排渣阀间断排出。由发生器顶部溢出的乙炔气经渣浆捕集器回收清液，再经喷淋冷却塔、填料冷却塔冷却后进入乙炔气柜或送乙炔清净工序。

4. 湿法乙炔发生的影响因素及工艺控制指标

（1）湿法乙炔发生的影响因素

① 电石粒度的影响 电石水解反应是液固相反应，电石与水的接触面积越大，即电石粒度越小，其水解速率越快。但是粒度也不宜过小，否则水解速率太快，反应放出的热量不能及时移走，易发生局部过热而引起乙炔分解和热聚，进而使温度剧烈升高而发生爆炸。粒度过大，则水解反应缓慢，发生器底部间歇排出渣浆中容易夹带未水解的电石，造成电石消耗定额上升。

有研究显示，电石粒度与水解时间的关系如表 6-2 所示。

表 6-2 水解时间与电石粒度的关系

电石粒度/mm	2~4	5~8	8~15	15~25	25~50	50~80	200~300
完全水解时间/min	1.17	1.65	1.82	4.23	13.6	16.57	约35

注：表中"完全水解时间"是指发生气体达到总量的98%所需要的时间。

对于一定粒度的电石来说，既应保证其完全水解的停留时间，又需将电石表面覆盖的氢氧化钙"膜"及时移去，以使电石与水有不断更新的接触表面。一般对于三至五层挡板连续搅拌的发生器，电石的停留时间较长，水解反应比较完全；但一些小型的摇篮式发生器，水解过程就缓慢得多，排渣中易发现未水解的"生电石"。但是，即使结构非常完善的发生器，排出电石渣中仍含有超过反应温度下饱和溶解度的乙炔。

因此，根据目前发生器结构及电石破碎损耗等因素考虑，粒度宜控制在 80mm 以下，如对于 4～5 层挡板者可选用 80mm 以下，而 2～3 层挡板者宜选用 50mm 以下。

② 发生器温度的影响　温度对于电石水解反应速率的影响也是显著的。为提高发生器的生产能力，常用的方法是提高温度使电石水解速率加快。有研究显示，在 50℃ 以下每升高 1℃ 水解速率加快 1%；而在 -35℃ 以下的寒冷地区，电石在盐水中的反应是非常缓慢的。

在湿式反应器中反应温度是和水比相对应的，工业生产上就是借减少加水量(即水比)来提高反应温度，其控制的极限为不使水比过低造成渣浆含固量过高，以致排渣系统造成沉淀堵塞。但反应温度不宜过高，过高的反应温度将导致排渣困难，另外，粗乙炔气中的水蒸气含量相应增加，造成冷却负荷加大。

因此，根据已有生产经验，反应温度控制在 80～90℃ 范围为好。

③ 发生器压力的影响　发生器内压力升高时，乙炔分子会浓缩密集在一起，当压力大于 0.15MPa（表压），温度超过 550℃ 时会发生分解爆炸。因此，乙炔生产的发生器内压力不允许超过 0.15MPa（表压），尽量控制在较低的压力下操作。

④ 发生器液面的影响　发生器液面控制在液位计中上部为好，要保证电石加料管至少插入液面下 200～300mm。如果发生器液面过高，气相的缓冲容积则过少，将使排出的乙炔带出渣浆和泡沫；如果液面过低，则易使发生器气相部分的乙炔气大量逸入加料器及贮斗，会严重影响加料的安全操作。

(2) 湿法乙炔发生的工艺控制指标

排渣次数	每班二至四次
发生器温度	0～90℃（正常生产时）
发生器压力	70～130kPa（表压）
发生器液面	为液位计的 1/2～2/3
气柜高度	30%～75%
气柜含氧	0～1%
气柜溢流水	pH 8～10
正水封	液封高度 50～200mm
逆水封	液封高度 50～150mm
安全水封	液封高度 1500mm

【任务评价】

(1) 填空题

① 电石水解反应生成电石渣浆液，主要成分是_____。

② 水解得到的粗乙炔气体经洗涤冷却，去清净工序，粗乙炔的含水量为_____。

③ 生成的粗乙炔气中会含有_____、硫化氢、氨等杂质气体。

④ 反应温度控制在_____℃范围为好。

⑤ 乙炔生产的发生器内压力不允许超过_____ kPa。

⑥ 发生器液面控制在液位计中上部为好，要保证电石加料管至少插入液面下_____。

(2) 选择题

① 电石水解反应是（　　）反应。
A. 吸热　　　　B. 放热　　　　C. 无热量变化　　　　D. 无法确定

② 正水封的液封高度是（　　）。
A. 50～150mm　　B. 50～200mm　　C. 150～200mm　　D. 无法确定

(3) 判断题

① 工业生产上就是借增加加水量（即水比）来提高反应温度。（　　）

② 电石水解反应是液固相反应，电石与水的接触面积越大，即电石粒度越小，其水解速率越快。（　　）

(4) 思考题

乙炔生产中为什么要严格控制电石粒度？

(5) 技能训练题

画出湿法乙炔生产的工艺流程方框图。

二、湿法乙炔的清净方法与生产过程

1. 湿法乙炔清净的岗位任务及质量指标

(1) 湿法乙炔清净的岗位任务　乙炔气从正水封进入水洗塔和冷却塔进行洗涤冷却，冷却后的乙炔气一路进气柜，一路经水环泵加压后依次进入第一清净塔、第二清净塔。乙炔在 $1^\#$ 和 $2^\#$ 清净塔中与次氯酸钠溶液逆流接触，除去气体中的硫、磷杂质。经清净后乙炔气进入中和塔被碱液中和，从中和塔出来的乙炔气经冷却器冷却后，送往转化工序。

(2) 精乙炔气体的质量指标　从中和塔出来的乙炔气纯度应大于98.5%，无硫、磷杂质，含水量<0.3%。

2. 湿法乙炔清净方法

发生工序制得的粗乙炔气由于含有硫化氢、磷化氢等杂质气体。它们会被氯乙烯合成中的氯化汞催化剂进行不可逆吸附，破坏其"活性中心"，从而加速氯化汞催化剂失效，其中磷化氢会降低乙炔气的自燃点，与空气接触会燃烧，均应彻底清除。利用次氯酸钠的氧化性质，可将粗乙炔气中的杂质气体氧化成酸性物质而除去，其反应式如下：

$$4NaClO + H_2S = H_2SO_4 + 4NaCl$$
（次氯酸钠）（硫化氢）（硫酸）（氯化钠）

$$4NaClO + PH_3 = H_3PO_4 + 4NaCl$$
（次氯酸钠）（磷化氢）（磷酸）（氯化钠）

$$4NaClO + AsH_3 = H_3AsO_4 + 4NaCl$$
（次氯酸钠）（砷化氢）（砷酸）（氯化钠）

由于上述清净过程生成了硫酸、磷酸等酸性物质，需进行中和操作将它们除去，所用的中和剂是氢氧化钠溶液，其反应式如下：

$$2NaOH + H_2SO_4 = Na_2SO_4 + 2H_2O$$
（氢氧化钠）（硫酸）（硫酸钠）（水）

$$3NaOH + H_3PO_4 = Na_3PO_4 + 3H_2O$$
（氢氧化钠）　（磷酸）　　　（磷酸钠）　（水）

$$3NaOH + H_3AsO_4 = Na_3AsO_4 + 3H_2O$$
（氢氧化钠）　（砷酸）　　　（砷酸钠）　（水）

3. 乙炔压缩清净的生产过程

所需的次氯酸钠清净剂，是由浓氢氧化钠溶液、水和氯气经流量计控制，在文丘里反应器混合后配制而成的。次氯酸钠清净剂配制的工艺流程如图6-6所示。氯气由液氯钢瓶经减压缓冲罐，再经转子流量计进入文丘里反应器的侧口；碱液从高位碱液槽流经转子流量计，然后进入文丘里反应器的另一侧。

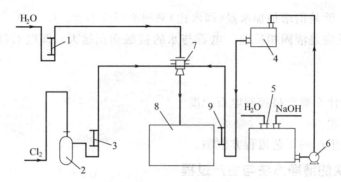

图6-6　次氯酸钠配制流程示意图

1，3，9—转子流量计；2—缓冲罐；4—高位碱液槽；5—碱槽；
6—碱泵；7—文丘里反应器；8—次氯酸钠贮槽

氯气、氢氧化钠和水在文丘里反应器内混合反应，控制次氯酸钠的有效氯在0.065%～0.12%，pH为7～8，生成的次氯酸钠经反应器的下部流入次氯酸钠贮槽，用次氯酸钠泵打入稀次氯酸钠高位槽，经过高位槽用次氯酸钠循环泵打入各清净塔，供净化工序使用。

为了节省氯气、氢氧化钠、次氯酸钠清净剂，也可由氯碱生产中废氯气吸收生产的次氯酸钠溶液（浓次氯酸钠液）稀释到一个较低浓度再与清净废液混合配制而成。

乙炔压缩清净的工艺流程如图6-7所示。来自发生器冷却后的乙炔气，进入水环式压缩机加压，然后经两台串联的清净塔与含有效氯0.065%～0.12%的次氯酸钠溶液逆流接触，使粗乙炔气中的硫、磷杂质脱除，次氯酸钠用泵循环使用。去除杂质后的气体再经中和塔用10%～15%液碱中和，经冷却器冷却（≤40℃）初步除去饱和水分后，纯度98.5%以上的精乙炔送氯乙烯合成工序继续使用。

4. 乙炔清净的影响因素及工艺指标

（1）乙炔清净的影响因素

① 次氯酸钠有效氯含量和pH　有效氯高，则氧化能力强，硫、磷等杂质去除完全，清净效果好；但有效氯含量过高，副反应多，对乙炔纯度反而不利，而且易生成氯乙炔发生爆炸。实验结果表明，当次氯酸钠溶液有效氯在0.05%以下和pH在8以上时，清净效果极差。而当有效氯在0.15%以上（特别在低的pH下）容易生成氯乙炔发生爆炸危险。因此，次氯酸钠的有效氯宜控制在0.065%～0.12%，pH接近7。

② 乙炔气温度　次氯酸钠受热易分解，从而降低了它的氧化能力。因此，乙炔气必须冷却后再使用。

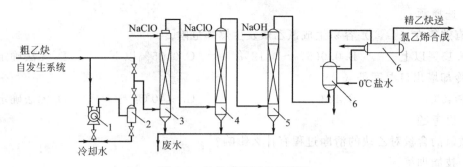

图 6-7 乙炔清净工艺流程图

1—水环泵;2—气液分离器;3—第一清净塔;4—第二清净塔;5—中和塔;6—冷却塔

③ 清净塔液面 液面过高超过气相进口时,会引起系统压力波动(脉冲),甚至冲碎塔内瓷环,碎瓷环漏入循环泵会损坏叶轮而造成紧急停车。液面太低则易使乙炔气窜入循环泵,使泵压力打不起来,影响塔内正常循环和清净效果。因此,液面高度一般在液位计的1/2~2/3 的范围内。

④ 中和塔内碱溶液的浓度 碱液中的 NaOH 含量直接影响中和效果,正常生产氢氧化钠含量应在 10%~15%,含量过高对氢氧化钠来说是个浪费,含量过低则中和不彻底,碱的使用周期短,换碱次数增多,不断增大乙炔的损失,同时使操作负担加重。

(2) 乙炔清净的工艺指标控制

稀次氯酸钠液	有效氯 0.065%~0.12%,pH:7~8
乙炔纯度	≥98.5%,不含 S、P(硝酸银试纸不变色)
中和塔碱液	NaOH:8%~15%;Na_2CO_3:夏季≤8%,冬季≤5%
冷却塔出口温度	≤40℃
各塔液面	液位计的 1/2~2/3
废次氯酸钠贮槽液面	液位计的 1/2~2/3
稀次氯酸钠高位槽液面	保持溢流
废次氯酸钠有效氯含量	≤0.002%
水环泵入口压力	1.5~6kPa
水环泵出口压力	≤70kPa
水环泵分离器液位	400~700mm(现场液位计)
浓次氯酸钠槽液位	20%~60%
浓次氯酸钠浓度	有效氯 10%~13%,游离碱 0.1%~1%

【任务评价】

(1) 填空题

① 中和塔出来的乙炔气纯度应大于_____。

② 为除去粗乙炔气体中的杂质气体,所用的清净剂是_____。

③ 中和操作用的中和剂是_____。

④ 次氯酸钠的有效氯宜控制在_____。

⑤ 次氯酸钠的 pH 为_____。

⑥ 次氯酸钠受热易分解,从而降低了其氧化能力。因此,乙炔气必须_____后再使用。

(2) 选择题

① 有效氯在（　　）容易生成氯乙炔发生爆炸危险。

A. 0.15％以上　　　　B. 0.065％～0.12％　　　　C. 0.05％以下　　　　D. 无法确定

② 冷却塔出口温度是（　　）。

A. ≥40℃　　　　B. 40℃　　　　C. ≤40℃　　　　D. 无法确定

(3) 思考题

有效氯的含量对乙炔的清净过程有什么影响？

(4) 技能训练题

画出湿法乙炔清净的工艺流程方框图。

【知识拓展】

乙炔清净中的工业卫生

(1) 氢氧化钠

① 毒性　对皮肤有腐蚀和刺激作用，高浓度时引起皮肤及眼睛等灼伤或溃烂。

② 防护　操作或检修时必须戴涂胶手套、防护眼镜或面罩。

③ 急救　如溅入皮肤或眼睛，应立即用大量清水反复冲洗，或用硼酸水(3％)或稀醋酸(2％)中和，必要时再敷软膏。

(2) 氯气

① 毒性　对呼吸道及支气管有强烈的刺激和破坏作用，大量吸入时会引起中毒性肺水肿、昏迷、甚至死亡。

② 限量　车间空气中最高允许浓度为 $1mg/m^3$。

③ 急救　有氯气外溢时，应佩戴防毒面具来处理事故；急性中毒者需立即呼吸新鲜空气，注意静卧保暖并松解衣带，必要时输氧；轻微吸入者可服用"解氯药水"，患肺水肿者可每日吸几次5％碳酸氢钠雾化空气进行治疗。

(3) 次氯酸钠

① 毒性　对皮肤和眼睛有严重腐蚀和刺激作用，高浓度液体引起皮肤灼伤及眼睛失明。

② 防护　操作或检修时应戴涂胶手套和防护眼镜。

③ 急救　如溅在皮肤上可用稀苏打水或氨水冲洗，或用大量水冲洗。

三、湿法乙炔生产中的主要设备

1. 乙炔发生器

以电石水解反应工艺制取乙炔气的主要设备是乙炔发生器，目前国内多采用的是湿法立式发生器。其有各种各样的结构类型。小型工厂曾用过摇篮式，因生产能力低，排渣中残留较多的"生电石"而使电石消耗定额大，故大部分已改为多层搅拌式。多层搅拌式的结构规格也较多，就挡板层数而言，有二、三、四、五层等。这里以五层挡板发生器为例来阐述乙炔发生器的结构特点和作用。

直径 $\phi 2800mm$ 的五层挡板发生器如图6-8所示。此类型发生器的生产能力可达 $1800m^3$ 乙炔/h。在发生器圆形筒体内安装有五层固定的挡板，每层挡板上方均装有与搅拌轴相连的"双臂"耙齿，搅拌轴由底部伸入，借蜗轮蜗杆减速机减速至 $1.5r/min$。耙齿系在耙臂上，用螺栓固定夹角为55°的6～7块平面刮板，刮板在两个耙臂上的位置是不对称的，它们在两臂上呈相互补位，以保证电石自加料管落入第一层后，立即由刮板耙向中央圆孔而落入第二层，第二层的刮板安装角度则使电石沿轴向筒壁移动，并由沿壁处的环形孔落入第三层、第四层……最后，水解反应的副产物电石渣及硅铁落入发生器的锥形底盖，经排渣(气泵)阀间歇地排入排渣池中。

挡板的作用是延长电石在乙炔发生器水相中的停留时间，以确保大颗粒的电石得到充分的水解；耙齿的作用是"输送"电石和移去电石表面上的$Ca(OH)_2$，促使电石结晶表面能够直接裸露并与水接触反应，即加速水解反应过程。

这种多层结构的发生器为便于检修，相邻两层挡板的间距不得小于600mm，并在各层均设置有人孔，以作为操作和检修人员在清理设备、更换刮板和检修耙臂时的进出口。

2. 清净塔

清净塔是用钢板焊接而成的圆柱形填料塔，如图6-9所示。塔壁内衬有橡胶以防止

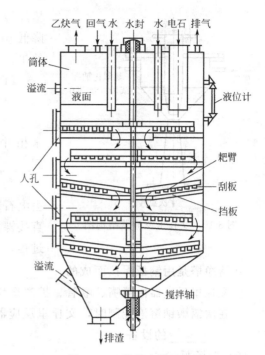

图6-8　乙炔发生器示意图

腐蚀。每节都有衬胶的栅板，不同尺寸的填料均置于栅板上，乙炔气进口在塔底，废次氯酸钠均匀地喷洒在填料表面，塔内部还装有分液盘，塔每节侧面都开有人孔，以便填料装卸。

此塔可以使乙炔气与清净剂在塔内以逆流方式进行接触。次氯酸钠经分液盘均匀地分布在填料的表面，形成很大面积的薄膜，气体乙炔以小泡形式分散于液膜内，从而增加接触面，同时由于小气泡不断由下而上运动，起到了搅拌作用，使反应进行得比较完全。乙炔以此清净，杂质得到清除。

此填料反应塔结构简单，操作方便，清净效果好。

3. 文丘里反应器

文丘里反应器是次氯酸钠溶液配制时，氯气、氢氧化钠溶液和水三者进行混合反应生成次氯酸钠的设备。配制时三种原料均经过转子流量计，借阀门控制配比后通入文丘里反应器进行反应，反应生成的次氯酸钠溶液，由扩散管底部排入紧接下方的次氯酸钠配制槽内，供清净系统补充抽取。

文丘里反应器如图6-10所示。它由喷嘴、喉管、扩散管和扩散室几部分构成，各部分的尺寸和锥角，均有一定的要求。试验表明，当喷嘴与喉管的间距为30mm时，扩散室的真空度较高，如通水量在$10m^3/h$以上时，真空度可以达到580mmHg以上。

文丘里反应器也可以用作将浓的次氯酸钠(如浓度10%)稀释到浓度0.065%~0.12%的混合器。浓次氯酸钠液则由高位

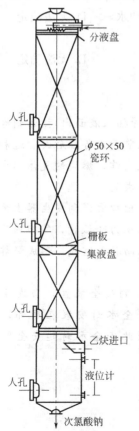

图6-9　清净塔结构

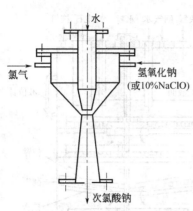

图 6-10 文丘里反应器结构图

槽经转子流量计进入扩散室（由碱液进口处通入），为降低 pH 值也可通入少量氯气，同样可获得满意的效果。

【任务评价】

(1) 填空题

① 乙炔发生器挡板的作用是延长电石在发生器水相中的停留时间，以确保大颗粒的电石得到_____。

② 乙炔发生器耙齿的作用是"输送"电石和移去电石表面上的 $Ca(OH)_2$，促使电石结晶表面能够直接裸露并与水接触反应，即_____水解反应过程。

③ 清净塔是用钢板焊接而成的_____形填料塔。

④ 文丘里反应器由喷嘴、喉管、扩散管和_____几部分构成。

⑤ 在次氯酸钠溶液配制时，文丘里反应器是氯气、氢氧化钠溶液和水三者进行混合反应生成_____的设备。

(2) 选择题

① 配制次氯酸钠的物质有（   ）。
A. 氯气、氢氧化钠   B. 氯气、水   C. 氯气、氢氧化钠和水   D. 无法确定

② 清净塔的效率主要取决于（   ）。
A. 塔的高度   B. 塔的直径   C. 气液充分接触   D. 无法确定

【知识拓展】

正水封、逆水封和安全水封

(1) 正水封　乙炔发生器产生的乙炔气需经正水封（它的进口管插入液面内）被送到冷却清净系统。正水封起了单向止回阀的作用，正水封只能使乙炔气从前面设备往后面管道和设备进行，而不能倒流，所以万一在后面的管道和设备中发生燃烧及爆炸，燃烧的气体不会倒窜到正水封以前的设备内，从而起到安全隔离效果，以减少事故造成的损失。

(2) 逆水封　逆水封进口管（插入液面内）与乙炔气柜管连接，出口管通到发生器上方气相部分。正常生产时，逆水封不起作用，当发生器发生故障设备内压力降低时，气柜内乙炔气可经逆水封自动进入发生器，以保持其正压，防止系统产生负压而抽入空气，形成爆炸混合物的危险。

(3) 安全水封　乙炔发生器的安全水封是乙炔生产必不可少的安全装置，当发生器压力增大时，乙炔可从此处排放，以防发生意外事故。一般安全水封安装在底部，当发生器液面过高或溢流不畅时，渣浆也可经安全水封排出。因此安全水封起安全阀和溢流管两种作用。

四、湿法乙炔生产的岗位操作

1. 湿法乙炔发生岗位的开、停车及正常操作

(1) 开车前的准备工作

① 系统试压试漏合格，设备、阀门和仪表工作正常。

② 氮气置换合格（装置氧气含量≤3%）。

③ 检测安全水封、正水封和逆水封的液面高度是否符合要求，气柜水槽液位是否在规定高度。

（2）开车操作

① 启动冷却和清净系统的废水回收泵。

② 启动发生器搅拌装置。

③ 启动电磁振动加料器，加入电石，并注意根据合成流量及乙炔气柜的高度调节加料器的电流。

④ 当发生器内温度升高到82℃时，开始由废水回收泵（或工业水阀）向发生器加水，并维持发生器液面温度。

（3）停车操作

① 用氮气置换乙炔气。

② 贮斗电石用完后，发生器边加水边排渣数次，直至排出清水为止。

③ 关闭发生器回收废水阀门和正水封回水阀，往正、逆水封内加水直到加满为止。

④ 打开下部加料（气泵）阀门、发生器放空阀和正水封上的放空阀。

⑤ 由加料贮斗通入氮气，分别从发生器顶部及正水封上部放空，排氮压力保持在60~80mmHg。

⑥ 当发生器取样分析结果中的乙炔含量低于0.5%时（如需动火检修，则应将乙炔系统全部排气，直到乙炔含量低于0.2%），才可以停止排气。之后，可通知加料系统打开上部加料（气泵）阀门，使设备处于敞口状态。

⑦ 在通入氮气的情况下，应把发生器内的水全部放尽。

⑧ 打开设备人孔，分析合格，办理好入罐证，对发生器进行清理检修。

注意：

a. 如操作工需进入发生器清理检修，应打开上下全部人孔，切断搅拌器电源（拔出保险丝），并要求有专人监护。

b. 配合检修时，应进行发生器清理工作，除去全部渣浆和硅铁。

（4）正常操作

① 按生产需要，调节好电磁振动加料器电流。

② 保持电石渣浆溢流管畅通，维持发生器的液面在液位计中部，电石渣浆用泵送至电石渣浆处理工序。

③ 调节加水量、溢流量和排渣量控制发生器温度在80~90℃。

④ 定期检查第二贮斗的电石量，准备好合格氮气。

⑤ 乙炔气柜应在有效容积65%左右。

⑥ 定期巡回检查，并按要求记录重要指标。

⑦ 定时冲洗正、逆水封，冲掉由乙炔气夹带过来的电石渣。保持正、逆水封液位在规定位置上，放水阀应畅通。

（5）操作要点

① 发生温度　发生器反应温度控制指标为80~90℃。温度对电石水解反应速率的影响是显著的，温度与乙炔和水的溶解度也是密切相关的，因此在正常生产时为了尽量减少乙炔的损失，尽量通过减少一次水用量来控制发生器温度在连续的合格范围内。

② 发生器压力　压力控制在 3~15kPa，因发生器安全水封 15kPa 会自动放空，因此无论是从安全生产还是消耗的角度来看压力控制在 3~13kPa 最适宜。操作时应相互配合，精心平稳，瞬间加料不宜过大，操作压力升高时应及时检查正水封液位、水洗塔和冷却塔液位，或对管道排污。排渣前检查逆水封液位，以免回气不及时使发生器负压。

③ 发生器液面　发生器液面控制在发生器的液位计中上部为好。也就是说，保证电石加料管至少插入液面下 200~300mm 左右。因此，正常操作时发现液位异常应到现场检查，及时通过加水或排渣保证液位正常；排渣后一定要待液位正常后才能开振动给料机给料。

④ 排渣操作　排渣时，停止加料 15min，温度低于 80℃，液位控制在 20%~30%，气柜高度应控制在 60% 以上，排渣完将液位补至有溢流时，方可加料。

⑤ 加料前向上斗通氮　向上斗加料前需通氮气以排净斗内的乙炔气。在生产中，氮气总管的压力应大于 0.4MPa，氮气纯度应大于 99%，含氧应小于 1%，排气时压力应控制为 9~13kPa，排气时间大于 5min，取样分析含乙炔≤1% 后才能将料放入上斗。

2. 湿法乙炔清净岗位的开、停车及正常操作

(1) 开车操作

① 依次启动废水泵、冷却塔水泵、清净剂配制水泵、次氯酸钠高位泵、碱泵、次氯酸钠循环泵，使中和塔和清净塔保持循环，并于配制槽配制好次氯酸钠溶液。

② 按操作要求启动水环泵，当压力上升时打开送氯乙烯的乙炔总阀及冷凝器进盐水阀。

③ 配制次氯酸钠，调整好清净塔循环泵流量，控制好各塔液面。

④ 根据氯乙烯生产需要，调节乙炔出口压力。

(2) 停车操作

当需要进行短期或临时停车时，按以下步骤停车。

① 停水环泵，同时关闭出口总阀。

② 停止配制次氯酸钠。

③ 停次氯酸钠循环泵、碱泵、次氯酸钠高位泵、清净剂配制水泵、冷却塔泵。

④ 关闭冷凝器进盐水泵。

注：如停车时间长，则停废水回收泵；将废水和工业水连通阀打开。

(3) 正常操作

① 定期巡回检查。

② 根据氯乙烯需要调节好乙炔出口压力。

③ 保持各塔液面在规定位置，保持水环泵水分离器液面在规定位置，水环泵的循环水温度不得高于 40℃。

④ 检查冷凝器的集水器液面，及时排放冷凝水。

⑤ 中和塔碱液根据分析数据，及时更换，当碱液含量低于 3% 或碳酸钠含量高于 8% 时应立即进行更换。

⑥ 每 0.5h 用试纸检查一次清净效果，每 2h 分析一次配制槽及两塔的次氯酸钠有效氯含量及 pH，调节次氯酸钠循环量的大小，并根据分析结果调整好配次氯酸钠各流量计的流量。

(4) 操作要点

① 次氯酸钠的有效氯浓度　清净塔内有效氯含量在 0.065%~0.12%，因为次氯酸钠有效氯含量的高低对清净效果有显著的影响。但同时也影响到安全生产，平时操作应加强次氯

酸钠有效氯的分析。每小时进行清净效果的检测(是否含硫、磷)和 pH 的测试(7~8)。发现异常立即进行次氯酸钠有效氯的分析，检查加酸管线和调节次氯酸钠循环量。若效果不佳，也应排查是否为清净塔内溶液分布不均或电石含硫、磷过高。

② 次氯酸钠的 pH　正常控制下 pH 为 7~8，呈中性或弱碱性。生产中要随时注意酸槽液位，提前联系相关岗位打酸以保证清净不断酸，经常检查加酸管道是否畅通，阀门是否灵活好用。巡检时必须在配制取样处测试次氯酸钠的 pH。

③ 清净塔的液面　清净塔液面高度在 1/2~2/3 的范围内。调节时应尽量小幅度调节，以免使塔内液面波动引起出口压力波动。巡检时应注意各循环泵压力，若有不正常波动应及时检查并联系处理，不能处理但可能影响生产的机泵，应联系倒泵单台停车处理，以保证正常生产。

④ 中和塔内碱溶液的浓度　中和塔内碱液的 NaOH 含量直接影响中和效果，正常生产时氢氧化钠含量应在 8%~15%，配碱时，分析碱液含 $Na_2CO_3>8\%$(冬天>5%)立即更换碱液，以免 Na_2CO_3 结晶堵塞管道。

【任务评价】

(1) 填空题

① 加料前排氮合格，氧气含量应小于_____。

② 停车系统排氮要求分析含乙炔_____以下合格。

③ 当发生器内温度升高到_____时，开始由废水回收泵(或工业水阀)向发生器加水，并维持发生器液面温度。

④ 正常操作过程中，定时冲洗正、逆水封，冲掉由乙炔气夹带过来的_____。

⑤ 正常操作时发现液位异常应到现场检查，及时通过_____或排渣保证液位正常。

⑥ 中和塔碱液根据分析数据，及时更换，当碱液含量低于_____或碳酸钠高于 8%时应立即进行更换。

⑦ 每小时进行清净效果的检测(是否含硫、磷)，pH 的测试(7~8)。发现异常立即进行次氯酸钠有效氯的分析，检查加酸管线和调节_____。

(2) 判断题

① 湿法乙炔发生岗位的停车操作中，在通入氮气的情况下，可以不把发生器内的水全部放尽。(　　)

② 乙炔清净过程中，应根据氯乙烯需要调节好乙炔出口压力。(　　)

五、湿法乙炔生产中的常见故障及处理

湿法乙炔生产中的常见故障及处理方法如表 6-3 所示。

表 6-3　湿法乙炔生产中的常见故障及处理方法

故障名称	原因分析	处理预防措施
加料时燃烧爆炸	①排氮不合格	①紧急停车并做相应灭火措施;加强分析,确保含乙炔小于 1%
	②下翻板阀漏或没有关严	②紧急停车并做相应灭火措施;修理翻板阀或开关翻板确认能否关死
	③氮气含氧高	③紧急停车并做相应灭火措施;通知供气单位提高纯度
	④电石温度高	④紧急停车并做相应灭火措施;分散电石,降低温度
	⑤电石潮湿	⑤紧急停车并做相应灭火措施;停止使用此类电石

续表

故障名称	原因分析	处理预防措施
下贮斗压力高	①溢流不畅、溢流管堵塞	①检查调节各冲洗水，排渣或给溢流排污
	②加水量过大发生器液面过高	②调节发生器加水量或排渣
	③下斗氮气阀漏或没关	③检查关闭下斗氮气
	④仪表问题	④联系仪表工检查处理
料斗棚料	①电石粒度过大	①联系破碎岗位调整破碎粒度，备好粒度合格的电石
	②电石内混入杂物	②单排置换合格后，拆翻板阀取出；加强破碎工段管理，电石内严禁混入桶盖等杂物，操作工加料时加强对加料皮带的监控
	③下斗满料，在放料中造成棚料	③带氮气将料用尽，关好翻板阀；确认电石是否用完，待下斗空时再放料
排渣阀堵塞或溢流口堵塞	①阀门处、管道内有杂物堵塞	①用水冲洗或用木榔头敲击，排污，不行则单排拆开清理
	②长时间未排渣或者排渣量过少	②加强排渣
	③无冲洗水或冲洗水压力小	③检查加大冲洗水
	④发生器渣浆浓度过高	④加大发生器进水量
发生压力不正常	①水洗塔、冷却塔液位高或有阻力	①调节水洗塔、冷却塔液面或检查塔内填料和筛板
	②正水封或逆水封液面高	②检查水封液位在正常范围内
	③气柜钟罩卡住	③检查更换气柜滑轮
	④发生器溢流不畅	④检查发生器溢流管冲洗水或排渣
	⑤发生器耙齿断或内部有异物	⑤单排检修清理发生器
	⑥仪表问题	⑥联系仪表工检查处理
发生器温度不正常	①压滤清液无压或量小	①倒泵，检查管道阀门
	②发生器给水泵打量波动	②敲击或停车处理
	③渣浆分离器下液口堵塞或加清液管堵塞	③对该发生器进行单排，检查下液口和清液管
	④未根据乙炔流量调节水量	④调节好加水量
	⑤加料速度过快	⑤调节给料机适度给料
	⑥仪表问题	⑥联系仪表工检查处理
清净效果差	①电石质量太差	①通知破碎岗位掺加好电石
	②次氯酸钠有效氯低，pH 不合格或循环量小	②加大循环量，配制合格的次氯酸钠
	③清净塔内溶液分布不均匀	③停车检修
	④系统压力太低	④提升系统压力
水环泵出口压力低	①水环泵循环水补水量少或水压低使水环厚度不够；循环水温度高	①加大补水量或联系提高水压；调节卧冷冷冻盐水进出口流量，加大冷却量
	②水环泵叶轮与机体间隙大	②倒泵，检修该泵
	③水环泵进口温度过高	③加大冷却塔冷却水量
	④分离缸液位低或排空	④检查分离缸液位
	⑤乙炔流量过大	⑤联系调度等控制乙炔流量
	⑥大回路调节阀失灵或阀门内漏	⑥联系仪表工检查处理

续表

故障名称	原因分析	处理预防措施
清净塔爆震或堵塞	①次氯酸钠有效氯含量高或 pH 低	①降低有效氯含量或调整 pH
	②填料结垢或破碎	②停车用盐酸洗塔或更换填料
	③填料筛板塌	③停车检修
循环泵打不上液	①泵内集气	①开导淋排气
	②泵进口无液	②检查泵进口的阀门待有液后启动泵
	③泵的进出口阀未开	③检查泵的进出口阀门
	④泵的进液温度过高	④控制进液温度
输出压力波动大	①有液封现象	①检查各塔液位,消除液封
	②水环泵故障	②检修水环泵
	③循环水水压波动较大	③联系调度稳定水压
	④大回路调节阀故障	④联系仪表工检查处理
	⑤后工段阻力波动大	⑤与后工段加强联系,及时调节
压滤泵打不起压	①叶轮磨损严重	①更换叶轮
	②渣浆太浓	②调节渣浆浓度
	③进口阀堵塞	③清进口管
压滤泵有异响	①轴承坏	①更换轴承
	②泵内有杂物	②清泵内杂物
	③联轴器胶圈坏	③更换胶圈
	④泵进口堵塞	④清进口管
清液泵打不起压	①清液泵进口堵塞	①清理清液泵进口
	②叶轮堵塞严重	②清理叶轮
	③泵内有空气	③排气
清液泵有异响	①轴承坏	①修理轴承
	②叶轮内有杂物	②清理叶轮
	③联轴器坏	③修联轴器

【任务评价】

选择题

① 加料前进行排氮分析,虽然氮气压力很大,但排氮分析乙炔含量总是很高,其原因为(　　)。

A. 排氮阀漏　　　B. 排空阀漏　　　C. 一斗翻板阀漏　　　D. 二斗翻板阀漏

② 发生压力高于 15kPa 的原因可能是(　　)。

A. 正水封液面高　B. 逆水封液面高　C. 安全水封液面高　D. 无法确定

③ 正水封在生产中的作用是(　　)。

A. 清净作用　　B. 中和作用　　C. 缓冲压力和分离杂质作用　D. 单向止回阀的作用

④ 乙炔发生器溢流不畅通的可能原因是(　　)。

A. 反应水加入过少　B. 电石粒度小　C. 渣浆内含杂物　D. 无法确定

⑤ 导致发生温度低的可能原因是(　　)。

A. 6#泵不上料　　　B. 溢流不通畅　　　C. 工业水加入量多　　　D. 无法确定

⑥ 影响清净失效的可能操作原因是清净剂（　　）。

A. 有效氯含量低　　B. pH低　　　　　C. 用量大　　　　　　D. 无法确定

六、湿法乙炔生产的安全防范与"三废"处理

1. 湿法乙炔生产中的安全注意事项

（1）湿法乙炔生产中对乙炔的防范　乙炔在常温常压下为无色气体，工业生产的乙炔气因含有磷化氢等杂质，故有特殊的刺激性臭味。乙炔气体属微毒类化合物，具有轻微的麻醉作用。

乙炔在高温、加压或有某些物质存在时，具有强烈的爆炸能力。乙炔与空气的混合物属于快速爆炸混合物，爆炸延滞时间只有0.017s。乙炔极易与氯气反应生成氯乙炔引起爆炸，爆炸产物为氯化氢和碳。

乙炔与铜、银、汞极易生成相应的乙炔铜、乙炔银、乙炔汞等金属化合物，这些金属化合物在干态下受到微小震动即自行爆炸。

乙炔在空气中的自燃点是305℃，在氧气中的自燃点是296℃。

常压下乙炔一般不会分解，加压乙炔则极易分解。压力越高，越容易发生分解、爆炸，且分解温度随压力的升高而迅速下降。

（2）安全事故防范措施

① 在工厂里，30m距离以内严禁烟火，严禁携带易燃、易爆品和穿钉鞋进入生产区域。

② 盛装和输送乙炔的管道、设备严禁用铁器敲打，以免产生火花。

③ 盛装和输送乙炔的设备及其附件、管道和管件、阀门等，不得采用铜、银、汞材质，防止产生爆炸物，如需汞压力计，要加甘油作隔离液。

④ 桶装电石在运输、贮存中严防雨水或湿气浸入，否则，桶内可能有乙炔-空气混合物存在，在卸桶或开桶时因震动、撞击而引起爆炸。

⑤ 电石粉尘（特别是新鲜粉尘）切忌一次大量直接倒入水中处理，以防剧烈水解放热引起乙炔燃烧。

⑥ 乙炔设备管道动火前必须用氮气置换至含乙炔<0.2%。

2. 湿法乙炔生产中的"三废"处理

湿法乙炔生产中，电石破碎和输送投料过程中产生大量的电石粉尘，乙炔发生中产生大量电石渣浆，乙炔清净中产生很多清净废液，这些"三废"必须进行治理，否则会污染环境。

电石渣浆的处理更是治理"三废"的关键。电石渣是电石水解反应的副产物，由于含有大量的$Ca(OH)_2$而具有强烈的碱性，并含有较高的硫化物及其他微量杂质。电石渣虽然是副产物，但在数量上却大大超过产品聚氯乙烯树脂，每生产1t聚氯乙烯树脂，可以同时产生含固量5%~15%的电石渣浆9~15t，或含固量50%的干渣3~5t。

目前，多数工厂只将发生器排出的电石渣浆经过一级沉降分离，自然曝晒后所得的干渣进行综合利用，而将分离后的所谓清水直接排放。这种做法是不妥当的。因为该澄清水即使达到"眼见不浑"，其pH也高达14，水中硫化物等杂质含量均超过国家的"三废"排放标准，因此有必要对电石渣浆的澄清水进行中和及脱硫处理。

对于沉降及脱水后得到的含水50%~60%的干渣，多数利用其中的氢氧化钙成分，如：①和煤渣制作砖块或大型砌块；②敷设地坪和道路；③做工业或农业中和剂；④代替石灰水

用于生产漂白液或漂白粉；⑤代替石灰水用于生产氯仿；⑥代替石灰水用于三氯乙烯生产；⑦代替石灰用于生产水泥；⑧与粉煤渣、石膏、水泥混合制作质轻、强度高(可用于高层建筑)的混凝土砌块。

对于沉降分离后的"眼见不浑"(含固量约500mg/L)的澄清水，也开始进行综合利用了，例如：

① 用作氯化反应过程中含氯尾气的吸收剂溶液，可获得有效氯5%的副产漂白液；
② 部分循环水用作发生器用水，某工厂已有生产实践数据(有人认为长期全部循环利用时，应注意渣浆中硫化物的积聚浓缩问题)；
③ 澄清水经氯气处理氧化脱硫及中和处理后，全部循环用于发生器反应用水。

【任务评价】
(1) 填空题
① 乙炔与铜、银、汞接触时能生成相应的_____，这种乙炔金属化合物易爆炸。
② 乙炔设备管道动火前必须用氮气置换至含乙炔_____。
③ 在湿法乙炔生产中_____的处理是治理"三废"的关键。

(2) 判断题
① 乙炔与空气混合爆炸范围是2.3%~81%，乙炔与氧气混合爆炸范围是2.5%~93%。( )
② 燃烧的条件是可燃物、助燃物和着火源，故缺后两个条件中任何一个，粗乙炔气就不能着火爆炸。( )

【课外训练】
通过互联网搜索乙炔发生泄漏的案例，并从中找出其事故原因及预防措施。

项目小结

1. 电热法生产电石是用氧化钙和含碳原料(焦炭、无烟煤或石油焦)凭借电弧热和电阻热在1800~2200℃的高温下反应而生成碳化钙，这是一个吸热反应，为完成此反应必须供给大量的热能。

2. 石灰石中的杂质(二氧化硅、氧化铝、氧化镁等)在生产电石中也会发生反应，从而影响电石的质量；在炉料(碳、含碳原料)进入电石炉后其中水分与赤热的含碳原料相遇，产生水煤气(含CO和H_2)；炉料粒度愈小，炉料比电阻愈大，在电石炉操作时电极容易深入炉内，熔池电流密度增大，炉温也升高，对生产高质量电石和提高产量有利；高配比炉料生产的电石，可以得到发气量高的产品，但炉料的比电阻小，操作比较困难；低配比炉料生产的电石，炉料的比电阻较大，电极容易深入炉内，电石炉比较好操作，但生产出的电石发气量较低。

3. 电石生产的设备有双辊破碎机、颚式破碎机和电石炉。电石炉是电石生产过程中的主要设备，实际生产中使用的电石炉是半密闭电石炉和密闭电石炉。

4. 湿法乙炔是电石在发生器内与水发生反应生成乙炔气，同时放出大量热。由于工业电石含有不少杂质，生成的粗乙炔气中会含有磷化氢、硫化氢、氨等杂质气体。

5. 电石的粒度宜控制在80mm以下；乙炔发生器反应温度控制在80~90℃；乙炔生产的发生器内压力不允许超过0.15MPa(表压)，尽量控制在较低的压力下操作；发生器液面控制在液位计中上部为好，要保证电石加料管至少插入液面下200~300mm。

6. 乙炔的清净是利用次氯酸钠的氧化性质，将粗乙炔气中的杂质气体氧化成酸性物质而除去的过程。酸性物质需用中和剂氢氧化钠溶液通过中和操作转化为盐而除去。

7. 次氯酸钠的有效氯宜控制在 0.065%～0.12%，pH 接近 7；乙炔气必须冷却后再使用，否则次氯酸钠受热易分解，从而降低它的氧化能力；清净塔液面高度一般在 1/2～2/3 的范围内；正常生产氢氧化钠含量应在 10%～15%。

8. 乙炔发生器中挡板的作用是延长电石在发生器水相中的停留时间，以确保大颗粒的电石得到充分的水解；耙齿的作用是"输送"电石和移去电石表面上的 $Ca(OH)_2$，促使电石结晶表面能够直接裸露并与水接触反应，即加速水解反应过程。

9. 清净塔可以使乙炔气与清净剂在塔内以逆流方式进行接触；文丘里反应器是次氯酸钠溶液配制时，氯气、氢氧化钠溶液和水三者进行混合反应生成次氯酸钠的设备。

10. 湿法乙炔发生岗位的操作要点包括发生温度的控制、发生器压力的控制、发生器液面的控制、排渣操作的控制和加料前向上贮斗通氮的控制。湿法乙炔清净岗位的操作要点包括次氯酸钠有效氯浓度的控制、次氯酸钠 pH 的控制、清净塔液面的控制、中和塔内碱溶液浓度的控制。

11. 湿法乙炔生产中的常见故障有加料时燃烧爆炸、下贮斗压力高、料斗棚料、排渣阀堵塞或溢流口堵塞、发生压力不正常、发生器温度不正常、清净效果差、水环泵出口压力低、清净塔爆震或堵塞、循环泵打不上液、输出压力波动大、压滤泵打不起压、压滤泵有异响、清液泵打不起压和清液泵有异响。

12. 电石渣浆的处理是治理"三废"的关键。沉降及脱水后得到的含水 50%～60% 的干渣，多数利用其中的氢氧化钙的成分制作各种产品；对于沉降分离后的"眼见不浑"（含固量约 500mg/L）的澄清水也可以进行综合利用。

项目七

氯乙烯生产

项目目标

知识目标

1. 了解氯乙烯的生产方法。
2. 掌握氯乙烯的生产过程。
3. 了解氯乙烯生产中主要设备的作用与结构。

能力目标

1. 能熟悉氯乙烯生产的岗位操作。
2. 能准确判断及处理氯乙烯生产中出现的故障。
3. 能实施氯乙烯生产的安全防范。
4. 能实施氯乙烯生产中的环保和节能降耗措施。
5. 能进行氯乙烯生产中相关工艺的基本计算。

任务一
乙炔法合成氯乙烯

一、乙炔法合成氯乙烯的方法与对原料气的要求

1. 氯乙烯的性质与用途

(1) 氯乙烯的性质 氯乙烯,英文缩写 VC,分子式 C_2H_3Cl,结构简式 $CH_2=CHCl$,相对分子质量 62.51,沸点 -13.9℃,临界温度 142℃,临界压力 5.22MPa。氯乙烯在常温常压下为无色、有乙醚香味、易液化的气体。氯乙烯易燃,能与空气形成爆炸混合物、爆炸浓度范围 4%~22%(体积分数),与氧气混合的爆炸浓度范围 3.6%~72%,在加压下更易爆炸。氯乙烯对人有麻醉作用,可使人中毒。

氯乙烯当加压到 0.5MPa(绝压)以上就能被液化,液态氯乙烯密度 $0.9121g/cm^3$;液态氯乙烯易溶于丙酮、乙醇、二氯乙烷等有机溶剂,而微溶于水,在水中溶解度为 $0.001g/L$。氯乙烯以液态形式进行贮运,贮运时必须注意容器的密闭及氮封,并应添加少量阻聚剂。

氯乙烯的化学反应主要发生在两个部位:氯原子和双键。在双键的反应中最重要的反应是通过聚合生成聚氯乙烯。氯乙烯作为单体聚合时,常被简称为 VCM。

(2) 氯乙烯的用途 氯乙烯是生产聚氯乙烯(简称 PVC)的单体,即生产聚氯乙烯的原料。

氯乙烯还可与乙烯、丙烯、醋酸乙烯酯、偏二氯乙烯、丙烯腈和丙烯酸酯类等单体共

聚，形成氯乙烯共聚物。

2. 乙炔法氯乙烯的生产过程

（1）乙炔法氯乙烯的生产步骤　目前，国内氯乙烯生产以乙炔法工艺路线为主——以乙炔为原料合成氯乙烯。乙炔法生产氯乙烯的过程包括乙炔与氯化氢混合气的脱水、氯乙烯合成、粗氯乙烯净化、粗氯乙烯压缩、粗氯乙烯的精馏、精馏尾气的回收等主要步骤。根据生产过程特性，一般将乙炔与氯化氢混合气的脱水、氯乙烯合成等步骤划归氯乙烯合成岗位负责；将粗氯乙烯净化、粗氯乙烯压缩等步骤划归粗氯乙烯净化与压缩岗位负责；将粗氯乙烯的精馏、精馏尾气的回收等步骤划归粗氯乙烯的精馏岗位负责。

（2）乙炔法氯乙烯的生产流程　乙炔法氯乙烯的生产流程如图7-1所示。

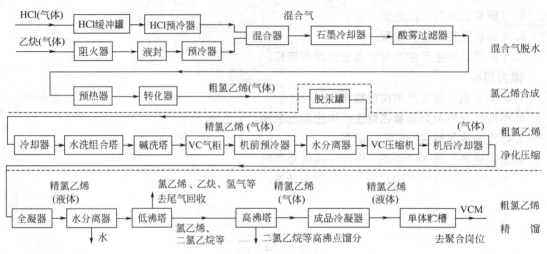

图7-1　乙炔法氯乙烯的生产流程示意图

3. 乙炔法氯乙烯的合成方法和催化剂

（1）乙炔法氯乙烯的合成反应

主反应：
$$HC\equiv CH + HCl \xrightarrow[130\sim180℃]{HgCl_2} CH_2=CHCl + Q$$
（乙炔）　（氯化氢）　　　　　　　（氯乙烯）　（放热）

副反应：
$$HC\equiv CH + 2HCl = CH_3-CHCl_2$$
（乙炔）　（氯化氢）　　（二氯乙烷）

$$HC\equiv CH + H_2O = CH_3-CHO$$
（乙炔）　（水）　　（乙醛）

主反应为强放热反应，反应的放热量为124.6kJ。

（2）乙炔法氯乙烯的生产方法　乙炔法氯乙烯的生产方法有气相法和液相法两种。

① 气相法　气相法是以氯化汞为催化剂，以乙炔和氯化氢气相加成为基础。反应在装满催化剂的反应器（转化器）中进行，反应温度一般为130～180℃。

气相法最主要的优点是乙炔转化率很高，所需设备亦不太复杂，生产技术比较成熟，被大规模工业所采用；其缺点是氯化汞催化剂有毒，价格昂贵。

② 液相法　液相法是以氯化亚铜和氯化铵的酸性溶液为催化剂，其反应过程是向装有含12%～15%盐酸的催化剂溶液的反应器中，同时通入乙炔和氯化氢，反应在60℃左右进行，反应后的合成气再经过净化除去杂质。

液相法最主要的优点是不需采用高温，但乙炔的转化率低、产品的分离比较困难。

目前，通常采用气相法，即乙炔气体和氯化氢气体按照1:(1.05~1.07)比例混合后，通入气固相反应器，在固体氯化汞/C催化剂床层于130~180℃温度下反应，生成氯乙烯。

(3) 乙炔法氯乙烯合成用催化剂　乙炔和氯化氢反应须在催化剂作用下进行，工业上多采用活性炭为载体的氯化汞催化剂。其中，活性炭是载体，颗粒尺寸 $\phi 3mm \times (3\sim 6)mm$，比表面积为 $800\sim 1000m^2/g$，吸苯率≥30%，机械强度＞90%；椰子壳或核桃壳制得的活性炭效果较好。氯化汞在常温下是白色的结晶粉末，又称升汞(因易升华)，氯化汞为催化剂中的活性成分。

氯化汞含量为 10.5%~12.0% 的催化剂被称为高汞催化剂。氯化汞含量为 3.0%~6.5% 的催化剂被称为低汞催化剂。目前，我国以采用高汞催化剂居多；不过为减轻汞污染，已有厂家开始使用低汞催化剂，如新疆天业、河北盛华等。

氯化汞催化剂具有转化率、选择性高的优点，且价格不贵；但存在汞污染等缺点。

4. 乙炔法氯乙烯合成对原料气和产物的要求

乙炔法氯乙烯合成原料有两种，一是乙炔，二是氯化氢。

乙炔的质量指标：纯度≥98.5%，O_2＜0.1%，H_2S＜0.015%，PH_3＜0.05%。

氯化氢的质量指标：纯度≥94%，O_2＜0.5%，无游离氯，总管温度低于40℃。

粗氯乙烯气体的质量指标：在转化器出口处未转化的乙炔控制在1%以下。

【任务评价】

(1) 填空题

① 氯乙烯的结构简式为_____。

② 氯乙烯被加压到0.5MPa(绝压)以上就能被_____。

③ 乙炔与氯化氢用气固相法进行加成反应得到产物为粗氯乙烯，需要经_____才能得到聚合级氯乙烯。

(2) 判断题

① 乙炔与氯化氢的混合气可直接进行氯乙烯合成。(　　)

② 乙炔与氯化氢用气固相法合成氯乙烯用到的催化剂是氯化汞。(　　)

③ 乙炔法氯乙烯的合成反应是强吸热反应。(　　)

【课外训练】

查一查，想一想：精馏一般用于分离液体均相混合物，而粗氯乙烯为气态混合物，为从粗氯乙烯中分离出乙炔等低沸点组分，需采用什么措施才能实施精馏？

二、乙炔法合成氯乙烯的生产过程和转化率计算

1. 混合气脱水与氯乙烯合成的岗位任务

混合气脱水与氯乙烯合成的岗位任务是先将来自乙炔生产岗位的合格乙炔(纯度≥98.5%)和来自氯化氢合成岗位的合格氯化氢气体(纯度≥94%)进行混合(配比1:1.05)，冷冻脱水，再将混合气在氯化汞催化剂和一定温度下合成符合质量控制指标的粗氯乙烯气体。

2. 乙炔、氯化氢混合气脱水的目的、方法、原理及条件

(1) 混合气脱水的目的　原料气 C_2H_2 和 HCl 的水分必须尽量除去，因为原料气中水分的存在，容易溶解 HCl 形成盐酸，严重腐蚀反应器(转化器)，特别严重时可以使列管发生穿插漏，被迫停工检修，使生产受损失。另外，水分的存在易使转化器的催化剂结块，降低催化剂的活性，还导致阻力增加，气流分布不均匀，局部发生过热，使 $HgCl_2$ 升华加剧，

催化剂活性迅速降低，使反应温度波动大、不易控制。脱水的目的是确保脱水后混合气含水分≤0.03%（体积分数）。

（2）混合气脱水的方法　采用冷冻法，即利用盐酸冰点低及盐酸挥发物中水蒸气分压低的原理，将混合气体进行冷冻脱酸。

（3）混合气脱水的原理　利用氯化氢的吸湿性质，预先吸收乙炔气中的大部分水，生成40%左右的盐酸，降低混合气中的水分，再利用冷冻的方法混合脱水。在混合气冷冻脱水过程中，冷凝的40%盐酸，除少量是以液膜状自冷凝器列管内壁流出外，大部分呈细微的酸雾悬浮于混合气流中，形成气溶胶，无法靠重力自然沉降，要采用浸渍3%～5%憎水性有机氟硅油的细玻璃长纤维过滤除雾，气溶胶中的液体微粒与垂直排列的玻璃纤维相碰撞后，大部分的雾粒被截留，在重力的作用下向下流动，流动的过程中液滴逐渐增大，最后滴落并排出。

（4）混合气脱水的条件　温度一般稳定在（-14±2）℃。

3. 乙炔、氯化氢混合气脱水与氯乙烯合成的生产过程

乙炔、氯化氢混合气脱水与氯乙烯合成工艺流程如图7-2所示。乙炔工段送来的精制乙炔气（纯度≥98.5%）经乙炔阻火器（砂封）、安全液封（三甲酚磷酸酯）和乙炔预冷器预冷后，与氯化氢工段送来的，经液封（浓硫酸）、氯化氢冷却器、分酸器后的干燥氯化氢气体（纯度≥94%，不含游离氯），借助流量计计量，以一定比例（1∶1.05）进入混合器混合。在混合器中充分混合后，混合气进入串联的石墨冷却器中，用-35℃冷冻盐水间接冷却至（-14±2）℃，混合气中的水分被冷凝成40%盐酸，其中较大的液滴在重力作用下直接排出，粒径很小的酸雾不能在重力作用下沉降，则夹带于气体中随气体进入串联的酸雾过滤器，被酸雾过滤器中的氟硅油玻璃棉过滤捕集下来而除去。排出的40%盐酸送氯化氢脱吸或作为副产品包装销售。

冷冻后含水分≤0.03%（体积分数）的混合气进入预热器，通过蒸汽预热至70～80℃，由流量计计量进入串联的转化器中第Ⅰ组转化器，借转化器内列管中装填的吸附于活性炭上的氯化汞催化剂，以及转化器内合适的温度（130～180℃），乙炔和氯化氢发生加成反应而转化为氯乙烯。第Ⅰ组转化器出口气体，其中尚有20%～30%未转化的乙炔，进入第Ⅱ组转化器继续反应，确保出口处未转化的乙炔控制在3%以下。从第Ⅱ组转化器出来的粗氯乙烯气体，送氯乙烯净化压缩岗位。

转化器管间走95～100℃热水，移走合成反应放出的热量。95～100℃的热水通过离心泵送到转化器管间，并循环使用。

第Ⅰ组转化器、第Ⅱ组转化器都可数台并联操作。一般，第Ⅱ组转化器填装活性较高的新氯化汞催化剂，而第Ⅰ组转化器则填装活性较低的氯化汞催化剂，即由第Ⅱ组更换下来的旧氯化汞催化剂。

4. 氯乙烯合成的工艺条件

氯乙烯合成的工艺条件主要有对原料气的要求、反应物配比、催化剂选择、反应温度、反应压力、空间流速（空速）等几个方面。

（1）对原料气的要求

① 纯度　一般乙炔纯度≥98.5%，氯化氢纯度≥94%。

② 乙炔中磷硫杂质　要求原料气中无硫、磷、砷检出，工业生产采用浸硝酸银试纸在乙炔气中是否变色来鉴定。

③ 水分　要求原料气含水分≤0.03%（体积分数）。

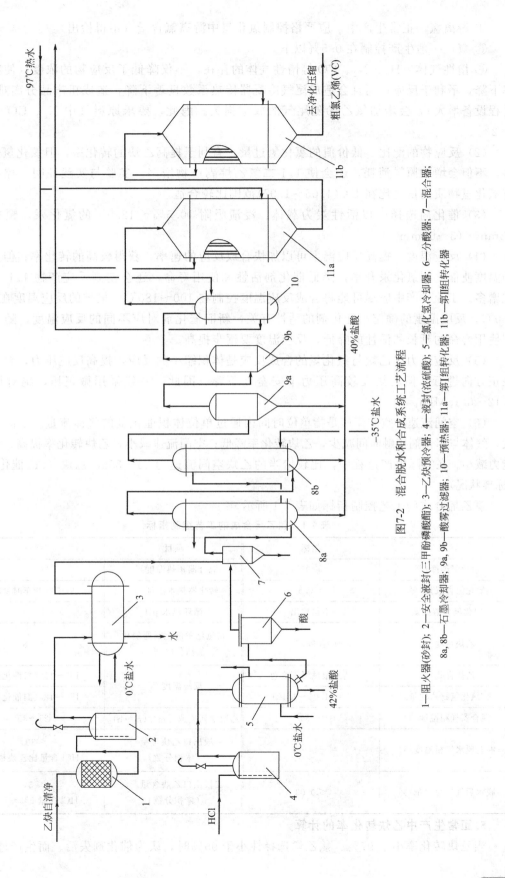

图7-2 混合脱水和合成系统工艺流程

1—阻火器(砂封); 2—安全液封(三甲酚磷酸酯); 3—乙炔预冷器; 4—液封(浓硫酸); 5—氯化氢冷却器; 6—分酸器; 7—混合器; 8a, 8b—石墨冷却器; 9a, 9b—酸雾过滤器; 10—预热器; 11a—第I组转化器; 11b—第II组转化器

④ 游离氯　正常生产中，应严格控制氯化氢中游离氯含量（不得检出）。

⑤ 氧　一般生产控制在0.5%以下。

⑥ 惰性气体　H_2、N_2、CO等惰性气体的存在，不仅降低了反应物的浓度，使其转化率下降，不利于反应；而且会造成尾气冷凝器传热系数显著下降，造成粗产品分离难（全凝过程设备增大），会增加氯乙烯随尾气的放空损失。因此，要求原料气中N_2、CO含量低于2%。

(2) 反应物的配比　低价值的氯化氢过量，有利于提高乙炔的转化率，但氯化氢过量太多，不但会增加原料消耗，还会使1,1-二氯乙烷副产物增多。实验与实践证明，控制乙炔与氯化氢物质的量之比在1：(1.05～1.07)范围比较合适。

(3) 催化剂选择　以活性炭为载体、浸渍吸附10.5%～12.0%的氯化汞，颗粒尺寸 $\phi 3mm \times (3～6)mm$。

(4) 反应温度　提高反应温度可以加快合成反应的速率，获得较高的转化率；但是过高的温度使催化剂氯化汞升华，降低催化剂活性和使用寿命，还会使副反应产物1,1-二氯乙烷增多。工业生产中应尽可能将合成反应温度控制在100～180℃。最佳的反应温度在130～150℃。反应温度的确定与催化剂的活性有关，新旧催化剂对应不同的反应温度，随着催化剂使用寿命的延长和活性的降低，反应温度要逐步提高。

(5) 反应压力　乙炔与氯化氢的合成反应是体积缩小的反应，提高反应压力，合成反应往正方向进行，但乙炔在较高压力下安全性下降。因此，一般采用微正压，绝对压力为0.12～0.15MPa。

(6) 空间流速　空间流速是指单位时间内通过单位体积催化剂的气体流量。空间流速增大，气体与催化剂接触时间减少，乙炔转化率降低；空间流速减小，乙炔转化率提高，但生产能力减小。在实际生产过程中，比较恰当的乙炔空间流速为25～35m^3乙炔/(m^3催化剂·h)（标准状况）。

氯乙烯合成的工艺控制指标如表7-1所示。

表 7-1　氯乙烯合成的工艺控制指标

项目	指标	项目	指标
氯化氢纯度/%	≥93	混合器预热温度/℃	80～90
氯化氢含氧量/%	<0.5	转化器热水温度/℃	97±2,开车时≥80
氯化氢含游离氯	不得检出	循环热水 pH	8～10
乙炔纯度/%	≥98.5	新氯化汞催化剂通氯化氢活化时间/h	6～8
乙炔含硫、磷	硝酸银试纸不变色	反应温度/℃	130～150（新催化剂）
乙炔/氯化氢物质的量之比	1：(1.05～1.10)		150～180（旧催化剂）
混合器气相温度/℃	<50	乙炔空间流速/[m^3/(m^3·h)]	25～35
混合脱水气相温度/℃	−14±2	一段出口乙炔含量/%（体积分数）	≤30,HCl含量比乙炔稍大
脱水后气体含水量/%	≤0.03	二段出口乙炔含量/%（体积分数）	≤3,HCl含量5%～10%

5. 正常生产中乙炔转化率的计算

当乙炔转化率小于97%、氯乙烯选择性小于95%时，认为催化剂失活。而生产过程中，可以通过检测转化器二段出口粗氯乙烯气体中乙炔、氯化氢、氯乙烯的含量来判断乙炔的转化率及氯乙烯的选择性，并决定催化剂是否需要更换。

【例 7-1】 乙炔法合成氯乙烯中，主反应为生成氯乙烯的反应，副反应为生成1,1-二氯乙烷的反应。假设进料原料混合气中乙炔/氯化氢物质的量之比为1∶1.05，转化后检测转化器二段出口粗氯乙烯气体中乙炔、氯化氢、氯乙烯的含量分别为2%、6%、90%。不考虑原料气中杂质与带进惰性气体，请确定转化过程中乙炔的转化率及生成氯乙烯的选择性。

解 设转化过程中乙炔转化率为 x，乙炔生成氯乙烯的选择性为 y。

根据化学方程式，反应中物料情况确定如下：

$$\mathrm{CH{\equiv}CH} + \mathrm{HCl} \longrightarrow \mathrm{CH_2{=}CHCl}$$
（乙炔）　（氯化氢）　（氯乙烯）

反应初：　　　　　　　1　　　　1.05
在氯乙烯反应中转化：　xy　　　xy　　　　xy

$$\mathrm{CH{\equiv}CH} + 2\mathrm{HCl} \longrightarrow \mathrm{CH_3CHCl_2}$$
（乙炔）　（氯化氢）　（二氯乙烷）

在二氯乙烷反应中转化：$x(1-y)$　$2x(1-y)$　$x(1-y)$
转化后原料剩余：　　　$1-x$　　$1.05-2x+xy$
转化后体系中分子总量：$2.05-2x+xy$

转化器二段出口粗氯乙烯气体中应该有乙炔、氯化氢、氯乙烯和二氯乙烷等四种物料，而根据条件计算，二氯乙烷的含量应该为2%，氯乙烯和二氯乙烷合计含量92%。

对乙炔剩余含量，氯乙烯和二氯乙烷合计含量分别列方程，形成二元一次方程组。

求得：$x=97.9\%$，$y=99.2\%$。

因而，反应中乙炔的转化率为97.9%，乙炔生成氯乙烯的选择性为99.2%。催化剂性能良好。

【任务评价】

(1) 填空题

① 乙炔与氯化氢混合气脱水一般采用_____方法。

② 在乙炔与氯化氢合成氯乙烯中，乙炔与氯化氢的物质的量之比在1∶(_____)。

(2) 选择题

① 乙炔与氯化氢合成氯乙烯中，工艺上转化器一般分段，常分为（　　）段。

A. 一　　　　　　B. 两　　　　　　C. 三　　　　　　D. 四

② 乙炔与氯化氢合成氯乙烯是强放热反应，工艺上采用（　　）将转化器中的反应热移出。

A. 0℃冷冻盐水　　B. 20℃冷水　　C. 60~70℃热水　　D. 95~100℃热水

(3) 判断题

① 相对乙炔，氯化氢价值低。在乙炔法合成氯乙烯中，氯化氢适当过量有利。（　　）

② 在乙炔与氯化氢合成氯乙烯中，所用催化剂是单一的氯化汞晶体。（　　）

【课外训练】

通过互联网，查找乙炔法氯乙烯合成催化剂中活性成分氯化汞的升华、溶解性能。

三、混合气脱水与氯乙烯合成中的主要设备

1. 混合器的作用与结构

(1) 混合器的作用　混合器的作用有两个方面。一方面为混合，另一方面为初步脱水。因为两者混合后，HCl存在会使混合气中水的饱和蒸汽压比乙炔气中水的饱和蒸汽压低，

从而使乙炔气中水分进一步冷凝成40%盐酸。

（2）混合器的结构　混合器的结构如图7-3所示。混合器内部具有与旋风分离器相似的结构，乙炔气和HCl气互成90°角按切线方向进入混合器，混合后产生的酸滴在离心力作用下从混合气中分离，而混合气在底部折返，从上部出口出去。

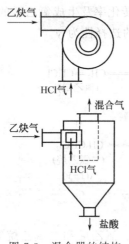

图7-3　混合器的结构

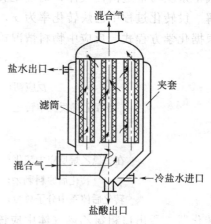

图7-4　酸雾过滤器的结构

2. 酸雾过滤器的作用与结构

（1）酸雾过滤器的作用　酸雾过滤器的作用是利用其中浸渍3%～5%憎水性有机氟硅油的细玻璃长纤维过滤除雾。其原理是冷冻后混合气呈气溶胶，其中液体微粒与垂直排列的玻璃纤维相碰撞后，大部分的雾粒被截留，在重力的作用下向下流动，流动的过程中液滴逐渐增大，最后滴落并排出。

（2）酸雾过滤器的结构　多筒式酸雾过滤器的结构如图7-4所示。根据气体处理量的大小，酸雾过滤器有单筒式和多筒式两种结构形式。为了防止盐酸腐蚀，设备筒体、花板、滤筒可采用钢衬胶或硬聚氯乙烯制作。过滤器的每个滤筒可包扎硅油玻璃棉3.5kg，厚度35mm左右，总的过滤面积为$8m^2$，这样的过滤器可处理乙炔流量$1500m^3/h$以上，一般限制混合器截面流速在0.1m/s以下，设备夹套内通入冷冻盐水，以保证脱水过程中温度控制。

3. 转化器的作用与结构

（1）转化器的作用　氯乙烯合成转化器的作用是为氯乙烯合成提供反应场所。转化器是电石乙炔法生产聚氯乙烯的关键设备，属于列管换热式固定床反应器。

（2）转化器的规格与结构　常用转化器的规格如表7-2所示。随着产量和装置的增大，氯乙烯合成转化器有大型化趋势，并不断完善防止运行泄漏的措施。

表7-2　常用转化器的规格

列管根数	列管/mm×mm	传热面积/m^2	氯化汞容积/m^3
613	$\phi 57 \times 3.5$	335	3.6
1377	$\phi 45 \times 3.5$	584	4.68
803	$\phi 57 \times 3.5$	400	4.7
1600	$\phi 50 \times 3$	980	8

转化器的结构如图7-5所示，其实物如图7-6所示。转化器实际上是一种大型固定管板

式换热器，主要由上、下管箱及中间管束三大部分组成。上、下管箱均由乙型平焊法兰（通常参照 JB/T 4702 标准法兰）及锥形（或椭圆形）封头组成，其中上管箱顶部配有 4 个热电偶温度计接口、4 个手孔，混合气体入口还设有气体分布盘，下管箱内衬瓷砖，并设有用于支撑大小瓷环及活性炭/催化剂的多孔板、合成气体出口及放酸口。中间管束主要由上、下两块管板，换热管、壳体、支耳等部分组成。设备的大部分材质，可用低碳钢。其中管板由 16MnR 低合金钢制造，列管选用 20 号或 10 号钢管，下盖用耐酸瓷砖衬里防护。转化器列管内装有氯化汞/C 催化剂，壳程走 90~100℃ 循环水带走反应放出的热量。

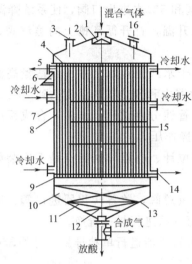
图 7-5　转化器结构图
1—气体分配板；2—上盖；3—热电偶；4—管板；
5—排气口；6—支耳；7—折流板；8—列管；
9—活性炭；10—小瓷环；11—大瓷环；12—多孔板；
13—下盖；14—排气口；15—拉杆；16—手孔

图 7-6　转化器实物图

转化器的列管与管板采用胀接制造，密封要求严格，不允许存在微小的渗漏。因为微小的渗漏都会使管间的热水泄漏到设备内，与气相中的氯化氢接触生成盐酸，并进一步腐蚀直到大量盐酸从底部放酸口放出而造成停产事故。因此，对于转化器，无论是新制造的还是检修的，在安装前均应对管板胀接处作气密性捉漏（0.2~0.3MPa 压缩空气）。为减少氯化氢对列管胀接处和焊缝的腐蚀，有的工厂采用耐酸树脂玻璃布进行局部增强。

【任务评价】
（1）填空题
① 混合器的作用有两方面，一方面为混合，另一方面为初步_____。
② 乙炔与氯化氢合成氯乙烯的转化器，其列管与管板采用胀接制造，密封要求严格，不允许存在微小的_____。
（2）判断题
① 酸雾过滤器中，真正起过滤作用的部件是硅油玻璃棉。（　　）
② 乙炔与氯化氢合成氯乙烯的转化器，属于列管换热式固定床反应器。（　　）

【课外训练】
通过互联网查找氯乙烯合成转化器有关外形或结构的 3 张不同图片。

四、混合气脱水与氯乙烯合成的岗位操作

1. 混合气脱水与氯乙烯合成岗位的开车操作

（1）开车前的准备工作

① 水、电、汽、氮气等停车检修后的开送，均由工序请示分厂同意后，由分厂通知方可进行，本岗位工人严禁私自开动外管线总阀和合闸送电等。

② 送-35℃盐水。在对本岗位设备、管道、阀门全面检查后，方可由班长或生产调度员通知冷冻站送水，送水时应打开循环水排污阀排气，待气体排尽后，立即关闭排气阀。打开冷凝器及混合冷冻石墨冷却器的盐水进出口阀和5℃水进出口阀，使系统降温。

③ 热水循环槽送蒸汽升温。打开循环槽上的蒸汽升温，打开循环槽上的蒸汽阀，热水升温至85℃以上。

④ 当热水循环槽内液面降低时，向槽内补足去离子水或工业水，并加入适量高温缓蚀剂，浓度不低于1.0%。开热水泵使热水循环，使转化器内和预热器内温度达到80℃。

⑤ 系统试压。大修后必须对检修改动后的设备、管线分别试压、试漏，合成系统试压0.05~0.1MPa（表压），无泄漏方算合格。试压压力为操作压力的1.15倍。

⑥ 检查物料系统的阀门、法兰、压力表、现场液位计、电阻体测温点是否安装好，排污阀，放气阀全部关严。

⑦ 混合脱水及合成系统排氮处理。关乙炔、氯化氢总阀，关各转化器进口阀、混合冷冻及预热器出口放酸阀，开乙炔总管氮气阀、混合器氮气阀进行排氮置换。

转化器排氮处理。关气相进出口阀，开放酸阀，对转化器进行单独排氮。另外，对有死角的管道，也要进行单独排氮，至分析取样合格为止。

⑧ 通知乙炔工序、氯化氢工序、压缩机岗位和精馏岗位及分析室做好开车准备。

⑨ 按工艺流程顺序，打开各设备的物料进口阀和转化器的工艺物料进出口阀。

（2）混合气脱水与氯乙烯合成岗位的开车操作

① 首先开启碱洗塔，然后开启三合一组合水洗塔直至温度正常。

② 与氯化氢工序联系，当氯化氢纯度达到94%以上、含游离氯≤0.002%时，通知氯化氢工序送氯化氢气体。

③ 开氯化氢调节阀（混合器和石墨冷却器、酸雾过滤器、转化器等阀门已开）通入氯化氢，控制流量1000m^3/h左右。

④ 通入氯化氢后，检查转化器放酸。用氯化氢使催化剂干燥和活化15~30min，直至转化器二段有氯化氢气体放出。之后，通知乙炔工序送合格的乙炔气。

⑤ 当乙炔总管压力大于氯化氢压力2.7kPa时，开乙炔调节阀，调节分子比。打开各温度仪表和乙炔计量仪表。

⑥ 通知精馏岗位、氯乙烯压缩机岗位正式开车，并作好记录。

⑦ 逐步提高流量，装新催化剂的转化器通入的初始流量不得过大，流量不宜提得过快，一般混合气流量提高速率按150~200m^3/h控制。

⑧ 通知分析室取样分析，启动碱泵循环，并调节水洗碱的流量，逐步转入稳定生产。

2. 混合气脱水与氯乙烯合成岗位的正常运行操作

① 调节乙炔和氯化氢的分子比，根据厂调度员指令逐步提高乙炔和氯化氢流量。按C_2H_2∶HCl=1∶(1.05~1.10)控制。

② 注意观察温度、压力、阻力、流量的变化，做到随时调节和联系。

③ 随时(一般每 30min)从转化器二段取样口观察乙炔是否过量。

④ 调节各转化器的热水阀门，控制水温和转化器流量分配。严格控制转化器反应温度，旧催化剂时<180℃，新催化剂时<150℃。使用 3000h 以内为新催化剂，使用 4000h 以上为旧催化剂。

⑤ 正常运行中应保持乙炔压力比氯化氢压力大 2.7kPa 以上，达不到上述要求时应随时联系并报告班长、值班长及厂调度室，联系后适当降低乙炔流量。若氯化氢突然降量很大时，应立即分析氯化氢纯度和游离氯含量，并根据分析结果来决定乙炔调节阀的关或开。

短期停车再开车时，应保持催化剂温度在 80℃以上，系统保持正压。

⑥ 经常注意热水泵运转情况(包括检查水泵的油液面)，根据每台转化器反应温度的高低控制水循环量，防止转化器烧"干锅"。

⑦ 若无特殊情况时，交接班前后 1h 不提流量。

⑧ 分析工每半小时分析一次氯化氢纯度并做好记录，合成工每半小时记录一次氯化氢纯度，所有控制项目每小时作一次记录，每班对反应后进行 4 次分析并记录于操作记录上。

⑨ 当看到 HCl 石墨冷却器放酸视镜中酸水不断向下流(可能盐水漏入)、盐水池盐水含酸(因泄漏可能氯化氢进入盐水中)，应采取果断处理措施，查明原因，报班长、调度。

⑩ 经常注意预热器气相温度，如有波动，应及时查出原因，防止预热器列管漏水。

⑪ 如其他条件未变，而反应带逐渐下移，各点温度普遍下降，合成气含乙炔在 3%以上，调节混合气流量仍不能恢复正常者，即需抽换催化剂，停止该转化器的使用。

⑫ 每班要稳定工艺控制指标和流量，不得在交接班前随便乱动工艺控制参数，维护好该岗位的所有设备，杜绝所有泄漏现象，确保设备处于完好状态。

⑬ 经常检查混合气冷冻自动放酸情况。若出现异常、废酸槽快满时，应将废酸压往废酸贮槽。

3. 混合气脱水与氯乙烯合成岗位的正常停车

① 通知厂调度室，乙炔工序、混合冷冻与合成岗位、净化压缩与精馏岗位作好停车准备，乙炔停止加料等候停车通知。

② 先通知乙炔工序停止送气，后通知氯化氢工序停止送气，当乙炔压力降到 0 后，关闭乙炔调节总阀，随后关闭氯化氢调节总阀，在氯化氢停气后方可关闭氯化氢阀。

③ 通知压缩机岗位，将 1500m^3 气柜内的气体抽至气量 100m^3 容积；抽完后，停压缩机。通知冷冻站停止送－35℃盐水，防止设备因温度过低而结冰。

④ 通知净化压缩岗位关闭三合一组合塔的水入口阀，停碱洗塔。

⑤ 关闭混合冷冻各石墨冷却器盐水出口阀，打开各盐水旁路回水阀，关闭－35℃盐水的出口阀。

⑥ 记录停车时间、停车经过及原因。

⑦ 因故障或其他工序需进行短期停车时，只关闭乙炔、氯化氢调节总阀，关闭三合一组合塔工业水阀，通氮气保持系统正压力为 20~30mmHg，避免水倒入转化器内，用热水循环保持转化器的温度在 80℃以上。

4. 混合气脱水与氯乙烯合成岗位的紧急停车操作

当遇乙炔紧急停车或停电停水时：

① 关闭乙炔气体总阀；打开氯化氢抽气用的水力喷射泵，关小氯化氢气体总阀；马上

通知压缩机停车,以防气柜抽坏。

②通知氯化氢工序作好停炉的准备工作,并与乙炔工段和值班长联系,了解乙炔紧急停车的原因,可能停车时间,以便确定是通知氯化氢工序停炉还是开氯化氢抽气用的水力喷射泵。

在乙炔停气后15min内,转化器允许继续通入300m^3/h以下的氯化氢。若乙炔能在15min内恢复供气,则不必通知氯化氢停炉;在乙炔停气后,开氯化氢抽气用的水力喷射泵抽氯化氢,以保证通入合成系统的氯化氢流量小于300m^3/h,直到乙炔重新开车恢复正常流量时,方可关闭氯化氢抽气用的水力喷射泵。若乙炔停车超过15min,则通知氯化氢工序停炉(或开启盐酸生产装置),并关闭氯化氢调节总阀。

③停车后立即通氮气维持正压,关闭三合一组合塔的工业水。

④立即通知有关岗位;并向值班长和厂生产调度室汇报紧急停车的原因和处理情况。

⑤视停车时间的长短,保持热水槽温度在80℃以上。

5. 岗位巡回检查事项

巡回检查时间为每小时一次,并挂巡检牌。巡回检查的主要内容如下。

① 转化器上部热水循环情况。
② 转化器各台的阻力变化情况,以及进口开启程度。
③ 混合冷冻系统有无泄漏现象。
④ 自动放酸情况及设备管道有无泄漏情况。
⑤ 观察盐水回流压力是否升高,压力大于0.2MPa,应开盐水旁路阀。
⑥ 观察预热器上水压力是否达到0.05MPa,如果没有应调节各处的热水供量。
⑦ 预热器是否挂水珠或挂霜;检查调节多筒过滤器气体出口温度和下酸情况。
⑧ 观察预热器出口压力是否在0.02~0.04MPa(表压)左右。
⑨ 检查-35℃盐水和5℃水的阀门开启情况是否合理。
⑩ 检查预热器、混合器、石墨冷却器、酸雾过滤器下酸情况是否正常。
⑪ 分别对各转化器取样口放一下气,观察反应效果,并对转化器底部作放酸检查。
⑫ 检查热水泵是否正常,有无杂音。
⑬ 目测各运转设备的油液面,并根据情况加油。
⑭ 观察热水泵出口压力。
⑮ 观察除汞器上水及温度变化情况,并对底部作放酸检查。

6. 安全操作要点

(1) 严防氯化氢气体中的游离氯过量　氯化氢气体中的过量游离氯会与乙炔气在混合器中发生激烈反应生成氯乙炔,并放出大量热量,促使混合气体瞬间膨胀,易造成在混合器、石墨冷却器、酸雾过滤器等设备薄弱环节处爆炸,其破坏性极大,因此必须严格控制。

一般控制办法是使用游离氯自动测定仪测定游离氯,或测定混合器出口气相温度,当该温度超过50℃时即关闭原料乙炔气总阀作临时紧急停车,同时通知调度与氯化氢合成岗位联系,待正常后再通气开车。

(2) 严格控制氯乙烯气柜高度　气柜的高度由氯乙烯压缩机岗位控制,操作人员根据进合成系统乙炔流量和聚合紧急排出氯乙烯气体情况进行开、停压缩机的操作。氯乙烯气柜高度的控制指标为20%~75%。如果气柜高度过低(20%以下),遇到突然减流量时,只要未及时调整压缩机开的台数,就会造成气柜抽瘪现象。如果气柜高度控制过高(75%以上)时,突然遇到聚合紧急排气或氯乙烯精馏排气阀漏气,则大量氯乙烯气体就会排入氯乙烯气柜,即使增开压缩机，短时期也来不及将气柜的钟罩拉下来，这样就会发生气柜钟罩顶翻现象，造成全线停产。因此，在正常生产中，为安全起见要严格控制气柜高度在20%～75%范围内。

(3) 开、停车操作注意事项

① 单台设备检修前，必须关闭设备的进出口阀门，对该设备用氮气置换其中的氯乙烯气体，直到取样分析氯乙烯含量在0.4%以下。经检修后的设备开车前同样要用氮气排气，取样分析其中氧气含量小于3%以下。

② 压缩机开车操作必须先打开出口阀门，启动电源开关，后开进口阀门；停车操作则应先关进口阀门，切断压缩机电源，再关出口阀门。

【任务评价】

思考题

① 混合气脱水与氯乙烯合成岗位的紧急停车操作有哪些主要步骤？
② 乙炔法氯乙烯合成中，安全操作要点有哪几条？

【课外训练】

通过互联网，查找与混合气脱水和氯乙烯合成岗位有关的操作规程。

五、混合气脱水与氯乙烯合成中常见故障的判断与处理

混合气脱水与氯乙烯合成中常见故障的判断与处理如表7-3所示。

表7-3 混合气脱水与氯乙烯合成中常见故障的判断与处理

不正常情况	主要原因	处理方法
热水泵不上水	①泵体或管道充满蒸汽 ②泵的入口阀芯掉落 ③泵体叶轮损坏	①排除蒸汽，降低水温 ②检修阀门 ③停泵检修
热水管道有剧烈锤声	热水泵停转	检查停泵原因，启动热水泵
混合器温度突然上升	氯化氢中游离氯高	降低乙炔流量，并与氯化氢岗位联系，当混合器温度≥50℃时关闭乙炔总阀，急停车
流量提不上去	①原料气压力低 ②流量计的孔板或导管堵塞 ③转化器床层阻力大 ④转化器气相管堵塞 ⑤净化系统阻力大 ⑥石墨冷却器和酸雾过滤器温度过低而结冰	①通知乙炔或氯化氢装置提高送气压力 ②清理污垢或积液 ③逐台抽翻氯化汞催化剂 ④清理炭屑及升华物 ⑤与净化系统联系 ⑥合理调节盐水阀，提高混合脱水气相温度
单台转化器流量提不上去	①流量计故障 ②转化器床层阻力大 ③进、出口管道、阀及底盖堵塞	①维修或更换流量计 ②翻动或换催化剂，新装催化剂用氮气吹扫 ③清理污垢与升华物
转化率低	①原料气纯度低 ②单台流量超负荷 ③乙炔过量 ④氯化汞催化剂装填不匀、活性差或活化不充分 ⑤反应温度过低	①与乙炔或氯化氢工序联系 ②适当降低流量 ③调整原料气物质的量配比 ④停车后翻、换氯化汞催化剂 ⑤减少热水循环量或提高热水温度
转化器反应温度高、反应带窄	①热水温度过低 ②热水循环调节不良、阀门故障或管间上部有不凝性气体 ③新换氯化汞催化剂	①提高热水温度 ②调整热水循环量、检修热水阀或排除不凝性气体 ③适当降低气体流量

续表

不正常情况	主要原因	处理方法
转化器出口处流量突然下降	①净化系统阻力大 ②转化器泄漏,水进入列管内	①与净化系统联系 ②停车检修
反应温度普遍下降,不易回升,反应带逐渐下移,转化率低于97%	催化剂失效	尽量提高温度(但不大于180℃),适当降低流量,处理无效则应停车更换催化剂
压缩前含乙炔高转化器底部放出盐酸	转化器漏	有酸水的转化器停止使用,检查预热器是否漏,如果预热器漏可开另一套
系统压力增大	①水洗塔阻力增大 ②碱洗塔产生了液封 ③气柜液封罐有树脂和水堵塞气体管	①减少水量 ②调节碱泵出口阀或停碱泵让碱液回循环槽 ③液封罐放水和树脂
预热器放酸多,预热器温度剧烈升高	预热器漏	检查并停车处理

六、混合气脱水与氯乙烯合成的安全防范

1. 落实混合气脱水与氯乙烯合成的"三防"措施

(1) 防燃爆 氯乙烯与空气形成爆炸混合物,爆炸范围为4%~22%。由于氯乙烯泄漏在空气中易形成混合爆炸性气体,当操作不当、设备发生故障时,遇到明火它就会发生着火、爆炸事故。因此,在生产系统进行检修或单台设备检修前,必须启动氮气排气系统,取样分析设备中气体的氯乙烯含量在0.4%以下方能完成检修。

(2) 防毒害

① 汞的毒害防范 汞是合成氯乙烯催化剂的主要成分,它通常以氯化汞等形式升华呈汞蒸气,经呼吸道被人体吸入,也可通过消化道和皮肤被吸收。其中毒机理是干扰人的酶系统。急性中毒表现为头痛、头晕、乏力等全身症状,严重者发生肺炎、肾损害、急性肾功能衰竭等。车间操作区空气中汞最高允许浓度为$0.1mg/m^3$。催化剂更换作业人员应佩戴头罩型电动送风过滤式防尘呼吸器。由于汞能被人体皮肤、衣服和建筑物等吸附,因此接触汞后应勤洗手、洗澡,操作区经常用水冲洗汞尘污染物,以减少二次污染。

② 氯乙烯的毒害防范 氯乙烯通常由呼吸道吸入体内,浓度较高时会引起急性轻度中毒,呈现麻醉状态;浓度高时,呈现严重中毒,可致人昏迷。慢性中毒主要使肝细胞增生、导致肝纤维化等。若吸入大量氯乙烯气体,应立即将人体移向通风处,吸新鲜空气,严重者应送医务室做吸氧抢救。当皮肤或眼睛受到液体氯乙烯污染时,应尽快用大量水冲洗。

(3) 防腐蚀 转化器、预热器等换热器中列管与管板胀接的技术要求较严格,只要有微小的渗漏,就会使管间的热水泄漏到设备列管内与列管内通入的氯化氢接触而生成浓盐酸,并进一步腐蚀设备,甚至大量盐酸从底部放酸口放出而造成停车事故。为减少转化器、预热器等设备管间热水对外管壁的化学腐蚀,可采用减少水中氯离子含量、提高pH到8~10、补充脱氧水、添加缓蚀剂(如水玻璃)等措施。

2. 混合气脱水与氯乙烯合成的安全技术规程

① 操作人员须经三级安全教育,考试合格才能上岗操作。

② 本岗位属甲级防爆,所有设备管道必须严密无泄漏,检修用灯或临时灯,必须符合防爆规范,采用36V以下的安全电压。

③ 禁穿钉子鞋进厂,厂房内禁烟,禁用铁器敲打管道和设备。上岗前穿戴好劳动护具。

④ 距离厂房 30m 以内为禁火区，不得任意动火，动火时必须经厂办理手续。
⑤ 转化器更换催化剂时，须先降温至低于 60℃，用氮气置换后气体含氯乙烯小于 0.4%。
⑥ 更换催化剂时除必须穿好工作服外，还必须戴上防毒口罩。
⑦ 工人抽完催化剂后，必须将所穿工作服清洗并洗澡漱口，以防吸入有毒物。
⑧ 岗位工人必须熟悉本岗位配备的干粉灭火器存放地点，并熟练掌握其使用方法。
⑨ 3m 以上的高空作业必须佩戴好安全带。

任务二
粗氯乙烯净化压缩

一、粗氯乙烯净化压缩的生产过程

1. 粗氯乙烯净化压缩的岗位任务

氯乙烯合成车间包括混合气脱水与氯乙烯合成、粗氯乙烯净化压缩、粗氯乙烯的精馏等三个主要岗位。

粗氯乙烯净化压缩的岗位任务有三个：一是活性炭吸附除去粗氯乙烯气体中夹带的升华氯化汞；二是除去粗氯乙烯气体中水（碱）溶性杂质，如夹带的二氧化碳、过量的氯化氢以及乙醛等副产品；三是通过压缩获得 0.50～0.60MPa（表压）的粗氯乙烯气体，以便粗氯乙烯气体中氯乙烯在精馏岗位能被全凝成液体，之后用精馏方法提纯。

2. 粗氯乙烯净化压缩的方法

（1）粗氯乙烯净化方法　粗氯乙烯净化采用"水洗＋碱洗＋干燥"的方法。

① 水洗　水洗属于物理吸收，是利用水作为吸收剂来处理气体混合物。通过水洗可以除去溶解度较大的氯化氢、乙醛、汞蒸气等。

采用泡沫水洗涤塔或组合式水洗塔等设备，水洗可获得 22%～30% 的盐酸副产品，该副产品可出售或脱吸回收氯化氢。

② 碱洗　碱洗属于化学吸收。因为经水洗后的粗氯乙烯气中仍残留氯化氢，所以需要用碱洗将残留氯化氢彻底除去。此外，碱洗还可将二氧化碳除去。

所用的碱液为 10%～15% 的氢氧化钠溶液。

③ 干燥　干燥的目的是将碱洗塔出来的粗氯乙烯气中的水分尽可能脱去，避免后面工序由于水的存在而带来的麻烦。干燥方法一般采用两步法："预冷＋冷冻"或"预冷＋干燥剂吸附"。预冷是将碱洗塔出来的粗氯乙烯气在预冷器中被 5℃ 冷冻水冷却到 10℃ 左右，大部分水分在预冷器里被冷凝出来。

（2）粗氯乙烯压缩方法　由于被压缩粗氯乙烯易燃爆，不能有水存在，压缩压力要求达到 0.50～0.60MPa（表压），因而一般采用双螺杆压缩机。

（3）脱吸回收氯化氢　副产物盐酸脱吸是将盐酸组合吸收塔产出的含有杂质的废酸进行脱吸，以回收其中的氯化氢，并返回前部继续生产氯乙烯。

由浓酸槽来的 22%～30% 盐酸副产品进入脱吸塔顶部，在塔内与经再沸器加热而沸腾上升的气液混合物充分接触,进行传质、传热,利用水蒸气冷凝时释放出的冷凝热将浓盐酸中的氯化氢气体脱吸出来,直到达到恒沸(约20%)状态平衡为止。塔顶脱吸出来的氯化氢气体经冷却使温度降至-10~-5℃,除去水分和酸雾后,其纯度可达99.9%以上,送往氯乙烯合成前部,塔底排出的稀酸经冷却后送往水洗塔,作为水洗剂循环使用。

3. 粗氯乙烯净化压缩的生产过程

粗氯乙烯的净化与压缩工艺流程如图7-7所示。来自合成岗位第Ⅱ组转化器的粗氯乙烯气体,经脱汞罐用活性炭吸附其中夹带的升华氯化汞等含汞蒸气后,进入石墨冷却器用0℃冷冻盐水来冷却至15℃以下,然后进入水洗泡沫塔(组)。在水洗泡沫塔中回收过量的氯化氢,泡沫塔顶是以高位槽5~10℃低温水(或稀酸)喷淋,水(或稀酸)吸收氯化氢形成22%~30%的盐酸(严格控制盐酸浓度在30%以下),经酸封去酸贮槽;从水洗泡沫塔(组)顶出来的粗氯乙烯气再进入碱洗泡沫塔(组)中,用10%~15%的氢氧化钠溶液除去氯乙烯气中微量的酸和二氧化碳,从碱洗塔顶出来的粗氯乙烯经水封进入粗氯乙烯气柜。

气柜中的氯乙烯经冷碱塔进一步除去微量的氯化氢气体,然后经机前预冷器和水分离器,分离出部分冷凝水后送入压缩工序。在压缩工序,粗氯乙烯气体被氯乙烯压缩机压缩至0.50~0.60MPa(表压),并经机后冷却器降温至不低于45℃,在缓冲罐中进一步除去油及冷凝水(往复压缩机排出气中带油),之后送粗氯乙烯精馏岗位。

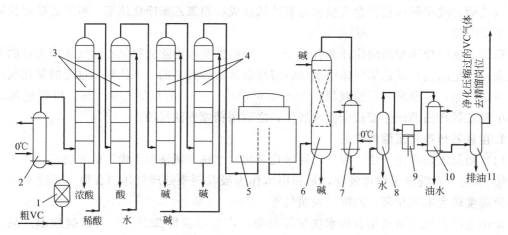

图7-7 粗氯乙烯的净化与压缩工艺流程图

1—脱汞罐;2—石墨冷却器;3—水洗泡沫塔(组);4—碱洗泡沫塔(组);5—粗氯乙烯气柜;
6—冷碱塔;7—机前预冷器;8—水分离器;9—粗氯乙烯压缩机;
10—机后冷却器;11—缓冲罐

4. 粗氯乙烯净化压缩系统的控制指标

粗氯乙烯净化与压缩岗位的控制指标如表7-4所示。

表7-4 粗氯乙烯净化与压缩岗位的控制指标(参考值)

项目		指标	项目	指标
除汞器气相温度/℃		75	碱洗塔新配碱液浓度/%	8~20
石墨冷凝器出口温度/℃		15	碱洗塔碱液浓度/%	10~15
水洗泡沫塔	气相进口温度/℃	5~15	碱洗塔循环碱液中碳酸钠浓度/%	≤8
	水进口温度/℃	5~10	冷碱塔碱浓度/%	10~15
	塔压差/kPa	6	冷碱塔循环碱液中碳酸钠浓度/%	≤8
回收盐酸	浓度/%	22~30	气柜贮气量(高度)范围/%	15~85
	含汞量/(mg/L)	<0.05	机前预冷器出口温度/℃	5~10
压缩机进口压力		保持正压	机后冷却器出口温度/℃	<45(不液化)

【任务评价】

(1) 填空题

① 在粗氯乙烯净化中,水洗可以除去粗氯乙烯中大部分的_____。

② 在粗氯乙烯净化中,碱洗可以除去粗氯乙烯中残留的氯化氢以及夹带的_____。

(2) 选择题

① 用往复压缩机压缩粗氯乙烯气体需要排油,这里"油"指( )。

A. 冷凝后VC　　B. 冷凝后高沸点组分　　C. 溶在水中的氯乙烯　　D. 汽缸用润滑油

② 粗氯乙烯经氯乙烯压缩机压缩至0.50～0.60MPa(表压),并经机后冷却器降温至不低于( )℃。

A. 30　　　　B. 45　　　　C. 60　　　　D. 75

(3) 判断题

① 净化后氯乙烯干燥的目的是将碱洗塔出来的粗氯乙烯气中的水分尽可能脱去。( )

② 粗氯乙烯气柜贮气量(高度)没有控制范围。( )

【课外训练】

通过互联网,查找粗氯乙烯经氯乙烯压缩机压缩至0.50～0.60MPa(表压)后,为什么在机后冷却器降温应控制温度不能太低。

二、粗氯乙烯净化压缩中的主要设备

1. 水洗泡沫塔的作用与结构

(1) 水洗泡沫塔的作用　水洗泡沫塔实质是一个气体吸收设备。水洗泡沫塔的作用是在其中用水吸收并除去粗氯乙烯气体中的水溶性杂质,如反应中过量的氯化氢以及副产物乙醛等。

(2) 水洗泡沫塔的结构　水洗泡沫塔一般采用筛板塔。水洗泡沫塔的结构如图7-8所示。为防止盐酸的腐蚀和氯乙烯的溶胀,塔身采用衬一层橡胶再衬两层石墨砖的方式。筛板采用6～8mm的酚醛玻璃布层压板(若筛板厚度太大,则阻力增大),经钻孔加工而成,筛板共4～6块,溢流管由硬PVC焊制,固定于筛板上,伸出筛板的高度自下而上逐渐减小。

一般水洗泡沫塔形成较好泡沫层的条件如下。

空塔气速　　　　　0.8～1.4m/s
筛板孔速　　　　　7.5～13m/s
溢流管液体流速　　≤0.1m/s

2. 双螺杆氯乙烯压缩机的作用与结构

(1) 双螺杆氯乙烯压缩机的作用　双螺杆氯乙烯压缩机是氯乙烯压缩机中目前常用一种机型,具有占地面积小、动平衡好、振动低、气压平稳、无泄漏、排出气体中不带油分、操作维护方便等优点;但对转子的材质要求高,加工精度要求

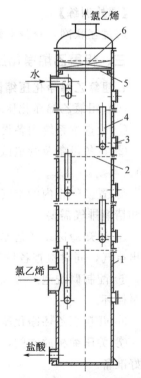

图7-8　水洗泡沫塔结构简图
1—塔身;2—筛板;3—视镜;4—溢流管;5—花板;6—滤网

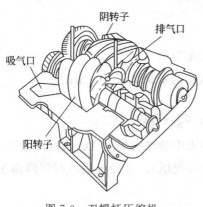

图 7-9 双螺杆压缩机

高,造价高,排气压力一般不超过 3MPa。双螺杆氯乙烯压缩机的作用是通过压缩获得 0.50～0.60MPa(表压)的粗氯乙烯气体。

(2) 双螺杆氯乙烯压缩机的结构　双螺杆氯乙烯压缩机属于容积式压缩机。双螺杆式压缩机的基本结构如图 7-9 所示。在机体内平行地配置着一对相互啮合的螺旋形转子。通常对节圆外具有凸齿的转子,称为阳转子或阳螺杆,对节圆内具有凹齿的转子,称为阴转子或阴螺杆。阳转子与原动机连接,由阳转子带动阴转子转动。因此,阳转子又称为主动转子,阴转子又称为从动转子,在压缩机两端分别开设一定形状的孔口,一个供吸气用,称作吸气口;另一个供排气用,称作排气口。

【任务评价】

判断题

① 在氯乙烯净化压缩中,水洗泡沫塔实质是一个气体吸收设备。(　　)

② 在氯乙烯净化压缩中,双螺杆氯乙烯压缩机能提供超过 3MPa 的排气压力。(　　)

【课外训练】

通过互联网,查找双螺杆氯乙烯压缩机更详细的工作原理和结构图。

三、粗氯乙烯净化压缩的岗位操作

1. 粗氯乙烯净化压缩岗位的生产操作

(1) 粗氯乙烯净化压缩岗位开车前的准备

① 检查本系统内各设备、管道、仪表、电器及阀门等是否齐全完好。

② 在各设备及管道试压捉漏后,用氮气置换系统至含氧量<3%(或与合成系统同时进行)。

③ 置换气柜内的空气时,用氮气排气至含氧量<3%,合格后用氮气顶高气柜,以备压缩和精馏排气需要。

④ 通知冷冻站送盐水,给各种用到冷冻盐水的设备充满盐水,并有控制地放出盐水、排出空气,同时检查各设备和管道有无泄漏。

⑤ 配制碱洗泡沫塔和冷碱塔所用的碱液。检查碱泵油面是否保持在 1/2～2/3 处,试开碱泵循环。

⑥ 开粗氯乙烯净化压缩岗位所用碱液泵和洗水泵,开启碱洗塔和水洗塔。

⑦ 关压缩机放空阀,做好开车准备,与氯乙烯合成岗位联系开车时间,并通知冷冻站做好准备。

⑧ 检查第二水洗泡沫塔后尾气放空管上排空阀状态,正常应关闭。

⑨ 关闭 VC 气柜排空阀、放水阀,打开气柜总管进口阀;对系统进行全面检查。

(2) 粗氯乙烯净化压缩岗位的开车操作　粗氯乙烯净化工序的开车操作,需要同混合气脱水与氯乙烯合成岗位的开车操作协同进行。粗氯乙烯压缩工序的开车操作,需要同粗氯乙烯精馏岗位的开车操作协同进行。

① 接到氯乙烯合成岗位开车通知,立即打开三合一组合塔进水口阀,开动碱泵使碱液

开始循环。

② 打开 VC 气柜进口阀。

③ 待气柜升高至 750m³ 时,压缩机接到通知后开车。

④ 控制气柜气量在 250～1250m³。

(3) 粗氯乙烯净化压缩岗位的停车操作 粗氯乙烯净化压缩岗位的停车操作,需要同混合气脱水与氯乙烯合成岗位、粗氯乙烯精馏岗位的停车操作协同进行。

① 在混合气脱水与氯乙烯合成岗位通知停车后,立即关闭三合一组合塔进水口阀,停止碱泵运转。

② 将气柜内气体抽至气量 100m³ 容积,接到粗氯乙烯精馏岗位通知后,停压缩机。

③ 停冷碱塔碱液泵,停机前预冷器冷冻盐水,停机后冷却器冷却水。

2. 粗氯乙烯净化压缩岗位的紧急停车操作

本岗位或前后岗位发生故障,或突然停电时,则需要按紧急停车操作。

① 立即与合成系统、调度联系。

② 合成系统紧急停车后,关水洗泡沫塔气相进口阀、上水阀及出酸阀。

③ 关碱洗塔进出口阀,碱液保持循环。

④ 停压缩机,开放空阀,通知冷冻站。

【案例分析】

事故名称:粗氯乙烯压缩时粗氯乙烯气体泄漏引起爆炸。

发生日期:1971 年 X 月 X 日。

发生单位:日本某厂。

事故经过:氯乙烯装置压缩机紧急停车处理后,重新启动压缩机,压缩机厂房爆炸,造成 9 人受伤和 3 人死亡的惨重事故。

事故原因分析:氯乙烯压缩机重新开车时,操作人员忘记关闭压缩机上放空阀,致使气体大量泄漏入压缩机厂房。

事故教训总结:开车、停车中操作,必须严格按操作规程。

四、粗氯乙烯净化压缩中常见故障的判断与处理

1. 粗氯乙烯净化系统操作中常见故障的判断与处理

粗氯乙烯净化系统操作中常见故障的判断与处理如表 7-5 所示。

表 7-5 粗氯乙烯净化系统操作中常见故障的判断与处理

故障	原因	处理方法
除汞器温度上升	①脱汞罐内含汞高,合成气中乙炔多,在脱汞罐内炭层反应放热	①更换活性炭或降低合成气中乙炔含量
	②开车前排氮不充分,系统内有空气;或氯化氢内含氧高	②吸附器外壳喷水冷却,必要时停车处理;与氯化氢装置联系,降低含氧量
冷碱塔碱液循环量下降	①碱液温度过低	①适当升高温度
	②碱液碳酸钠含量高	②更换碱液
	③碳酸氢钠堵塞	③用热水冲洗,更换碱液
系统阻力上升	①水洗塔水量过大	①减少加水量
	②碱洗塔碳酸氢钠堵塞	②换备用塔或更换碱液
	③氯化氢过量太多	③与合成系统联系

2. 粗氯乙烯压缩系统操作中常见故障的判断与处理

粗氯乙烯压缩系统操作中常见故障的判断与处理如表7-6所示。

表7-6 粗氯乙烯压缩系统(往复式压缩机)操作中常见故障的判断与处理

故障	原因	处理方法
压缩机温度高	①冷却水量少或断水 ②机内润滑油量不足 ③循环阀未关紧或泄漏 ④簧片或弹簧损坏	①调整水量或停车 ②补加润滑油 ③关紧阀门或停车修阀 ④停车更换备配件
压缩机声音异常	①管道安装不妥,引起震动 ②机内零部件松动或损坏 ③汽缸内有碎簧片等 ④簧片或弹簧损坏 ⑤油泵故障引起断油或汽缸磨损 ⑥进口气体带水、汽缸漏水或中间冷却器漏水,引起汽缸内积液	①安装校正 ②停车检修 ③停车检修 ④停车更换备配件 ⑤停车检修 ⑥加强机前脱水及停车检修
一级进口压力低或负压	①合成系统流量下降 ②气柜或水分离器管道积水 ③冷碱塔堵塞 ④精馏Ⅲ塔送来大量回收单体,造成水分离器降温而结冰	①减少压缩机抽气量 ②排出积水 ③与净化岗位联系 ④与精馏系统联系,用热水或工业水冲分离器外壳升温
一级出口压力升高	①一级活塞环弹性下降 ②二级进出口簧片或弹簧损坏	①停车检修 ②停车更换备配件
二级出口压力波动	①机后设备积油水或渗漏 ②精馏系统放空量波动	①排出油水或停车检修 ②与精馏系统联系
压缩机循环油压下降	①油泵故障或油管渗漏 ②油过滤器或油管堵塞 ③油液面低 ④油管泄漏,抽入空气	①停车检修 ②停车清理及换油 ③机身补加润滑油 ④检查油管接头并捉漏

任务三 粗氯乙烯的精馏

一、粗氯乙烯精馏原理

1. 氯乙烯精馏的岗位任务

粗氯乙烯精馏的岗位任务有两个:一是将来自压缩机的0.50～0.60MPa(表压)的粗氯乙烯(气体)通过全凝和精馏,除去粗氯乙烯中的非水溶性杂质,如夹带的H_2、N_2、未反应的乙炔,以及二氯乙烷、二氯乙烯、三氯乙烯、乙烯基乙炔等副产品,得到聚合级的氯乙烯(液体);二是对精馏尾气进行尾气回收(采用变压吸附进行回收能达标排放尾气)。

聚合级氯乙烯的规格很高,如日本三井东亚氯乙烯≥99.99%,日本糊用氯乙烯≥99.95%,美国糊用氯乙烯≥99.98%。我国聚合用氯乙烯≥99.95%(质量分数),乙炔含量≤0.0004%(质量分数),水分含量≤0.03%(质量分数,进口的乙烯法氯乙烯水分含量≤0.01%)。

2. 粗氯乙烯精馏的原理与步骤

(1) 粗氯乙烯精馏的原理　粗氯乙烯是以氯乙烯为主，包括夹带的 H_2、N_2，未反应的乙炔，以及 1,1-二氯乙烷、偏二氯乙烯、顺(反)式 1,2-二氯乙烯、三氯乙烯、乙烯基乙炔等副产物的混合物。其中，H_2、N_2、乙炔属于不易液化的组分，而氯乙烯、1,1-二氯乙烷等属于易液化的组分。

由于进入精馏岗位的粗氯乙烯气体是被压缩过的，压力为 0.50~0.60MPa(表压)，因而通过冷凝可以将不易液化的组分(H_2、N_2、乙炔)与易液化组分(氯乙烯、1,1-二氯乙烷等)分开。然后，对易液化的组分进行精馏，氯乙烯就可以与 1,1-二氯乙烷等高沸物分开。

由于乙炔在氯乙烯中有一定溶解性，因而在液化的组分中乙炔仍然存在。这样被精馏的易液化组分实际上仍包括三类物质：一是目的产物氯乙烯，二是溶在氯乙烯中以乙炔为典型物的低沸点物，三是与氯乙烯相溶以 1,1-二氯乙烷为典型物的高沸物。采用精馏方法分离易液化组分，需要两次"切割"：第一次"切割"在低沸塔中进行，将乙炔与氯乙烯及高沸物进行分离；第二次"切割"在高沸塔中进行，将氯乙烯与高沸物进行分离。

(2) 粗氯乙烯精馏步骤　粗氯乙烯精馏步骤分为三步。第一步全凝，分出不凝的 H_2、N_2 和大部分乙炔，冷凝液体去精馏；第二步低沸塔精馏，从塔顶分出残余的乙炔等低沸点物，塔釜物料去高沸塔精馏；第三步高沸塔精馏，塔釜分出 1,1-二氯乙烷等高沸物，塔顶气相冷凝即得目的产物。

3. 粗氯乙烯精馏的特点与工艺条件

(1) 粗氯乙烯精馏的特点　粗氯乙烯精馏为多组分精馏；H_2 等不凝气体的存在以及水的存在对精馏操作有很大影响；精馏中需要制冷系统配合，低沸塔系统中尾气冷凝器的制冷能级、高沸塔塔顶冷凝器(内置式)的制冷能级分别是选择两塔操作压力的主要考虑因素；低沸塔塔顶相对塔釜的出气量少，并且一般采用大回流比操作(R 为 5~10)；高沸塔塔顶相对塔釜的出气量大，并且一般采用小的回流比操作(内回流，R 为 0.2~0.6)；产品分离要求高，为了获得聚合级的产品(氯乙烯含量≥99.95%，乙炔含量≤0.0004%，均为质量分数)，低沸塔板数为 37~40 块(可不设精馏段，也可设 3~6 块板的精馏段)，高沸塔板数为 35~43 块(精馏段 24~28 块，提馏段 11~15 块)。

(2) 粗氯乙烯精馏的工艺条件　粗氯乙烯精馏的工艺条件涉及粗氯乙烯中惰性气体的影响、粗氯乙烯中水分的影响、回流比的选择、操作压力的选择以及操作温度等。

① 粗氯乙烯中惰性气体的影响　进入精馏岗位的粗氯乙烯气体，氯乙烯纯度一般只有 89%~91%(体积分数)，高沸物 2%左右，余下组分为氢气(5%~6%)、乙炔(2%~3%)、氮气、CO 及氧气等不凝气体。这些不凝气体含量虽低，却能在精馏系统的冷凝设备中产生不良后果。其一，大大降低低沸塔系统中全凝器、塔顶冷凝器及尾气冷凝器的传热效果；其二，随尾气带出全凝器、低沸塔的总量增多，尾气回收后随惰性气体放空损失氯乙烯增多。

因而，为使粗氯乙烯精馏获得好的效果，第一，在氯乙烯合成前就应尽量提高原料氯化氢纯度(控制氯化氢纯度≥94%，体积分数)和乙炔纯度(控制乙炔纯度≥98.5%，体积分数)，在氯乙烯合成中提高乙炔转化率，从而控制氢气、乙炔以及氮气、CO 等惰性气体的含量；第二，在进入低沸塔前，采用全凝器先分出氢气及部分乙炔，以提高精馏分离效果。

② 粗氯乙烯中水分的影响　进入精馏岗位的粗氯乙烯气体中，水的存在产生四个方面不良后果：其一，造成精馏塔等钢质设备腐蚀加重，以及造成氯乙烯可能在精馏设备中聚合而堵塞塔盘及管道，这是因为水能够水解由氯乙烯与系统内的微量氧生成的过氧化物，过氧

化物分解生成氯化氢、甲酸、甲醛等酸性物质，腐蚀钢质设备并生成铁离子；铁离子在氯化氢和水存在下又促进氯乙烯的氧化过程，生成聚合度较低的聚氯乙烯，造成塔盘构件堵塞而被迫停车清理。其二，由于水分可以与VCM中的1,1-二氯乙烷形成共沸组分，因而水存在将导致两塔的精馏效率大幅度降低。其三，水分的存在严重影响单体的纯度（这些水是乳化在单体内且含铁及酸性杂质的水，与聚合中作分散介质的水不同，作分散介质的水是在单体外且为纯水），降低聚合反应速率、增加引发剂和分散剂的消耗。其四，水的存在不易被精馏分出，会保留在精馏产物精氯乙烯中，影响聚氯乙烯树脂质量，如降低树脂白度；另外单体内铁离子的存在（因水引起设备腐蚀形成），影响树脂成品热稳定性能以及树脂颗粒的均匀，并导致黑点杂质产生。

由于粗氯乙烯气体在进入精馏岗位前被压缩到0.7MPa（绝压）并被冷却到45℃，而45℃下水的饱和蒸汽压为9.583kPa，因而进入精馏岗位粗氯乙烯中水分含量≤1.37%（质量分数）。在精馏岗位可采用聚集器和固碱干燥器进一步除去氯乙烯中的水分。聚集器能将粗氯乙烯液体中水分含量降到0.15%（质量分数）左右，固碱干燥器能将精氯乙烯中水分含量降到≤0.03%（质量分数）。

③ 回流比的选择　在氯乙烯精馏过程中，由于大部分采用塔顶冷凝器的内回流形式，不能直接按最佳回流量和回流比来操作控制，但实际操作中，发现质量差而增加塔顶冷凝量（加大冷冻盐水量）时，实质上就是提高回流比和降低塔顶温度、增加理论板数的过程。一般低沸塔塔顶出料为氯乙烯与乙炔的混合物（乙炔含量30%左右，体积分数），采用内回流和外回流结合方式回流，回流比为5~10；高沸塔采用内回流，回流比为0.2~0.6。

④ 操作压力的选择　压力选择条件有三个：其一，对精馏分离，压力低相对挥发度大，对分离有利；其二，精馏物料常压下为气体混合物，为了能精馏分离，精馏塔进料必须是液体，因而压力选择首要为满足进料液化的条件；其三，粗氯乙烯精馏中，低沸塔、高沸塔塔顶冷凝，低沸塔系统的尾气冷凝器，即使在满足进料液化压力下，也需要制冷配合。三者综合考虑，最后者为突出的限制性条件，因而低沸塔系统中尾气冷凝器的制冷能级、高沸塔塔顶冷凝器（内置式）的制冷能级是选择两塔操作压力的主要考虑因素。

由于进入全凝器的粗氯乙烯混合气中含乙炔3%~5%（体积分数），因而在常压下操作全凝器的温度需要降到-20~-1℃，才能使其中氯乙烯全凝；由于低沸塔系统尾气冷凝器产生的不凝粗氯乙烯尾气中大致含乙炔21%（质量分数）、氢气4%（质量分数）、氯乙烯75%（质量分数），因而在常压下操作尾气冷凝器的温度需要降到-55℃才能使其中的氯乙烯充分冷凝。而-55℃的制冷温度属于中冷范围，需要二级制冷才能获得，一级制冷温度只能达到-35℃左右。从低沸塔系统看，在使用-35℃冷却介质时，为了确保从尾气冷凝器气相出去的氯乙烯总量不超过进入精馏系统纯氯乙烯量的5%（经济适宜值），需要维持足够压力，同时压力不应过高。因而，低沸塔操作压力选择0.5~0.6MPa（表压）为宜。

从节能考虑，高沸塔压力允许比低沸塔低，因为高沸塔塔顶主要物料为氯乙烯，不需要维持较高的压力就能采用冷水或0℃盐水冷凝。高沸塔压力一般采用0.25~0.35MPa（表压）。

⑤ 操作温度　粗氯乙烯中主要组分的常压沸点：氯乙烯-13.9℃，1,1-二氯乙烷57.3℃，顺（反）式1,1-二氯乙烯59.0℃（47.8℃），三氯乙烯86.7℃，水100℃，三氯乙烷113.5℃。

对全凝器、精馏塔、尾气冷凝器的操作，传质过程原理为多组分蒸馏。当压力确定，操作温度可定。液态下为均相的多组分混合物，汽化或冷凝的操作温度为对应压力下在从泡点到露点之间范围内的任一温度或任一温度段。

低沸塔系统在0.5～0.6MPa(表压)操作压力下，全凝器、塔顶冷凝器(内置式)采用0℃冷冻盐水冷凝，尾气冷凝器采用-35℃冷冻盐水冷凝，全凝器的操作温度为20～40℃，塔顶冷凝器操作温度为15～30℃，尾气冷凝器的操作温度为-25～-15℃；塔釜再沸器采用97℃热水加热，塔釜再沸温度为35～45℃。

高沸塔系统在0.25～0.35MPa(表压)操作压力下，塔顶冷凝器采用0℃冷冻盐水冷凝，塔顶冷凝器温度为26～28℃；塔釜再沸器采用97℃热水加热，塔釜再沸温度为37～41℃。

【任务评价】

(1) 填空题

① 粗氯乙烯是以_____为主，包括以乙炔为典型物的低沸点物，以及以1,1-二氯乙烷为典型物的高沸物的混合物。

② 粗氯乙烯精馏前(岗位)，应控制粗氯乙烯中_____等惰性气体，以及水分的含量。

(2) 选择题

① 粗氯乙烯精馏操作中，低沸塔的操作压力(表压)一般选择（　　）。
A. 0.25～0.35MPa　　B. 0.35～0.45MPa　　C. 0.5～0.6MPa　　D. 0.7～0.8MPa

② 粗氯乙烯精馏操作中，高沸塔的操作压力(表压)一般选择（　　）。
A. 0.25～0.35MPa　　B. 0.35～0.45MPa　　C. 0.5～0.6MPa　　D. 0.7～0.8MPa

(3) 判断题

① 粗氯乙烯精馏中，低沸点物、氯乙烯及高沸物都易液化。（　　）

② 粗氯乙烯精馏中，低沸塔一般回流比小，而高沸塔采用大回流比。（　　）

【课外训练】

通过互联网，查询泡点与露点的概念，并结合以前课程回顾蒸馏原理。

二、粗氯乙烯精馏的生产过程

1. 粗氯乙烯精馏的生产过程

粗氯乙烯精馏工艺流程如图7-10所示。由压缩机来的0.6MPa(表压)粗氯乙烯气体先送入全凝器，用0℃冷冻盐水间接冷却，其中大部分氯乙烯气体被冷凝液化，液体氯乙烯靠位差进入水分离器(也称聚结器)，在密度差下连续分层，除去水后进入低沸塔；全凝器中未冷凝气体(主要是惰性气体)进入尾气冷凝器(用-35℃冷冻盐水冷却)，其冷凝液(主要有氯乙烯及乙炔)作为回流液全部返回低沸塔，尾气冷凝器排出的不冷凝气体去尾气回收装置(在尾气回收装置中，氯乙烯、乙炔被回收，达标的尾气排空)。

自水分离器流出的粗氯乙烯液体，先进入低沸塔进行精馏分离。低沸塔再沸器利用转化器的热水进行间接加热，将再沸器内液相中低沸物蒸出，气相沿塔板向上流动并与塔板上液相进行热量与物质交换，最后经塔顶冷凝器(内置式，用0℃冷冻盐水)部分冷凝，冷凝液回流，不冷凝的气体由塔顶经全凝器通入尾气冷凝器继续冷凝，低沸塔塔釜脱除低沸物的氯乙烯借位差进入中间槽。

中间槽的粗氯乙烯，借阀门减压连续加入高沸塔。高沸塔再沸器将液相中的氯乙烯组分蒸出，上升的蒸气与塔板上的液相进行热量与物质交换，到塔顶冷凝器(用0℃冷冻盐水)部分冷凝，冷凝液作为塔顶回流，大部分精氯乙烯气体进入成品冷凝器，用0℃冷冻盐水间接冷却，氯乙烯被全部冷凝成液体，利用位差贮放在单体贮槽中，按需要借氯乙烯汽化槽(图中未画出)中氯乙烯的汽化压力，将成品氯乙烯间歇压送至聚合装置使用。在成品冷凝器之后，可设置固碱干燥器(图中未画出)，以脱除精氯乙烯中的水分，使氯乙烯单体中水分含量≤0.03%(质量分数)。

在高沸塔底分离收集到的以1,1-二氯乙烷为主的高沸物,间歇排放入高沸物贮槽(图中未画出),并由蒸出塔(又称Ⅲ塔)回收其中的氯乙烯或40~70℃馏分。

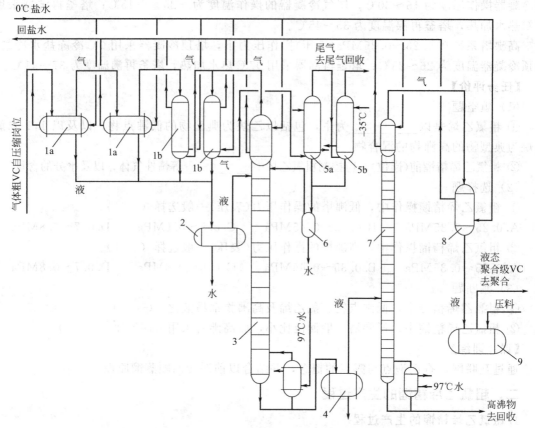

图 7-10 粗氯乙烯精馏工艺流程图

1a, 1b—全凝器; 2—聚结器(水分离器); 3—低沸塔; 4—中间槽; 5a, 5b—尾气冷凝器;
6—水分离器; 7—高沸塔; 8—成品冷凝器; 9—单体贮槽

2. 粗氯乙烯精馏的控制指标

粗氯乙烯精馏的控制指标如表 7-7 所示。

表 7-7 粗氯乙烯精馏的控制指标

	项目	指标		项目	指标
低沸塔系统	塔顶压力(表压)/MPa	0.50~0.55	高沸塔系统	塔顶压力(表压)/MPa	0.25~0.35
	塔釜压力(表压)/MPa	0.55~0.60		塔釜压力(表压)/MPa	0.30~0.40
	全凝器的操作温度/℃	20~40		塔顶温度/℃	26~28
	尾气冷凝器的操作温度/℃	-25~-15		塔釜温度/℃	37~41
	塔顶温度/℃	15~30		再沸器液面/%	50~67
	塔釜温度/℃	35~45	精氯乙烯要求	纯度/%(质量分数)	≥99.95
	再沸器液面/%	50~67		乙炔含量/%(质量分数)	≤0.0004
尾气回收(变压吸附)	尾气放空含氯乙烯/(mg/m³)	≤36		水分含量/%(质量分数)	≤0.03
	尾气放空含乙炔/(mg/m³)	≤120		Ⅲ塔塔釜压力(表压)/MPa	≤0.1
	尾气放空含氧/%	≤3		Ⅲ塔塔釜温度/℃	≤60

【任务评价】
思考题
① 在粗氯乙烯精馏中，低沸塔系统中全凝器的作用是什么？
② 在粗氯乙烯精馏中，低沸塔和高沸塔都属于连续精馏塔，为什么高沸塔塔釜物料允许并采用间歇排放？

【课外训练】
在粗氯乙烯精馏中，低沸塔和高沸塔的塔顶冷凝器都为内置式，你认为在内置式的塔顶冷凝器应如何控制回流比？

三、粗氯乙烯精馏中的主要设备

1. 聚结器（水分离器）的作用与结构

（1）聚结器的作用　聚结器是一种新型分离微量水分的设备，也称水分离器。在聚氯乙烯生产中，对氯乙烯单体的质量至关重要。目前国内电石法氯乙烯单体与乙烯法氯乙烯单体的质量比较，差别最大的一个指标是水分含量。氯乙烯单体中的水不是纯水，其中含有铁离子和酸性物质，对聚氯乙烯的白度和稳定性都有很大的影响。聚结器的作用有两个：一是过滤固体杂质；二是将粗氯乙烯中所含的粒径≥2μm、呈分散相的水滴，进行聚结、沉降、分层并单独排出，使全凝器液化后粗氯乙烯液体中水分含量降到0.15%左右。

聚结器除水的原理：含有乳化水、游离水及自聚物等杂质颗粒的粗氯乙烯物料，先经聚结器前端外置的预过滤器过滤固体杂质，被预过滤后的含水氯乙烯进入聚结滤床，在氯乙烯物料中分散的乳状液微小水滴在通过聚结滤床的过程中被聚结、长大，直到在滤芯外表面形成较大的液滴能依靠自身的重力沉降到卧式容器的沉降集水罐中。在装置出口处还设置了由若干个用特殊极性材料制成的斥水滤芯，该滤芯具有良好的憎水性，只允许氯乙烯物料通过，不允许水通过，从而可达到高效率、大流量、连续分离除水的目的。聚结器的聚结滤芯使用寿命较长，操作简单，运行费用较低。

由≤2μm的微小水滴在氯乙烯中形成了稳定的油包水型乳状液，在聚结器中很难通过静置沉降分离出来，因而分水效果不理想。有的氯碱企业在聚结器后再增加固碱干燥器，从聚结器出来的粗氯乙烯进入固碱干燥器继续干燥。但在固碱床层中除水是不均匀的，因而除水效率很低，经固碱干燥器除水后，氯乙烯中水分仍≥0.05%（质量分数，平均值），显然还不能满足高质量聚氯乙烯生产的需要。

（2）聚结器的结构　聚结器的结构如图7-11所示。主要部件包括卧式容器壳体、粗VC入口、聚结滤床、挡板、滤芯、疏水滤芯、脱水粗VC出口、沉降集水罐、出水口等。在沉降集水罐安装液位计，显示油水分界面，以方便控制水层高度。

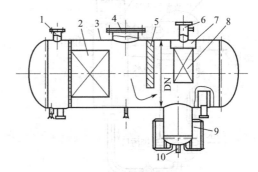

图7-11　聚结器结构
1—粗VC入口；2—聚结滤床；3—壳体；4—人孔；
5—挡板；6—脱水粗VC出口；7—疏水滤芯；
8—滤芯；9—沉降集水罐；10—出水口

2. 低沸塔的作用与结构

（1）低沸塔的作用　低沸塔的作用是进行第一次"切割"，将乙炔与氯乙烯及高沸物进行分离，确保塔釜中氯乙烯含量在 97.22%（摩尔分数）或 95.67%（质量分数）、乙炔含量≤0.001%（摩尔分数）或 0.0004%（质量分数），塔顶中氯乙烯含量在 70.0%（摩尔分数）或 84.9%（质量分数）、乙炔含量 30%（摩尔分数）或 15.1%（质量分数），从尾气冷凝器气相出去的氯乙烯量不超过进入精馏系统纯氯乙烯量的 5%。

(2) 低沸塔的结构　低沸塔的结构如图 7-12 所示。由于乙炔与氯乙烯的沸点相差很大，较易除去，因而低沸点塔一般不设精馏段只设提馏段（也有例外），塔板数一般为 37～40 块。目前采用较多的塔型为垂直筛板塔，该塔型分离效率较高、抗氯乙烯自聚能力强、相同塔径的精馏塔处理气体量较大、雾沫夹带少、板间距可以适当减小（即塔高可以适当降低）、压降小、操作弹性也大。

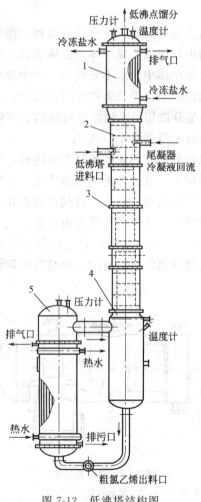

图 7-12　低沸塔结构图
1—塔顶冷凝器；2—塔盘；3—塔节；
4—塔底；5—再沸器

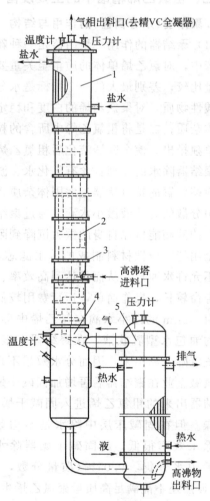

图 7-13　高沸塔结构图
1—塔顶冷凝器；2—塔盘；3—塔节；
4—塔底；5—加热釜

3. 高沸塔的作用与结构

(1) 高沸塔的作用　高沸塔的作用是进行第二次"切割"，将氯乙烯与高沸物进行分离，在塔顶得到 99.99%（摩尔分数）或 99.95%（质量分数）以上纯度的精氯乙烯，塔釜则排出高沸物残液［含氯乙烯 60.0%（摩尔分数）或 48.6%（质量分数）左右］。

(2) 高沸塔的结构　高沸塔的结构如图7-13所示。由于高沸塔要除去的高沸物沸点与氯乙烯沸点相差不大，因而不太容易分离。高沸塔采用垂直筛板，设置了精馏段和提馏段，板数为35～43块，精馏段24～28块，提馏段11～15块。由于高沸塔中上升气量大，高沸塔比低沸塔的塔径要大。

【任务评价】
(1) 填空题
① 聚结器是一种新型分离微量_____的设备。
② 由于高沸塔中上升气量大，因而比低沸塔的塔径要_____。
(2) 选择题
① 目前，低沸塔和高沸塔通用塔型为（　　）。
　A. 泡罩塔　　　　B. 浮阀塔　　　　C. 垂直筛板塔　　　　D. 填料塔
② 高沸塔设置了精馏段和提馏段，板数为（　　）块。
　A. 5～13　　　　B. 15～23　　　　C. 25～33　　　　D. 35～43
(3) 判断题
① 粗氯乙烯中≥2μm的水滴能被聚结器分出。（　　）
② 低沸塔的作用是进行第一次"切割"，将氯乙烯与高沸物进行分离。（　　）

【课外训练】
通过互联网，查找粗氯乙烯进入低沸塔之前还有哪些脱水方法。

四、精馏尾气回收的生产过程

1. 精馏尾气回收系统的生产任务

精馏尾气中大致含氯乙烯(30%，体积分数)、乙炔(20%，体积分数)、氢气(45%～50%，体积分数)和氮气(少量)等，如果直接放空，会对环境造成污染，同时也是一种浪费。

精馏尾气回收系统的生产任务有两个。①回收尾气中的氯乙烯和乙炔；②使排放的气体达到排放标准(国家排放标准：尾气中氯乙烯含量<65mg/m³)。

2. 精馏尾气回收的方法

目前，国内氯乙烯精馏尾气回收方法主要有活性炭吸附工艺、膜分离工艺以及变压吸附工艺等。

(1) 活性炭吸附工艺　活性炭吸附工艺是早期采用的工艺。它的优点是设备简单、操作方便；缺点是仅能回收尾气中的氯乙烯，并且排空气体中含7%左右氯乙烯，不能满足目前国家排放标准。

(2) 膜分离工艺　膜分离工艺出现在活性炭吸附工艺之后，它的优点是能同时回收氯乙烯及乙炔，回收率高，劳动强度小，可实现自动控制，能耗运行成本低，属于清洁无污染的回收技术；缺点是需要粗滤器、精滤器、一级膜分离器、二级膜分离器等设备，另外排空气体中含1.5%左右氯乙烯，不能满足目前国家排放标准。

(3) 变压吸附工艺　变压吸附工艺是较先进的一种工艺。它的优点是能耗低、装置自动化程度高、可靠性程度高、装置调节能力强、操作弹性大、吸附剂使用寿命长、氯乙烯和乙炔的回收率高等。解吸采用真空加热的方法，解吸效率主要与床层温度和最终真空度有关。采用变压吸附工艺的放空气体中氯乙烯≤36mg/m³，乙炔≤120mg/m³，达到国家环保合格排放标准。它的缺点是需要压缩系统和真空系统配合。

3. 变压吸附回收氯乙烯的过程

变压吸附(简称PSA法)是一项用于分离气体混合物的新型技术。该技术利用多孔固体物质对气体分子的吸附作用,以及多孔固体物在相同压力下易吸附高沸点组分、不易吸附低沸点组分和高压下吸附组分的吸附量增加、减压下吸附量减少的特性,让需要分离的混合气体在加压下吸附、减压下解吸并使吸附剂再生,这种分离气体混合物的过程即是变压吸附过程。

变压吸附回收氯乙烯的过程为将含氯乙烯的尾气在一定压力下通过吸附剂床层,其中高沸点组分如乙炔、氯乙烯等被选择性吸附,低沸点组分如氢气、氮气等不被吸附,由吸附塔出口排出,进一步回收。然后在减压下解吸被吸附的乙炔、氯乙烯组分,被解吸的乙炔、氯乙烯气体回收利用,同时使吸附剂获得再生。

变压吸附法的关键之处是吸附剂的选择,一般可选用硅胶、活性炭、活性三氧化二铝、分子筛等。变压吸附回收氯乙烯一般采用多塔流程,多塔交替循环工作,以达到连续工作的目的。氯乙烯尾气经变压吸附处理后,氯乙烯和乙炔的回收率可达到99.5%以上,放空气体可达到国家排放标准。

【任务评价】

(1) 填空题

① 氯乙烯精馏尾气含有氯乙烯、乙炔、氢气和氮气等,放空对环境造成污染的主要成分为_____。

② 氯乙烯尾气回收方法主要有活性炭吸附工艺、膜分离工艺以及_____等。

(2) 判断题

① 氯乙烯精馏尾气回收中,若采用活性炭吸附工艺,则能同时回收氯乙烯和乙炔。(　　)

② 变压吸附工艺需要吸附剂,并且需要压缩与真空系统配合。(　　)

【课外训练】

通过互联网,查找氯乙烯尾气回收采用变压吸附的工艺条件。

五、氯乙烯的贮存及输送

1. 氯乙烯贮存及输送的生产任务

氯乙烯贮存及输送的生产任务有两个。其一,对压缩成液体的氯乙烯单体进行贮存(由于氯乙烯生产为连续过程,而后面的PVC生产为间歇过程,因而必须要一个中间存储设备来储备超出后续岗位接受能力的氯乙烯单体,缓冲或调剂生产过程);其二,确保向厂内PVC生产车间输送氯乙烯单体,或作为商品向外企业输送氯乙烯单体。

2. 氯乙烯贮存及输送的过程

(1) 氯乙烯贮存的过程　生产中,由精馏制得的精氯乙烯贮存于贮槽中。贮槽有卧式、立式和球罐几种形式。为了安全起见,贮槽的装料系数应≤85%,并有保温绝热措施,最好设置遮阳篷防止阳光直射。若采用钢瓶运输,则氯乙烯钢瓶在发货前应贮存于阴凉、干燥、通风良好的不燃结构的库房中,专库专用,应卧放并防止滚动,仓库室内温度应低于30℃。

(2) 氯乙烯输送的过程　向厂内PVC生产车间输送氯乙烯单体,一般采用泵送。由于贮罐中的氯乙烯是易汽化的液体,因此要保证贮槽与输送泵之间有足够位差使泵入口处的液体氯乙烯的压力大于现场温度下氯乙烯的饱和蒸气压并留有泵的汽蚀余量,液体氯乙烯才不会汽化,输送泵(如离心泵)才能正常工作。

向外企业输送氯乙烯单体时，火车运输可采用耐压槽车。汽车运输可使用特制的专用钢瓶，该种钢瓶的设计压力为1.6MPa，容积为832L，每只钢瓶罐装氯乙烯单体500kg。

3. 氯乙烯贮存及输送的安全操作要点

在氯乙烯贮存及输送中，注意如下安全操作要点。

① 贮存及输送人员需经过专门培训，严格遵守操作规程；

② 贮存设备及管道要求性能合格、密闭性好；使用防爆型通风系统和设备，全面通风；

③ 防止泄漏，避免与氧化剂接触；

④ 远离火种、热源，贮存场所、运输之中均严禁吸烟；

⑤ 在物料转移时，建议操作人员佩戴过滤式防毒面具（半面罩），戴化学安全防护眼镜，穿防静电工作服，戴防化学品手套；

⑥ 在传送过程中，钢瓶和容器必须接地和跨接，防止静电；

⑦ 搬运时轻装轻卸，防止钢瓶及附件破损；

⑧ 配备相应品种和数量的消防器材及泄漏应急处理设备。

六、粗氯乙烯精馏的岗位操作

1. 粗氯乙烯精馏岗位开车操作

（1）开车前的准备工作

① 做好系统试压操作、排氮置换操作。

② 掌握设备、管道试压，试漏排氮情况。

③ 检查各设备、管道、阀门、仪表、液位计是否齐全，灵活好用。

④ 上、下岗位联系好。

⑤ 打开全凝器、低沸塔顶、成品冷凝器的0℃盐水进出口阀，打开尾气冷凝器－35℃盐水进出口阀，在开车前30min通知冷冻站送冷冻盐水，使冷凝设备降温。

⑥ 打开全凝器、尾凝器、低沸塔、水分离器的进出口物料阀，关死低沸塔的排污阀、低沸塔至高沸塔的过料阀，打开成品冷凝器下料阀，单体贮槽下料阀、平衡阀，关闭高沸塔再沸器的排污阀，关闭成品冷凝器、单体贮槽回气阀，关闭单体贮槽的送料阀，关闭去高沸残液蒸出塔的进口阀，关闭高沸残液贮槽排空阀、回气阀。

⑦ 关闭VC气柜排空阀、放水阀，打开气柜总管进口阀。

⑧ 关闭碱循环槽的排污阀，配制浓度为5%~15%的碱液（碱洗塔及冷碱塔用），检查碱泵油面是否保持在1/2~2/3处，试开碱泵循环。

（2）开车操作

① 接到氯乙烯合成岗位开车通知，立即打开三合一组合塔进口水阀，开动碱泵使碱液开始循环。

② 打开VC气柜进口阀。

③ 待气柜气量升高至750m^3时，通知压缩机开车。

④ 控制气柜气量在250~1250m^3。

⑤ 控制低沸塔系统压力0.50~0.60MPa。

⑥ 待低沸塔塔釜下料时，打开塔釜热水控制塔底，调节盐水流量控制塔顶温度，打开低沸塔至高沸塔过料阀。

⑦ 待高沸塔液面达1/2时，关闭去高沸残液贮槽的阀门；根据塔液面情况（1/3~1/2）

打开高沸塔的热水阀，开始升温，控制塔底，调节盐水流量控制塔顶温度。

⑧ 打开成品冷凝器，单体贮槽下料阀、平衡阀，待压力正常后关闭回气阀。根据高沸塔系统压力情况，调节成品冷凝器0℃盐水的进出口阀。控制高沸系统压力在0.3~0.4MPa。

2. 粗氯乙烯精馏岗位正常操作

① 定期按巡检路线对所有设备、操作控制点进行巡回检查，及时发现问题及时处理。

② 经常检查三合一组合塔补充水量变化情况，根据氯乙烯合成岗位氯化氢过剩量调节水量，严格控制水洗液含酸在30%以下。

③ 经常检查碱泵运转是否正常，检查油液面是否在1/2~2/3的范围。碱液浓度配制在5%~15%，当浓度低于5%，碳酸钠超过10%时，则及时更换碱液。

④ 注意水洗、碱洗至气柜总管压力是否正常，各设备，特别是气柜液封氯乙烯总管定期放水，严禁平压、负压、超压。

⑤ 经常注意控制气柜高度（气量）在500~1300m^3，防止气柜抽凹，抽负压跑气，保持与压缩机岗位的联系。

⑥ 水分离器，低沸塔、高沸塔再沸器每班定期放水8次，高沸塔的残液定期压到高沸物贮槽，并由蒸出塔及时处理。

⑦ 经常注意低沸塔底下料是否正常，低沸塔、高沸塔液面保持稳定，防止液面抽空，影响质量。

⑧ 低沸塔系统的压力、尾气冷凝器或尾气回收系统的排空量要正常，要连续排空。保持压力稳定，及时倒换、解吸尾气吸附器保证尾气氯乙烯的排空量达规定指标，降低损失，减少环境污染。

⑨ 严格控制低沸塔与高沸塔塔釜的液面温度、压力，以及塔顶的回流量（温度），保持温度、压力、两塔的进料量稳定，确保单体纯度≥99.95%（质量分数），含乙炔小于0.0004%（质量分数）。

⑩ 经常注意-35℃盐水、0℃盐水的温度、循环量，随时与冷冻站联系。

⑪ 在尾气解吸时，真空泵出口取样分析含氧应不大于3%，否则应停真空泵检查。

⑫ 经常注意压力、温度变化情况，防止仪表不准及失灵现象发生。

⑬ 准确、及时、清晰、完整地填好原始记录。

3. 粗氯乙烯精馏岗位停车操作

（1）长期停车操作

① 在停车前一个小时，将水分离器物料赶空，低沸塔釜、高沸塔釜液面高度控制在最低的地方，把设备内的单体全部压往单体贮槽。

② 氯乙烯合成岗位停止通入乙炔、氯化氢时，立即关闭三合一组合塔进口水阀，停止碱泵运转。

③ 气柜抽至气量为100m^3，通知压缩机岗位停车。

④ 关闭进全凝器阀、尾气冷凝器排空阀、低沸塔至高沸塔的旁路阀。

⑤ 停止低沸塔、高沸塔的热水循环。

⑥ 通知冷冻站停止-35℃盐水、0℃盐水的循环。

（2）短期停车操作

① 氯乙烯合成岗位停止通乙炔、氯化氢时，立即关闭三合一组合塔进口水阀，停止碱泵循环。

② 气柜气量低于 250m³ 时,通知压缩机岗位停车。
③ 停止高沸塔、低沸塔的进料。
④ 关闭低沸塔釜、高沸塔釜热水循环。
⑤ 关闭尾气冷凝器排空阀、低沸塔至高沸塔的旁路阀,保持压力。
⑥ 通知冷冻站,停止－35℃盐水。

(3) 紧急停车操作

① 接到压缩机停车通知,立即停尾气吸附回收系统,并关低沸系统尾气放空阀。
② 关小低沸塔加热釜热水阀,保持压力,关下料阀和平衡阀。
③ 关高沸塔进料阀和加热釜热水阀。
④ 关贮槽下料阀和平衡阀。
⑤ 自全凝器、尾气冷凝器、水分离器和中间槽底部放水。
⑥ 通知冷冻站盐水仅需保持循环。
⑦ 将仪表从自控切换为手控。
⑧ 关闭精馏系统粗氯乙烯进口总阀,停止热水循环,或按局部设备检修需要将个别设备卸压排空。

注:短期停车时,低沸塔热水可以微开,但如因盐水泵故障而停车,必须关闭低沸塔加热釜热水阀,以防物料大量蒸发,造成低沸塔系统压力升高。如因热水泵电源跳闸而紧急停车,必须通知冷冻站停止盐水循环,以防低温使冷凝液大量回流至塔底,造成单体质量变差。

七、粗氯乙烯精馏中常见故障的判断与处理

粗氯乙烯精馏中常见故障及处理方法如表 7-8 所示。

表 7-8 粗氯乙烯精馏中常见故障及处理方法

不正常情况	原因	处理方法
单体贮槽含乙炔高	①合成系统乙炔过量或转化率差 ②低沸塔顶或全凝器温度过低 ③压缩机送气量剧增 ④低沸塔塔釜温度过低 ⑤氯化氢纯度波动,造成尾气放空波动、塔底下料波动 ⑥手动切换尾气回收中吸附器时阀门动作不稳,造成塔底下料波动	①与合成系统联系 ②减小冷冻盐水流量 ③与压缩系统联系 ④提高加热水温度和流量 ⑤与氯化氢系统联系,稳定纯度,使尾气放空和压力稳定 ⑥注意尾气回收中吸附器切换操作,维持塔底压力稳定
低沸塔下料波动	①加热釜蒸发量大 ②平衡管堵塞 ③全凝器下料管堵塞或结冰 ④尾气放空量大 ⑤手动切换尾气回收中吸附器阀门动作不稳,造成塔底下料波动	①减小加热水流量或水温 ②疏通平衡管 ③用热水或蒸汽吹扫,或停车处理 ④减少放空量 ⑤注意尾气回收中吸附器切换操作
低沸塔压力突然下降	①尾气放空自控仪表故障 ②尾气回收中吸附器泄漏 ③压缩机电源跳闸	①检查仪表或切换手动放空阀 ②停气回收中吸附器检修 ③关闭尾气放空阀
低沸塔压力突然升高	①尾气放空自控仪表故障 ②盐水泵电源跳闸停水 ③切换尾气回收中吸附器时未开出口阀或使用时未开尾气放空短路阀 ④切换尾气冷凝器时未开出口阀或因液态单体逸出造成尾气放空管结冰	①检修仪表或切换手动放空阀 ②再启泵运转 ③开启上述阀门 ④检查和调整上述阀门,用热水或蒸汽吹扫堵塞的管道

续表

不正常情况	原因	处理方法
低沸塔间断下料	①加热水开得太大	①调节水量,控制好塔釜温度
	②全凝器下料管堵塞或结冰	②用蒸汽或热水吹淋
	③放空量太大	③稳定放空压力
尾气排放量大,精馏效率低	①压缩机送气量剧增	①与压缩机岗位联系
	②氯化氢纯度低、转化率差或乙炔过量	②与合成系统联系
	③冷凝效果差	③检查盐水温度或排不凝性气体
	④切换尾气冷凝器时操错阀门	④检查和调整相关阀门
	⑤低沸塔塔釜蒸发量过大	⑤减小加热水温度和热水量
	⑥低沸塔塔顶温度过高	⑥加大盐水水量或降低盐水温度
	⑦尾气放空仪表自控故障	⑦检修仪表,切换手动阀放空
尾气冷凝器不下料,尾气排放跑料	①尾气冷凝器下料管堵塞	①用热水或蒸汽吹扫,或停车清理
	②尾气冷凝器结冰堵塞	②切换尾气冷凝器,进行化冰
	③切换尾气冷凝器时未开进口阀	③开启进口阀
	④低沸塔塔釜蒸发量过大	④调整加热水水温和水量
高沸塔塔釜液面上升	①液位计被聚合物堵塞	①检查并疏通液位计
	②再沸器传热效果差	②停车清理再沸器列管
	③回流量大或塔釜温度低	③减小回流量或升高塔釜温度
	④成品冷凝器冷凝效果差,造成高沸塔压力上升	④检查盐水水温、压力,调整其流量
高沸塔压力突然升高	①下料贮槽内单体已经装满	①切换备用贮槽进料
	②下料贮槽平衡阀或进料阀未开启	②开启上述阀门
	③成品冷凝器盐水自控阀故障或电源跳闸	③开启盐水旁路手动阀,再启动盐水泵运转
	④塔内有惰性气体	④排出惰性气体
高沸塔塔釜液面波动	①塔釜和成品冷凝器自控仪表未调好	①调整自控仪表参数
	②压缩机送气量波动	②通知压缩机均匀送气
	③塔釜高沸物浓度过高	③排放塔釜残液至高沸物贮槽
	④再沸器传热效果差	④停车清理再沸器列管
盐水中有氯乙烯	全凝器或尾气冷凝器列管漏	停车检修

八、粗氯乙烯精馏的安全防范

1. 粗氯乙烯精馏的安全操作规程

① 本岗位属于甲级防爆,所有设备管道必须严密、无泄漏;所有照明须符合爆炸规范。

② 本岗位操作人员上岗前,必须穿戴好完整的劳动护具。并经三级安全教育,考试合格,方可上岗操作。

③ 禁止穿钉子鞋启泵送料,30m范围内严禁烟火。

④ 送料时或停止送料后,未经处理合格,不得用铁器击打泵体或与泵体相连接的管道或阀门。必要时可用含铜70%以下的合金铜工具或木制工具。

⑤ 泵在运转过程中,不许触动,遇突然停电时,应立即按下停车按钮。禁止触动设备运转部分。

⑥ 本岗位应配备有干粉灭火器,并放在固定地点。操作人员必须能熟悉使用干粉灭火器。

⑦ 遇紧急事故或火警时,严禁脱离岗位,绝对服从班长指挥,积极进行事故处理。

⑧ 泵或与泵连接的管道需检修的,必须与其他设备管道断开或将连接阀门关死。确认不泄漏后,再将需检修的泵或管道内的压力排至常压后,方可检修。需动火检修时,必须排

氮置换分析合格,办好动火证,方可动火。

⑨ 启动电钮送料后,未接到聚合发出的"停止送料信号"并停止送料前,操作人员不得脱离本岗位。

2. 粗氯乙烯精馏中的安全事故案例

【案例分析】

事故名称:液体氯乙烯贮槽裂损造成氯乙烯爆炸着火。

发生日期:1980年2月X日。

发生单位:国内某厂。

事故经过:启用新装氯乙烯贮槽时,人孔处开裂喷出氯乙烯,造成爆炸着火重大事故。

事故原因分析:新装氯乙烯贮槽是用旧设备代用,壁厚及焊缝结构不符合规范要求,电器设备又未按防爆等级安装。

事故教训总结:氯乙烯贮槽作为压力容器,其设计、制造必须按液化气体受压容器的设计规范要求,不能随便选一个设备代替。

【案例分析】

事故名称:粗氯乙烯精馏高沸物残液在河道上着火。

发生日期:1972年3月X日。

发生单位:国内某厂。

事故经过:将粗氯乙烯精馏高沸物残液经下水道排入河中,遇河上船工烧饭明火,造成河道着火事故。

事故原因分析:粗氯乙烯精馏高沸物残液属于易燃液体,密度比水小,排入河中漂浮于水面,遇明火便燃烧。而将易燃化学品随便排放是本次事故的主要原因。

事故教训总结:易燃化学品不能随便排放。

【案例分析】

事故名称:拧断液体氯乙烯阀门造成全装置爆炸着火。

发生日期:1973年10月28日。

发生单位:日本某厂。

事故经过:2.7万吨/年的氯乙烯装置,为清理粗氯乙烯过滤器,操作工将其进出口阀门(系铸铁阀)关闭后,打开过滤器人孔盖时,发现进口阀泄漏氯乙烯,当时误认为该阀门未关紧,于是用半米长的F扳手使劲地关阀门,致使阀上支承筋被拧断,贮槽中4t单体借压力在1~2min内由此阀喷出,由于冷冻机房自控继电器仍在工作,产生电火花引起爆炸,酿成一场重大的爆炸火灾事故。烧毁建筑物七千多平方米,损坏设备一千多台,烧掉氯乙烯等物料近200t,因燃烧产生的氯化氢造成农作物受害面积达16万平方米。

事故原因分析:粗氯乙烯过滤器的进出口阀门选用错误,不应该用铸铁阀,宜用铸钢阀;操作员当时误判氯乙烯泄漏的原因,氯乙烯泄漏本来是由于进口阀的阀座被含水的氯乙烯单体酸性腐蚀、在全关闭下不密封造成,而操作员误认为是阀杆关闭还不到位;冷冻机房自控继电器当时可能没有用防爆电器。

事故教训总结:工程设计人员应按要求正确选用设备并符合技术规范;操作人员应加强专业理论学习,提高准确判断各种故障原因的能力。

【案例分析】

事故名称:违章检修氯乙烯贮罐区爆炸。

发生日期：1998 年 8 月 5 日。

发生单位：安徽某公司。

事故经过：氯乙烯贮罐区的氯乙烯单体输送泵检修后，开车发生约 4500kg 氯乙烯泄漏，气体扩散在 $100\sim200m^2$ 范围内，遇火源发生爆炸，死亡 5 人、重伤 4 人。爆炸附近厂房面积约 $1200m^2$，大批设备损坏。

事故原因分析：在检修氯乙烯单体输送泵后，泵的进口短管没有密封连接，属于违章检修；若按检修规程进行，则在检修中会弥补"泵的进口短管没有密封连接"这样的漏洞。

事故教训总结：设备检修需要按设备检修规程及标准进行。

九、氯乙烯生产中的"三废"减排与节能降耗

1. 氯乙烯合成系统废水减排技术

电石法 PVC 耗汞量已占汞总消耗量的 50% 以上，在我国乃至世界上都是汞消耗量最大的行业，面临着巨大的汞减排压力。在氯乙烯合成岗位，乙炔与氯化氢气体反应时所用的催化剂为氯化汞，工艺气体出转化器以后虽经脱汞罐中活性炭吸附除汞，但仍携带有氯化汞，工艺气经水洗与碱洗除过量的氯化氢时，所携带的氯化汞会进入副产盐酸与废碱水中。含汞废水主要包括盐酸解吸工序的排污水、碱洗排污水、催化剂抽吸排水和地面冲洗水等。根据生产规模不同，含汞废水排水量可达 $10\sim60m^3/h$。

含汞废水的处理方法主要是沉淀法。如用适量的 $NaHS$、Na_2S 或复合除汞剂来沉淀 Hg^{2+}，使其生成沉淀后过滤，沉淀后水中汞浓度 $<2\times10^{-9}$，满足 GB 15581—1995《烧碱、聚氯乙烯工业污染物排放标准》。也可用还原性物质将 Hg^{2+} 还原成单质 Hg，再通过聚结或过滤的方法回收，或者采用含汞废水深度解析等方法进行处理。

虽然还没有找到合适的非汞催化剂替代氯化汞催化剂用于氯乙烯的合成，但是低汞或无汞催化剂的研发仍将是乙炔转化工序催化剂发展的方向。

2. 粗氯乙烯净化系统水、碱洗废液处理

（1）水洗工艺改进　经过第一水洗泡沫塔吸收后的气体，除去了大部分的 HCl 气体，但仍有部分 HCl 气体在第二水洗塔中形成 1%（质量分数）左右的酸，这部分水洗酸没有商品价值、一般被排放，但这不仅会造成 HCl 和氯乙烯的流失，而且给环境造成污染。因而，可进行水洗工艺改进——对水洗酸进行密闭循环使用。

（2）碱洗废液处理　经过水洗后，粗 VCM 中含有 CO_2 和极少量的 HCl 气体等，进入碱洗塔内用 12%（质量分数）左右的 NaOH 碱液进行吸收，当碱液内 Na_2CO_3 含量达到 8%（质量分数）时需更换排放。这部分废碱液中也含有一定量氯乙烯，因而，需要对碱洗废液进行处理——可将这部分废碱液与机前冷凝水、机前除雾器冷凝水、机后冷凝水混合，通入蒸汽加热，使 VCM 蒸发、冷凝后回收，降低废水中的有机物含量。废水再进入下一步处理。

3. 氯乙烯压缩机的废水减排与节能降耗

（1）氯乙烯压缩机冷却水的密闭循环　氯乙烯压缩机冷却水可改造为密闭循环使用，同时在冷却水中加入阻垢剂和缓蚀剂，减少了设备结垢现象。这样可以减少废水排放。

（2）压缩机的换型　原来使用的氯乙烯压缩机多是活塞式压缩机，运行一段时间后，容易产生汽缸磨损和泄漏，造成压缩机的运行费用提高。而用螺杆式压缩机替代活塞式压缩机，可以做到节能降耗。

4. 氯乙烯合成中转化器热能的综合利用

转化器热水可用于预热器、高沸塔加热、浴池换热或与溴化锂中央空调机组联用等。改

用热水自然循环代替以前的强制循环,节省动力消耗。实现了能量的综合利用,创造了良好的经济效益和环保效益。

项目小结

1. 氯乙烯,英文缩写 VC,结构简式 $CH_2=CHCl$,在常温常压下为气体,易燃,与空气、氧气会形成爆炸混合物。能被液化,最重要的应用是聚合生成 PVC。生产方法有乙炔法和乙烯法,其中乙炔法生产氯乙烯的过程包括乙炔与氯化氢混合气的脱水、氯乙烯合成、粗氯乙烯净化、粗氯乙烯压缩、粗氯乙烯的精馏、精馏尾气的回收等主要步骤,气相法合成中用到氯化汞催化剂,反应温度 130~180℃。

2. 混合气脱水与氯乙烯合成方法。乙炔与氯化氢合成氯乙烯之前,先进行混合脱水,混合比例 1:1.05,采用冷冻法脱水,脱水温度(-14 ± 2)℃。冷冻后形成气溶胶,经浸渍 3%~5% 憎水性有机氟硅油的细玻璃长纤维过滤除雾,获得含水分≤0.03% 混合气。脱水后混合气先预热到 70~80℃,进入转化器。合成中,乙炔空速为 25~35 m^3 乙炔/(m^3 催化剂·h),温度 130~180℃,反应放出的热靠转化器管间 95~100℃ 热水移走。转化器分为两段,第一段乙炔转化率 70%~80%,第二段乙炔转化率达到 97% 以上。合成产物经脱汞罐吸附氯化汞蒸气后,送氯乙烯净化压缩岗位。

3. 在混合气脱水与氯乙烯合成设备中,混合器有混合、初步脱水两个方面的作用,其内部具有与旋风分离器相似的结构,乙炔气和 HCl 气互成 90°角按切线方向进入混合器。酸雾过滤器的作用是利用其中浸渍 3%~5% 憎水性有机氟硅油的细玻璃长纤维过滤除雾,设备夹套内通入冷冻盐水,以保证脱水过程中温度控制。氯乙烯合成转化器的作用是为氯乙烯合成提供反应场所,它属于列管换热式固定床反应器,管内装有氯化汞/C催化剂,壳程走 90~100℃ 循环水冷却;转化器的列管与管板采用胀接制造,密封要求严格,不允许存在微小的渗漏。

4. 混合气脱水与氯乙烯合成岗位的开车操作。先做好开车前的准备工作(包括冷却器通冷冻盐水、转化器管间通热水升温),按操作规程开车——开净化压缩岗位的碱洗塔,开启三合一组合水洗塔,通氯化氢活化催化剂,送乙炔气,通知开氯乙烯压缩机,提高乙炔与氯化氢的流量;正常运行操作中,调节乙炔和氯化氢的分子比 1:(1.05~1.10),控制反应温度:旧催化剂时<180℃,新催化剂时<150℃,保持乙炔压力比氯化氢压力大 2.7kPa 以上。正常停车中,停止乙炔送气,停止氯化氢送气,通知压缩机岗位将 1500m^3 气柜内气体抽至容积 100m^3,抽完后停压缩机,停止送-35℃ 盐水,关闭三合一组合塔的水入口阀,关闭混合冷冻各石墨冷却器盐水出口阀,打开各盐水旁路回水阀,关闭-35℃ 盐水的出口阀。

5. 粗氯乙烯净化压缩。其岗位任务有三个。第一是活性炭吸附除去粗氯乙烯气体中夹带的升华氯化汞;第二是除去粗氯乙烯气体中水(碱)溶性杂质,如夹带的二氧化碳、过量的氯化氢以及乙醛等副产品;第三是通过压缩获得 0.50~0.60MPa(表压)的粗氯乙烯气体,以便粗氯乙烯气体中氯乙烯在精馏岗位能被全凝成液体,之后用精馏方法提纯。粗氯乙烯净化采用"水洗+碱洗+干燥"的方法。

6. 粗氯乙烯精馏方法。粗氯乙烯是以氯乙烯为主,包括以乙炔为典型物的低沸点物,以及以 1,1-二氯乙烷为典型物的高沸物的混合物;其中,低沸点物不易液化,而氯乙烯及高沸物易液化。当粗氯乙烯气体被压缩到 0.50~0.60MPa(表压),通过冷凝可以分出不凝的

H_2、N_2 和大部分乙炔,然后采用精馏方法进行两次"切割",可以分出氯乙烯。

精馏前应控制粗氯乙烯中惰性气体、水分的含量。精馏操作中低沸塔回流比为 5~10;高沸塔回流比为 0.2~0.6。低沸塔操作压力选择 0.5~0.6MPa(表压)为宜,低沸塔系统中对应的全凝器操作温度为 20~40℃,塔顶冷凝器操作温度为 15~30℃,塔釜再沸温度为 35~45℃,尾气冷凝器操作温度为 -25~-15℃。高沸塔一般采用 0.25~0.35MPa(表压)压力,高沸塔系统中对应的塔顶冷凝器操作温度为 26~28℃,塔釜再沸温度为 37~41℃。

7. 粗氯乙烯精馏过程。在粗氯乙烯精馏中,由压缩机来的 0.6MPa(表压)粗氯乙烯先送入全凝器冷凝液化,冷凝为液体的氯乙烯进入水分离器除去水后进入低沸塔;全凝器中未冷凝气体进入尾气冷凝器,其冷凝液回流全部返入低沸塔,尾气冷凝器排出的不冷凝气体去尾气回收装置。

自水分离器流出的粗氯乙烯液体,先进入低沸塔进行精馏分离。上升的气相经塔顶冷凝器部分冷凝并回流,不冷凝的气体经全凝器通入尾气冷凝器继续冷凝,低沸塔塔釜脱除低沸物的氯乙烯进入中间槽。来自中间槽的粗氯乙烯,进入高沸塔进行精馏分离。上升的气相经塔顶冷凝器部分冷凝作为塔顶回流,大部分精氯乙烯气体进入成品冷凝器全部冷凝下来,在高沸塔底分离收集到的以 1,1-二氯乙烷为主的高沸物,间歇排入高沸物贮槽。

8. 在粗氯乙烯精馏设备中,聚结器是一种新型分离微量水分的设备,能分出粗氯乙烯中 ≥2μm 的水滴。它的主要部件包括卧式容器壳体、粗 VC 入口、聚结滤床、挡板、滤芯、疏水滤芯、脱水粗 VC 出口、沉降集水罐、出水口等。低沸塔的作用是进行第一次"切割",将乙炔与氯乙烯及高沸物进行分离,一般不设精馏段只设提馏段,塔板数一般为 37~40 块,目前采用较多的塔型为垂直筛板塔。高沸塔的作用是进行第二次"切割",将氯乙烯与高沸物进行分离,产物精氯乙烯从塔顶得到,一般采用垂直筛板塔,设置了精馏段和提馏段,板数为 35~43 块,由于高沸塔中上升气量大因而比低沸塔的塔径要大。

9. 精馏尾气含有氯乙烯、乙炔、氢气和氮气等,如果直接放空,会对环境造成污染,同时也是一种浪费。回收系统的生产任务是既回收其中的氯乙烯和乙炔又能确保达标排放。尾气回收方法主要有活性炭吸附工艺、膜分离工艺以及变压吸附工艺等。变压吸附工艺放空气体中氯乙烯≤36mg/m³,乙炔≤120mg/m³,可达到国家环保合格排放标准。

项目八

PVC生产

项目目标

知识目标
1. 了解PVC(聚氯乙烯)的生产方法。
2. 掌握PVC(聚氯乙烯)的生产过程。
3. 了解PVC(聚氯乙烯)生产中主要设备的作用与结构。

能力目标
1. 能熟悉PVC(聚氯乙烯)生产的岗位操作。
2. 能准确判断及处理PVC(聚氯乙烯)生产中出现的故障。
3. 能实施PVC(聚氯乙烯)生产的安全防范。
4. 能进行PVC(聚氯乙烯)生产中相关工艺的基本计算。

任务一 氯乙烯悬浮聚合生产PVC

一、认识PVC

PVC(聚氯乙烯)在世界上为第二大通用合成树脂,其年产量仅次于聚乙烯,2010年PVC产量和消费量约3547万吨(总产能5037万吨),占世界合成树脂总消费量的29%。PVC在我国为第一大通用合成树脂,2013年消费量约1400万吨(产能2455万吨)。PVC作为一种高分子材料在当今世界被广泛应用,但因其在制品加工中需要添加多类助剂来增强其耐热性、抗老化性、延展性及韧性等,故PVC制品一般不用于存放食品和药品。

1. PVC的性质

(1) 物理性质　PVC是无定形的线型、非结晶的高分子聚合物,基本无支链,链节排列规整。其分子式为$(CH_2CHCl)_n$,聚合度n的数目一般为500～20000。

PVC外观为白色粉末,如图8-1所示。它的相对分子质量在40600～111600,密度为1.35～1.45g/cm³,表观密度为0.40～0.65g/cm³,软化温度为75～85℃,成型(熔化)温度在160～190℃范围;不溶于水、汽油、氯乙烯、酒精,溶于酮类、氯烃类、酯类等溶剂;PVC不易导热,热导率为0.1626W/(m·K);PVC具有优良的电绝缘性;PVC树脂本身无嗅、无毒。

(2) 化学性质　PVC(聚氯乙烯)的化学稳定性高,耐腐蚀性好;热稳定性较差,在不加热稳定剂的情况下,100℃时开始分解,放出氯化氢气体;耐光性差,阳光中的紫外线和

图 8-1 PVC 的外形图

氧会使聚氯乙烯发生光氧化分解；燃烧放出 HCl 和二噁英，当离开火焰会自熄，属于"自熄性"或"难燃性"物质。

(3) 机械和加工性能　PVC 有较高的机械强度；室温下的耐磨性超过普通橡胶；透水汽率很低，硬质 PVC 长期浸入水中的吸水率小于 0.5%。但抗冲击性能差，耐寒性不理想，硬质 PVC 塑料使用温度下限为 -15℃，软质 PVC 塑料使用温度下限为 -30℃。

PVC 具有很好的可塑性和压延性。PVC 加热软化后，通过挤塑、注塑、吹塑、模压等工艺可加工成板材、管子、瓶子、薄膜以及其他复杂形状的制品；糊状 PVC 加热软化后，采用压延法可生产人造革、地板革、壁纸等多种产品。

PVC 在加工时熔化温度是一个非常重要的工艺参数，此参数不当将导致材料分解。另外，PVC 的流动特性相当差，特别是超高分子量的 PVC 材料更难以加工（这种材料通常要加入润滑剂改善流动特性），因此通常使用的 PVC 都是分子量偏低的 PVC 材料。PVC 的收缩率相当低，一般为 0.2%～0.6%，对小型制品能确保尺寸准确。

2. PVC 的应用

PVC 可分为硬 PVC 和软 PVC，其中硬 PVC 大约占市场的 2/3，软 PVC 占 1/3。聚氯乙烯主要用于生产门窗和房屋墙板（约占总消费量的 35%），供排水管和电线管（约占总消费量的 20%），以及商用机器和电子产品壳体、医疗器械、快艇护舷、汽车配件、耐腐阀门、工业板材、容器、化妆品瓶、生活用品等塑料硬制品；也用于生产薄膜、电线护套、人造革、塑料布、地板、天花板、凉鞋、拖鞋、鞋底、玩具、文具、体育用品、发泡包装材料、发泡节能材料等塑料软制品。从应用行业看，建材行业占比重最大，约为 76%，包装薄膜和容器约占 10%，电线、电缆、护套约占 4%，其他约占 10%。

3. PVC 的分类

(1) 按软硬度可分为软聚氯乙烯（加工中增塑剂含量 30%～70%，易变脆，不易保存）和硬聚氯乙烯（加工中增塑剂含量小于 10%）。

(2) 按聚合度（应用范围）可分为通用型 PVC、高聚合度 PVC（聚合时加入链增长剂）、交联聚 PVC（聚合时加入含有双烯和多烯的交联剂）。

(3) 按原料来源可分为电石-乙炔法 PVC、天然气-乙炔法 PVC 和乙烯氧氯化法 PVC。目前，世界上多为乙烯氧氯化法 PVC，而我国则以电石-乙炔法 PVC 为主。2009 年年底，我国 PVC 总产能 1780 万吨，其中电石法 PVC 产能 1363 万吨，占总产能的 76%；2013 年我国 PVC 总产能 2455 万吨，其中电石法 PVC 产能 2001 万吨，占总产能的 81.5%。

4. PVC 的生产方法

PVC 的生产方法主要有四种：悬浮聚合法、本体聚合法、乳液聚合法和溶液聚合法。

(1) 悬浮聚合法是一种将单体氯乙烯以液滴状悬浮于水中的聚合方法，体系主要由单体、油性引发剂、水和分散剂四部分组成。我国悬浮法 PVC 产量约占总产量的 90% 以上。

(2) 本体聚合是一种以单体氯乙烯为主体、加入（或不加）少量引发剂的聚合方法。本体法不用水和分散剂，聚合后处理简单，因而产品纯度、透明度和绝缘性均好于其他方法，但是存在聚合中搅拌和传热难，生产成本较高。我国该法产能占总产量的 5% 以下。

(3) 乳液聚合法是一种将单体乳化在水中进行聚合的方法,体系主要由单体、水性引发剂、水及乳化剂等组成。乳液法聚合时以水为分散介质,制得的颗粒较细,但稳定性和电绝缘性不佳,适宜糊状树脂的生产。我国 PVC 糊状树脂的产量不到 PVC 总产量的 4%。

(4) 溶液聚合法是一种将单体和引发剂溶于适当溶剂中进行聚合的方法。溶液聚合只用来生产涂料或特种产品。

5. 悬浮聚合法 PVC 的型号及用途

(1) PVC 的型号表示法 PVC 的型号有多种表示方法,国内常用的表示法有两种。第一种:采用国标 GB/T 5761—2006 中表示法 PVC-SGn,如 PVC-SG3,其中 PVC 指聚氯乙烯产品、S 代表悬浮法、G 代表通用型、n 为黏度代号($n=1\sim8$);第二种:采用原化工部标准中表示法 XS-n、XJ-n,如 XS-3、XJ-6,其中 X 代表悬浮法、S 代表疏松型、J 代表紧密型、n 为绝对黏度(即运动黏度)代号($n=1\sim6$)。国产悬浮法 PVC 型号,如表 8-1 所示。

此外,有的企业直接用聚合度表示聚氯乙烯型号,如上海氯碱的 WS-1000、WS-800、WS-1300,齐鲁石化的 S700、S1000,天津 LG 的 TL-800 等。前面的字母有的是厂名代号,如天津 LG 的 TL-800;有的是有其他含义,如上海氯碱 WS 中 W 是卫生级的意思,就是氯乙烯单体含量在 1×10^{-6} 以下,S(包括齐鲁石化中的 S)是悬浮法树脂的代号。

表 8-1 国产悬浮法聚氯乙烯型号

树脂型号	特性黏度 /(mL/g)	黏度 k 值 (平均聚合度,DP)	树脂型号	运动黏度 /mPa·s	平均聚合度 (DP)
SG1	156~144	77~75 (1785~1536)	XS-1 XJ-1	>2.10	≥1340
SG2	143~136	74~73 (1535~1371)	XS-2 XJ-2	1.90~2.00	1110~1340
SG3	135~127	72~71 (1370~1251)	XS-3 XJ-3	1.80~1.90	980~1110
SG4	126~119	70~69 (1250~1136)	XS-4 XJ-4	1.70~1.80	850~980
SG5	118~107	68~66 (1135~981)	XS-5 XJ-5	1.60~1.70	720~850
SG6	106~96	65~63 (980~846)	XS-6 XJ-6	1.50~1.60	590~720
SG7	95~87	62~60 (845~741)			
SG8	86~73	59~55 (740~650)			

(2) PVC 型号、级别及主要用途 PVC 型号、级别及主要用途,如表 8-2 所示。

表 8-2 PVC 型号、级别及主要用途

型号	级别	主要用途
SG1	优等品、一等品、合格品	高级电绝缘材料(最高工作温度 80~104℃)
SG2	优等品、一等品、合格品	电绝缘材料、薄膜,一般软制品
SG3	优等品、一等品、合格品	电绝缘材料、农用薄膜、人造革表面膜、全塑凉鞋
SG4	优等品、一等品、合格品	薄膜、软管、人造革、高强度管材
SG5	优等品、一等品、合格品	透明制品、硬管、硬片、单丝、导管、型材
SG6	优等品、一等品、合格品	唱片、透明片、硬片、焊条、纤维
SG7	优等品、一等品、合格品	瓶子、透明片、硬质注塑管件、过氯乙烯树脂

【任务评价】
(1) 填空题
① PVC(聚氯乙烯)为世界第二大通用_____,其年产量仅次于聚乙烯。
② PVC 的软化点为_____℃,偏低。
(2) 选择题
① 按原料来源,我国 PVC 生产路径以(　　)为主。
A. 电石-乙炔法　　B. 天然气-乙炔法　　C. 乙烯氧氯化法　　D. 乙烯氯化法
② PVC 的生产方法主要有四种,聚合中不用水、溶剂和分散剂的方法是(　　)。
A. 悬浮聚合法　　B. 乳液聚合法　　C. 本体聚合法　　D. 溶液聚合法
(3) 判断题
① PVC 的耐腐蚀性好。(　　)
② PVC 的热稳定性好。(　　)
③ PVC 具有很好的可塑性和压延性。(　　)
④ XJ-6 表示悬浮法、疏松型、运动黏度代号为 6 的 PVC 树脂。(　　)

【课外训练】
通过互联网,查找悬浮法通用型聚氯乙烯树脂国家标准 GB/T 5761—2006。

二、氯乙烯悬浮聚合机理和 PVC 平均聚合度

1. PVC 聚合的工业实施方法

PVC 聚合工业实施方法常用的有三种,即悬浮聚合、本体聚合、乳液聚合,主要根据制品的性能和用途加以选择。三种工业实施方法对比,如表 8-3 所示。

表 8-3　PVC 生产三种工业实施方法对比

聚合方法	聚合中单体形态	特点	优点	缺点
悬浮聚合	含油性引发剂的单体在分散剂和搅拌下,以液滴(30~40μm)悬浮于水中而进行的自由基聚合	过程中保持反应物处于珠形的分散状态,需加入一定分散剂,使单体保持稳定	反应热易于带出,温度控制容易,绝缘性好,聚合度高。产品吸增塑剂能力适中	不便于连续生产
本体聚合	单体作为主体、在油性引发剂和少量其他助剂下而进行的自由基聚合	产品纯度高,生产设备利用率高,操作简单	生产工艺简单,流程短,投资较少;生产能力大,易于连续化	温度不易控制;有收缩问题,引起裂纹产生,产品易老化
乳液聚合	单体在乳化剂和搅拌作用下,在水中乳化成乳状液,再由水性引发剂引发而进行的自由基聚合(胶乳粒子 0.2~2μm)	分散程度比悬浮聚合好,得到的颗粒细,聚合产物是稳定的胶乳,需加入电解质才能将聚合颗粒胶凝而沉淀下来	可连续生产,温度易控,反应快,速率可调;产品细,相对分子质量高,分布窄,胶乳可以直接使用,也可喷雾干燥得糊状树脂	参与聚合的助剂太多,产品上的杂质残留物很难全部除去,产品的介电性能和透明度较差

2. PVC 生产的悬浮聚合机理

PVC 生产的悬浮聚合,是单体以液滴形式分散在水中并呈悬浮状态而完成的聚合反应,其聚合机理仍然是自由基反应,属于连锁聚合反应。单体分子借助于引发剂与热或光,吸收了一定的能量而变成活性分子,可以与单体分子进行聚合,生成的中间产物仍是活性的,继续与另一个单体分子进行聚合,这样连续进行下去直到能量消失为止,反应才告终止。聚合过程有引发剂参与,分为三个阶段。

(1) 链的开始　这一阶段称为引发阶段。
在此阶段中,油性引发剂如偶氮二异丁腈(ABIN)、偶氮二异庚腈(ABVN)、过氧化二

苯甲酰(BPO)、过氧化二碳酸二异丙酯(IPP)等受热分解，形成初始自由基(共价键电子对均等拆分后形成的带一个自由电子的原子或原子团)。

第一步，偶氮二异丁腈受热分解成为初始自由基，其反应式如下：

$$H_3C-\underset{\underset{CN}{|}}{\overset{\overset{CH_3}{|}}{C}}-N=N-\underset{\underset{CN}{|}}{\overset{\overset{CH_3}{|}}{C}}-CH_3 \xrightarrow{加热} 2\ H_3C-\underset{\underset{CN}{|}}{\overset{\overset{CH_3}{|}}{C}}\cdot\ (R\cdot) + N_2\uparrow$$

偶氮二异丁腈　　　　　　　　　初始自由基

第二步，初始自由基与单体反应，形成活性单体，其反应式如下：

$$R\cdot + H_2C\overset{\delta^+}{=}CHCl \longrightarrow R-CH_2-\dot{C}HCl$$

初始自由基　氯乙烯　　　活性单体

(2) 链的增长　这一过程称为链的增长阶段。

活性单体分子很快和其他氯乙烯分子按首尾键接而形成长链，反应式如下：

$$R-CH_2-\dot{C}HCl + H_3\overset{\delta^+}{C}=CHCl \longrightarrow R-CH_2-CHCl-CH_2-\dot{C}HCl$$

活性单体　　　氯乙烯　　　　　扩链自由基

$$R-CH_2-CHCl-CH_2-\dot{C}HCl + (n-1)H_2C=CHCl \longrightarrow R{\text -}(CH_2-CHCl)_n-CH_2-\dot{C}HCl$$

扩链自由基　　　　　　氯乙烯　　　聚氯乙烯长链自由基

这一阶段是放热反应，放出的热量除供应聚合反应过程所需的能量外，多余的热量需用外部冷却的方法传出。转化率在5%～65%时，聚合反应呈自动加速状态，放热速率提高。

(3) 链的终止　这一过程称为链的终止阶段。

增长着的链，在遇到下列各种情况时将失去活性，形成稳定的产物，并使反应终止。

第一种情形，增长着的链相互作用发生链终止，形成高聚物，反应式如下：

$$R{\text -}(CH_2-CHCl)_n-CH_2-\dot{C}HCl + R{\text -}(CH_2-CHCl)_m-CH_2-\dot{C}HCl \longrightarrow R{\text -}(CH_2-CHCl)_{n+m+2}-R$$

聚氯乙烯长链自由基　　　　聚氯乙烯长链自由基　　　　聚氯乙烯树脂

第二种情形，增长着的链与活性单体发生链终止，反应式如下：

$$R{\text -}(CH_2-CHCl)_n-CH_2-\dot{C}HCl + R-CH_2-\dot{C}HCl \longrightarrow R{\text -}(CH_2-CHCl)_{n+2}-R$$

聚氯乙烯长链自由基　　　　活性单体　　　聚氯乙烯(不一定为高分子)

第三种情形，增长着的链与初始自由基发生链终止，反应式如下：

$$R{\text -}(CH_2-CHCl)_n-\dot{C}HCl + R\cdot \longrightarrow R{\text -}(CH_2-CHCl)_{n+1}-R$$

聚氯乙烯长链自由基　　　　初始自由基　　　聚氯乙烯(不一定为高分子)

第四种情形，自由电子向聚氯乙烯大分子转移而终止，并形成支链自由基，反应式如下：

$$R{\text -}(CH_2-CHCl)_n-CH_2-\dot{C}HCl + R'{\text -}(CH_2-CHCl)_{m+1}-R'' \longrightarrow R{\text -}(CH_2-CHCl)_{n+1}-H + R'{\text -}(CH_2-\dot{C}Cl)_{m+1}-R''$$

聚氯乙烯长链自由基　　　聚氯乙烯大分子　　　　聚氯乙烯大分子　　　聚氯乙烯支链自由基

第五种情形，自由电子向单体转移而终止，形成端基为双键的聚氯乙烯，该转移反应由于反应速率快，成为链终止的主要途径。反应式如下：

$$\sim\sim CH_2-\dot{C}HCl + H_2C=CHCl \longrightarrow \begin{cases} \sim\sim CH_2-CHCl_2 + H_2C=\dot{C}H & (单体自由基) \\ \sim\sim CH_2-CH_2Cl + H_2C=\dot{C}Cl & (单体自由基) \\ \sim\sim CH=CHCl + H_3C-\dot{C}HCl & (单体自由基) \\ \sim\sim CH_2-CHCl-CH=CH_2 + Cl\cdot & (氯自由基) \\ \sim\sim CH_2-CH=CH-CH_2Cl + Cl\cdot & (氯自由基) \end{cases}$$

聚氯乙烯长链自由基　氯乙烯

第六种情形，自由电子移向杂质或器壁也能引起链的终止，形成黏壁。

3. PVC 平均聚合度及影响因素

(1) PVC 平均聚合度与分子量分布　PVC 分子式 $(CH_2CHCl)_n$ 中的 n 即为聚合度，表示聚氯乙烯高分子长链中拥有 CH_2CHCl 链节的个数。由于聚合体系中温度、浓度、介质、黏度、杂质等因素在不同地方存在差异，另外这些因素本身随时间变化，因而聚合反应得到的氯乙烯高分子，从个体而言其聚合度是不相同的，聚合反应的产物是聚合度不相同的 PVC 高分子的混合物。

PVC 平均聚合度是从聚合反应的产物宏观评价、反映平均意义的聚合度，可通过测定黏度对应得到其值。而单条聚氯乙烯高分子长链，由于无法分离出来，因而其聚合度难确定。

对 PVC 的分子量而言，宏观上，仅能确定 PVC 产物的平均分子量及分子量分布。PVC 产物的平均分子量等于链节的原子量之和与其平均聚合度的乘积；分子量分布是指在将 PVC 产物按分子量由最小到最大进行分段分离、测定和计算后，所对应的各个分段中高分子物料所占百分比。对于 PVC 产物，若分子量分布很宽，则质量不好；若分布窄，则质量好；若在 PVC 产物分子量分布中平均分子量附近对应物料占百分比大，则质量好。

(2) PVC 平均聚合度与 PVC 产品性能的关系　PVC 聚合度提高，则 PVC 树脂的热稳定性和机械性能提高，但物料的塑化时间逐渐延长、平衡转矩逐渐增大，熔融因数越来越小，加工性能越来越差。

PVC 聚合度降低，则 PVC 树脂的热稳定性和机械性能下降，同时树脂的表观密度增大、增塑剂吸收量减小、老化白度降低。在低剪切速率下、维持相同的剪切速率时，剪切黏度和剪切应力随着 PVC 聚合度的降低而减小。

(3) 影响 PVC 平均聚合度与分子量分布的因素　PVC 平均聚合度与分子量分布主要与聚合温度、杂质含量及链转移剂的含量有关。

① 温度的影响　如果聚合体系中杂质很少，那么 PVC 平均聚合度主要与温度有关。提高温度能使 PVC 产物平均聚合度降低。因为温度升高时，除链增长速率加快外，引发剂的引发速率也加快，并且引发速率的加快程度大于链增长速率，因此在聚合时活性中心数增加，使聚合物总体聚合度变小，同时，随着温度的升高，活性中心相互撞击的机会也增多，容易造成链的终止，因而随着温度升高，PVC 树脂的聚合度必然降低。

在常用温度范围内(45~65℃)，当聚合温度波动 2℃，聚合度可相差 336 以上；当反应温度由 30℃ 升到 50℃ 时，平均聚合度由 5970 降到 990。因而，为了限制分子量分布宽度、防止产品转型，必须严格控制聚合温度，温控范围应与指定温度相差 ±0.5℃。

不同型号的聚氯乙烯生产主要通过改变温度来实现。若要生产 SG1 或 XS-1、XJ-1 等型号产品，则需要在较低温度下聚合(向 45℃ 靠，聚合时间要求很长)；若要生产 SG8 或 XS-6、XJ-6 等型号产品，则需要在较高温度下聚合(向 65℃ 靠，聚合时间短)。

② 杂质的影响　若单体纯度不高，如有乙炔、乙醛存在，则造成聚合中活性中心的自由电子向这些杂质转移而引起链的终止，造成平均聚合度下降。若排氧不彻底，则氧气会引起阻聚作用，使聚合速率变慢，并且增加树脂中羰基含量和双键含量、降低产品的平均聚合度和热稳定性。

③ 链转移剂的影响　为了得到聚合度较低的 PVC 品种，除用较高的聚合温度(>60℃)外，还可加入适量链转移剂(也称分子量调节剂)，如巯基乙醇、三氯乙烯等。因为根据聚合反应机理，向单体或小分子进行链转移，是控制 PVC 平均聚合度的基本反应。

【任务评价】
（1）填空题
① PVC 悬浮聚合中，溶有引发剂的单体在分散剂和搅拌作用下，以_____状悬浮于水中。
② PVC 乳液聚合中，聚合产物是稳定的胶乳，加入_____才能将聚合颗粒胶凝沉淀。
（2）选择题
① 在 PVC 聚合机理中，增长着的链相互作用发生链终止，形成（　　）。
　A. 碳数不多的大分子　　　　　B. 端基含双键的大分子
　C. 不一定为高聚物的大分子　　D. 高聚物
② 对 PVC 平均聚合度描述不正确的是（　　）。
　A. 是一个宏观意义上的平均链节数　B. 是一条有代表性长链的链节数
　C. 可以用来计算平均分子量　　　　D. 是通过宏观上测定黏度后对应出来的值
③ 不同型号（平均聚合度不同）的聚氯乙烯生产主要通过改变（　　）来实现。
　A. 引发剂含量　　B. 链转移剂品种　　C. 温度　　D. 氧的含量
（3）判断题
① PVC 聚合度提高，则 PVC 树脂的热稳定性和机械性能提高。（　　）
② PVC 聚合度提高，则 PVC 树脂的加工性能越来越好。（　　）

【课外训练】
通过互联网，查找常用引发剂品种。

三、氯乙烯悬浮聚合中分散状态及对树脂颗粒的影响

1. PVC 颗粒大小、形态及成粒机理

PVC 颗粒大小、形态，是 PVC 生产中的重要质量指标。PVC 颗粒的形状、粒度、粒度分布及多孔性，对加工性能有相当大影响。

（1）PVC 颗粒及大小　对 PVC 颗粒研究后发现，PVC 树脂颗粒大小在 $50\sim150\mu m$，是由 $1\sim2\mu m$ 的二次粒子（也称亚颗粒）凝聚而成，而亚颗粒又由 $0.02\sim0.05\mu m$ 的一次粒子（也称原始粒子或微粒子）堆积而成，如图 8-2 所示。不同的聚合方法制得的聚合物，其一次粒子的结构都极为相似，而二次粒子及其颗粒形状有显著的差别。

（2）PVC 颗粒形态及成粒机理
① PVC 颗粒形态　悬浮聚合的 PVC 颗粒表面存在着一层皮膜，聚合工艺条件不同，PVC 颗粒外皮结构（形态）不同。有属于封闭式的，其颗粒全部包藏在皮膜内部，皮膜也有厚有薄。有属于敞开式的，皮膜有裂缝，有的属于局部无皮，亚颗粒局部露于外面；还有全无皮的颗粒，亚颗粒全部暴露于外界。亚颗粒（二次粒子）之间存在着一定的空隙。

根据悬浮聚合的 PVC 树脂颗粒表面皮膜

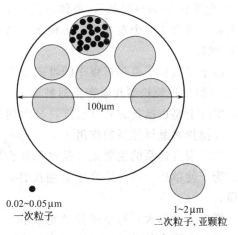

图 8-2　PVC 颗粒形态示意图

状况、空隙率大小等,可将PVC颗粒形态分为疏松型和紧密型两种,分别对应疏松型树脂和紧密型树脂。两种形态树脂的特性比较如表8-4所示。通常,疏松型树脂热稳定性较好,制品外观光洁,白度高,适宜作浅色透明制品,因疏松多孔易于脱出低分子物而残留单体少,但生产周期长,售价也比紧密型树脂高些。紧密型树脂颗粒的整个表面有一层皮膜覆盖着,且皮膜比较牢固,难以破坏,其增塑剂渗入能力差,即渗入速率慢,渗入量少。

表8-4 疏松型树脂和紧密型树脂的比较

指标	疏松型树脂 XS	紧密型树脂 XJ
粒子直径/μm	50~150	50~150
颗粒外形	不规则,表面粗糙	球状,表面光滑
断面结构	疏松,多孔呈网状	无孔实心结构
吸收增塑剂速率	快	慢
塑化性能	塑化速率快	塑化速率慢

悬浮聚合过程中往往生成一些密度较大的透明或半透明的小珠粒,其外观光滑,颗粒结构比较紧密,质地比较坚硬,不易吸收增塑剂。它们可能在制品中形成不塑化的透明硬点,常称为"鱼眼",将会影响制品的性能和外观。

② PVC成粒机理 悬浮聚合的引发剂是油性引发剂,在悬浮聚合中,引发剂存在于单体微粒中,而不是存在于水中,引发剂在单体微粒中分解产生初始自由基并引发聚合,在这一过程中无需经历穿过分散剂保护膜的扩散过程。另外,对大多数引发剂而言,初始自由基总是成对产生,并且单体微粒相对较大,其中含有很多引发剂分子,存在很多活性中心。

聚合开始(转化率在0.1%以下),单体在搅拌与分散作用下形成单体微粒,单体微粒(30~40μm)为均相,由引发剂引发开始聚合,生成的聚合物不溶于单体,在微粒内有沉析现象发生。聚合初期(转化率在0.1%~1%),随着沉析的PVC越来越多,后沉析的长链自由基附着于先沉析的PVC上的概率很大,多个蜷缩沉析的大分子经过多次黏附、增生形成PVC的一次粒子(20~50nm),一次粒子存在界面,且包含不规则的孔隙,这时均相微粒变为溶胶微粒。聚合中期(转化率在1%~70%),随着一次粒子增多,一次粒子经凝聚生成二次粒子(1~2μm),当转化率达到50%时,聚合体系出现"凝胶效应",溶胶微粒变为凝胶微粒(微粒体积收缩、变硬),当转化率达到60%~70%时,凝胶微粒内液相消失。聚合后期(转化率在70%~85%),单体溶胀在PVC富相中继续进行聚合,若搅拌适中,则一个凝胶微粒中约含100个左右的二次粒子,这些二次粒子聚集则形成一个直径为100μm左右的PVC颗粒。

由于二次粒子聚集过程中的堆砌方式不同,因而造成树脂颗粒的空隙率大小不同,使得PVC树脂呈现疏松型和紧密型两种形态。PVC树脂的形态与二次粒子聚集时的堆砌方式有关,实际上是由搅拌方式及强度,分散剂的种类与用量决定的。

2.搅拌对悬浮体系的作用

悬浮聚合体系的主要成分是水和氯乙烯单体,分散状态是单体以微粒(小油滴)分散于水中。为了使单体分散,聚合中必须搅拌;单体的分散程度取决于搅拌强度和体系的热力学性质。

搅拌强度越大,对单体分散越有利。而体系的热力学性质对分散程度影响来自两个方面:①随着聚合的进行,PVC不断沉析出来,单体微粒(小油滴)变黏;②随着聚合程度提高,单体微粒(小油滴)变硬;前者不利于分散,后者阻止集结。研究发现,PVC的粒径主要在微粒(小油滴)变硬前决定。

一般而言,搅拌弱,则 PVC 粒径大。搅拌强度增加,PVC 粒径变小,粒径分布也变宽。但也存在粒径变小同时粒径分布也变窄的情况,这需要合理设计聚合中的搅拌方式。

根据经验,在聚合开始 0.5~1.5h 后,或转化率达到 15% 左右,可以停止搅拌一段时间,然后再重启搅拌直至出料,可以得到粒径较小、粒径均一、形态较疏松的树脂。

3. 分散剂对悬浮体系的作用

分散剂是一类对聚合几乎无影响,又能把单体包裹起来、从而阻止单体微粒(小油滴)碰撞凝集的物质。国内使用的分散剂有明胶、聚乙烯醇(PVA)、甲基纤维素(MC)、羟乙基纤维素(HEC)、羟丙基甲基纤维素(HPMC)。

采用明胶作分散剂,PVC 树脂的粒径分布分散、颗粒形态为紧密型(空隙率低,≤10%)、制品初期白度稍差、"鱼眼"数偏多。采用聚乙烯醇作分散剂,PVC 树脂的粒径分布较集中、颗粒形态为疏松型、制品初期白度良好、"鱼眼"数偏少。采用甲基纤维素作分散剂,PVC 树脂的粒径分布集中、颗粒形态为疏松型、制品初期白度良好、"鱼眼"数偏少。

【任务评价】

(1) 填空题

① PVC 树脂颗粒大小在 50~_____ μm。

② PVC 颗粒形态分为疏松型和_____两种。

(2) 选择题

① PVC 树脂颗粒大小在微粒(小油滴)变硬前决定,主要影响因素是( )。
A. 引发剂种类和用量　B. 搅拌强度　C. 搅拌方式　　　　D. 温度

② PVC 颗粒形态的主要影响因素是( )。
A. 搅拌强度　　　　B. 温度　　　　C. 分散剂种类和用量　D. 引发剂种类和用量

(3) 判断题

① PVC 成粒机理为先形成一次粒子,一次粒子经凝聚生成二次粒子,二次粒子聚集成 PVC 颗粒。(　　)

② 甲基纤维素是一种性能优良的分散剂。(　　)

【课外训练】

通过互联网,查找甲基纤维素的性能和使用方法。

四、氯乙烯悬浮聚合的条件和物料配方

1. 影响氯乙烯悬浮聚合的因素

在聚乙烯的悬浮聚合中,影响聚合反应速率和聚合物性能的因素很多。这里就聚合体系中物料、搅拌、pH、温度、压力、最终转化率选定、分子量调节剂添加等主要影响因素进行阐述。

(1) 聚合体系中的物料　对聚合体系中的物料而言,影响因素主要包括单体纯度及主要杂质、水质、杂质铁含量、排氧情况、配料中引发剂的种类及用量、配料中分散剂的种类及用量、水油比等。

① 单体纯度及主要杂质　单体纯度要求达到聚合级,含量在 99.95%(质量分数)以上,

因为单体纯度不够，PVC 产品平均聚合度难以满足要求，另外，PVC 产品中会出现大量"鱼眼"。

单体中乙炔、乙醛、二氯乙烷、水等主要杂质应该被严格控制。乙炔属于低沸点杂质，其存在会降低 PVC 平均聚合度和聚合反应速率，氯乙烯中乙炔量控制在 4mg/kg 以下。

乙醛、二氯乙烷等杂质对单体而言属于高沸物，其微量存在可消除 PVC 高分子长链端基的双键，对 PVC 热稳定性有好处。但当高沸物含量较高时，会显著影响 PVC 平均聚合度、反应速率及树脂的颗粒形态结构，增加 PVC 大分子支化度和"鱼眼"数。高沸物杂质含量应控制在 200mg/kg 以下。单体中水带入的铁和酸性杂质，含量应控制在 300mg/kg 以下。

② 水质　聚合投料用水的水质——硬度、氯根、pH 值等指标都直接影响 PVC 产品的质量。硬度(表征水中阳离子含量)过高，会降低产品电绝缘性和热稳定性；氯根(表征水中阴离子含量)过高，尤其在聚乙烯醇的分散体系中会使 PVC 颗粒变粗；pH 影响分散剂的稳定性，pH 过低对明胶有破坏作用，pH 过高使聚乙烯醇部分醇解，影响分散效果及颗粒形态；水质不好，易造成粘釜，加速"鱼眼"形成。聚合投料用水应采用去离子水，XJ 型硬度≤10mg/kg(XS 型≤5mg/kg)，XJ 型氯根＜20mg/kg(XS 型≤10mg/kg)，pH 为 6～7。

③ 杂质铁含量　单体、去离子水、引发剂、分散剂中都可能含杂质铁。铁的存在会延长聚合反应诱导期、减慢反应速率、降低产品电绝缘性和热稳定性，影响产品颗粒的均匀度。为此，聚合设备、管道的材质选用不锈钢、铝或钢质搪瓷；各种原料投料前均应被过滤处理；去离子水严格控制硬度；单体在输送和存储中要控制水含量、防止呈酸性，其铁含量控制在 2mg/kg 以下。

④ 排氧情况　氧气存在，会引起阻聚作用，使聚合速率变慢，增加树脂中羰基含量和双键含量，降低产品的平均聚合度和热稳定性。为此，单体投料前，设备应用氮气置换，或再用少量液态单体挥发排气，或配合抽真空脱氧；另外可以在单体中添加抗氧剂；去离子水需要进行脱气处理。另一种说法则认为，微量氧对聚合体系稳定是必不可少的。

⑤ 配料中引发剂的种类及用量　聚氯乙烯悬浮聚合几乎全用不溶于水而溶于单体的引发剂。引发剂的种类和用量对聚合反应、树脂的分子结构和产品质量有很大的影响。

引发剂大致分为高活性引发剂、中活性引发剂、低活性引发剂三类。半衰期 $t_{1/2}<1h$ 为高活性引发剂；半衰期 $t_{1/2}=1\sim 6h$ 为中活性引发剂；半衰期 $t_{1/2}>6h$ 为低活性引发剂。引发剂的活性分类如表 8-5 所示。

表 8-5　引发剂的活性分类

活性	半衰期(60℃以下)	引发剂	使用温度举例
低	＞6h	偶氮二异丁腈(AIBN) 偶氮二异丁酸二甲酯(AIBME,紫外吸收剂 V601) 过氧化二苯甲酰(BPO) 过氧化十二酰(LPO)	AIBN 可以在 55～75℃下单独或复合使用
中	1～6h	偶氮二异庚腈(ABVN) 过氧化二碳酸二苯氧乙基酯(BPPD) 过氧化叔戊酸叔丁酯(BPP) 过氧化二碳酸二异丙酯(IPP)	BPP 在 50～70℃使用。 IPP 在 30～60℃时单独使用或与其他引发剂复合使用
高	＜1h	过氧化二碳酸二环己酯(DCPD) 过氧化二碳酸二乙基己酯(EHP) 过氧化乙基环己烷磺酰(ACSP)	ACSP 在 60℃时半衰期仅 0.3h，但在 30℃就能较快分解

对于高活性引发剂，引发剂分解速率比反应速率快，随引发剂浓度的下降，总的表现为反应速率下降；对于低活性引发剂，其分解速率比反应速率慢，若引发剂浓度上升，则反应加速，但反应过于激烈时，温度不易控制，容易造成爆炸聚合的危险，对树脂质量也不利。另外，引发剂还对PVC树脂的结构疏松程度以及颗粒尺寸均匀性、甚至对粘釜均有较大影响。若所用引发剂在水中的溶解度越小，如过氧化二碳酸二叔丁基环己酯(TBCP)，则水相中聚合越少，粘釜越轻。为了使聚合反应平稳进行，一般选择复合引发剂，如IPP和AB-VN、ASCP和LPO等。

在聚合温度确定下，聚合反应速率主要取决于引发剂的活性和用量。引发剂活性越高，聚合反应速率越快，达到预定转化率需要的反应时间越短；引发剂用量越多，聚合反应速率越快，达到预定转化率需要的反应时间越短。但引发剂用量受聚合釜的传热能力限制。

⑥ 配料中分散剂的种类及用量　分散剂的作用在于降低单体与水的界面张力，使单体能较好地分散于水相中；另外提供胶体保护，阻止微粒(小油滴)碰撞凝集(但不是绝对的，黏性和搅拌使凝集与分散重复发生)。分散剂的种类及用量是决定PVC颗粒形态的主要因素。

分散剂通常为水溶性高分子，主要有明胶、聚乙烯醇(PVA)、甲基纤维素(MC)、羟乙基纤维素(HEC)、羟丙基甲基纤维素(HPMC)等。聚乙烯醇与纤维素类分散剂存在浊点(凝胶温度)，如MC表面活性虽好但浊点低；PVA浊点随醇解度变化，醇解度越低浊点越低，这样70%~89%高醇解度PVA一般作主分散剂，30%~70%低醇解度PVA作助分散剂；常用羟丙基甲基纤维素的品牌有E-50、F-50、X-100、60SH、90SH等，技术指标如表8-6所示。生产中通常使用复合分散剂，如将PVA-2与HPMC-2复合，将MC-2与HEC-4复合。

表8-6　几种常用的羟丙基甲基纤维素品牌及技术指标

品牌	甲氧基/%	羟丙基/%	黏度/mPa·s	凝胶温度/℃
E-50	28~30	7.5~12	40~60	64~88
F-50	27~30	4~7.5	40~60	62~88
X-100	19~24	4~12	80~120	70~90
60SH	28~30	7~12	40~60	60
90SH	19~24	4~12		85

注意：PVA不能在pH较高下使用(pH高会醇解，溶解性下降)；另外聚乙烯醇与纤维素类分散剂存在浊点，不能在高于浊点温度下使用(否则会出现凝胶)。

分散剂水溶液具有保胶能力，其水溶液的黏度越大，吸附于氯乙烯-水相界面的保护膜强度越高，阻止膜破裂后凝集变粗的能力越强；分散剂水溶液具有界面活性，其水溶液的表面活性越高，其表面张力越小，所形成的单体微粒越细，即使单体微粒适当再凝集，也能得到表观密度小、疏松且多孔的树脂颗粒。

增加分散剂用量，有利于单体分散，易于形成较细的PVC颗粒，但吸附于液滴表面的分散剂会与单体发生接枝共聚反应形成皮膜，降低树脂纯度和空隙率；分散剂太多，还会影响树脂的热稳定性、电绝缘性等指标。聚乙烯醇作分散剂用量为单体的0.1%以下。

加料顺序是先加分散剂，再加单体，这样"鱼眼"数减少且PVC颗粒变细。

⑦ 水油比　水油比简称水比，即投料时水与单体的质量比。水用来维持单体微粒成悬浮状态并作为热交换的介质。在悬浮聚合过程中，水是分散介质，又是传热介质。水油比

大,单体分散好,传热好,易控制;但若水油比过大,则产量受影响。为了提高设备利用率,水油比适中为宜,XS型水油比为(1.4~2.0):1,XJ型水油比为(1.2~1.26):1。

对于XS型树脂生产,可采用分段加水方法以降低聚合前期操作费用、缩短升温时间,即投料时用较低的水油比,而在聚合的中、后期则间歇或连续注入等温水,以补齐投料时减扣的水量。

(2) 搅拌　氯乙烯的聚合反应体系属于悬浮体系,搅拌和分散剂是形成良好悬浮体系的关键。搅拌能使单体均匀地分散于水相并悬浮成微小的液滴,另外能保证全体物料流动和混合充分,以消除温度的不均匀性。

搅拌不好则无法将反应热及时移出,易造成局部过热促使物料结块,也不能保证釜内上下温度均匀,这样体系的黏度波动大、产品分子量分布不好。从对颗粒影响看,搅拌强度增加能使单体微粒的粒径变小,但强度过大反而使颗粒变粗;反应初期搅拌转速增加,有利于初级粒子变细,树脂内部结构疏松,孔隙率增大,从而使树脂吸收增塑剂量增大。

搅拌效果的好坏,主要取决于聚合釜的高径比、搅拌转速、桨叶尺寸与形状。随着聚合釜体积的增大,高径比的缩小,搅拌器已由顶伸、多层的结构向底伸、单层或双层加设挡板的结构改进,以减少因流型变化而引起的颗粒形态变化。

国内使用效果较好的搅拌参数情况是:体积功率 $P/V=1\sim1.5kW/m^3$;转速 $N=6\sim8$ 次/min;叶轮端线速度≤8m/s;叶片数不宜大于3。为防止停电,一般采用双电源供电。

(3) pH　pH愈高,则引发剂的分解速率愈快,聚合速率也愈快;若分散剂为聚乙烯醇,则pH>8.5会造成醇解度增加、溶解性下降,使单体微粒发生聚集,粒子变粗或结块;当pH>12时,单体易分解放出氯化氢,对聚合反应不利;若pH过低,则不利于分散体系稳定,造成对设备内壁腐蚀,影响聚合釜的寿命,pH过低也会增加粘釜的可能。

因而,氯乙烯悬浮体系的pH应控制在7~8。为稳定pH,可加pH缓冲剂。

(4) 温度

① 温度对产物聚合度的影响　由于氯乙烯聚合的链终止是以向单体链转移形式为主的,则主链长度取决于链转移与链增长速率之比。当温度上升时,链转移加剧,从而使主链长度下降。另一方面,由于温度升高,引发剂的引发速率加快,活性中心大大增多,使聚合物分子量缩小,聚合度下降,黏度下降。

聚合温度是控制PVC平均分子量和产品级别的唯一因素,PVC聚合温度范围为45~65℃,温度每上升2℃,平均聚合度下降约336。生产中,控制温度波动范围不大于±0.5℃,在仪表精度允许的情况下应不大于±0.2℃。

② 温度对聚合反应速率的影响　聚合温度每升高10℃,聚合反应速率增大约3倍。若生产高聚合度的产品,则应选定较低的聚合温度,这样聚合反应速率偏低,在相同引发剂及用量下反应时间要求更长,当然若改用活性更高的引发剂或增大引发剂用量也能缩短反应时间。

③ 温度对树脂粒径的影响　聚合温度越高,最终树脂产品的粒径越小,当转化率相同时,PVC微粒内部初级粒子聚集程度越大,堆砌越紧密,表面密度越高,孔隙率越小,吸油量越低,同时脱附未聚合单体的难度越大。

例如,为了生产SG2的PVC树脂(平均聚合度为1371~1535),聚合温度可定为47~48℃,温度允许波动范围(±0.2~±0.5)℃。

(5) 压力　在PVC的悬浮聚合中,压力不是一个独立的因素,它是随着温度的变化而变化的。聚合前期,压力为聚合温度下氯乙烯相应的蒸汽压;聚合后期压力下降。

(6) **最终转化率选定** 聚合转化率会对 PVC 树脂颗粒特性产生影响。低转化率时,氯乙烯聚合在溶胶微粒中发生,新形成的高分子长链相互黏附合并成一次粒子;溶胶微粒处于不稳定状态,其粒径还会变化;同时随着转化率提高,一次粒子相互凝聚而生成二次粒子。当转化率约大于 50% 时,溶胶微粒变为凝胶微粒。

当转化率约大于 70% 时,凝胶微粒中液相几乎消失,微粒体积收缩加剧,外压大于内压,致使颗粒塌陷,表面皱褶,甚至破裂,二次粒子加速聚集而形成坚实的 PVC 颗粒;同时,氯乙烯单体溶胀在 PVC 富相中并继续进行聚合,新产生的 PVC 大分子链填充颗粒内部和表面孔隙,使树脂结构致密,孔隙率降低。

在转化率大于 85% 后,向大分子链转移反应明显加强,导致产物中支链增加,支化点是引起降解的作用点,其碳原子上氯原子易脱离,造成分子中双键数目上升;另外,颗粒孔隙率明显下降,包裹在颗粒中的单体难被汽提脱除,产品对增塑剂吸收量减少,应用中难塑化。

因此,PVC 生产中最终转化率不能太高,一般控制在 80%~85%,可用终止剂结束反应。

(7) **分子量调节剂添加** 若要控制 PVC 聚合度在较低的水平,除了升高温度外(过高温度受到限制),还可以采用加入分子量调节剂的方法。分子量调节剂实质是一种链转移剂,一般为巯基化合物。

例如,为了生产 SG7 和 SG8 型的树脂,正常在 60~62℃ 下聚合。但这个聚合温度导致 PVC 热稳定性和白度变差,孔隙率下降,"鱼眼"和残留单体增多。若在聚合中加入巯基醋酸辛酯(分子量调节剂),则可在降低聚合温度后同样获得所需聚合度的 PVC 树脂。

2. 氯乙烯悬浮聚合的配方

正确的配料,不仅是确保反应正常进行、获得良好质量产品的必须要求,同时也是降低消耗定额与节约成本的重要手段。因而,氯乙烯悬浮聚合前,应根据生产设备情况和实际需要,选定好配方。

(1) 主要配料与用量

① 去离子水用量 XS 型水油比 (1.4~2.0):1,XJ 型水油比 (1.2~1.26):1。

② 分散剂的用量 采用明胶作分散剂时,其用量常为 0.5~2.0g/kg VCM;用聚乙烯醇作分散剂时,则为 1g/kg VCM 左右;用苯乙烯和顺丁烯二酸酐二元共聚物作分散剂,其用量在 0.5~1.0g/kg VCM 比较适宜。

③ 引发剂的活性与用量 根据经验,选用的引发剂的半衰期为该聚合温度下的反应周期的 1/3 为妥,若聚合时间控制在 5~10h,则应用选择 $t_{1/2}$ 为 2~3h 的引发剂。若采用复合型引发剂,则最好是一种 $t_{1/2}$ 为 4~6h 的引发剂。

引发剂的用量可以采用公式先估算,再由实验调整,也可采用经验值。例如,若采用过氧化二碳酸二异丙酯(IPP)作引发剂,则用量(按去离子水量配比)为 0.2~3g/kg H_2O。

④ pH 缓冲剂 碳酸氢铵或磷酸氢二钠 0.1~1g/kg H_2O。

⑤ 乳化剂 为了使产品粒子表面成棉花球状或爆米花状、使产品成为疏松型(XS 型)树脂,在配方中可以加入乳化剂,用量为 0.1~0.3g/kg H_2O。该产品表观密度 0.55g/cm^3,其比表面积比球状紧密型树脂的比表面积大 8 倍,吸收增塑剂量大,易于塑化加工。

⑥ 其他助剂 涂壁剂(阻聚剂意大利黄,固定剂醇酸清漆、虫胶,以及溶剂丙酮、乙醇

等三类物质调制而成)、水相阻聚剂(如 Na_2S、壬基苯酚)、除铁螯合剂(如 EDTA)、抗氧剂(如 BHT)、热稳定剂(如有机锡)、抗鱼眼剂(如亚硝酸钠、柠檬酸三钠)、链转移剂(如巯基醋酸辛酯)、终止剂(如丙酮缩氨基硫脲、双酚 A)、消泡剂(如邻苯二甲酸二丁酯、乳化硅油)、紧急事故终止剂(如 α-甲基苯乙烯)视情况使用。涂壁剂在加料前涂于釜壁;终止剂在聚合终止前使用;消泡剂在出料槽中加入;紧急事故终止剂在紧急停车时采用。

(2) 氯乙烯悬浮聚合的典型配方　氯乙烯悬浮聚合的典型配方如表 8-7 所示。

表 8-7　氯乙烯悬浮聚合的典型配方及工艺条件

物料	质量分数		物料	质量分数	
	SG3 产品 DP=1300	SG7 产品 DP=800		SG3 产品 DP=1300	SG7 产品 DP=800
单体(氯乙烯,VCM)	100	100	辅助分散剂	0.016	0.015
去离子水	140	140	链转移剂	—	0.008
过氧化二碳酸二(2-乙基己基)酯(EHP)	0.030	—	抗鱼眼剂	—	—
偶氮二异庚腈(ABVN)	0.022	0.036	终止剂	—	—
聚乙烯醇(PVA)	0.022	0.018	聚合温度/℃	51	61
羟丙基甲基纤维素(HPMC)	0.032	0.027	终止压力/MPa	0.5	0.6

3. 氯乙烯悬浮聚合的投料计算

以国产 $145m^3$ 的聚合釜生产 SG3 产品,配方按表 8-7 中数据,设备装料程度取 0.7(可装油水 $100m^3$,约 95t),现进行氯乙烯悬浮聚合的投料计算,结果如表 8-8 所示。

表 8-8　氯乙烯悬浮聚合的投料计算

物料名称	比例	用量	物料名称	比例	用量
单体(VCM)	100	39.6t	去离子水	140	55.4t
过氧化二碳酸二(2-乙基己基)酯(EHP)	0.030	11.0kg	聚乙烯醇(PVA)	0.022	8.1kg
偶氮二异庚腈(ABVN)	0.022	8.1kg	羟丙基甲基纤维素(HPMC)	0.032	11.7kg
辅助分散剂	0.016	5.9kg			

【任务评价】

(1) 填空题

① PVC 树脂生产中,要求单体纯度达到聚合级,含量在_____以上。

② 氯乙烯聚合中,单体中有害杂质_____的含量和乙醛、二氯乙烷含量需要控制。

③ 氯乙烯聚合中,采用去离子水,需要对_____、氯根、pH 等水质指标进行控制。

(2) 选择题

① 在聚合温度确定下,聚合反应速率主要取决于( )。
A. 搅拌强度　　B. 搅拌方式　　C. 分散剂种类和用量　　D. 引发剂活性和用量

② 为了生产 SG2 的 PVC 树脂(平均聚合度为 1371~1535),聚合温度可定为( )。
A. 30~31℃　　B. 47~48℃　　C. 67~68℃　　D. 85~86℃

(3) 判断题

① 氯乙烯悬浮聚合中,允许氧气存在,聚合前不需要用氮气置换空气。( )

② 引发剂活性高、用量多,则反应时间短,但其用量受聚合釜传热能力限制。( )

③ 生产 XS 型 PVC,一般水油比为 (1.4~2.0):1。( )

【课外训练】
通过互联网，查找氯乙烯悬浮聚合不同型号产品的配方。

五、氯乙烯悬浮聚合和浆料处理的生产过程

1. 氯乙烯悬浮聚合和浆料处理岗位任务

PVC生产过程包括冲洗与聚合釜涂壁、单体及水的贮存与加料、助剂配制与加料、氯乙烯聚合、浆料处理、废水汽提、氯乙烯回收、PVC树脂(浆料)分离、PVC树脂干燥及包装等九个工序。氯乙烯悬浮聚合和浆料处理岗位包括PVC生产过程中前面七个工序。

氯乙烯悬浮聚合和浆料处理岗位的任务是首先将来自氯乙烯合成车间的液态氯乙烯在去离子水及配方中的其他物料协助下于聚合釜中进行悬浮聚合得到平均聚合度、颗粒形态、大小、色泽、"鱼眼"数等指标符合要求的聚合产物，然后对出釜聚合产物(浆料)进行碱洗、吹气或汽提处理，以除去树脂中残余的引发剂，诸如明胶分散剂及孔隙内未反应而残留的氯乙烯，以使产品中残留单体符合要求(经汽提处理过浆料残留单体控制在400mg/kg以下，成品PVC中残留单体会在10mg/kg以下)，同时对回收的VCM(15%~20%单体在聚合中未反应)进行压缩、精馏，得到聚合级VCM以循环使用。

2. 氯乙烯悬浮聚合和浆料处理的生产过程

(1) **冲洗与釜涂壁** 在聚合釜出料完毕，需用1.4MPa高压水冲洗聚合釜1~1.5h，废水用泵打至废水贮槽中，洗涤后进行涂壁操作。在聚合釜加料前，需将涂壁剂喷涂到聚合釜内壁——从贮罐送来经精确计量过的涂壁剂，被高压泵输送到聚合釜顶部，经喷淋阀喷入聚合釜中，经蒸汽吹扫除去溶剂，在聚合釜内壁和内部部件的表面上形成薄薄的一层膜。之后用水冲洗，以便把釜中未成膜的涂料清出聚合釜。涂壁剂在配制槽中按配方配制并贮存。

(2) **单体及水的贮存与加料** 从VCM车间运送来的新鲜单体VCM，经过过滤器进入VCM贮槽中贮存。同时，由VCM回收工序来的回收VCM，先贮存在回收VCM贮槽中，再用泵经过滤器过滤，送到VCM贮槽中。VCM贮槽的作用：①确保VCM压力稳定，使VCM加料时不至于汽化，以便流量计准确计量；②使新鲜VCM与回收VCM的比例调配成约4:1。一般规定VCM贮槽的充装量最多只能在总容积的85%左右。VCM贮槽中的VCM用泵送入单体计量槽。

配方用到的去离子水，来自去离子水站，经计量进入冷去离子水贮槽或热去离子水贮槽中。冷去离子水经加热器加热到要求温度后进入热去离子水贮槽中，待加料用。热去离子水贮槽设置温度上、下限报警和液位下限报警，报警时停止向聚合釜加料。加料时，根据聚合温度的要求，冷、热去离子水分别用泵输送并混合后，被送去离子水计量槽。

注入水是指用注入水泵提供的高压去离子水。其用处包括聚合分段加入的配方用水，为恒定釜内容积从釜顶及从搅拌器轴封衬套注入釜内的补充水，浆料泵反冲与过滤器破碎等用水。注入水的水源自冷或热去离子水贮槽，泵的出口压力为2.1MPa，带稳压系统。

冲洗水是指用冲洗水泵提供的高压去离子水。其用处包括助剂配制和引发剂加料用水，以及为冲洗水增压泵供水，冲洗水泵的出口压力为1.1MPa；经冲洗水增压泵增压后，可提供1.4MPa的冲洗水，用于聚合釜、过滤器、出料槽等设备冲洗。

聚合釜传热装置用到三种传热介质，包括热水(由蒸汽和工业用水配制，存于热水贮槽)、冷却水和冷冻盐水。热水用于聚合前物料预热；冷却水和冷冻盐水用于聚合过程传出

热量。为了提高传热强度和控温精度，可采用大水量(循环)低温差冷却工艺。

（3）助剂配制与加料

① 分散剂配制与加料　分散剂在分散剂配制槽内配制成一定浓度的分散剂溶液并贮存在贮槽中。分散剂溶液按配方要求经精确计量后，用加料泵并经过滤器打入聚合釜内。在整个过程中，分散剂的浓度精确度要求很高，以保证PVC质量的稳定性。

② 引发剂配制与加料　引发剂贮存在界区附近冷库中，送至界区后在引发剂配制槽内按配制方法制成引发剂液，贮存在引发剂液贮槽内，用冷水冷却到规定温度，用泵打循环搅拌。引发剂液经测定浓度后，按配方要求经计量槽计量。

③ pH缓冲剂配制与加料　缓冲剂是在缓冲剂配制槽中配制，配制需15～30min，不设单独贮槽。在加去离子水过程中，缓冲剂经流量计计量后，一起进入聚合釜内。

④ 分子量调节剂的加料　分子量调节剂在有局部搅拌的分子量调节剂贮槽内贮存，加料时用分子量调节剂充装泵计量加入聚合釜，此管线带压无需冲洗。

⑤ 在终止剂配制贮槽中，将终止剂配制成一定浓度的终止液，用流量计精确计量。当聚合反应达到设定的转化率时，用泵将终止剂打入聚合釜内，终止聚合反应，以保证聚氯乙烯产品的分子质量分布均匀，同时也可以防止氯乙烯在单体回收系统内继续聚合。

⑥ 事故终止剂的加料　事故终止剂在停车或停电等紧急情况下加入聚合釜，迅速终止聚合反应。

（4）氯乙烯聚合　氯乙烯聚合与VCM回收工艺流程如图8-3所示。脱气的去离子水从去离子水计量槽中放入聚合釜；pH缓冲剂经流量计计量，加到去离子水加料管，随去离子水带入到聚合釜；分散剂溶液经精确计量后，用泵打入聚合釜内；其他需要的水性助剂也由人孔加入，然后关人孔。通入氮气试压(0.4～0.5MPa，10min)或抽真空脱氧(真空度为720mmHg，15min)。开动搅拌，使分散剂溶解均匀。单体VCM由单体计量槽(压力<0.4MPa)加入聚合釜。引发剂液用1.1MPa冲洗水从计量槽带出，借压力注入聚合釜物料内部。

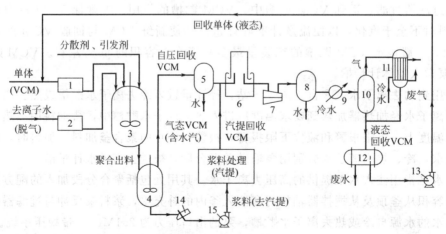

图8-3　氯乙烯聚合与VCM回收工艺流程
1—单体计量槽；2—去离子水计量槽；3—聚合釜；4—出料槽；5—水分离器；
6—回收VCM气柜；7—压缩机；8—缓冲罐；9—VCM回收冷凝器；10—回收VCM缓冲器；
11—VCM二级冷凝器；12—回收VCM贮槽；13—回收VCM加料泵；
14—过滤器（或滚筒筛）；15—浆料泵

通热水对聚合釜升温。随着温度上升，反应开始。改通冷却水或冷冻盐水将聚合反应放热传出。控制温度在规定的聚合温度。同时计算出反应放出的热量，并与聚合热力学模型比较，随时掌握VCM转化率。因为VCM的相对密度是0.92，而聚氯乙烯的相对密度却高达1.4，所以随着聚合反应的进行，聚合釜中的物料体积会逐渐减小，为保证釜内容积恒定，需补加2.1MPa注入水；可分两股加入，一股从聚合釜搅拌器的轴封衬套注入，另一股由釜顶注入。聚合反应终点，可根据单体转化率或压力降来确定；当聚合反应到达终点（单体转化率达85%或釜内压力降到某值），加入定量终止剂来终止聚合反应。

反应终止后，通冷却水继续降温，至釜内压力降到0.5MPa为止。利用釜内压力将悬浮液压入出料槽。对出料槽通蒸汽升温到75℃，未反应的VCM靠自压送至回收VCM气柜；回收单体后的浆料（残留1%~2%的单体）经过滤器、浆料泵送至浆料处理工段进一步汽提。

聚合釜出料结束后，用1.4MPa的加压冲洗水冲洗，可进行涂壁操作准备。

(5) 浆料处理　由于PVC颗粒溶胀和吸附作用，使聚合出料时浆料中仍含有2%~3%的单体，即使靠加热自压回收，也还残留1%~2%的单体。因此，PVC浆料如果不经过汽提直接进入干燥系统，不但在后续工序逸出的氯乙烯单体会严重污染环境、危害人们的身体健康，而且使得相应的制品中残留VCM超标，另外造成VCM巨大的浪费，影响经济效益。浆料处理工序的目的是进一步脱除树脂中残留的单体等物质，使PVC产品中残留VCM含量≤5mg/kg（疏松型）或≤2mg/kg（卫生级）。浆料处理工艺流程有釜式汽提工艺流程和塔式汽提工艺流程两种。

釜式汽提工艺流程如图8-4所示。回收单体的浆料在汽提处理槽中进行加碱处理、压缩空气吹风及蒸汽汽提处理。碱处理不是所有场合都需要，尤其适合用明胶作分散剂、用AIBN作引发剂的体系，可破坏残存的明胶、AIBN和低分子物，碱浓度30%，用量为浆料的0.05%~0.2%。吹风前需加入邻苯二甲酸二丁酯消泡剂，吹风时间0.5h，吹风排出气体一般放空。蒸汽汽提是利用蒸汽直接加热约0.5h，温度75℃。汽提结束，再真空抽吸回收1h，真空度0.046~0.058MPa。蒸汽汽提和真空抽吸回收的VCM，经含氧仪连续检测，若含氧量<2%则送入回收VCM气柜，若含氧量≥2%则做排空处理。操作结束后，汽提处理中充入氮气平衡压力后，将槽内PVC浆料送至PVC树脂分离（离心）工序。

塔式汽提工艺流程如图8-5所示。浆料由聚合工序的浆料泵送来，首先进入螺旋板换热器，被从汽提塔底部来的热浆料预热到80~100℃，然后从顶部进入汽提塔，在筛板上与来自塔底的蒸汽逆流接触，其中残留单体被解吸出来。汽提塔中气相经塔顶冷凝器，大部分水蒸气被冷凝下来，回流进入塔内；未凝的气体VCM进入水环真空泵压缩后，在水分离器分出水后经含氧仪连续检测，若含氧量<2%则送入回收VCM气柜，若含氧量≥2%则

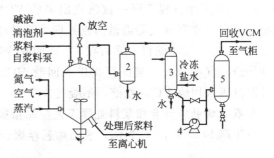

图8-4　釜式汽提工艺流程
1—汽提处理槽；2—水分离器；
3—冷凝器；4—真空泵；5—缓冲器

做排空处理。浆料在汽提塔中汽提后，自汽提塔底部流出，用汽提塔出料泵送入筐式过滤器过滤，之后一部分热浆料送回汽提塔底部循环；另一部分送至螺旋板式换热器换热，冷却后打入混料槽供PVC树脂分离（离心）工序用。塔顶抽真空有利于降低塔底温度。

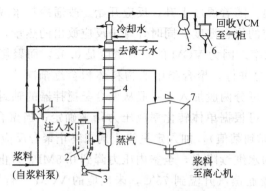

图 8-5 塔式汽提工艺流程

1—螺旋板换热器；2—筐式过滤器；3—汽提塔出料泵；4—汽提塔；
5—水环真空泵；6—水分离器；7—混料槽

一般，经汽提处理后浆料中含残留单体控制在 400mg/kg 以下，以使成品树脂中残留单体低于 10mg/kg。采用 HPMC 与 PVA-3 复合分散剂体系，得到的疏松型树脂经塔式汽提后浆料中含残留单体可达到 20~100mg/kg，而干燥产品中含残留单体≤2mg/kg，满足卫生级要求。

（6）废水汽提 废水来自聚合釜涂壁冲洗水、浆液汽提塔的冷凝水、回收 VCM 贮槽的水、回收压缩机密封水系统的过剩水、蒸汽置换回收系统的冷凝水等五个源头。这些废水贮存在废水贮槽中，经废水汽提塔汽提脱除残留的 VCM。其过程：废水由塔进料泵送到换热器，与废水汽提塔底出来的热水换热后，由塔顶加入废水汽提塔中。同时，废水汽提塔的塔底加入蒸汽，蒸汽上升在有 10 块塔板的汽提塔中与废水进行传质后，废水中的 VCM 被蒸汽解吸并由塔顶带出，随后进入塔顶冷凝器冷凝，不凝气（VCM）去回收 VCM 气柜；冷凝液回到脱 VCM 废水贮槽，由另一废水用泵打出，经换热器换热后进入废水池，并与离心机母液一起，排出界区。

（7）氯乙烯回收 回收的氯乙烯主要来自三个方面：①反应结束、在反应物料被排出料槽后，靠自压从出料槽回收未反应的 VCM；②在浆料汽提中，被汽提出来含氧量合格的 VCM；③在废水汽提工序中被汽提出来的 VCM。这些回收的 VCM，都被送至回收 VCM 气柜，其中含水和氮气等需做回收处理才能循环使用。氯乙烯回收处理过程：回收 VCM 气柜中的 VCM，经压缩机压缩后在 VCM 回收冷凝器中冷凝成为气液混合物，送至回收 VCM 缓冲器进行气液分离，液体直接进入回收 VCM 贮槽，气体进入 VCM 二级冷凝器继续冷凝，凝液进入回收 VCM 贮槽，不凝气放空。

3. 氯乙烯悬浮聚合和浆料处理工艺控制指标

以生产 SG3 型 PVC 为例，氯乙烯悬浮聚合和浆料处理工艺控制条件如表 8-9 所示。

表 8-9 氯乙烯悬浮聚合和浆料处理工艺控制条件

指标名称			控制条件	指标名称		控制条件
悬浮聚合工艺控制指标				浆料处理工艺控制指标		
氮气试压或抽真空脱氧		压力/MPa	0.5	碱处理	碱浓度/%	30
		时间/min	5~10		用量/(kg 碱/100kg 浆料)	0.05~0.2
		真空度/mmHg	720	蒸汽汽提（间歇）	温度/℃	75
		时间/min	15		时间/min	30

续表

指标名称		控制条件	指标名称		控制条件
单体计量槽压力/MPa		<0.4	真空抽吸 VCM	真空度/MPa	0.05～0.06
单体用量/t		39.6		时间/min	60
去离子水用量/t		55.4	送入回收 VCM 气柜的 VCM 含氧量/%		<2
升温速率/(℃/min)		1	浆料处理后含残留 VCM/(mg/kg)		400
反应温度	设定值/℃	51	塔式汽提工艺（连续生产）		
	波动范围/℃	≤±0.5	塔底温度/℃		95～100
反应压力/MPa		0.70～0.75	塔顶温度/℃		80～85
pH		6～7	塔底压力(表压)/kPa		±15
单体转化率/%		85	全塔压差(表压)/kPa		±40
出料压力/MPa		0.5	浆料进入塔顶温度/℃		80～100
出料槽通蒸汽	出料槽温度/℃	75	混料槽温度/℃		60～70
	保持时间/min	15	送入回收 VCM 气柜的 VCM 含氧量/%		<2
—	—	—	浆料处理后含残留 VCM/(mg/kg)		400

【任务评价】

(1) 填空题

① 在聚合釜加料前，需将_____喷涂到聚合釜内壁。

② 氯乙烯聚合过程中，用 1.1MPa _____将引发剂液从计量槽带出聚合釜。

③ 聚合反应终止后，釜内悬浮液是靠釜中_____压入出料槽。

(2) 选择题

① 氯乙烯悬浮聚合中，为恒定釜内容积，需从釜顶及搅拌器轴封衬套加入（　　）。

A. 低压去离子水　　B. 1.1MPa 冲洗水　　C. 1.4MPa 冲洗水　　D. 2.2MPa 注入水

② 氯乙烯聚合过程中，加料顺序正确的为（　　）。

A. 去离子水-分散剂-单体　　　　B. 去离子水-单体-分散剂

C. 单体-分散剂-去离子水　　　　D. 单体-去离子水-分散剂

(3) 判断题

① 氯乙烯悬浮聚合中用到的 VCM 全部属于新鲜 VCM。（　　）

② 氯乙烯聚合过程中，引发剂随单体一起加入。（　　）

③ 浆料经汽提后回收的 VCM，包括吹风夹带的 VCM，均能送入回收 VCM 气柜。（　　）

【课外训练】

识读氯乙烯悬浮聚合车间带控制点的工艺流程图。

六、悬浮聚合 PVC 产品质量控制方法

1. 聚合中防止粘釜的措施

在 PVC 悬浮聚合过程中，粘壁常困扰生产进行。防止粘釜是 PVC 生产亟待解决的技术问题。目前，尽管防止粘釜技术不很过关，但采取一些防止粘釜措施，还是可以减轻粘釜程度，减少清釜作业频率，提高生产效率和产品质量。

我国常采用的方法有四种。第一种是确保聚合釜内壁光洁；第二种是确保搅拌适中，不

过于强烈、不存在死角、不让PVC黏性粒子沉积或结块；第三种是通过加水相阻聚剂或单体水相溶解抑制剂的办法，来减轻聚合物的粘壁作用，常用的水相阻聚剂有硫化钠、硫脲和壬基苯酚等，但这些助剂加入到聚合体系中会引起聚合时间长、产品质量低和加工性能变差等一系列问题，而且粘壁不能完全防止；第四种是在聚合釜加料前，将涂壁剂喷涂到聚合釜内壁以阻止粘壁，该方法使用效果较好。

一旦发生粘壁严重现象，需要人工清理，在清理中劳动强度大、操作时间长，若清理中使用金属链刀等工具，可能对釜体造成伤痕，给下次清釜带来更大的困难。有的采用超高压水力喷射机械清洗法（20MPa），此法虽然可靠，但装置和操作都极为复杂。

2. 防止PVC树脂"鱼眼"的技术措施

"鱼眼"是一种不吸收增塑剂难以塑化的树脂颗粒，留在聚合釜中或重新加入聚合釜中的树脂是造成"鱼眼"的常见原因。因为聚氯乙烯粒子在聚合釜中与VCM混合，树脂的孔隙结构会被VCM饱和，VCM会在树脂孔隙中再聚合，致使这种颗粒对增塑剂的吸收量大大降低，这种颗粒就属于"鱼眼"。

聚合釜冲洗不干净，或由于误操作，回收VCM中夹带有大量的聚氯乙烯粒子，都会造成"鱼眼"的形成，为防止PVC树脂"鱼眼"，形成，可采取一些技术措施。

①聚合釜出料结束后，用1.4MPa的加压冲洗水冲洗，防止釜内残留PVC粒子，在釜涂壁之后用水冲洗，以便把釜中未成膜的涂料清出聚合釜；②确保单体和去离子水质量，新鲜VCM控制高沸物含量，回收VCM控制PVC粒子及低聚物含量；③去离子水、分散剂、单体等先过滤再加入聚合釜，分散剂的用量必须精确；④聚合中搅拌不能停止，且要求使聚合物料均匀；⑤阻止粘釜，并防止粘釜物料回到聚合体系；⑥确保装置的传热速率大于聚合体系在加速聚合时的放热速率（控制引发剂用量和反应温度）。

3. 降低PVC树脂色泽的技术措施

PVC粒子在受热、氧的作用下，都会发生降解，放出氯化氢，并在高分子长链中形成共轭双键基团，该基团为发色基团，使聚合颜色发生由白向黑的转化，白→微白→粉红→浅黄→褐色→红棕→红黑→黑色（完全烧焦）。为确保白度＞90，需采取如下措施。

①加入热稳定剂（实际上为HCl的吸收剂）和抗氧剂（实际上为O_2的吸收剂）；②控制水质的硬度和铁含量，去离子水使用前脱气，减少氧含量；③浆料出聚合釜后，通过加碱液尽可能破坏引发剂的分子结构，防止干燥中变色；④当浆料采用碱处理时，应控制用量，否则使树脂变色；⑤浆料处理中防止长时间高温受热，若颜色成为主要控制指标，则汽提塔塔底温度应适当降低，混料槽温度应低于70℃；⑥可在聚合时适当加入荧光增白剂，但卫生级或其他一些用途的产品在生产中不允许加入。

【任务评价】

（1）填空题

① 氯乙烯悬浮聚合中，为防止粘釜，应确保聚合釜内壁_____。

② 氯乙烯悬浮聚合中，通过加水相_____的办法，可减轻聚合物的粘壁作用。

（2）判断题

① 为防止PVC树脂"鱼眼"形成，分散剂加入聚合釜前应过滤。（　　）

② 氯乙烯聚合过程中，为确保白度＞90，去离子水使用前应脱气。（　　）

【课外训练】

通过互联网，查找氯乙烯悬浮聚合中防止粘釜的最新技术。

七、PVC树脂离心分离和干燥的生产过程

1. PVC树脂离心分离和干燥的岗位任务

PVC树脂离心分离和干燥岗位包括PVC生产过程中的PVC树脂(浆料)分离、PVC树脂干燥及包装等两个主要工序。其岗位任务是先将聚合得到并经汽提处理的浆料进行离心分离，得到含水量10%~20%的PVC湿料；再将PVC湿料进行干燥，获得含水量在0.3%以下、残留氯乙烯含量低于5mg/kg的PVC合格产品，之后包装入库。

2. PVC树脂(浆料)分离和干燥的方法

(1) PVC树脂(浆料)分离的方法　在聚氯乙烯的生产中，聚合得到并经汽提处理的浆料是PVC颗粒与大量水的混合物(含水70%~85%)，为了获得颗粒状产品，必须对浆料进行脱水；此外，在碱处理过程中，所生成的水溶性杂质，需要通过水洗除去。浆料脱水与洗涤可在同一个设备内进行。

PVC树脂生产中浆料分离的方法常用离心脱水法，即使用沉降式离心机实现离心沉降分离。其原理是利用离心力作用，使浆料中的PVC颗粒沉降到转筒内，由转筒中心流出。

离心机主要部件为转鼓，转速约为1000r/min，鼓壁分为有孔和无孔式，有孔的转鼓覆以滤布或其他介质。当转鼓旋转时，物料产生离心力，被迅速甩到鼓壁。若鼓壁有孔，转鼓内的水借离心力的作用由滤孔迅速钻出，PVC颗粒则被滤布截留，从而完成PVC颗粒和水的分离，这种分离称为离心过滤。若鼓壁无孔，则物料受离心力作用时，按质量大小不同分层沉淀，质量大、颗粒粗的颗料直接附于鼓壁上，被螺旋叶片推出；而水和质量小、颗粒细的颗料则靠近转鼓中央，向大颗粒出料相反的方向排出，此种分离称为离心沉降。

沉降式离心机其鼓壁无孔，其原理为离心沉降，其特点是处理能力大，但脱水不彻底。

(2) 离心母液带料回收的方法　在离心脱水过程中，仍有一部分很细的颗粒因离心力小而随母液带出。此外，在操作过程中，往往由于加料过猛，装料系统过大，也会造成一定的机械损失，产生母液带料现象。离心母液带料约为5%，离心母液带料需要回收。回收母液带料的方法常用的有两种。

① 自然沉降法　将离心母液流入一沉降池中，经一定时间静置后固体颗粒受重力的作用而沉降于器底。清液清出的方法通常是通过装在池壁不同高度的流出管流出，此管装阀门，阀门开启，澄清液即流出。至于沉降物料的卸除，可由人工直接挖出或用氮气搅拌制成浓稠的悬浮液用泵重新打回混料槽。其主要缺点是沉降池占地面积大，沉降时间长，回收能力低，而且会影响回收料的质量，如树脂黑点增多、型号存在差别，使回收物料不能按正品处理，大大影响收率，增大了消耗定额和生产成本。

② 悬液增稠法　悬浮增稠法是利用旋液分离器来分离母液及其带料，旋液分离器的直径范围在0.075~1.0m，流量为45L/min到几个m^3/min不等，分离的颗粒范围在1~200μm，分离效率可达98%以上，实用价值是很高的。其优点：a.设备小，结构简单，制造容易；b.活动部分少、经济方便；c.单位截面积容量大；d.分离的颗粒范围较广；e.底流浓缩去水，兼有过滤作用。

(3) 湿物料干燥的方法　浆料经过离心脱水后仍有10%~20%的水分，需要通过干燥除去，才能达到水含量在0.3%以下的要求。通常采用对流干燥的方法，干燥介质为热的空

气流(热风),由于PVC树脂耐热性限制,干燥时物料层温度不能高于70℃。为达到干燥效果,干燥过程采用"气流干燥+沸腾床干燥"工艺,所用干燥设备包括气流干燥器和沸腾床干燥器。

(4) 影响PVC树脂干燥的主要因素

① 树脂的物化性质和颗粒形态对干燥的影响

a. PVC热稳定性　由于PVC树脂具有较低的软化温度(75~85℃),并且易热降解产生氯化氢,因此,对于较干燥的树脂颗粒,干燥时的物料层温度不宜超过70℃,否则易造成树脂降解变色和干燥器黏料。同时生产中还应设法减少干燥器"死角"。

b. PVC颗粒度分散性　不同型号PVC树脂具有不同的粒度分布,也决定了干燥过程中气体输送及产品分离捕集的工艺要求不同。

c. 进料湿含量　PVC浆料在干燥前的初步脱水,不同类型的树脂经脱水后湿含量不同,会影响到干燥时的工艺参数选择。

d. 物料本身温度　如果物料在进入干燥器之前本身温度较高,则干燥速率较快,反之,则干燥速率较慢。

② 热空气温度、湿度和速率对干燥的影响

a. 热空气温度　若蒸汽压力低,则热空气温度低,干燥速率慢,干燥难以达到工艺要求。若热空气温度高,则干燥速率快,温度过高会造成树脂分解、变色及干燥器黏料。

b. 热空气温度、湿度和速率　热空气的相对湿度愈低,物料水分的汽化速率也越快。增加空气的流动速率也可以加快物料的干燥速率。

③ PVC颗粒停留时间的影响　PVC颗粒停留时间长,树脂干燥彻底。但热风温度过高时,PVC颗粒停留时间长易出现树脂软化、变黏,造成设备堵塞;另外,造成PVC分解、颜色加深,影响PVC产品质量。

3. PVC树脂离心分离和干燥工艺流程

PVC树脂离心分离和干燥工艺流程如图8-6所示。贮存于混料槽中的浆料,经树脂过滤器,用浆料泵打入沉降式离心机,进行离心脱水,PVC母液水(含微量树脂、分散剂和其他助剂)排入母液池进行母液带料回收。经过脱水、水洗后的湿树脂,由螺旋输送机和松料器,送入气流干燥器(属于瞬时干燥设备)。同时,过滤后的空气在鼓风机的作用下,经热风加热器加热,空气变为热空气,温度达160℃,送入气流干燥器与湿树脂接触,并将树脂往上吹起,并行流动,期间进行传热和传质。由气流干燥器上部出口吹出的气固体系,经串联的旋风分离器进行气固分离,湿热空气从顶部排入大气,固相颗粒为未完全干燥的PVC树脂,其中水含量约2%左右,去沸腾床干燥器进行二次干燥。

沸腾床干燥器的干燥介质有两路,一路为热空气(能带走湿气),另一路为热水。沸腾床干燥器(一般有六室)的热空气由单独的鼓风机和热风加热器提供,温度低于80℃(沸腾床干燥器中物料更干、停留时间长,要保证树脂温度不高于软化温度),送入沸腾床干燥器;热水来自热风加热器的蒸汽冷凝水,82℃左右,由循环泵送入沸腾床干燥器内加热管,给物料供热。固体颗粒从旋风分离器底部出来,由加料器输入内热式沸腾床干燥器第一室。在沸腾床干燥器中,固体颗粒被从底部喷入的热空气吹起,呈沸腾状,在与热空气接触时其中水分受热后汽化,进入热空气中;由于热空气在流动,第一室中气固相体系密度最大,因而沸腾状气固相体系会在密度差下越过隔板进入第二室、第三室……。在沸腾床干燥器最后一室设置了冷空气入口并配有U形盘管,冷空气从冷空气入口处通入,可直接冷却树脂,同时

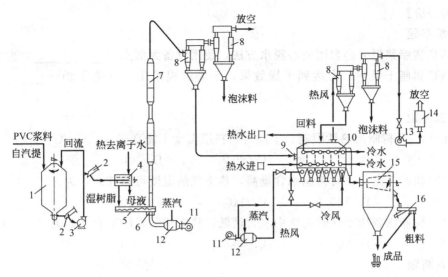

图 8-6　浆料离心分离和干燥工艺流程

1—混料槽；2—树脂过滤器；3—浆料泵；4—沉降式离心机；5—螺旋输送机；6—松料器；
7—气流干燥器；8—旋风分离器；9—加料器；10—沸腾干燥器；11—旋风机；
12—热风加热器；13—抽风机；14—消声器；15—滚筒筛；16—振动筛

冷却水由 U 形盘管通入可间接冷却树脂，PVC 树脂被冷却到 45℃ 以下。沸腾床干燥器的热风出口在第五室上部，热风经旋风分离器（负压操作），由抽风机排入大气；旋风分离器分离出来的固体颗粒从第三室上部回沸腾床干燥器。干燥过的 PVC 树脂在最后一室仍呈沸腾状，借惯性越过溢流板流出，经滚筒筛及振动筛过筛，包装后入库。

PVC 树脂流经沸腾床干燥器的时间为 0.2～2h，其中水含量能降到 0.3%～0.5% 以下。

4. PVC 树脂离心分离和干燥工艺控制指标

以生产 XS 型 PVC 为例，PVC 树脂离心分离和干燥工艺控制条件如表 8-10 所示。

表 8-10　PVC 树脂离心分离和干燥工艺控制条件

指标名称	控制条件	指标名称	控制条件
离心分离工艺控制指标		气流干燥工艺控制指标	
离心机主机电流/A	根据具体设备确定	气流干燥风机电机电流/A	根据具体设备确定
轴承用油油泵出口压力/kPa	70～100	气流干燥风机风压/mmH$_2$O	260～350
轴承用油进轴承压力/kPa	50	气流干燥器入口热风温度/℃	160
轴承进油温度/℃	38±2	气流干燥器顶部温度/℃	60～70
轴承回油温度/℃	<68	沸腾床干燥工艺控制指标	
轴承进油流量/(L/min)	根据具体设备确定	沸腾床干燥风机电机电流/A	根据具体设备确定
油位/%	70	沸腾床干燥风机风压/mmH$_2$O	150～160
离心洗涤用热软水温度/℃	65±5	沸腾床干燥热风温度/℃	≤80
—		沸腾床干燥热水温度/℃	80±2
—		沸腾床干燥器第四室温度/℃	45～56
		沸腾床干燥器最后一室温度/℃	<45

【任务评价】

(1) 填空题

① PVC树脂浆料分离常用离心脱水方法，使用设备为沉降式_____。

② PVC树脂干燥中，为达到干燥效果，干燥过程采用"气流干燥＋_____床干燥"工艺。

(2) 选择题

① 由于PVC树脂耐热性限制，干燥时物料层温度不能高于（　　）℃。

A. 70　　　　B. 80　　　　C. 90　　　　D. 100

② PVC树脂气流干燥时树脂水含量高，热空气的温度可以较高，为（　　）。

A. 100　　　B. 120　　　C. 140　　　D. 160

③ PVC树脂沸腾床干燥时树脂中水含量低，热空气的温度不能高，为（　　）。

A. 70　　　　B. 80　　　　C. 90　　　　D. 100

(3) 判断题

① 在沸腾床干燥器中，干燥介质有热空气和热水。（　　）

② 沸腾床干燥器最后一室，既有冷空气直接冷却树脂又有冷却水间接冷却树脂。（　　）

【课外训练】

通过互联网，查找沉降式离心机的结构。

八、氯乙烯悬浮聚合中的主要设备

1. 聚合釜的作用与结构

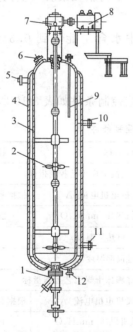

图 8-7　聚合釜结构

1—出料底阀；2—搅拌桨叶；3—釜体；
4—夹套；5—出水管；6—人孔；
7—减速机；8—电动机；9—温度计套管；
10—蒸汽进口管；11—进水管；12—冷凝水出口管

(1) 聚合釜的作用　聚合釜是用于聚合反应的釜式反应器。PVC生产中，聚合釜的作用是用于进行氯乙烯悬浮聚合反应。目前，聚合釜的容量已逐渐趋向大型化，国外 $130m^3$、$200m^3$ 的聚合釜被普遍采用，我国以 $30m^3$、$33m^3$、$45m^3$、$70m^3$ 的聚合釜为主流，不过国产 $135m^3$、$145m^3$ 的聚合釜也已经商品化。由于聚合釜的容量大型化，从材质看碳钢搪瓷釜已被不锈钢釜取代，从操作方式看，目前仍以间歇聚合操作为主。

(2) 聚合釜的结构　聚合釜结构如图8-7所示。聚合釜形状为一长型圆柱体，上下为碟型盖底，上盖有各种物料管、排气管、平衡管、温度计套管、压力表管、安全阀和人孔盖等，下底有出料管、冷凝水出口管，壁侧有蒸汽进口管和冷却水的进出口管。聚合反应所放出的热量靠来自密闭回路冷却水塔系统的冷却水、流经螺旋半管式夹套(有的设内冷装置)带出，并以此维持反应温度。为保证生产安全，釜上必须设置安全阀，另外还应安装排空装置。

釜内带有搅拌器，搅拌器一般采用顶伸式(也有用底伸式），由釜上的电机通过减速机带动。为防止气体的泄漏，一般采用具有水封的填料函，填料函中填以软性填料，需要经常维护、及时更换，填料函不能压得过紧，否则造成轴的磨损或电流升高，并发生危险。搅拌桨叶多半选择螺旋推进式或带角度的浆式，或者两者混合使用。搅拌轴的安装必须垂直，轴瓦间隙要恰当，以免树脂研磨产生塑化片。为加强搅拌效果，有的釜内还设置有导流板或挡板。

2. 树脂过滤器的作用与结构

（1）树脂过滤器的作用　PVC浆料从聚合釜出料开始到进入离心脱水前，温度一般维持在60～70℃（有利于离心脱水和干燥），这个温度接近PVC软化温度，尽管PVC浆料中存在大量的水，但仍然会有一部分PVC颗粒结块。树脂过滤器的作用就是截留块状PVC，并用1.4MPa的冲洗水将块状PVC破碎，以方便浆料泵的输送和螺旋沉降式离心机的分离。

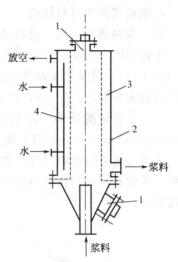

图8-8　树脂过滤器结构图
1—手孔；2—筒体；3—滤网；4—冲洗管

（2）树脂过滤器的结构　树脂过滤器的结构如图8-8所示。浆料从树脂过滤器下面管口进入，经过滤后从右边出口出来。当截留较多块状PVC时，用1.4MPa的冲洗水冲扫、使块状PVC破碎。若冲洗水仍然不能将块状物破碎，则通过手孔取出块状PVC，再恢复生产。

3. 浆料汽提塔的作用与结构

（1）浆料汽提塔的作用　聚合出料时浆料中仍含有2%～3%的单体，即使靠加热自压回收，也还残留1%～2%的单体，浆料中所含残留单体需要被脱除，常用方法是汽提。浆料汽提塔的作用是利用蒸汽为汽提介质，实现对浆料的连续汽提，使浆料中含残留单体的量在400mg/kg以下，确保成品树脂中残留单体低于10mg/kg。

（2）浆料汽提塔的结构　汽提塔的塔型有大孔径穿流式筛板塔、小孔溢流筛板塔和多层溢流筛板塔等。大孔径穿流式筛板塔常被采用，其结构如图8-9所示。

为防止树脂的堵塞和使物料在全塔内停留时间均匀，通常采用无溢流管的大孔径筛板，筛孔直径15～20mm，开孔率8%～11%，筛板数20～40块。塔顶部设置回流冷凝器，通过管间冷却水将上升蒸汽中的水分冷凝，可以减少单体VCM溶于水中的损失，同时节省塔顶补充的去离子水（为稀释浆料）。

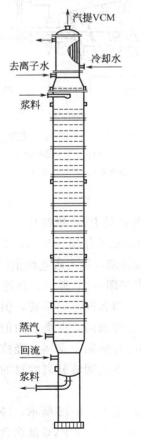

图8-9　穿流式筛板汽提塔的结构图

操作参数：空塔气速0.6～1.4m/s；筛板孔速：6～13m/s；物料在塔内平均停留时间：4～8min。

4. 混料槽的作用与结构

(1) **混料槽的作用** 混料槽是PVC树脂浆料处理工序与PVC树脂(浆料)分离工序之间的一个物料贮存设备,混料槽的作用包括贮存汽提过的浆料,对浆料进行保温(有利于离心分离和干燥),以及对浆料进行搅拌、防止在混料槽中液固体系分层,另外可将每个批次的浆料进行充分混合,使PVC产品质量稳定,减小波动。

(2) **混料槽的结构** 混料槽的结构如图8-10所示。混料槽主要参数:转速8~12r/min;电机功率7.5~10kW;搅拌形式为耙齿与压缩空气组合。

在离心机进行PVC树脂(浆料)分离加工时,浆料泵向离心机输送浆料,可部分回流混料槽。给混料槽物料进行小循环输送,可起到与搅拌相当的效果,防止液固体系分层和确保温度均匀。

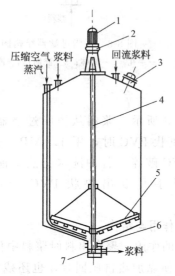

图8-10 110m³混料槽结构图
1—电机;2—减速机;3—人孔;4—轴;
5—搅拌耙齿;6—底轴瓦;7—出料桨叶

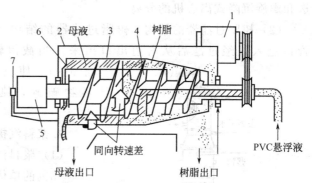

图8-11 螺旋沉降式离心机结构原理图
1—电机;2—外罩;3—转筒;4—螺旋叶片;
5—减速机;6—溢流堰板;7—过载保护

5. 螺旋沉降式离心机的作用与结构

(1) **螺旋沉降式离心机的作用** 聚合得到并经汽提处理的浆料是PVC颗粒与大量水的混合物,为了获得颗粒状产品,须对浆料进行脱水。螺旋沉降式离心机的作用是利用离心沉降使浆料中大量的水与固体颗粒分离,得到含水量为10%~20%的湿树脂,能实现连续生产。

(2) **螺旋沉降式离心机的结构** 螺旋沉降式离心机的结构如图8-11所示。在连续沉降式离心机中,高速旋转的卧式圆锥形的转鼓有一个螺旋输送器,两者同方向旋转,但螺旋输送器的旋转速度略低于转鼓转速。浆料由旋转轴内的进料管送至转鼓内,在离心力的作用下物料被抛向转鼓内壁沉降区,转鼓内的沉淀物由螺旋输送器的叶片推向干燥区,经排料口排出,水被排挤到转鼓的中央位置,然后通过溢流孔排至出水管,达到固液分离的目的。沉降式离心机的鼓壁无孔,沉降式离心机分离原理为离心沉降。

(3) **PVC浆料离心脱水工艺流程** PVC浆料离心脱水工艺流程如图8-12所示。经汽提后的PVC浆料含水70%~85%,在物料进入干燥工序前应进行脱水处理,使PVC滤饼含水量控制在20%以下。目前,国内外PVC行业均采用螺旋沉降式离心机来进行浆料的脱水。

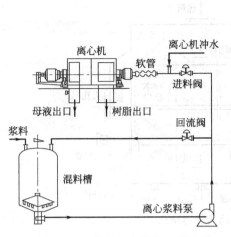

图 8-12　PVC 浆料离心脱水工艺流程

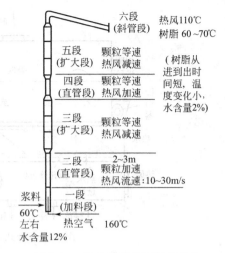

图 8-13　脉冲式气流干燥器结构

混料槽中的浆料经浆料泵大部分送至离心机进行脱水,一部分回流至离心槽。浆料离心前的进料温度 60~70℃,温度过高会严重影响离心机主轴承等部件,但进料温度过低会影响干燥器的床温稳定,增加干燥系统的能耗。

经离心机脱水后,离心母液(俗称 PVC 母液水)中夹带的树脂量很少,可用于聚合釜喷淋、汽提塔补充水、离心机冲水、各浆料槽冲洗、或经处理后用于聚合用水。母液水的热能可用于干燥空气的预热或去离子水的预热等。

6. 气流干燥器的作用与结构

(1) 气流干燥器的作用　气流干燥器实际上是一根竖直的长管,属于对流干燥的干燥器,也称瞬时干燥器,湿物料在其中停留时间仅 1s 左右。在 PVC 树脂生产中,气流干燥器的作用是利用 160℃的热空气(热风,流速 10~30m/s)将含水量 10%~20%的 PVC 湿树脂干燥,使其中水含量降到 2%左右。气流干燥器的特点是:热风流速高;树脂与热风在设备内停留时间短;树脂温度与热风温度不相等;树脂温度从进口到出口仅稍微上升;细管与扩大管交替变换使 PVC 树脂与热风之间始终保持速度差,有利于对流传热。

(2) 气流干燥器的结构　脉冲式气流干燥器结构如图 8-13 所示,分为六段。最下部为加料段,PVC 树脂在其中被热风吹起;第二段为加速段,PVC 树脂在其中被热风加速;第三段为等速段,颗粒呈等速上移,而热风因管子扩大被减速;第六段为斜管段,用于气固体系出料。

对孔隙率很小的紧密型聚氯乙烯树脂,提高热空气的温度、延长干燥管的长度、使直形的气流干燥管改为管径交替缩小和扩大的脉冲型干燥管、增加物料停留时间均有助于达到干燥的目的。

7. 沸腾床干燥器的作用与结构

(1) 沸腾床干燥器的作用　沸腾床干燥器是让湿固体颗粒利用干燥介质(热风)吹起来并呈沸腾状态的一种对流干燥式干燥器,主要有卧式多室沸腾床、卧式多室内加热沸腾床和内加热式二室沸腾床等类型。在 PVC 树脂生产中,沸腾床干燥器的作用是利用 80℃热风(辅助 82℃热水传热)将水含量 2%左右的湿树脂进一步干燥,使其中水含量降到 0.3%~0.5%以下。湿树脂在沸腾床干燥器内停留时间为 1h 左右,脱水效果好。

(2) 沸腾床干燥器的结构　卧式内加热沸腾床干燥器的结构如图 8-14 所示,该干

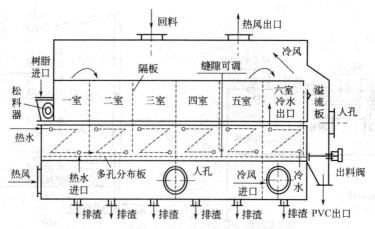

图 8-14 卧式内加热沸腾床外形结构

燥器分为六室。第一室为加料室，第六室为出料室。第一室到第五室，通热风沸腾干燥并通热水辅助加热；第六室通入冷风以使树脂颗粒沸腾、冷却，并通冷水辅助降温；热风、冷风由下向上穿过多孔分布板进入对应的干燥室，与树脂直接接触；热水、冷水通过盘管进入各室，与树脂间接换热。沸腾过程是靠进入各室的热风或冷风将树脂吹起实现；在沸腾床中颗粒于热风中上下翻动，进行充分的传热和传质，以达到干燥的目的；第一室的气固体系借助密度差，越过隔板实现向第二室迁移，第二室的气固体系借助密度差，越过隔板实现向第三室迁移……，最后在第六室后能收集到干燥的树脂。

空塔气速和热风穿过多孔分布板时小孔气速对沸腾状态和干燥效果有重要影响，一般选择空塔气速 0.2~0.3m/s，而小孔气速 20~30m/s。

【任务评价】

(1) 填空题

① 从 PVC 悬浮聚合釜容积看，我国以 $30m^3$、$33m^3$、$45m^3$、_____ m^3 的聚合釜为主流。

② 在离心母液带料回收中，趋向采用悬液增稠法，该法用到_____分离器。

(2) 选择题

① 在 PVC 浆料汽提塔塔板选型上，我国常采用的塔板类型为（   ）。
A. 小孔溢流筛板   B. 大孔径穿流式筛板   C. 多层溢流筛板   D. 浮阀塔板

② 在 PVC 干燥中，对气流干燥器认识不正确的是（   ）。
A. 为一根垂直放置的长管   B. 热风与树脂在其中并行由下向上流动
C. 脱水分担的量比沸腾干燥器大   D. 物料停留时间长

③ 在 PVC 干燥中，对沸腾干燥器及操作认识不正确的是（   ）。
A. 热风温度允许高   B. 设备体积大
C. 脱水量少但效果好   D. 物料停留时间相对长

(3) 判断题

① 在树脂过滤器操作中，当遇到较多块状 PVC 时，用 1.4MPa 的冲洗水冲扫，每次都能使块状 PVC 全部破碎。（   ）

② PVC 树脂浆料处理后存放于混料槽，混料槽对浆料只搅拌，不保温。（   ）

③ 螺旋沉降式离心机中分离出来的水是穿过转鼓孔及滤布出来的。（ ）

【课外训练】

通过互联网，查找沸腾床干燥器的最新类型。

九、悬浮聚合法 PVC 生产的岗位操作

1. 氯乙烯悬浮聚合的开车操作

(1) 开车前的准备工作

① 检查搅拌器、减速机是否好用，减速机润滑油液面是否合乎要求；

② 检查温度计、压力表是否灵敏、准确，各处螺栓是否松动；

③ 检查去离子水、单体、分散剂的过滤器，更换滤布；

④ 检查轴封是否严密，必要时更换轴封盘根；

⑤ 检查各管路、物料进出口阀门是否畅通。

(2) 冲洗聚合釜与釜涂壁　聚合釜出料完毕后，用1.4MPa高压水冲洗聚合釜1~1.5h，废水用泵打至废水贮槽中，洗涤后进行涂壁操作。涂壁中，将涂壁剂喷涂到聚合釜内壁，之后，用水冲洗，以便把釜中未成膜的涂料清出聚合釜。

(3) 单体与去离子水备料　从VCM车间运送来的新鲜VCM单体，经过过滤器进入VCM贮槽中贮存；回收VCM贮存在回收VCM贮槽中，用泵经过滤器过滤，送到VCM贮槽中；新鲜VCM与回收VCM的比例调配成约4∶1。VCM贮槽中VCM用泵送入单体计量槽，单体计量槽压力应控制在≤0.4MPa(表压)。

已脱氧去离子水来自去离子水站，经过滤器过滤并计量进入冷去离子水贮槽或热去离子水贮槽。冷去离子水经加热器加热到要求温度后进入热去离子水贮槽中，待加料用。根据聚合温度的要求，冷、热去离子水分别用泵输送并混合后，被送去离子水计量槽。

(4) 主要助剂配制

① 分散剂配制　分散剂在分散剂配制槽内配制成一定浓度的溶液并贮存在贮槽中。

② 引发剂配制　引发剂贮存在界区附近冷库中，送至界区后在引发剂配制槽内按配制方法制成引发剂液，贮存在引发剂液贮槽内，用冷水冷却到规定温度，并用泵打循环搅拌。

③ pH 缓冲剂配制　缓冲剂在缓冲剂配制槽中配制，配制需15~30min，不设单独贮槽。在加去离子水过程中，缓冲剂经流量计计量后，一起进入聚合釜内。

(5) 氯乙烯悬浮聚合

① 去离子水及水性助剂的投料　关闭聚合釜出料阀及釜底排污小阀，将过滤合格的脱气去离子水用多级泵打入釜内，并准确计量。每批投料中多加200L左右去离子水，再通过人孔从上层掏去多加的200L去离子水，以排除上层的粘釜浮料。pH缓冲剂经流量计计量，加到去离子水加料管，随去离子水带入到聚合釜。分散剂溶液经精确计量后，用泵打入聚合釜内。其他水性助剂通常由人孔加入，然后关人孔。

② 试压与置换空气　盖上人孔盖后，用0.4~0.5MPa(表压)氮气试压，检查密封情况并置换空气；10min内压力降不大于0.01MPa，即认为试压合格，然后将排空阀门打开，使釜内压力排至常压，或抽真空700~720mmHg，维持15min左右。

③ 搅拌　开动搅拌，使分散剂溶解均匀。

④ 单体投料　按要求将氯乙烯单体（VCM）由计量槽加入聚合釜。

⑤ 加入引发剂　用1.1MPa冲洗水(需计量)将引发剂液从计量槽带出，借压力注入聚

合釜物料内部。引发剂随 VCM 以液滴形式分散在水中，并形成稳定的悬浮体系。

⑥ 加热升温　通热水对聚合釜升温。升温期间，应注意釜内压力变化情况，如发现不正常现象应及时停止升温，并迅速联系处理；必须按规定时间完成升温操作；为安全起见，两台釜一般不宜同时进行升温操作。随着温度上升，聚合反应开始。

⑦ 温度控制　当聚合开始，反应放热，这时温控系统会自动选择传热介质，将热水自动置换为冷水。温度控制在设定的聚合温度。

2. 氯乙烯悬浮聚合的正常操作

① 根据单体含乙炔量、生产型号和上批产品黏度，确定本批产品生产中聚合控制温度。

② 温度升至规定值后，温控系统自动选择传热介质，带走反应热。严格控制釜内反应温度波动在 $±0.5℃$ 范围内。

③ 为保证釜内容积恒定，需按经验的流量值分两股补加注入水，一股从聚合釜搅拌器的轴封衬套注入，另一股由釜顶注入。

3. 氯乙烯悬浮聚合的停车操作

① 转化率达到85%或压力降到某值终止反应。当聚合反应到达终点，加入定量终止剂来终止聚合反应。反应终止后，通冷却水继续降温至釜内余压降到0.5MPa。

② 出料。打开聚合釜出料阀，靠釜内压力进行排料，将料排至出料槽中。

③ 停搅拌。出完料后停止搅拌。打开排气阀门将出料时所产生的泡沫放出，防止堵塞。

④ 回收 VCM。出料槽中通蒸汽升温到75℃，自压回收的 VCM 至回收 VCM 气柜；回收单体后的浆料（残留1%～2%的单体）经过滤器、浆料泵送至浆料处理系统。

⑤ 聚合釜出料结束后，用1.4MPa的加压冲洗水冲洗。

4. 浆料汽提塔的开车操作

① 检查本系统的阀门及仪表。

② 开启螺旋板换热器排水阀，关闭去混料槽的浆料阀（排水阀、浆料阀在出料泵出料管线上，位于螺旋板换热器之后，两者开关状态相反）。

③ 启动去离子水泵（汽提塔塔顶供去离子水用）、过滤器注入水泵（过滤器助滤用）及高压冲洗水泵（浆料稀释、换热器堵塞冲洗用）。

④ 打开汽提塔的回流阀、底部出料阀、高压稀释水阀。

⑤ 启动汽提进料的浆料泵（轴封需要供水）。

⑥ 打开汽提塔底部通入蒸汽的进气阀，控制流量通入塔底部。

⑦ 开启塔顶冷凝器的冷却水进出口阀，开启水环泵进出口阀及水分离器冷却水阀，启动水环泵，并按需调节塔顶真空度。

⑧ 当塔底升温至90℃以上时，调节进塔的浆料流量。

⑨ 启动塔底出料泵（轴封需要供水），塔底物料经筐式过滤器过滤，一部分送回底部循环；另一部分送至螺旋板式换热器换热，起初由排水阀排出，待塔板视镜显示有浆料时，关闭螺旋板换热器排水阀，开启去混料槽浆料阀，将汽提浆料送入混料槽以供离心干燥处理。

⑩ 待含氧分析仪正常运转后，可切入自动控制。在水分离器分出水后的回收 VCM 经含氧仪连续检测，若含氧量<2%则送入回收 VCM 气柜，若含氧量≥2%则做排空处理。

【任务评价】

思考题

① 氯乙烯悬浮聚合的正常操作主要内容有哪些？

② 氯乙烯悬浮聚合终止后，如果在聚合釜中先进行 VCM 回收，那么应该怎样排出聚合釜中的料？

【课外训练】

通过互联网，查找与 PVC 生产有关的操作规程。

十、悬浮聚合法 PVC 生产中常见故障的判断与处理

1. 氯乙烯悬浮聚合中常见故障的判断与处理

氯乙烯悬浮聚合中常见故障的判断与处理如表 8-11 所示。

表 8-11　氯乙烯悬浮聚合中常见故障的判断与处理

故障	原因	处理方法
釜内压力和温度剧增	①冷却水量不足，冷却水温度高 ②引发剂用量过多 ③颗粒粗 ④悬浮液稠 ⑤仪表自控失灵 ⑥爆聚	①检查水量不足原因并及时联系冷冻水或加高压稀释水 ②根据水温调整用量 ③检查配方和操作 ④加稀释水 ⑤改用手控 ⑥提前出料（可釜底取样判断）
加稀释水时釜内压力升高	水或单体过多	部分出料后再视情况继续反应
电机突然停止运转	①常用电跳闸 ②电机开关跳闸 ③电机超载	①迅速推上备用电源或加终止剂 ②请电工检查或加终止剂 ③调釜或提前出料，调整配方
轴封漏气	①水环移位 ②高位水罐、平衡管或水管堵塞 ③高位水罐断水	①更换填料，使水环对准进水口 ②清理高位水罐及管路 ③及时补加水
轴封漏水快	①填料松 ②下半部填料未压紧 ③填料坏 ④轴晃动	①紧填料函压盖螺栓 ②紧填料函压盖螺栓 ③更换填料 ④停车检修
升温时压力剧增	水或单体多加	排气降压
颗粒粗	①投料不正确 ②单体含酸或水质 pH 低 ③分散剂自出料阀漏掉 ④分散剂变质	①按配方投料 ②严格控制水质（与供水联系） ③补加适量分散剂 ④严格选用分散剂
爆聚	①聚合升温时未开搅拌 ②分散剂未加入或少加 ③引发剂过多，冷却不足 ④搅拌叶脱落或机械故障	①釜底取样后视情况排气，回收单体，避免继续反应结块 ②补加分散剂 ③更换冷冻水或加稀释水或部分出料 ④停车检修
反应较慢	①引发剂用量不足 ②单体质量差	①补加引发剂或调整配方 ②分析单体质量，与氯乙烯装置联系
树脂转型	①单体质量差 ②仪表偏差	①按单体质量及时调整聚合温度（与氯乙烯装置联系） ②检查校正仪表

2. 浆料汽提塔操作中常见故障的判断与处理

浆料汽提塔操作中常见故障的判断与处理如表 8-12 所示。

表 8-12 浆料汽提塔操作中常见故障的判断与处理

故障	原因	处理方法
进料流量下降	①树脂过滤器或浆料泵内"塑化片"堵塞 ②过滤器内有气体顶住 ③出料槽内液面下降 ④浆料较稠 ⑤管道有堵塞现象 ⑥树脂粒度粗	①切换备用过滤器或泵,并拆洗堵塞的设备 ②排出气体 ③开大进料阀,关小回流阀或切换出料槽送料 ④通高压水稀释 ⑤开、停车前借软水冲洗 ⑥与聚合系统联系
塔顶真空度低	①塔顶冷凝器冷却水阀未开启 ②水环真空泵故障 ③水分离器冷却水阀未开启 ④水分离器液位波动 ⑤气体过滤器堵塞 ⑥单体回收管道有冷凝水	①开启冷却水阀 ②停泵检修,切换备用泵 ③开启冷却水阀 ④调整液位 ⑤切换、清洗 ⑥排出冷凝水
成品或浆料中残留单体高	①进料含残留单体高 ②浆料流量太大 ③蒸汽压力或流量低 ④塔底温度偏低	①加强单体回收预处理 ②降低流量 ③提高流量 ④提高温度
回收单体中含氧量高	①浆料流量下降 ②设备、管道等泄漏 ③真空度过高或真空系统阻力大 ④含氧仪或测试误差	①调整流量 ②停车捉漏 ③降低真空度或降低系统阻力降 ④校正含氧仪或重新取样分析
压力调节阀突然流量降低或无流量	①显示故障 ②泵打不起压 ③节能器堵塞 ④仪表气源压力低	①现场利用手动阀对其限位处理,通知仪表人员抢修 ②查找打不起压的原因并处理好 ③开旁路,疏通节能器并清洗干净 ④提升仪表气源压力
塔底液位高	①螺旋板换热器堵塞 ②塔底出料泵的回流阀开启太大 ③进料量过大	①用软水冲洗 ②关小回流阀 ③调整进料量
塔底温度高	①真空度不足 ②塔底液位高 ③进料量小或蒸汽压力流量过高	①调整真空度 ②按"压力调节阀突然流量降低或无流量"故障进行处理 ③降低蒸汽流量
浆料泵轴封冒烟	①轴封断水 ②填料压得过紧 ③树脂倒流入轴封	①及时供水 ②松填料函压盖 ③切换备用泵,清理轴封
塔升温时有响声	塔内存水未放净	停止蒸汽升温,排放塔内存水
塔顶液泛(满塔)	①螺旋板换热器热浆料一侧堵塞 ②浆料或蒸汽流量太大	①立即用冲洗水冲洗 ②降低流量
穿塔(塔内料面偏低)	①浆料流量偏小 ②蒸汽流量偏小	①加大浆料流量 ②加大蒸汽流量
混料槽停搅拌	槽内液位过高	开大压缩空气流量,进行气体搅拌

3. PVC 树脂(浆料)分离和干燥中常见故障的判断与处理

PVC 树脂(浆料)分离和干燥中常见故障的判断与处理如表 8-13 所示。

表 8-13　PVC 树脂(浆料)分离和干燥中常见故障的判断与处理

故障	原因	处理方法
离心机自动停车	①熔断器烧坏	①检查,调换
	②浆料量过载,使转矩控制器自动脱开	②用手顺时针转动矩臂后,若无阻碍则抬上转矩臂重新开车,若有阻碍则抬上转矩臂,取下外罩,前后转动转筒并用水冲洗,重新开车运转
	③润滑油量不足使油压力开关跳闸	③调节油量,再开车运转
	④电机超载,使热保护器跳闸	④停止运转,请电工检查
	⑤离心机下料斗堵塞	⑤打开下料斗手孔,疏通积料
离心机不进料	①树脂过滤器或进料管堵塞	①关闭过滤器进料阀门,借热软水冲洗疏通
	②浆料自控阀故障	②切换手控阀,检修自控阀
树脂杂质粒子含量异常	①粘釜料	①通知聚合汽提岗位采取处理措施
	②砂子	②检查、清洗空气过滤器的过滤层
	③铁	③检查、清理滚筒筛的筛网
	④有黑、红粒子	④清洗汽提塔,清理沸腾床干燥器底部排渣口残料
树脂水含量超标或异常	①沸腾床干燥器温度低	①开大蒸汽阀
	②热风流量过低	②开大风机风阀提高风量
	③热风加热器向里面漏蒸汽	③检查热风加热器,是否向里面漏蒸汽
	④干燥器热风出管与一级旋风分离器连接处法兰垫泄漏,床压力较高	④检查,并排除漏点(因旋风分离器负压操作)
	⑤离心机脱水效果差	⑤检查离心机脱水效果
气流干燥器中的螺旋输送机不能启动或自停	①加料量过大,使熔断器烧坏	①调换,并打开输送机手孔,将"料封"树脂挖出,重新运转
	②未启动松料器	②使松料器运转
气流干燥器后的旋风分离器堵塞	①物料过干或过湿	①调整气流干燥温度
	②沸腾干燥的螺旋输送机自停或太慢	②使螺旋输送机运转或提高转速
气流干燥器底部积料	①先开输送机、后开鼓风机所致	①严格按操作规程执行,停车清理积料
	②开车时蝶阀未开启或调节	②严格按操作规程执行,停车清理积料
沸腾干燥器第四室温度过高	进料量少	提高离心机进料量、降低气流干燥温度或暂停热水循环泵
沸腾干燥器第四室温度过低	①进料量多	①降低离心机进料量或适量开大热风加热器的蒸汽阀
	②气流干燥的出料太湿	②提高气流干燥器顶部温度
沸腾干燥器后的旋风分离器堵塞	①分离器下料管堵塞	①清理下料管
	②下料管锥形段发生"料封"故障	②停车检修
沸腾干燥器压差难控制	鼓风或抽风的蝶阀故障	检查,检修
粗料增多	①PVC 料过干,产生静电粘网	①降低干燥温度
	②筛网堵塞	②用钢丝刷清理
	③树脂粒度大	③与聚合系统联系
"鱼眼"数异常	粘釜严重	清釜,通知聚合岗位

十一、悬浮聚合法 PVC 生产的安全防范

1. 氯乙烯悬浮聚合中注意的安全问题

① 聚合釜轴封泄漏;

② 爆聚排料;

③ 聚合釜人孔或手孔及釜管口垫破裂;

④ 清釜安全。

2. PVC树脂生产中的事故

国内外PVC树脂生产装置中发生过的事故列举如下。

① 聚合投料误操作,造成氯乙烯喷出和爆聚事故。

② 投料升温后忘开搅拌,造成超压及设备变形。

③ 进料氯乙烯外逸,遇明火燃烧爆炸。

④ 误操作使聚合釜内单体喷出,引起爆炸着火。

⑤ 聚合釜设备泄漏氯乙烯,引起爆炸着火。

⑥ 聚合釜出料排氮后,未用压缩空气置换,操作人员即进入釜内造成窒息中毒事故。

⑦ 清釜时阀门泄漏单体,造成中毒事故。

⑧ 清釜时误开搅拌,造成清釜工人人身事故。

⑨ 聚合釜紧急断电,引起大量单体排空,造成氯乙烯中毒死亡事故。

⑩ 聚合釜用压缩空气出料,造成釜体人孔爆炸的重大事故。

拓展　氯乙烯微悬浮聚合仿真操作

1. DCS仿真中PVC的生产方法与生产流程

(1) PVC的生产方法　本仿真工艺采用微悬浮聚合法。微悬浮聚合在生产上有三种实施方法。第一种,机械均化法微悬浮聚合法(简称MSP1法),即"油性引发剂均化+100% VCM悬浮聚合";第二种,单种子微悬浮聚合法(简称MSP2法),即"5% VCM微悬浮聚合种子(MSP1)+95% VCM悬浮聚合";第三种,双种子微悬浮聚合法(简称MSP3法),即"5% VCM微悬浮聚合种子(MSP1)+5% VCM乳液聚合种子(用到水性引发剂)+90% VCM悬浮聚合"。

在MSP1法中,所用油性引发剂是预先被乳化成微细油滴的乳液(胶乳粒径1~2μm),乳化(均化)设备一般为胶体磨或高速泵,分散介质为去离子水,乳化剂用十二烷基苯磺酸钠等。若采用高速泵进行均化,则盛放于乳化釜的乳化物料不断从其釜底抽出,经高速泵的剪切作用再打回乳化釜内;循环均化直到油滴粒径达到1~2μm时结束。

工艺方法:机械均化法微悬浮聚合法(MSP1法),加入的油性引发剂被认为均化过。

产品要求:平均聚合度1350,糊状PVC。

主要参数:聚合温度64℃(比得到平均聚合度1350通用型PVC的聚合温度高),反应压力0.7~1.2MPa,反应终点转化率为80%~85%(或釜内压力降至0.5MPa为终点)。

聚合物料:单体有两种,新鲜VCM和回收VCM;分散介质为脱盐水(注入水),即去离子水;助剂包括涂壁剂、分散剂、引发剂乳液、缓冲剂、链转移剂以及终止剂等。

传热介质:工业用水(冷水),蒸汽(用于与冷水混合配制热水,设气液混合器)。

(2) PVC的生产流程概况　DCS仿真中PVC的生产流程如图8-15所示。PVC生产包括脱盐水系统、水环真空系统、聚合、浆料汽提、离心过滤、废水汽提、VC回收等七个相对独立的岗位(或工段),其中聚合、浆料汽提、离心过滤为核心岗位。

2. DCS仿真中的生产流程总图与流程简介

(1) 生产流程总图　DCS仿真中的生产流程总图如图8-16所示。

(2) 流程简介

① 抽真空系统　聚合釜(R201)打开盖后,在加料之前必须进行氮气吹扫和抽真空。在抽真空之前,应把聚合釜(R201)上的所有的阀门和人孔都关闭好,釜盖锁紧环

项目八　PVC生产

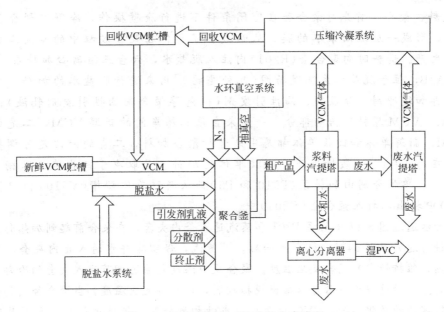

图 8-15　DCS 仿真中 PVC 的生产流程

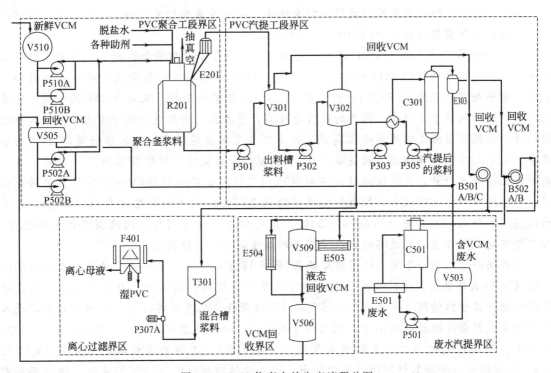

图 8-16　DCS 仿真中的生产流程总图

置于锁紧的位置上。检查抽真空系统是否具备开车条件，有关手阀是否处在正确的位置上，打开聚合釜抽真空阀。开始抽真空，直到聚合釜中压力降到真空状态。然后关闭抽真空阀，检查真空情况。出料槽（V301）和汽提塔进料槽（V302）抽真空的方法与聚合釜（R201）抽真空的方法相似，区别仅在于打开或关闭有关的抽真空管道上的阀门，而不是聚合釜（R201）上的阀门。

② 进料、聚合 首先对聚合釜在密闭条件下进行涂壁操作,冷凝在聚合釜的釜壁和挡板上,形成一层疏油亲水的膜,从而减轻了单体在聚合过程中的粘釜现象,然后进行投料生产。进料时向聚合釜(R201)内注入脱盐水,六台三组离心加料泵[P901A/B~P903A/B,位于脱盐水系统现场图(此处省略)]用来进行脱盐水的加料。启动聚合釜搅拌;再加缓冲剂、分散剂、油性引发剂(微悬浮聚合用油性引发剂乳液);最后加单体VCM。VCM原料包括两部分,一是来自氯乙烯车间的新鲜VCM,二是聚合后回收的VCM。新鲜单体和回收单体都是用来进行聚合加料,二者的配比是可调整的,但通常控制在约4∶1。一般情况下,回收单体的加料量是取决于回收单体贮槽(V506)中单体的量。单体分别由加料泵(P510和P502)从新鲜单体贮槽(V510)和回收单体贮槽(V506)中抽出,打入聚合釜(R201)中。

将冷却水通过图8-17中的泵P201和蒸汽通入釜内夹套,在聚合前起到加热作用,使聚合釜中物料匀速升温到64℃。聚合开始后,关蒸汽,保留冷却水通入釜内夹套,目的在于移出反应热,维持恒定的聚合反应温度。聚合反应温度是通过调节通入夹套的冷却水流量来进行控制的。自动过程调节器可以给出模拟控制,以维持反应温度。当聚合釜内的聚合反应进行到比较理想的转化率时,PVC的颗粒形态结构性能及疏松情况最好,希望此时终止反应,就要加入终止剂。当聚合反应特别剧烈而难以控制时,或釜内出现异常情况,或者设备出现异常都可加入终止剂使反应减慢或完全终止。反应生成物称为浆料,在终止反应后转入下道工序;并放空聚合反应釜(R201)。

③ 浆料汽提 当已做好PVC浆料输送准备,并确信釜料质量合格后,可将浆料输送到以下的两个槽:出料槽(V301)和汽提塔进料槽(V302)。出料前,打开浆料出料阀和聚合釜底阀,启动相应的浆料泵(P301)。出料槽(V301)既是浆料贮槽,又是VCM脱气槽。随着浆料不断地打入这个出料槽,槽内的压力会升高,装在出料槽蒸汽回收管道上的调节阀会自动打开,该阀可以防止回收系统在高脱气速率下发生超负荷现象。控制出料槽(V301)的贮存量,是达到平稳、连续操作的关键。出料槽(V301)的液位应该既能容纳下一釜输送来的物料加上冲洗水的量,又能保证稳定不间断地向浆料汽提塔加料槽(V302)供料。浆料在出料槽中经部分单体回收后,经出料槽浆料输送泵(P302)打入汽提塔进料槽(V302)中,再由汽提塔加料泵(P303)送至汽提塔(C301)。用电磁流量计可测得流向汽提塔的浆料流量,该流量可通过装在通向汽提塔的浆料管道上的流量调节阀进行控制。

浆料供料进入到一个螺旋板式热交换器(图8-18中的E301)中,并在热交换器中被从汽提塔(C301)底部来的热浆料预热。该措施可以节省汽提所需的蒸汽,并能通过冷却汽提塔浆料缩短产品受热时间。带有饱和水蒸气的VCM蒸气,从汽提塔(C301)的塔顶逸出,进入到一个立式列管冷凝器(E303)中,绝大部分的水蒸气在冷凝器中冷凝。立式冷凝器(E303)壳程中,上部为气相物料(夹带水蒸气的VCM气体),下部为液相物料(夹带VCM的水);气相物料从冷凝器的侧面被连续抽出,进入连续回收压缩机(B502)系统;冷凝器底部出来液相物料打入废水贮槽(V503)中,集中处理。装在汽提塔出口管道上的压力调节器,可以自动调节VCM气体出口的流量,来稳定汽提塔的塔顶压力,以使塔内压力稳定。经过汽提后的浆料,可从汽提塔底部打出,经过浆料汽提塔热交换器(E301)后,打入浆料混料槽(T301)。在通向浆料混料槽的浆料管道上,装有一个液位调节阀,通过控制这个调节阀,调节浆料流量,可以使塔底浆料的液位维持在一定的高度。

④ 离心分离、干燥 浆料混合槽(T301)的作用主要有两个:一是作离心机加料的浆料

缓冲槽；二是将每个批次的浆料进行充分混合，使PVC产品的内在指标稳定，减小波动，从而有利于下游企业的深加工，保证塑料制品的质量稳定。离心机加料泵(P307)将PVC浆料由浆料混合槽(T301)送至离心机(F401)，以离心方式对物料进行甩干，由浆料管送入的浆料在强大的离心力作用下，密度较大的固体物料沉入转鼓内壁，在螺旋输送器推动下，由转鼓的前端进入PVC贮槽，母液则由堰板处排入沉降池。

⑤ 废水汽提　去废水汽提塔的废水缓冲是由一个碳钢的废水贮槽(V503)提供的。废水来自V507、V508、E303、V203、V506等设备，在该废水贮槽上装有一个液位指示器，用来调整废水汽提塔的加料流量，使废水贮槽液位处于安全位置。

废水进料泵(P501)可将废水从废水贮槽中吸出，经废水热交换器(E501)，送入废水汽提塔(C501)。在通向汽提塔的供料管道上，装有一个流量调节器，可将流量维持在预定的设定点上。

热交换器(E501)可利用从废水汽提塔内排出的热水预热入塔前的供料废水。这样，可以降低汽提塔的蒸汽用量。废水从废水汽提塔(C501)的塔顶加入，流经整个汽提塔，废水中的VCM得到汽提后，废水从塔底部排出。经汽提后的废水集存在塔釜内，经热交换器(E501)后，排入废水池中。在热交换器(E501)的出口废水管道上装有一个液位调节阀，可以调节排出汽提塔的废水量，以便使塔底部的液位保持恒定。

蒸汽从塔底塔盘与塔底液面之间进入汽提塔。在通向汽提塔(C501)的蒸汽管道上装有一个流量调节器，它可以独立地设定蒸汽流量，通过调节阀进行控制。当塔的供料流量发生变化时，必须调整蒸汽流量的设定点，以保证废水汽提塔的汽提温度。含有饱和水的VCM蒸汽从塔顶逸出，进入VCM回收冷凝器(E503)，将VCM蒸气（含水）冷凝。

汽提塔(C501)的操作条件应根据塔压；预定的废水供入流量以及为维持塔顶温度平衡的蒸汽流量而确定。为了防止废水贮槽中的废水溢流，汽提塔供料流量应随时调节。然后，根据废水供料流量，相应地调整进入汽提塔的蒸汽流量，并使其达到预定的塔顶温度。

⑥ VCM回收　在正常情况下，聚合釜(R201)内不安排VCM的回收，而是将浆料打到出料槽(V301)中，绝大部分的VCM在这个槽中得到回收，剩余的VCM将在浆料汽提塔(C301)中得到回收。在浆料打入出料槽时，该槽上的回收阀门打开，浆料回收物料管道上的截止阀打开，通过间歇回收压缩机(B501)将VCM蒸气送入密封水分离器(V508)，分出水的VCM再送往VCM回收系统。出料槽回收，浆料汽提和废水汽提回收的VCM气体，通过VCM主回收冷凝器(E503)进入RVCM缓冲罐(V509)。冷凝器的操作压力应足够高，使VCM的露点高于冷凝器温度，VCM在主回收冷凝器内就能有效地冷凝。在系统中装有一个压力调节器，可以控制RVCM缓冲罐(V509)的压力；VCM主回收冷凝器(E503)的单体下料量由一个液位调节阀来进行控制，液位调节器可以将RVCM缓冲罐(V509)的液位控制恒定。冷凝器冷凝下来的液相单体进入一个回收单体贮槽(V506)中。

3. DCS仿真中设备仪表名称与工艺参数

(1) 设备仪表名称

① 设备名称　设备一览表如表8-14所示。

② 仪表名称　仪表一览表如表8-15所示。

(2) 工艺参数控制　主要工艺参数控制指标如表8-16所示。

表 8-14 设备一览表

设备位号	设备名称	设备位号	设备名称
B201	真空泵	P501	废水进料泵
B501	间歇回收压缩机（水环式）	P502	回收 VCM 加料泵
B502	连续回收压缩机（水环式）	P510	新鲜 VCM 加料泵
C301	浆料汽提塔	P901A/B,P902A/B,P903A/B	脱盐水泵
C501	废水汽提塔	R201	聚合釜
E201	蒸汽净化冷凝器	T301	浆料混合槽
E301	浆料热交换器	T901	脱盐水罐
E303	塔顶冷凝器	V203	真空分离罐
E501	废水热交换器	V301	出料槽
E503	VCM 回收冷凝器	V302	汽提塔进料槽
E504	VCM 二级冷凝器	V503	废水贮槽
F401	离心分离机	V506	回收 VCM 贮槽
P301	浆料输送泵	V507	密封水分离器
P302	出料槽浆料输送泵	V508	密封水分离器
P303	气体塔加料泵	V509	RVCM 缓冲罐
P305	汽提塔底泵	V510	新鲜 VCM 贮槽
P307	离心进料泵	P501	废水进料泵

表 8-15 仪表一览表

仪表号	说明	单位	正常数据	仪表号	说明	单位	正常数据
FI1001	聚合釜进料流量显示	T/h	143	PI2002	V301 压力	MPa	0.5
FI3003	废水汽提塔	T/h	5	PI2003	P302 出口压力	MPa	1.2
FI3004	C501 加热蒸汽流量	T/h	6	PI2004	V302 压力	MPa	0.5
FIA1003	浆料去出料槽流量	T/h	513	PI2006	P303 出口压力	MPa	1
FICA2001	汽提塔进料流量显示	kg/h	51288	PI2007	P305 出口压力	MPa	2
FICA2002	C301 加热蒸汽流量	T/h	5	PI2009	C301 压力	MPa	0.5
LI1002	聚合釜液位显示	%	60	PI2011	B502 出口压力	MPa	1.2
LI2001	出料槽液位显示	%	60	PI2012	V507 压力	MPa	0.56
LI2002	汽提塔进料槽液位显示	%	60	PI2013	B501 压力	MPa	1.2
LI3005	废水汽提塔液位控制	%	30	PI2014	V508 压力	MPa	0.56
LI5001	浆料混合槽液位显示	%	30	PI3001	V503 压力	MPa	0.5
LI6002	回收 VCM 贮槽液位显示	%	50	PI3007	C501 压力	MPa	0.6
LIC2003	汽提塔液位控制	%	40	PI6001	V509 压力	MPa	0.5
LIC2004	汽提塔塔顶冷凝器液位控制	%	30	T2005	C301 温度	℃	110

续表

仪表号	说明	单位	正常数据	仪表号	说明	单位	正常数据
LIC4001	真空分离罐液位控制	%	40	TI2001	V301进料温度	℃	64
LIC6001	一级冷凝器液位控制	%	30	TI2002	V302进料温度	℃	64
LIC6002	回收VCM贮槽液位控制	%	50	TI2003	C301进料温度	℃	90
LICA1001	新鲜VCM贮槽液位控制	%	40	TI2006	V507温度	℃	64
PDIA2010	汽提塔出口压力控制	MPa	0.5	TI2007	V508温度	℃	64
PI1001	新鲜VCM贮槽压力显示	MPa	0.2	TI3006	C501温度	℃	90
PI1005	聚合釜压力显示	MPa	1.2	TICA1002	聚合釜温度控制	℃	64
PI2001	P301出口压力	MPa	1.2	TICA1003	聚合釜夹套温度控制	℃	64

表8-16 主要工艺参数控制指标

设备名称	项目及位号	正常指标	单位	设备名称	项目及位号	正常指标	单位
聚合釜	釜内液位(LI1002)	60	%	出料槽	压力(PI2002)	0.5	MPa
	反应压力(PI1005)	0.7~1.2	MPa		液位(LI2001)	60	%
	釜内温度(TICA1002)	64	℃		温度(TI2001)	64	℃
	循环水温度(TICA1003)	30	℃	汽提塔进料槽	压力(PI2004)	0.5	MPa
浆料汽提塔	塔釜压力(PI2009)	0.5	MPa		液位(LI2002)	60	%
	塔内温度(TI2005)	110	℃		温度(TI2002)	64	℃

4. 微悬浮法PVC生产仿真操作

(1) 仿真操作画面 微悬浮法PVC生产仿真操作的训练项目仅有冷态开车。生产中涉及7个岗位(或工段);仿真操作中每个岗位有DCS画面和现场画面各1个,共涉及14个画面,包括[聚合DCS图]、[浆料汽提DCS图]、[废水汽提DCS图]、[真空系统DCS图]、[离心过滤DCS图]、[VC回收DCS图]、[脱盐水系统DCS图]等7个DCS图画面,以及[PVC聚合工段现场图]、[浆料汽提工段现场图]、[废水汽提现场图]、[真空系统现场图]、[离心过滤现场图]、[VC回收现场图]、[脱盐水系统现场图]等7个现场图画面。

[聚合DCS图]画面如图8-17所示,[浆料汽提DCS图]画面如图8-18所示。

(2) 仿真操作步骤

① 脱盐水的准备

◆ [脱盐水系统现场图]打开T901进水阀VAD7001,待液位达到70%后,关闭阀门

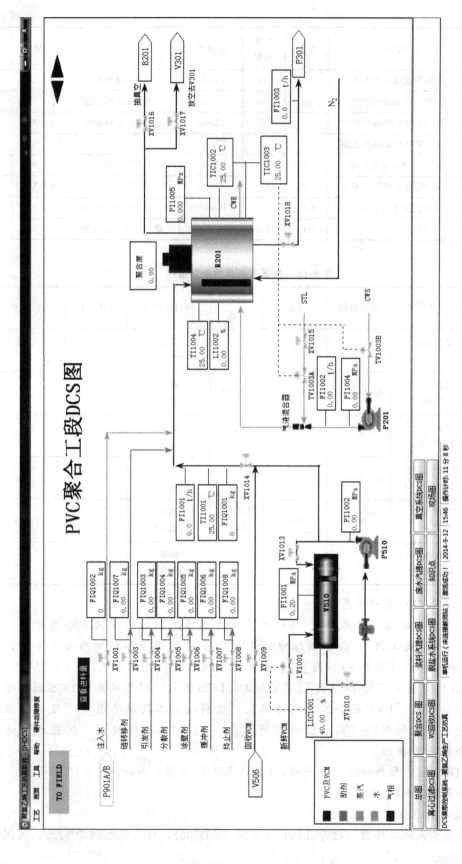

图8-17 [聚合DCS图]画面

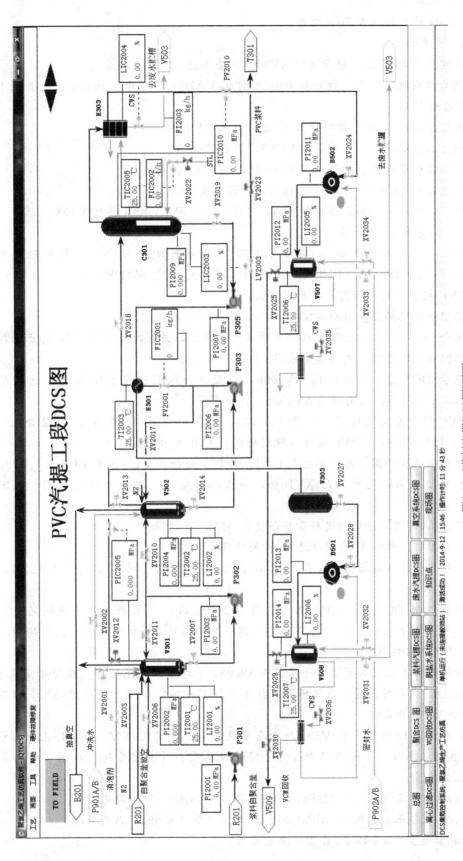

图 8-18 [浆料汽提 DCS 图] 画面

VA7001。T901 液位控制在 70% 左右。

② 真空系统的准备

◆ [真空系统 DCS 图] 打开阀门 XV4004，给 V203 加水。

◆ [脱盐水系统现场图] 打开泵 P902A 前阀 VA7004；打开泵 P902A；打开泵 P902A 去往 V203 后阀 VA7008。

◆ [真空系统 DCS 图] 待液位为 40 后，关闭 XV4004。

◆ [脱盐水系统现场图] 关闭 VA7008；停泵 P902A。

◆ [真空系统现场图] 打开阀门 VD4001，给 E201 换热。

◆ [真空系统 DCS 图] LIC4001 投自动，设定值 40%。

控制 V203 液位为 40%，若液位过高，可通过液调阀 LV4001 排往 V503。

③ 反应器（聚合釜）的准备

◆ [PVC 聚合工段现场图] 打开 VA1003，给聚合釜 R201 吹 N_2，[聚合 DCS 图] 当 R201 压力达到 0.5MPa 后，[PVC 聚合工段现场图] 关闭 N_2 阀门 VA1003。

◆ [PVC 聚合工段现场图] 打开阀门 XV1016。

◆ [真空系统现场图] 启动真空泵 B201，给聚合釜抽真空。

◆ [聚合 DCS 图] 当 R201 的压力处于真空状态后，关闭阀门 XV1016，停止抽真空。

◆ [真空系统现场图] 关闭真空泵 B201。

◆ [聚合 DCS 图] 打开阀门 XV1006，给聚合釜涂壁；待涂壁剂进料量满足要求（FIQ1005≤0.25kg）后，关闭阀门 XV1006，停止涂壁。

◆ [PVC 聚合工段现场图] 打开 VA1003，给聚合釜 R201 吹 N_2，[聚合 DCS 图] R201 压力达到 0.5MPa，[PVC 聚合工段现场图] 关闭 N_2 阀门 VA1003。

◆ [真空系统现场图] 启动真空泵 B201，给聚合釜抽真空；[聚合 DCS 图] R201 抽真空至 −0.03MPa 左右，关闭阀门 XV1016，停止抽真空；[真空系统现场图] 关闭真空泵 B201。

◆ [聚合 DCS 图] 涂壁剂进料量符合要求（标准值 0.27kg）。

④ V301/V302（出料槽/汽提塔进料槽）的准备

◆ [浆料汽提工段现场图] 打开 VA2005，给出料槽 V301 吹 N_2；打开 VA2007，给出料槽 V302 吹 N_2。

◆ [浆料汽提 DCS 图] V301 压力达到 0.2MPa 后，[浆料汽提工段现场图] 关闭 VA2005；[浆料汽提 DCS 图] V302 压力达到 0.2MPa 后，[浆料汽提工段现场图] 关闭 VA2007；启动真空泵 B201。

◆ [浆料汽提工段现场图] 打开阀门 VA2003，[真空系统现场图] 启动真空泵 B201，给 V301 抽真空；[浆料汽提工段现场图] 打开阀门 VA2002，[真空系统现场图] 启动真空泵 B201，给 V302 抽真空。

◆ [浆料汽提 DCS 图] 当 V301 处于真空状态后，关闭阀门 VA2003 停止抽真空；当 V302 处于真空状态后，关闭阀门 VA2002 停止抽真空；[真空系统现场图] 关闭真空泵 B201，停止抽真空。

N_2 吹扫 V301 压力达到 0.2MPa（＞0.1，与 0.2 偏差小好），满足要求。

N_2 吹扫 V302 压力达到 0.2MPa（＞0.1，与 0.2 偏差小好），满足要求。

V301 抽真空至 −0.03MPa 左右，满足要求。

V302抽真空至-0.03MPa左右，满足要求。

⑤ 压缩机系统的准备

◆ [脱盐水系统现场图] 启动泵P902A；打开去往V508阀门VA7010；打开去往V507阀门VA7011。

◆ [浆料汽提DCS图] 打开阀门XV2032，向密封水分离罐V508中注入水至液位计显示值为40%；打开阀门XV2034，向密封水分离罐V507中注入水至液位计显示值为40%；V508进密封水结束后，关闭XV2032；V507进密封水结束后，关闭XV2034。

◆ [脱盐水系统现场图] 关闭去往V508阀门VA7010；关闭去往V507阀门VA7011；关闭泵P902A；关闭P902A前阀VA7004。

保持密封水分离罐V508的液位在40%左右。

保持密封水分离罐V507的液位在40%左右。

⑥ 反应器加料（聚合釜的间歇操作步骤之一）

◆ [聚合DCS图] 打开阀VX1001，给聚合釜加水。

◆ [脱盐水系统现场图] 打开P901A前阀VA7002；启动泵P901A；打开泵P901A后阀VA7006。

◆ [聚合DCS图] 启动搅拌器，开始搅拌，输入功率值为150kW左右；打开XV1004，给聚合釜加引发剂乳液；打开阀门XV1005，给聚合釜加分散剂；打开阀门XV1007，给聚合釜加缓冲剂。[聚合DCS图] LICA1001设为自动，给新鲜VCM罐加料，LICA1001目标值设为40%（初次开车没有回收VCM加料，但第二次及以后开车需用回收VCM先加料。）[VC回收DCS图] 回收VCM贮槽V506液位LIC6002设自动，设定值为50%。

◆ [聚合DCS图] 打开VCM入口管线阀门XV1014；打开新鲜VCM贮槽V510出口阀门XV1010；[PVC聚合工段现场图] 打开泵P510前阀门VA1004；打开泵P510给聚合釜加VCM单体；打开泵P510后阀门VA1005。

◆ [聚合DCS图] 按照建议进料（水的进料量为49507.52kg），水进料结束后，关闭XV1001。

◆ [脱盐水系统现场图] 关闭泵P901A后阀VA7006；停泵P901A；关闭泵P901A前阀VA7002。

按照建议进料，引发剂乳液进料结束后（进料量在6.6kg左右），关闭XV1004。

按照建议进料，分散剂进料结束后（进料量在21kg左右），关闭XV1005。

按照建议进料，缓冲剂进料结束后（进料量在3.9kg左右），关闭XV1007。

◆ [PVC聚合工段现场图] VCM进料结束后（进料量在23935kg左右），关闭阀门VA1005；进料结束后，停泵P510；进料结束后，关闭阀门VA1004。

◆ [聚合DCS图] 关闭阀门XV1014。

控制新鲜VCM罐液位在40%；控制水的进料量在49507.52kg左右；控制VCM的进料量在23935kg左右（若用回收VCM加料，则VCM进料总量控制在23935kg左右）。

分散剂进料量符合要求；缓冲剂进料量符合要求；引发剂乳液进料量符合要求。

⑦ 反应温度控制（聚合釜的间歇操作步骤之二）

◆ [PVC聚合工段现场图] 启动聚合釜冷却用冷水泵P201；打开泵后阀VA1006；[聚合DCS图] 打开蒸汽入口阀XV101（相当于热水通入聚合釜夹套，用于加热）。

◆ [聚合DCS图] 当反应温度接近64℃时，TICA1002投自动，设定反应温度为64℃。

◆ ［聚合DCS图］TICA1003投串级；控制聚合釜温度在64℃左右（自动控制通入蒸汽量）；聚合釜压力不得大于1.2MPa，若压力过高，［聚合DCS图］打开XV1017及相关阀门，向V301泄压。

⑧ R201出料（聚合釜的间歇操作步骤之三）

◆ ［聚合DCS图］待聚合釜出现约0.5MPa的压力降后，打开终止剂阀门XV1008；按照建议进料量(1.49kg)，终止剂进料结束后，关闭XV1008。

◆ ［PVC聚合工段现场图］打开R201出料阀XV1018。

◆ ［浆料汽提DCS图］打开V301入口阀XV2006。

◆ ［浆料汽提工段现场图］打开泵P301前阀VA2014；打开P301，泄料；打开泵后阀VA2015。

◆ ［浆料汽提工段现场图］启动V301搅拌器。

◆ ［浆料汽提工段现场图］泄料完毕后关闭泵P301后阀VA2015；停泵P301；关闭泵前阀VA2014。

◆ ［PVC聚合工段现场图］关闭阀门XV1018。

◆ ［浆料汽提DCS图］关闭阀门XV2006。

◆ ［PVC聚合工段现场图］关闭泵P201后阀VA1006；停泵P201。

◆ ［聚合DCS图］关闭反应温度控制，TICA1003的OP值设定为50。终止剂进料量符合要求。

R201出液完毕后，可将釜内气相排往V301或通过抽真空排出。

⑨ V301/V302操作（出料槽/汽提塔进料槽的间歇操作）

◆ ［浆料汽提DCS图］V301顶部压力调节器投自动，压力控制目标值设定为0.5MPa。

◆ ［浆料汽提DCS图］打开阀门XV2003，向V301注入消泡剂；1min后关闭阀门XV2003，停止V301注入消泡剂。

◆ ［浆料汽提DCS图］经过部分单体回收，待V301压力基本不变化时，打开V301出料阀XV2007。

◆ ［浆料汽提DCS图］打开V302进口阀门XV2010。

◆ ［浆料汽提工段现场图］打开泵P302前阀VA2016；启动P302泵；打开泵P302后阀VA20017。

◆ ［浆料汽提工段现场图］启动V302搅拌器。

◆ ［浆料汽提工段现场图］如果V301液位低于0.1％，关闭P302泵后阀VA2017；停P302泵；关闭P302泵前阀VA2016。

◆ ［浆料汽提工段现场图］停V301搅拌器。

◆ ［浆料汽提DCS图］关闭V302入口阀XV2010；关闭V301出料阀XV2007。

◆ ［浆料汽提DCS图］打开V302出料阀XV2014；打开C301进口阀XV2018。

◆ ［浆料汽提工段现场图］打开泵P303前阀VA2018；启动C301进料泵P303；打开泵P303后阀VA2019。

◆ ［浆料汽提DCS图］逐渐打开流量控制阀FV2001。

V301压力控制在0.5MPa。

V302压力控制在0.5MPa，若压力大于0.5MPa，可打开XV2013向V303泄压。

控制流量为51288kg/h。

V301出液完毕后，可将罐内气相排往V303。

⑩ C301的操作（汽提塔连续操作）

◆［浆料汽提DCS图］逐渐打开FV2002（蒸汽流量），蒸汽阀开度在50%左右；PIC2010投自动。

◆将C301的压力控制在0.5MPa左右。

◆［浆料汽提工段现场图］打开L.P单体压缩机B502前阀XV2024；启动L.P单体压缩机B502；打开L.P单体压缩机B502后阀VA2011。

◆［VC回收现场图］打开换热器E503冷水阀VD6004；打开换热器E504冷水阀VD6003。

◆［浆料汽提DCS图］打开C301出料XV2019。

◆［浆料汽提工段现场图］打开泵P305前阀VA2020；打开泵P305，向浆料混合槽T301泄料；打开泵P305后阀VA2021。

◆［浆料汽提DCS图］打开C301液位控制阀LV2003；待液位稳定在40%左右时，C301液位控制阀LIC2003投自动；C301液位控制器设定值为40%。

◆［浆料汽提DCS图］汽提塔冷凝器E303液位控制阀LIC2004投自动；E303液位控制在30%左右，冷凝水去废水贮槽。

◆［浆料汽提DCS图］当C301塔内温度（TIC2005）稳定在110℃左右时，TIC2005投自动；设定控制温度110℃；塔底加入蒸汽流量FIC2002投串级。

打开C301至T301浆料混合槽阀门，控制液位稳定在40%。

C301塔内温度控制在110℃左右。

控制E303液位稳定在30%。

⑪ 浆料成品（离心过滤）的处理（连续操作）

◆［离心过滤DCS图］当T301内液位达到15%以上时，打开T301出料阀XV5002。

◆［离心过滤现场图］启动离心分离系统的进料泵P307。

◆［离心过滤DCS图］打开离心机F401入口阀XV5003。

◆［离心过滤现场图］启动离心机F401，调整离心转速（100转左右），向外输送合格湿物料。

⑫ 废水汽提（连续操作）

◆［废水汽提DCS图］当V503内液位达到15%以上时，［废水汽提现场图］打开V503出口阀VA3001。

◆［废水汽提现场图］启动泵P501，向废水汽提塔C501注废水。

◆［废水汽提DCS图］逐渐打开流量控制阀FV3003（废水流量），流量在5t/h左右，注意保持V503液位不要过高。

◆［废水汽提DCS图］逐渐打开流量控制阀FV3004（蒸汽流量），流量在6t/h左右，注意保持C501温度在90℃左右。

◆［废水汽提DCS图］逐渐打开液位控制阀LV3005；当C501液位稳定在30%左右时，LIC3005投自动；C501液位控制在30%左右。

C501液位控制在30%左右。

C501压力控制在0.6MPa左右，若压力过高，可打开阀门VA3004向V509泄压。

通过调整蒸汽量,使 C501 温度保持在 90℃左右。

V503 压力控制在 0.25MPa 左右,若压力超高,可打开阀门 XV3003 向 V509 泄压。

⑬ VCM 回收　回收的 VCM 来自浆料汽提和废水汽提。浆料汽提回收的 VCM 分别来自压缩机 B501 和 B502,压缩机 B501 配合出料槽/汽提塔进料槽 V301/V302 进行间歇操作,用于回收 VCM;压缩机 B502 配合浆料汽提塔 C301 用于连续回收 VCM。废水汽提回收的 VCM 来自废水汽提塔 C501。本操作仅处理来自 B501 回收的 VCM。

◆ [VCM 回收 DCS 图] 压力控制阀 PIC6001 投自动,未冷凝的 VCM 进入换热器 E504 进行二次冷凝;V509 压力控制在 0.5MPa 左右。

◆ [VCM 回收 DCS 图] 液位控制阀 LIC6001 投自动,冷凝后的 VCM 进入回收 VCM 贮槽 V506;RVCM 缓冲罐 V509 液位控制设定值在 30%左右。

◆ [浆料汽提 DCS 图] 打开 V303 出口阀 XV2027;打开 B501 前阀 XV2028。

◆ [浆料汽提工段现场图] 启动间歇回收压缩机 B501;打开 B501 后阀 VA2012。

◆ [浆料汽提工段现场图] 当 B501 压力为 0 时,间歇回收完毕,关闭 B501 后阀 VA2012;停压缩机 B501。

◆ [浆料汽提 DCS 图] 关闭 B501 前阀 XV2028。

V509 液位控制在 30%左右。

V509 压力控制在 0.5MPa 左右。

任务二
氯乙烯本体聚合生产PVC

一、本体聚合法生产 PVC 的特点及产品性能

1. 本体聚合法生产 PVC 特点

本体聚合是单体在引发剂或热、光、辐射的作用下,不加其他介质进行的聚合过程,本体聚合后处理简单,产品纯度较好,应当有个美好前景。由于聚合过程中搅拌和传热的难题,该法一直到 20 世纪 70 年代才由法国 ATO 公司首先工业化。我国有少数厂家采用,在国内其生产能力约占总产量 5%以下。

(1) 本体聚合法的优点

① 聚合过程有聚合体系不用水和分散剂,工艺过程比较简单,从而减少生产所需的各种助剂配制过程和设备,装置占地面积较小。

② 产品纯度很高,产品热稳定性高、透明性好,在产品质量方面的控制比悬浮法较易操作,不但可确保不同批次的树脂质量相同,而且可根据用户的需要进行质量调整。

③ 产品吸收增塑剂速率快,成型加工流动性好。

④ 整个生产工艺基本上无废液排放,排气可达到最低程度,环境污染少。

(2) 本体聚合法的缺点

① 相对发热量较大,聚合反应热排出困难,温度不易控制(没有稀释剂的存在,反应物

黏度高，聚合物热量不易移出）。
② 容易造成产品分子量分布太宽，颜色加深，甚至有产生气泡的倾向。
③ 因为收缩，引起裂纹，使产品易老化。
④ 聚合釜容积较小，目前最大为 $50m^3$，产能有限。

2. 本体聚合法生产 PVC 的产品性能

本体法（MPVC）树脂和悬浮法（SPVC）树脂都属于通用型的聚氯乙烯树脂，可以通过特定的配料工艺和各种加工过程而制得一系列从硬质到软质、性能各异、质量良好的聚氯乙烯塑料制品。但是由于 MPVC 树脂的颗粒形态规整，结构紧密而且疏松，表观密度大且孔隙率高（比表面积大）又无皮膜包覆，粒径适中（110～130μm），分布均匀集中，流动性好，因而增塑剂吸收量大且速率快，均匀，增塑剂容易破碎和熔融，加工温度低，生产量大，增塑性能和加工性能都十分优越。

（1）微观结构　从聚氯乙烯树脂颗粒的扫描电镜照片可以看出，本体法聚氯乙烯树脂无皮膜，增塑剂以及其他加工助剂容易渗入，颗粒容易破碎，易于加工。

（2）表观密度　本体法聚氯乙烯树脂具有较高的表观密度，一般为 $0.60～0.62g/cm^3$，比悬浮法聚氯乙烯树脂高 15% 左右，有利于提高加工速度，在挤出成型过程中，其加工速度比悬浮法聚氯乙烯树脂快 15% 左右。

（3）孔隙率　本体法聚氯乙烯树脂的孔隙率较高，对增塑剂的吸收比悬浮法聚氯乙烯树脂快。

（4）粒度分布　本体法聚氯乙烯树脂的颗粒分布比较集中，粒径为 100～250μm 的颗粒集中度可以达到 90%。

（5）塑化性能　在硬质聚氯乙烯制品的加工过程中，本体法聚氯乙烯树脂的塑化时间比悬浮法聚氯乙烯树脂短 20%～30%；在软质聚氯乙烯制品的加工过程中，本体法聚氯乙烯树脂的塑化温度比悬浮法聚氯乙烯树脂低 5%～10%。

（6）热稳定性　由于在 MPVC 生产过程中助剂的加入量少，且无需干燥等后处理工序，所以热稳定性好，但本体法聚氯乙烯树脂的静态热稳定性比悬浮法聚氯乙烯树脂差，初期着色性 MPVC 优于悬浮法聚氯乙烯树脂。MPVC 白度一般在 80% 左右，而 SPVC 白度在 78% 左右。

（7）吸湿性　本体法聚氯乙烯树脂在生产过程中不使用水和分散剂，因此分子链上没有吸湿性的羟基基团，可以长期存放而不会吸湿。

（8）透明性　本体法聚氯乙烯树脂制品的透明性高。由于聚合过程中使用的助剂少，聚合物的杂质含量低，能生产出类似玻璃透明度的制品。

（9）电性能　本体法聚氯乙烯树脂制品的电性能优良。

综上所述，本体法聚氯乙烯树脂很多性能均优于悬浮法聚氯乙烯树脂，凡是可以用悬浮法聚氯乙烯树脂加工的制品，用本体法聚氯乙烯树脂均可以加工，设备几乎无需改动。

二、氯乙烯本体聚合原理、配方及投料计算

1. 氯乙烯本体聚合原理

本体聚合过程中，根据体系的物态不同可分为两个阶段：第一阶段（预聚合阶段）体系基本呈液相，是微粒形成阶段；第二阶段（后聚合阶段）物料由黏稠状变成粉状，是微粒的增长变大阶段。第二阶段是聚合的主要阶段。

(1) 预聚合　溶有引发剂的液态氯乙烯加至预聚合釜后于 62~75℃进行预聚合。反应时间一般不超过 30min，转化率控制在 7%~12%。此时引发剂实际上已经全部耗尽，转化率不可能再进一步提高。预聚合阶段沉淀的微粒可作为后续聚合的沉淀中心或种子粒子，这正是预聚合的目的。

预聚合时应选择分解速率快的高活性引发剂，引发剂的半衰期低于 10min，用量控制在尽可能使 10%以上单体转化为宜。因此预聚合阶段加入活性较高的复合引发剂过氧化二碳酸二(2-乙基己基)酯(EHP)和过氧化乙酰基环己烷磺酰(ACSP)。

预聚合体系物料黏度随转化率增高而增大，当转化率在 7%~12%时，可通过夹套和回流排除反应热。经验证明，为保证预聚反应热的排出，不必将全部单体都经预冷却，只需将聚合所需的一半单体通过预聚即可，剩下一半单体可在后聚合过程中加入。

与悬浮聚合成粒机理相同。当聚合反应开始后，生成的聚氯乙烯迅速沉淀析出，由最初的微粒结构逐渐增长为直径约为 $0.7\mu m$ 的初级粒子。所有初级粒子在同一时间内生成，其直径随转化率的提高而增大。初级粒子的数目取决于聚合温度和引发剂用量。当转化率达到 1%左右时，搅拌作用使初级粒子聚集为更大的球形絮凝物。絮凝物的强度随聚合反应温度的降低而下降。为了使絮凝物在转移到第二阶段所用聚合釜中时形状不遭受破坏，聚合反应温度应不低于 62℃。初级粒子的聚集体将在第二阶段聚合中继续增长。

(2) 后聚合　后聚合的工艺条件为不低于 62℃，反应时间 3~9h，转化率接近 80%。后聚合的过程就是预聚合阶段形成的种子粒子在液相或固相中进一步长大的过程，最终形成直径为 $130~160\mu m$ 的产品颗粒。

当转化率达 20%时，形成的颗粒与液态单体并存，所以呈潮湿状态，当转化率达 40%左右时，由于液态单体数量减少，而转变成无液态的干体粉末。此时，传热效率低，主要靠单体汽化、回流带走热量。为了更好地排出后聚合阶段的聚合热，设备设置上后聚合釜与预聚釜数量以 5∶1 配套。

转化率达规定的 70%~80%后反应可停止。在真空条件下加热至 90~100℃，然后通氮气或水蒸气进一步抽取未反应的单体。回收的单体经精制压缩后循环利用。

后聚合反应中，应选择引发速率较慢的低活性引发剂，后聚合阶段加入的引发剂有过氧化十二酰(LPO)，所需的引发剂可以溶在增塑剂中注入。

2. 氯乙烯本体聚合的物料配方

以 $25m^3$ 预聚合釜配 $50m^3$ 后聚合釜的本体聚合装置为例，其物料配方如下。

(1) 氯乙烯单体　氯乙烯作为本体聚合的主要原料，对其纯度的要求相当高，一般大于 99.9%，微量的杂质的存在对聚合过程和产品树脂的颗粒特性有着显著的影响。

氯乙烯单体分两个阶段投料，预聚合阶段为 16.5t，后聚合阶段补加氯乙烯单体 11.5~13.5t，一个完整聚合周期用氯乙烯单体 28~30t。

(2) 引发剂　氯乙烯本体聚合所用的引发剂多为有机过氧化物，一般为过氧化二碳酸二(2-乙基己基)酯、过氧化乙酰基环己烷磺酰(ACSP)、过氧化十二酰(LPO)和丁基过氧化酸酯(TB-PND)等，也可将两种以上引发剂复合使用。

预聚合阶段加入复合引发剂过氧化二碳酸二(2-乙基己基)酯(EHP)和过氧化乙酰基环己烷磺酰(ACSP)，加入量分别为单体质量的 0.01%~0.02%和 0.01%~0.04%。后聚合阶段加入引发剂有过氧化十二酰(LPO)，加入量为单体质量的 0.1%~0.3%。

（3）添加剂　为了提高产品性能、保证产品质量和生产安全，在聚合过程中需加入少量添加剂，一般为有机或无机化学品。

① 增稠剂　一般是巴豆酸醋酸乙烯酯共聚物等，用来调节产品的黏度、孔隙度和疏松度，以便提高初级粒子的黏度，使之在凝聚过程中生成更为紧密的树脂颗粒。初级粒子之间的距离越小，孔隙度降低，密度增加。

增稠剂巴豆酸醋酸乙烯酯共聚物，加入量为每釜100～300g（在后聚合阶段加入）。

② 抗氧化剂　聚合过程中，氧会使聚合反应终止，生成带有过氧结构的端基，此种过氧化物端基在较高温下分解生成自由基，促使聚氯乙烯大分子链脱去氯化氢，促使聚氯乙烯分解，使聚氯乙烯外观颜色加深。因而在加料前要尽量将釜内的空气抽走或排尽，在聚合过程中不断地排气，聚合体系中还要加入一定量的抗氧化剂，以中和未反应的引发剂，保证生产安全。

常用的抗氧剂为2,6-二叔丁基羟基甲苯（BHT），加入量为每釜1800～2000g（在后聚合阶段加入）。

③ 硝酸　硝酸一般用于调整pH来保证聚合能稳定地进行，减缓聚氯乙烯颗粒皮壳的形成；另一方面防止粘釜和腐蚀设备。

20%硝酸加入量为每釜700mL（在后聚合阶段加入）。

④ 润滑剂　润滑剂又称抗静电剂，一般采用丙三醇。在聚氯乙烯树脂卸料前加入，用于增加树脂光滑度，防止聚氯乙烯输送过程中产生静电，增加树脂的流动性。

润滑剂丙三醇加入量为每釜700～3000mL。

⑤ 终止剂　一般采用双酚A。在聚合过程中若发生意外情况，如停水、断电等意外事故，保证生产安全，就应向预聚合釜或后聚合釜内添加一种使自由基连锁反应终止的物质，以停止聚合反应。

终止剂双酚A加入量为0.2～0.4kg/t PVC。

3. 氯乙烯本体聚合的投料计算

氯乙烯本体聚合工艺流程示意图如图8-19所示。对于25m³预聚合釜（1个）配50m³后聚合釜（5个）的本体聚合装置，其一次间歇聚合生产中的投料计算如表8-17所示。

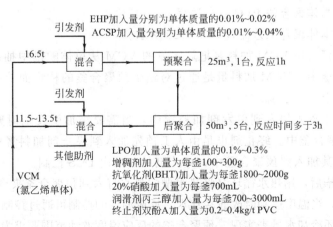

图8-19　氯乙烯本体聚合工艺流程示意图

表 8-17 一次间歇聚合生产中的投料(25m³ 预聚合釜配 50m³ 后聚合釜)

预聚合釜中的投料			后聚合釜中的投料		
物料名称	比例	用量	物料名称	比例	用量
单体 VCM	1	16500kg	单体 VCM	1	11500～13500kg
引发剂 EHP	0.01%～0.02%	1.65～3.30kg	引发剂 LPO	0.1%～0.3%	11.5～34.5kg 或 13.5～40.5kg
引发剂 ACSP	0.01%～0.04%	1.65～6.60kg	增稠剂巴豆酸醋酸乙烯共聚物	—	100～300g
—	—	—	抗氧化剂(BHT)	—	1.8～2kg
—	—	—	20%硝酸	—	700mL
—	—	—	润滑剂丙三醇	—	700～3000mL
—	—	—	终止剂双酚 A	0.2～0.4kg/t PVC（聚合产物总量）	5.6～11.2kg 或 6～12kg

【任务评价】

(1) 填空题

① 本体聚合过程中，第一阶段(预聚合阶段)体系基本呈_____相，是微粒形成阶段。

② 本体聚合过程中，第二阶段(后聚合阶段)物料由黏稠状变成_____状，是微粒的增长变大阶段。

③ 预聚合阶段，转化率控制在_____。

④ 预聚合阶段，聚合反应温度应不低于_____℃。

⑤ 后聚合的过程就是预聚合阶段形成的种子粒子在固相中进一步长大的过程，最终形成直径为_____μm 的产品颗粒。

⑥ 后聚合阶段，转化率达规定的_____后反应可停止。

⑦ 预聚合阶段加入_____引发剂过氧化二碳酸二(2-乙基己基)酯(EHP)和过氧化乙酰基环己烷磺酰(ACSP)。

(2) 思考题

预聚合和后聚合两个阶段产生大量的热量，应该采取什么措施来移走热量呢？

三、氯乙烯本体聚合法 PVC 生产过程

1. 氯乙烯两段本体聚合法 PVC 生产过程

聚氯乙烯两段本体聚合工艺流程如图 8-20 所示。

(1) 预聚合过程　用 VCM 加料泵把规定量的 VCM 从单体贮槽中抽出，经单体过滤器过滤后打入预聚合釜中。VCM 加料量是通过对整个预聚合釜的称量而控制的，预聚合釜则安装在负载传感器上。

引发剂是由人工预先加入到引发剂加料罐中，当需要添加引发剂时则按规定的程序用 VCM 将其带入预聚合釜中。终止剂也是由人工预先加入到终止剂加料罐中，发生紧急情况时则用高压氮气将其加入到预聚合釜中，终止剂的加入由 DCS 控制。

当物料加入完毕后，用热水循环泵将热水槽的热水打入到预聚合釜夹套内，将 VCM 升温到规定的反应温度，当温度达到时改通冷却水。反应温度的控制可通过控制预聚合釜釜顶回流冷凝器或夹套的循环冷却水量来实现。预聚合釜的反应温度波动范围要求为±(0.2～0.5)℃。

当聚合转化率达到 8%～12% 时，预聚合反应停止，并把物料全部排入聚合釜中。

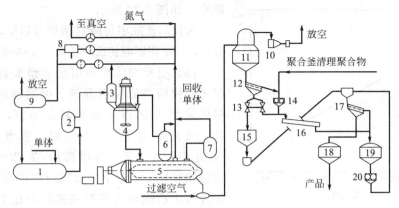

图 8-20　聚氯乙烯两段本体聚合工艺流程

1—单体贮罐；2—单体过滤器；3,6,9—冷凝器；4—预聚合釜；5—后聚合釜；
7—分离器；8—压缩机；10—空气过滤器；11,15,18,19—料斗；
12,17—槽；13—阀门；14,20—粉碎机；16—传输装置

（2）后聚合过程　由操作人员将引发剂、其他助剂分别加入到引发剂、其他助剂加料罐（每种助剂对应一个加料罐）中，再按规定的程序加入到后聚合釜中。后聚合釜中 VCM 的加料量是通过对整个聚合釜的称量来控制的，聚合釜同样是安装在负载传感器上。

在 30min 内用热水将聚合釜内的物料升温到规定温度，升温所用的热水来自热水槽。当温度达到规定温度时，停止升温。然后逐步向聚合釜夹套和回流冷凝器中通入冷却水，维持聚合反应温度恒定，其温度波动控制在±(0.2~0.5)℃内。在聚合周期开始时反应物是液相，且有"种子"悬浮在液相中。随着聚合反应的进行，原料(VCM)液体变成了聚合物固体粒子(PVC)，液体量逐渐减少，固体量逐渐增多，反应物则从液相变成稠状，再变成粉末状。

当达到反应终点时，开始用自压回收和真空回收相结合的方法回收未反应的 VCM，使 PVC 颗粒中残留的 VCM 含量减少到最低。接着通入氮气进一步提取未反应的 VCM，之后使聚合釜的压力回到常压。启动气体输送系统，将聚合釜内的粉料通过 PVC 出料阀送入输送系统，到分级工序进一步处理。出料结束后，对聚合釜进行冲洗（需要时）、干燥，准备生产下一批次树脂。

2. 预聚合过程的工艺影响因素

预聚合的影响因素，包括搅拌转速、预聚合温度、引发剂活性和用量、聚合反应传热四个方面。

（1）搅拌转速　预聚合釜中采用平桨涡轮式搅拌器，结合用挡板防止形成涡流，最终的颗粒直径依赖于搅拌转速，搅拌转速越大，颗粒直径越小，且呈线性关系。粒径与搅拌转速的关系如图 8-21 所示。

（2）预聚合温度　第一段聚合反应温度控制在 62℃以上，以保证聚集体的内聚力。预聚合釜中形成的聚合物仅约占总重的 5%，因此预聚合温度不影响最终聚氯乙烯产品的相对分子质量。但影响聚集体"网状"结构的展开程度，即影响孔

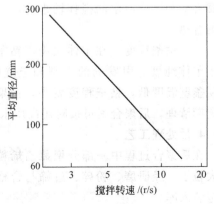

图 8-21　本体聚合物的粒径与预聚合釜搅拌转速的关系

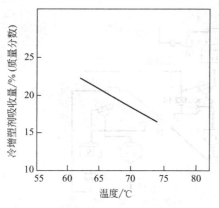

图 8-22 增塑剂吸收量与预聚合温度的关系

隙率，如图 8-22 所示。

为提高孔隙率可降低预聚合温度，但不能低于 62℃，否则将影响初级粒子和聚集体间内聚力。

（3）引发剂活性和用量　预聚合时应选择分解速率快的高活性引发剂。引发剂的用量控制在尽可能使 10% 以上单体转化为宜，即反应时间 1h、转化率为 7%～12% 时，引发剂全部耗尽（转化率不可能进一步增高）。在 62～75℃ 范围内进行预聚反应，在下限温度时使用高活性引发剂，如过氧化乙酰环己烷基磺酰；而在上限温度时则用过氧化二碳酸二异丙酯。

（4）聚合反应传热　预聚合体系物料黏度随转化率增高而增大。当转化率在 7%～12% 时，可利用夹套和回流排出反应热。为方便预聚反应热的传出，不必将全部单体加入预聚合釜。

3. 后聚合过程的工艺影响因素

后聚合的影响因素，包括引发剂、活性聚合温度、产品的孔隙率、聚合热传出和粘釜程度五个方面。

（1）引发剂　后聚合反应中，应选择引发速率较慢的引发剂，如过氧化十二酰、过氧化碳酸二异丙酯等，所需的引发剂以溶在增塑剂中的方式注入。

（2）聚合温度　聚合温度由 50℃ 提高到 70℃，相对分子质量则由 6.7×10^4 降到 3.5×10^4。在本体聚合工艺控制中，只要转化率不是太高，压力与温度呈线性关系，可通过监测压力来控制反应温度。

（3）产品的孔隙率　若要求产品孔隙率高，则必须降低最终转化率或采用较低的聚合温度，也可两种措施并用。

本体法聚氯乙烯生产中，聚合转化率与产品的孔隙率（用对增塑剂的吸收量表示）关系如图 8-23 所示。

（4）聚合热传出　在后聚合时，传热效率很低，主要靠单体汽化回流传出热量，此外还依靠夹套和可通冷水的搅拌轴来冷却物料以传出聚合热。

（5）粘釜程度　在本体法中，粘釜程度取决于单体纯度、引发剂的类别和釜壁的温度。只要釜壁温度低，粘釜程度就小，预聚合釜不必定期清理，后聚合釜可按时用高压水清洗。

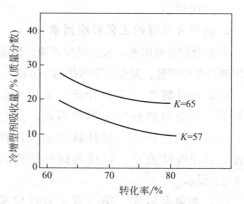

图 8-23 聚合转化率与产品孔隙率的关系

4. 后处理工艺

在后聚合过程中一部分聚氯乙烯粒子聚集为大粒子，经研磨、粉碎、过筛与合格品合并后包装入库。

废气主要是含 VCM 的回收尾气。本体法聚合装置设有尾气吸收处理系统，用于处理来自 VCM 回收工序经冷冻水和冷冻盐水两级冷凝后的不凝性气体。

废水主要是含 VCM 的废水。装置设有废水汽提设施，用以处理含 VCM 的工艺废水。废渣主要是聚氯乙烯大颗粒及块状物，研磨后作为次品出厂。

【任务评价】
(1) 能力训练题
① 识读聚氯乙烯两段本体聚合工艺流程图，并能描述出预聚合阶段的大致过程。
② 识读聚氯乙烯两段本体聚合工艺流程图，并能描述出后聚合阶段的大致过程。
(2) 填空题
① 预聚温度影响聚集体"网状"结构的展开程度，即影响_____。
② 在本体聚合工艺控制中，只要转化率不是太高，压力与温度呈线性关系，可通过监测_____来控制反应温度。
(3) 判断题
① 预聚合体系物料黏度随转化率增高而减小。（　　）
② 后聚合反应中，应选择引发速率较快的引发剂，如过氧化十二酰、过氧化碳酸二异丙酯等。（　　）
(4) 选择题
若要求产品孔隙率高，必须采取的措施是（　　）。
A. 降低最终转化率　　B. 采用较低的聚合温度
C. 以上两种措施同时使用　　D. 以上两种措施都不使用

四、氯乙烯本体聚合釜的作用与结构

氯乙烯本体聚合的主要设备为预聚合釜和后聚合釜。生产中聚合釜配置由 1 台预聚合釜＋5 台后聚合釜组成。

1. 预聚合釜的作用、结构及传热搅拌方式

预聚合釜主要由壳体、夹套、搅拌器、回流冷凝器、电机和过滤器组成。一般为立式不锈钢装置，如图 8-24 所示，釜内壁为不锈钢和碳钢复合，并采用镜面抛光，粗糙度 0.2～0.4μm，釜顶有回流冷凝器，釜体外周有半圆管冷却水夹套。釜内设有顶伸式和底伸式两层搅拌桨及挡板。

搅拌能力是聚合釜的关键技术指标之一，搅拌能力直接影响着传质、传热及树脂的颗粒分布，最终影响产品的质量，而不同的工艺方法对搅拌的要求又不尽相同。过去，聚氯乙烯预聚合釜大都采用平桨和折叶桨，搅拌效果不甚理想。随着搅拌技术的不断进步，聚氯乙烯釜可配备更理想的搅拌器。大量的搅拌实验研究证明，三叶后掠式搅拌器的传质效果好，循环和剪切性能均适合于聚氯乙烯生产的需要，因此，在本体法聚氯乙烯生产中采用三叶后掠式搅拌器。

搅拌器的形式和大小、搅拌转速大小将直接关系到预聚合种子颗粒的形态和大小。

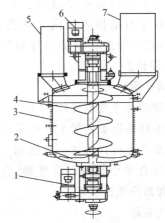

图 8-24　立式本体聚合釜
1,6—电动机；2—底部锚式搅拌器；3—壳体与夹套；
4—上部螺旋搅拌器；5—回流冷凝器；7—脱气过滤器

搅拌速率较快能使聚合体系处于湍流状态，保证树脂有较好的颗粒分布。预聚合釜搅拌转速一般选用110r/min或120r/min。

预聚合反应产生的热量由釜顶回流冷凝器和釜体夹套带出。传热能力直接影响着聚合反应的速率及生成物的质量、产量。

在大型聚合釜上，国外采用了体外回流冷凝器，体内增设内冷管等除热手段。近几年，美国古德里奇公司又研制出一种薄不锈钢衬里聚合釜，以便提高釜壁的传热能力，为使薄壁能承受反应压力，在不锈钢衬里与聚合釜套之间安装了支撑内衬套的加强筋，这种釜的结构大大提高了聚合釜传热效率，且有较好的承压能力。

2. 后聚合釜的作用、结构及传热搅拌方式

后聚合釜由釜体、搅拌器、釜顶回流冷凝器、釜顶回收过滤器、卸料阀、蒸汽注射阀、水排放阀和润滑系统组成，其结构如图8-25所示。

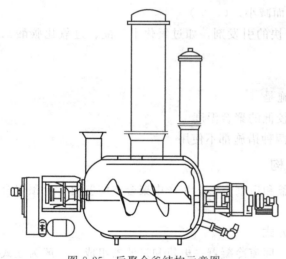

图8-25 后聚合釜结构示意图

后聚釜为$50m^3$的卧式釜，内径为3.50m，釜内壁为不锈钢和碳钢复合，并采用镜面抛光，粗糙度为$0.2 \sim 0.4 \mu m$，釜上部有回流冷凝器和脱气过滤器，釜体外周有半圆管冷却水夹套。釜内设有两个独立的搅拌系统：一个为螺杆搅拌器，从釜左侧一直伸到釜右侧，其作用是推动物料左右循环运动；另一个为锚式刮刀式搅拌器，从釜右侧伸入，桨叶的弯曲弧度与釜右侧弧度一致，其作用是在液相固含量较低时防止物料沉淀，且在粉末相反应时向螺旋搅拌器供料。两个搅拌器都是低速运转；左侧螺杆搅拌器转速为25r/min，右侧锚式刮刀式搅拌器转速为15r/min。两个搅拌器的旋转方向相反，即一个正转另一个反转。后聚合釜上部还附有两个冲洗头，当后聚合釜需要冲洗时会按程序自动伸入釜内，冲洗釜壁和搅拌器的不同部位。后聚合釜安装在负载传感器上，VCM的进料量是通过对整个后聚釜的称量进行测量控制的。

【任务评价】

(1) 填空题

① 预聚合釜主要由壳体、夹套、_____、回流冷凝器、电机和过滤器组成。

② 在本体法聚氯乙烯生产中采用_____搅拌器。

③ 预聚合釜搅拌转速一般选用_____r/min。

④ 后聚合釜由釜体、搅拌器、_____、釜顶回收过滤器、卸料阀、蒸汽注射阀、水排放阀和润滑系统组成。

(2) 判断题

① 预聚合釜搅拌转速的大小将直接影响预聚合种子颗粒的形态和大小。（　　）

② 预聚合釜搅拌能力不会直接影响传质、传热及树脂的颗粒分布。（　　）

任务三
氯乙烯乳液聚合生产PVC

一、氯乙烯乳液聚合法生产PVC的优点及产品性能

1. 氯乙烯乳液聚合生产PVC的特点

氯乙烯乳液聚合指的是将液态VCM单体在乳化剂存在下分散在水中成为乳状液，引发剂在水相中产生自由基，VCM通过水层扩散到胶粒中，在引发剂的引发下，VCM聚合生成PVC的过程。乳液法是制备PVC糊状树脂最经典的生产方法，经过70多年的发展，产量虽然有很大的提高，但在我国也只占PVC总产量的4%左右。

与悬浮聚合相比较，乳液聚合生产PVC有以下特点。

① 以水为反应介质，又可在低温下进行反应，故散热容易，体系的黏度不高。

② 高分散性的PVC粉状树脂加入稳定剂等各种添加剂后再与增塑剂调制成增塑糊，用来制造人造革、泡沫塑料、地板革、玩具、手套、窗纱、玩具等。树脂加工设备比较简单，投资少，维修方便。

③ 所用的引发剂属水溶性，若使用氧化-还原引发剂还可在较低温度下聚合。由于氧化-还原引发剂大大降低了反应的活化能，因而反应速率得到提高，在确保生产能力的前提下，降低了聚合温度，聚合产物性能得到改善。

④ 聚合转化率达到80%左右时一般会有自动加速效应产生，从而可以得到高分子量的高聚物。

⑤ 聚合搅拌的转速低，一般在60~75r/min，因此对机械传动、减速器、密封等的要求不高，密封小。

⑥ 乳液聚合中聚合物胶乳呈高度分散状态，反应体系的黏度始终很低，反应体系较稳定，可连续化生产。

2. 氯乙烯乳液聚合生产PVC的产品性能与用途

乳液聚合物的粒径约为0.05~0.2μm，比悬浮聚合物(0.05~0.2mm)要小得多。氯乙烯单体聚合时主要是头尾相连接，平均每一个大分子由1000个单体组成。如果单体排列错位或结合有少量杂质，那么将影响所得树脂的颜色、热稳定性、结晶度、加工性能以及最终制品的机械性能等。合格的PVC乳液聚合产品外观表现为白色粉末状。

由于其成糊性优良以及分散性能良好，PVC乳液聚合产品的应用非常广泛，主要有以下几大方面。

(1) 一般软制品 利用挤出机辅助相应模具设备生产聚氯乙烯片、管、垫、块，可制成塑料鞋底、鞋面、鞋衬材料等，在饮料行业中可用作啤酒、碳酸饮料瓶盖的密封材料。

(2) 涂层制品 将其涂敷于布或纸张等其他基材上，然后在100℃以上塑化而成。也可先将PVC与助剂压延成薄膜再与衬底基材加垫压合而成。聚氯乙烯人造革可以用来制作皮箱、皮包、书的封面、沙发及汽车的坐垫、壁纸等建筑装饰材料。

(3) 泡沫制品 在聚氯乙烯中加入大量的发泡剂作成片材，经发泡成型为泡沫塑料，可

作为抗冲材料、保护性安全制品及填充材料，还可作为泡沫高级凉鞋、坐垫、高级消声材料等制品的原料。

(4) 胶黏剂与密封胶　聚氯乙烯及改性树脂与其他化工原料相结合，制成的黏合材料经化学处理后可用于制造汽车上的密封胶。

(5) 涂层与涂料　聚氯乙烯及改性树脂可以作为钢板、硬质塑料的表面涂层。这种涂料具有抗冲击性强、耐老化、耐候性良好、附着力强等优点，广泛应用于汽车底盘涂料、车内涂料与装饰，还用于其他钢铁工业及钢铁表面装饰与材料防腐。由于聚氯乙烯具有良好的分散性和稳定的流动性，还可用于高品质彩色印刷。

(6) 糊制品　将聚氯乙烯分散在液体增塑剂中，使其溶胀塑化成增塑溶胶，加入稳定剂、填料、着色剂等，经充分搅拌、脱气泡后配成糊，再通过浸渍、浇铸等加工成各种制品，还可以将聚氯乙烯加热后，再加入其他辅助材料，制成一次性用手套等医疗器材，以及其他制品的垫衬材料。

(7) 板材　在聚氯乙烯中加入改性材料或表面强化材料，经混合塑化压延可制成性能优良的板材、运输带和高级胶塑材料。

二、氯乙烯种子乳液聚合的配方与生产过程

目前，工业上聚氯乙烯的生产方法主要有普通乳液聚合法、种子乳液聚合法和连续溶液聚合法等。种子乳液聚合是在乳液聚合体系中先制备胶乳粒子，在控制物料配比和反应条件下，新加入的单体原则上仅在已存在的微粒上聚合、而不生成新的胶乳粒子，即仅增大原来胶乳粒子的体积，而不增加胶乳粒子数目的乳液聚合方法。

1. 氯乙烯种子乳液聚合的主要原料及物料配方

(1) 氯乙烯(CH_2CHCl)　氯乙烯为乳液聚合的主要原料。

(2) 去离子水(H_2O)　去离子水的质量，将对聚合体系的稳定性和聚氯乙烯树脂的质量有直接的影响，甚至对产品的颜色和热稳定性也有影响。所以，对去离子水的总硬度、pH、氯离子的浓度都有严格的要求。

(3) 引发剂　一般用氧化-还原引发剂，氧化剂为过硫酸钾或过硫酸铵，还原剂为偏重亚硫酸钠(焦亚硫酸钠，$Na_2S_2O_5$)。

(4) 乳化剂　氯乙烯种子乳液聚合主要使用的是阴离子型乳化剂和油溶性乳化剂组成的混合乳化剂。比如十二烷基硫酸钠（LSA，$C_{12}H_{25}OSO_3Na$），肉豆蔻酸（十四酸，$C_{13}H_{27}COOH$）等。乳化剂的用量为单体的 0.6% 以上，乳化剂的加入方式对粒径大小和分布有很大的影响。聚合开始以后，要控制乳化剂的加入量，以防止产生新的胶乳粒子和剧烈释放聚合热。在生产中，当转化率达 10%～20% 时，开始用计量泵按比例添加乳化剂和单体。

(5) pH 调节剂($NaHCO_3$)　pH 调节剂是为了维持聚合反应体系的 pH 在 8～9 而添加的助剂，这是因为阴离子型乳化剂只有在碱性条件下(pH=8～9)才能充分地发挥作用。但是钠盐不能加太多，否则容易与体系中的分解产物 HCl 形成破乳剂。

(6) 分子量调节剂　常选用三氯乙烯(C_2HCl_3)作为分子量调节剂，是为了能在不太高的聚合温度下降低聚氯乙烯分子量而添加的链转移剂。

(7) 后混添加剂　在聚合反应结束后，为了使胶乳体系稳定和改善树脂性能而添加的助剂，主要有聚氧乙烯辛基酚醚(热稳定剂)、十二烷基聚氧乙烯醚(降黏剂)、脂肪醇等。

(8) 其他助剂　如在使反应终止的终止剂、提高引发剂效率的活化剂($CuCl_2$)、用于废

水处理的絮凝剂(硫酸铝)等。

2. 聚合配方

氯乙烯种子乳液聚合体系中采用不同的引发剂、乳化剂、pH调节剂、热稳定剂、降黏剂、脱模剂、分子量调节剂等助剂，在特定工艺条件下可生产出具有不同流动性、发泡性、脱模性、耐水性、涂布性、透明性等加工性能的聚氯乙烯糊状树脂。以P450牌号为例，氯乙烯种子乳液聚合的配方如表8-18所示。

表8-18 氯乙烯种子乳液聚合的配方(P450牌号)

名称	作用	用量范围	溶解水	冲洗水
十二烷基硫酸钠	初始乳化剂	6.0~10.0kg		少量水冲洗
十二烷基硫酸钠	乳化剂	94kg	$0.8m^3$	
碳酸氢钠	pH调节剂	9.5kg		
氯化铜水溶液	反应促进剂	400~1000mL		少量水冲洗
焦亚硫酸钠	还原剂	12~14kg	$0.3m^3$	$0.2m^3$
过硫酸钾	氧化剂	1.1~1.6kg	$0.8m^3$	
聚氧乙烯辛基酚醚	后混剂	120kg		$0.5m^3$

注：1. 水油比：1:1。
2. 氯乙烯单体总量13200kg。
3. 种子胶乳：4.2%~5.0%。
4. 聚合反应温度：57℃(不加分子量调节剂)；55℃(加入65kg分子量调节剂)。
5. 配方说明：氯乙烯单体总量13200kg中包括随种子胶乳带入聚合体系中的氯乙烯单体。分子量调节剂根据产品要求可适量加入或通过改变聚合反应温度实现分子量的控制。多数助剂在聚合过程中一次性加入，但乳化剂、氧化剂、氯乙烯单体是根据配方设定量，按程序连续加入。聚合结束时，多余的乳化剂与后混剂一次性加入聚合釜内，而多余氧化剂排入污水。

3. 氯乙烯种子乳液聚合法PVC的生产过程

VCM种子乳液聚合采用间歇法操作。种子乳液聚合流程如图8-26所示。其过程包括种子胶乳的制备、成品的聚合、回收未反应的单体以及成品喷雾干燥等工序。

(1) 种子胶乳的制备 在清洁的种子聚合釜中加入去离子水，在搅拌的状态下从聚合釜的人孔投入活化剂和pH调节剂，用冷水或热水调节反应温度至恒定，密闭，进行抽真空脱氧。同时将引发剂抽入釜内，在规定温度下维持一定时间，停止抽真空，用单体泵连续向釜内加入VCM。聚合反应开始，反应热由循环冷却水从夹套中带走并控制釜内温度在恒定温度；当累积热到规定值时，开始由乳化剂泵连续向聚合釜内加乳化剂，聚合反应终止。当反应结束后回收未反应的VCM单体至气柜，降压至规定釜压时将剩余乳化剂和后混添加剂用后混加入泵加入釜内，搅拌改为低速，继续自压、真空回收VCM到规定釜压后停止回收，充氮至常压，将种子胶乳经种子过滤器过滤排至种子胶乳贮槽。

(2) 成品的聚合 乳液聚合制得种子后，在聚合釜中加入一定量的去离子水，所制得的种子胶乳以及氧化-还原引发剂，用氮气排出空气并试漏后，将单体的1/15加入聚合釜中，并且加入一部分乳化剂十二醇和十二烷基硫酸钠(复合乳化剂)。升温至50℃，反应30min，而后分批加单体和乳化剂溶液，反应温度控制在(50±0.5)℃，反应时间为7~8h。当聚合釜内压力降至0.5~0.6MPa时，反应结束。

(3) 回收未反应的单体 待聚合釜内无压力时，开动真空泵将残存的单体抽出。

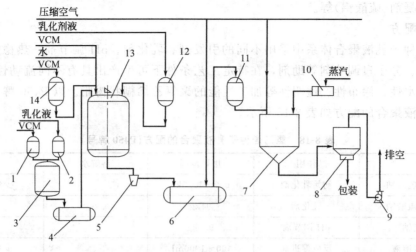

图 8-26　氯乙烯种子乳液聚合工艺流程

1，14—VCM 计量槽；2，12—乳化剂计量槽；3—种子聚合釜；4—种子胶乳贮槽；
5—胶乳过滤器；6—胶乳贮槽；7—喷雾干燥塔；8—布袋除尘器；9—风机；
10—空气加热器；11—胶乳高位槽；13—聚合釜

（4）成品喷雾干燥　为了改进糊用PVC的流变性，在出料前加适量的非离子型表面活性剂，如蓖麻油聚氧乙烯醚。为了获得热稳定性优良的糊用PVC树脂，可在喷雾干燥之前加入热稳定剂，热稳定剂应事先配成乳液。搅拌均匀后将胶乳送往贮槽，再用压缩空气将其送往喷雾干燥器进行干燥。之后经旋风分离器将较粗粒子沉降分离下来，并用粉碎机粉碎，成品靠气流送入成品旋风分离器，沉积于成品料斗中，过细的粒子用袋式捕集器收集，尾气排空。

【任务评价】

（1）填空题

① 工业上聚氯乙烯的生产方法主要有普通乳液聚合法、_____聚合法和连续溶液聚合法等。

② 氯乙烯种子乳液聚合主要使用的是阴离子型乳化剂和油溶性乳化剂组成的_____乳化剂。

③ 氯乙烯种子聚合中，一般选用_____作为pH调节剂。

④ 氯乙烯种子聚合中，常选用_____作为分子量调节剂。

⑤ VC种子乳液聚合采用_____操作。

⑥ 氯乙烯种子聚合过程在成品聚合时，当聚合釜内压力降至_____MPa时，反应结束。

⑦ 氯乙烯种子聚合过程在聚合反应终止后，待反应釜内_____时，开动真空泵将残存的单体抽出。

（2）判断题

① 乳液法是制备PVC糊状树脂最经典的生产方法。（　　）

② 乳液法以水为反应介质，又可在低温下进行反应，因而散热容易，体系的黏度高。（　　）

（3）思考题

种子乳液聚合包括哪四个工序？

【课外训练】

找出生活中的塑料制品哪些是用乳液聚合产品为原料的。

三、氯乙烯种子乳液聚合生产操作

1. 乳液聚合生产"雪花膏"的原因

氯乙烯乳液聚合的起始阶段为油/水（O/W）乳化体系，随着聚合反应的进行，聚合物不断产生，最后转变为固/水乳化体系。由于搅拌桨叶不断碰撞乳状物，聚合温度上下波动，体系的 pH 突然变化等外界条件影响，乳化体系可能由固/水型变成水/固型，这种现象称为转相，此时聚合体系呈软的黏稠的"雪花膏"状态，这种物料不能继续聚合，在生产上不能进一步后处理，造成废品。

聚氯乙烯乳状液发生转相，产生"雪花膏"的原因较复杂，主要的原因如下。

（1）两相体积比的影响　在乳液聚合过程中随着聚合物不断产生，聚合体系逐步由油/水型转变为固/水型。实践证明，如果乳状液的内相即聚合物相的相体积超过总体积的74%，则乳状液就会转相。当分散相（单体）的体积为总体积的 26%～74% 时，可以形成油/水或水/油型乳化体系；若低于 26% 或超过 74% 则仅有一种类型乳化体系存在，前者乳化体系为 O/W 型，后者乳化体系为 W/O 型。聚氯乙烯胶乳是固/水（O/W 型）乳化体系；若聚氯乙烯相体积超过 74%，则水被挤出，会变型为水/固型（W/O 型）。

（2）乳化剂浓度的影响　改变乳化剂浓度会使乳状液转相。随着乳液聚合反应的进行，聚合物胶乳粒径逐渐长大，其表面积增大，需要从水相吸附更多的乳化剂分子覆盖在新生成的胶乳粒子表面，致使在水相中的乳化剂浓度低于临界胶束浓度，甚至还会出现部分胶乳粒子表面不能全部被乳化剂分子覆盖，使乳状液固/水型（O/W 型）转变为水/固型（W/O 型）。

（3）pH 的变化　由于采用阴离子型乳化剂进行氯乙烯乳液聚合必须在碱性介质中进行，因而在工业上进行氯乙烯乳液聚合之前，必须充分估计氯乙烯的酸性、引发剂分解出的酸根和乳化剂的离子性等，调节好水相的 pH 在 10～10.5 范围内。有时为了确保乳液聚合在碱性介质下进行，还应添加如磷酸盐或碳酸盐类的 pH 缓冲剂。

（4）温度的影响　由温度与乳化体系转相的实验发现，当乳化剂的浓度很低时，转相温度对于浓度极其敏感，当乳化剂浓度高时，转相温度不再随着乳化剂的浓度而改变。

在氯乙烯种子乳液聚合反应中，乳化剂用量仅为单体量的 0.4% 左右，若聚合温度控制不严、出现温度频繁波动及局部过热等情况，将加速胶乳微粒的碰撞，从而导致胶乳的凝聚物大量产生，使稳定的固/水型转变为水/固型。

（5）电解质破乳　乳液聚合体系中往往由于单体、软水、乳化剂等带入电解质或在胶乳后处理过程中带入少量电解质，使液相中离子浓度增加，平衡的双电层受到破坏，动电位降低，静电斥力消失，离子层之间的距离缩短，相反的相吸力表现突出，胶乳大量凝结而沉析。

（6）搅拌等其他因素的影响　如搅拌转速过快，搅拌叶端剪切作用大、聚合完毕回收单体速率过快等，都会使乳状液发生转相现象而产生"雪花膏"。

2. 氯乙烯种子乳液聚合中常见故障的判断与处理

氯乙烯种子乳液聚合中常见故障的判断与处理如表 8-19 所示。

表 8-19　氯乙烯种子乳液聚合中常见故障的判断与处理

异常现象	可能产生原因	处理方法
聚合前期无反应	①VCM中乙炔含量过高	①减少VCM中乙炔含量
	②聚合釜抽空排氧不合格	②检查真空泵是否好用,釜上阀门是否漏
	③引发剂溶解不彻底	③引发剂用温水溶解;提高聚合温度
聚合升温慢	①热水槽温度低	①提前将热水槽加热到要求温度
	②热水阀堵塞	②检修热水阀门
	③冷水阀未关死,有内漏情况	③检修冷水阀门
聚合反应温度波动大	①VCM加料不均匀	①按配方规定严格VCM加料速率;准备降温
	②釜顶阀门有内漏现象	②检修内漏阀门
	③操作不及时	③严格按操作规程操作
聚合反应时间长	①VCM质量差	①提高VCM的质量
	②引发剂溶解水温过高	②引发剂溶解水温不能超过35℃
	③引发剂投料不足	③补充少量引发剂
	④聚合釜抽空排氧不合格	④适当提高聚合温度
釜内压力剧增	①冷却水温过高,水量太少	①检查水量不足的原因,及时使用低温水
	②前期未反应,集中到中后期反应	②应按规程操作,提前做好降温准备
	③引发剂加入量过多	③根据水温调整配方
	④爆聚	④加高压稀释水
	⑤清釜不彻底	⑤加强清釜管理,釜壁涂布
胶乳不稳定,现"雪花膏"状	①软水、VCM不符合要求	①严格把好原料关
	②乳化剂配制浓度太低,加入量太少	②加强分析乳化剂浓度
	③乳化剂投量未按规程,前期过多	③严格操作规程
	④胶乳偏酸	④提高水相pH
	⑤乳化剂、单体加料速率不均	⑤按要求均匀加料
	⑥釜内局部过热	⑥控制聚合温度,防止过热产生
搅拌电流大,釜内有异声	①釜内物料成糊状	①检查操作及配方
	②搅拌叶松动或脱落	②停止搅拌出料
胶乳处理时变"雪花膏"状	①釜出料后未测胶乳pH	①乳液先测pH,再进行后处理
	②单体回收不完全	②加强单体回收
	③乳化剂加入过快、过多	③缓慢、适量加入乳化剂
出料后釜底"包米豆"渣子多	①乳化剂量偏低	①调整配方
	②乳化剂、单体加料速率不均匀	②按要求均匀加料
	③清釜不彻底	③严格清釜
	④软水硬度过大,金属离子多	④检查软水处理操作,更换阳离子交换树脂
	⑤原料未过滤	⑤各种物料过滤严格

【任务评价】

(1) 填空题

① 氯乙烯乳液聚合的起始阶段为_____乳化体系。

② 乳化体系由固/水型变成水/固型,这种现象称为_____。

③ 聚氯乙烯胶乳是固/水乳化体系,若聚氯乙烯相体积超过_____,则水被挤出,会变型为水/固型。

④ 当水相中的乳化剂浓度_____临界胶束浓度,甚至还会出现部分胶乳粒子表面不能全部被乳化剂分子覆盖,使乳状液固/水型转变为水/固型。

⑤ 在工业上进行氯乙烯乳液聚合之前,调节好水相的pH在_____范围内。

(2) 判断题

① 在氯乙烯种子乳液聚合中，导致聚合反应时间长的原因可能是 VCM 加料不均匀。（　　）

② 在氯乙烯种子乳液聚合中，搅拌电流大，釜内有异声的原因可能是搅拌叶松动或脱落。（　　）

(3) 选择题

① 在氯乙烯种子乳液聚合中，造成聚合升温慢的原因不可能是（　　）。

A. 热水槽温度低　　　　　　　　　　B. 热水阀堵塞

C. 冷水阀未关死，有内漏情况　　　　D. 聚合釜抽空排氧不合格

② 在氯乙烯种子乳液聚合中，若聚合反应时间过长，应该采取的措施有（　　）。

A. 提高 VCM 的质量　　　　　　　　B. 引发剂溶解水温不能超过 35℃

C. 补充少量引发剂，并适当提高聚合温度　　D. 以上都可以考虑

四、氯乙烯乳液聚合连续生产过程

乳液连续聚合法是在聚氯乙烯的增溶胶束存在下，单体在水基乳液中经过引发形成活性基团而聚合，只要生成的胚乳颗粒中增长链未终止或存在活性基团，聚合反应就会一直进行下去。在连续聚合反应过程中，聚合所需氯乙烯结构来自活性基团，已生成的胶乳微粒被大量的拥有亲水基团的乳化剂包围，处于非常稳定的状态。

氯乙烯乳液连续聚合同间歇式聚合的主要区别如下。

① 进出料方式不一样。间歇式聚合中单体、乳化剂、引发剂分批加入，一次出料。而连续聚合中单体、水相连续进料，连续出料。

② 产品质量稳定性不一样。连续聚合可避免间歇聚合过程中人为影响的因素。因此其产品质量的稳定性高。

③ 聚合所用引发剂用量不同。间歇时引发剂为单体的 0.12%～0.15%，而连续时则为单体的 2%～3%。

④ 连续聚合中的设备利用率高于间歇聚合中的设备利用率。

⑤ 聚合转化率控制不一样。间歇式聚合转化率≤85%，而连续聚合转化率为 90%～94%。

1. 氯乙烯乳液聚合连续生产过程

氯乙烯乳液连续聚合工艺流程如图 8-27 所示，主要包括水相配制工序、聚合工序、胶乳脱气工序、胶乳喷雾干燥工序等。

(1) 水相配制工序

① 乳化剂的配制　去离子水经泵和流量计加入到乳化剂配制槽，在搅拌情况下加入乳化剂(含量为 35%～38%)黏稠液体或含量为 92% 以上的粉状物，用蒸汽直接加热至 50～60℃使其均匀溶解，静置 2h，经过滤后用泵送至配制槽配成一定含量的乳化剂水溶液。

② 引发剂溶液的配制　在引发剂溶解时，常用 5℃水通过夹套冷却，严格控制溶解过程，温度不得超过 25℃，以防温度过高时引发剂受热分解。

(2) 聚合工序　氯乙烯、乳化剂水溶液和引发剂溶液按一定的比例通过计量泵连续加入到聚合釜中，输送物料的压力要高于釜内的压力，釜顶进料压力为 1.0～1.2MPa，釜底部进料压力为 2.0～2.2MPa。在聚合过程中，连续从聚合釜底排出物料，并需控制好液面的高度并让其保持稳定。聚合釜的温度控制直接影响到产品质量的好坏，也是胶乳稳定与否的

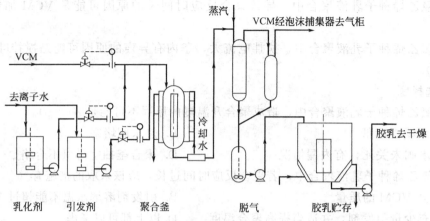

图 8-27　氯乙烯连续乳液聚合工艺流程

关键，若温度失控则会导致连续聚合中断。温度的控制可以通过调节氯乙烯的加入量和补充夹套的冷却水量来控制。聚合釜底部出料通过调节器控制胶乳流出速率，再经过胶乳过滤器滤出其中的粗颗粒料之后送胶乳脱气塔。

由于氯乙烯连续乳液聚合运行时间较长(10～30天)，为了防止聚合反应中断，必须随时掌握釜中的反应情况，通过中间控制，检测生产，发现异常，立即调整。

聚合釜运行一段时间后，由于釜壁黏料增厚，严重影响到聚合釜的传热，致使釜内温度波动增大，此时，应先关闭聚合釜的进料管，然后排净釜内物料进行清釜。

当连续运行时间接近设计小时数或釜的冷却水温度很低(13～15℃)而且料加不进釜，或氯乙烯加入量越来越低，这说明粘壁太厚，聚合热传不出来，此时必须清釜。

(3) 胶乳脱气工序　脱除氯乙烯的过程需要借助低压蒸汽分喷胶乳。在分喷胶乳过程中，含 VCM 的胶乳自聚合釜过滤器被送至脱气塔，低压蒸汽一起通过塔顶的喷嘴喷入胶乳泡沫与水蒸气混合物的温度控制在 60℃。夹带泡沫的 VCM 从脱气塔进入泡沫捕集器，除去泡沫后直接送回 VCM 气柜。胶乳从脱气塔底部流出用泵送至胶乳贮槽。

(4) 胶乳喷雾干燥工序　胶乳经过喷雾干燥器干燥后，成品包装。

2. 实现连续聚合的关键条件

氯乙烯连续乳液聚合稳定的关键条件包括严格控制反应区液面、加料速率保持恒定、聚合反应速率保持恒定、加大乳化剂量以稳定胶乳、连续脱除氯乙烯、物料输送正常稳定以及原材料质量稳定七个方面。

(1) 严格控制反应区液面　氯乙烯连续乳液聚合所用的聚合釜应属瘦长型，长径比至少大于 3，搅拌桨叶是直立平板式，位于聚合釜上部。聚合釜上半部分为聚合反应区，下半部分为胶乳贮存区。为了严格控制聚合反应区的液面，一方面要求自控仪表要准确可靠，正确反映聚合釜内的液面高低，根据胶乳易粘壁而结皮的特点，液位计要慎重选型，否则会影响正常的聚合反应。另一方面，单位时间内加料和出料要平衡，除了调整好计量泵的加料速率外，特别重要的是单体纯度和水相乳化剂含量、pH 等。单体纯度高，反应速率快、转化率高、反应区的液面容易控制。若单体中乙炔含量过高，则聚合不完全，胶乳中氯乙烯含量高，会降低胶乳的稳定性。另外，单体中水的存在会使反应体系 pH 下降，当 pH<5 时胶乳就会失去稳定性。因此，在连续聚合中要求单体 VCM 中含 $C_2H_2 \leqslant 2mg/kg$，含 $H_2O < 100mg/kg$。

在 $3m^3$ 搪瓷釜内进行中试时，聚合反应区（存在搅拌）与胶乳贮存区界面（液面）容易超脱反应区。其主要原因除了液位计的指示无法反映釜内真实液面外,更主要的是单体质量不稳定或水相质量波动大,使聚合反应受阻,造成反应未进行完毕就离开反应区,未反应单体离开搅拌液后,连续化聚合反应中断。在该中试中,连续化运转超300h,所得胶乳含固量仅35%左右,树脂绝对黏度较低($1.40\times10^{-3}\sim1.80\times10^{-3}$Pa·s),糊黏度高中试生产不成功。因此,严格控制反应区的液面是连续聚合的关键。

对于容积为13.5m³的瘦长釜(ϕ1600mm×7000mm),其液面应恒定在500～540mm。为此,必须调整好釜的加料速度与出料速度的关系,即单位时间内所加的物料体积(氯乙烯和乳化剂水溶液体积之和)等于流出的胶乳体积。这除了需要借助自控仪表根据液面的高低来调节出料阀门外,另外重要措施是确保氯乙烯和乳化剂水溶液的质量。只有质量优良的氯乙烯和乳化剂水溶液,才能生产出质量优良的胶乳,否则可能由于胶乳的质量不稳定而造成出料管道处破乳堵塞,使聚合反应中断。

(2) 加料速率保持恒定　连续聚合的加料速率必须恒定,一般借助于自控仪表(加料站)和精密机械加料装置(计量泵)来实现。

加料站用齿轮活塞计数器实现计量,齿轮活塞计数器是带计量室的体积流量计,在这种流量计里,有两个与计数器直接连接的对压椭圆形奥瓦(Ovale)活塞,由液体推动转动,并将机械转动转换成电脉冲,再经转换器转换成直流电流,将显示氯乙烯流量的直流电流作主导参数输入比例控制调节器,即可按乳化剂水溶液:氯乙烯=1:(0.125～1.5)(体积比)对乳化剂水溶液进行任意调节。该装置计量精确,操作简便,且比例控制的弹性大,因而得到广泛应用。

计量泵是一种活塞泵,该泵的物料入口应保持恒定的正压头,尤其是VCM输入端,在输送过程中会因汽化而加不上料,影响准确性,因而必须有高于运行温度下VCM饱和蒸汽压力的恒定压头。加料的准确与否,除与泵的正常运转有关外,还与泵的进出口管道连接方式、管道上过滤器形式和安全止回阀的材质等有关。一般要求计量泵VCM输入端进料管路上弯头尽量少,过滤器为快装式,安全止回阀的材质为不锈钢。

总之,生产出性能稳定、易于输送的胶乳是实现连续聚合的最基本条件,而保持稳定的加料速率和加料配比是实现胶乳性能稳定的重要前提。

(3) 聚合反应速率保持恒定　连续聚合树脂的型号,除与聚合温度有关外,还受氯乙烯转化率的影响,在50℃时反应速率和转化率的关系如表8-20所示。

表8-20　反应速率和转化率的关系

转化率/%	89	91	93
k值(黏度)	72	68	64

为聚合得到某一型号的树脂,除严格控制聚合温度外,更要严格掌握反应的转化率,这是连续聚合操作的重要指标,也是与间歇聚合截然不同的地方。转化率稳定与否取决于聚合反应速率是否恒定,可定期取样测定。若转化率低于85%,则应找出影响反应速率的原因并及时调整。

(4) 加大乳化剂量以稳定胶乳　胶乳的稳定在连续乳液聚合反应中有着特殊的意义,因此,在连续乳液聚合的配方中用加大乳化剂用量来稳定已生成的胶乳,间歇乳液聚合时乳化剂的用量是氯乙烯量的0.7%～1.0%,而连续乳液聚合时乳化剂的用量则是氯乙烯量的2.0%～3.0%。乳化剂用量如此之高,是由连续聚合的反应机理所决定的,这是连续乳液聚合的一个特点,但乳化剂用量大限制了产品在某些领域中的应用。

(5) 连续脱除氯乙烯　连续乳液聚合出来的胶乳液应该及时除去未反应的氯乙烯。连续乳液聚合产物中氯乙烯的脱除必须是连续进行的,经脱气塔在真空下可脱除、回收氯乙烯。脱除越彻底,胶乳在输送与贮存过程中越稳定。为了得到稳定的胶乳,还要向脱除氯乙烯的胶乳中加入稳定剂(如碳酸钠、尿素),除增加胶乳的稳定外也提高了树脂的热稳定性。另外,从聚合釜连续出来的胶乳如果未及时除去单体,那么聚合反应仍在后续设备中进行,胶乳经过设备、管道将会有颗粒物产生引起粘壁现象,甚至堵塞管道,从而影响正常生产。可见,及时脱除氯乙烯对连续聚合是十分重要的。

(6) 物料输送正常稳定　为了保持聚合反应在单位时间内的高转化率,单体和水相的加料要正常稳定。一般所用的加料泵为往复式柱塞计量泵,这种泵的加料口应该保持稳定正压,特别是单体泵为了保证进料的准确性,必须是液相进泵,若有部分气相进泵,则进料不准,将会直接影响单体与水相配比。为了保证单体液相进泵,除了管道上装过滤器外,有的在进泵口处用夹套降温,有的采用加压的方法,使单体在压力下确保液相进泵。

往复式柱塞计量泵一般不会出现故障,除了运转时间过长活塞密闭性差,轴封磨损造成泄漏外,没有其他故障。另外,泵前、后管道安装时应尽量减少弯头或90°的弯头,特别是单体泵的管道连接,弯头过多不仅造成压头损失,而且单体自聚易使管道堵塞。

正常稳定的物料进入聚合釜是保证连续化的重要条件,必须高度重视。

(7) 原材料质量稳定　稳定的生产操作,必须在原材料质量稳定的前提下进行。要求VCM中乙炔含量小于2mg/kg,水相pH为9.5~10,乳化剂在水相中含量1%~2%。在连续化生产中,加料速率调整好后一般不宜频繁调整,只有在改变配方时才动作一次。长时间的固定加料速率如果原材料内在质量波动太大,将直接影响聚合反应速率。换句话说,连续化就要停止。

五、氯乙烯乳液聚合连续生产操作

氯乙烯乳液聚合连续生产中常见故障的判断与处理如表8-21所示。

表8-21　氯乙烯连续乳液聚合过程中常见故障的判断与处理

异常现象	可能原因	处理方法
VCM、乳化剂水溶液加不进料	①温度低于10℃,VCM饱和压力低,乳化剂沉淀堵塞	①控制料温不低于20℃
	②输送泵压力低于釜压	②检修泵,使压力达到要求
	③加料装置故障	③停车检修加料装置
釜温与釜压同时上升超过规定值	①釜内液面太高	①停加VCM和乳化剂水溶液
	②冷却水量不足	②加大冷却水量
	③冷却水温度上升	③降低冷却水温度
聚合釜超压	①液面太高	①停止加料
	②转化率不良,要求90%~94%,只能到85%,则釜压逐渐上升	②调整转化率
	③冷却水量不够,水温上升	③调节冷却水量与冷却水温。降低釜压办法: a. 排少许气泄压 b. 排出部分胶乳泄压 c. 将釜内胶乳全部送去胶乳贮槽脱气 d. 压力>0.9MPa时,不能停止搅拌,等压力降至0.9MPa时,方能停止搅拌,降至0.3MPa后方可开搅拌

续表

异常现象	可能原因	处理方法
转化率低于85%	①反应温度低	①将反应温度提高2~3℃,经2~4h后取样观察,缓慢调整
	②冷却水温度低	②减小调节阀开启度,减少低温冷却水量
	③温控失调不均匀	③校正仪表
	④胶乳的pH超过正常值6.8~7.2	④用氨水调乳化剂水溶液pH
转化率正常但胶乳密度偏低	配比失调,VCM加入量不够	校正加料装置,补加VCM
搅拌电流突然上升	①胶乳破乳结块	①停加VCM和乳化剂水溶液
	②机械故障	②开釜排气阀,经泡沫捕集器将VCM回至气柜,待压力为0时,开盖处理
脱气塔真空度不够,低于60kPa(绝压)	VCM量大,超过脱气塔负荷	将釜底排料阀调小
釜内液面波动,太低或太高	①太低:VCM和乳化水压力<0.6MPa	①调节VCM和乳化剂水溶液输送压力至规定值
	②太高:VCM和乳化水压力>1MPa	②调节VCM和乳化剂水溶液输送压力至规定值
	③VCM含O_2	③控制VCM,使其不含氧

【任务评价】

(1) 填空题

① 在引发剂溶解时,常用_____通过夹套冷却。

② 在引发剂溶液配制中严格控制溶解过程,温度不得超过_____℃,以防止温度过高时引发剂受热分解。

③ 输送物料的压力要高于釜内的压力,釜底部进料压力为_____MPa。

④ 在氯乙烯连续乳液聚合的胶乳脱气工序中,一般胶乳泡沫、水蒸气混合物的温度控制在_____℃。

⑤ 容积为13.5m^3瘦长釜(ϕ1600mm×7000mm)的液面应恒定在_____mm。

⑥ 保持稳定的_____和加料配比是实现胶乳性能稳定的重要前提。

⑦ 氯乙烯连续聚合时乳化剂的用量是氯乙烯量的_____。

⑧ 氯乙烯连续乳液聚合中,为稳定生产操作,要求VCM中乙炔含量小于_____。

(2) 选择题

① 造成聚合釜超压的原因是( )。

A. 液面太高   B. 转化率不良   C. 冷却水量不够   D. 以上都是

② 若转化率低于85%,则应该采取相应措施,不属于相应措施的为( )。

A. 将反应温度提高2~3℃,经2~4h后取样观察,缓慢调整

B. 减小调节阀开启度,减少低温补充水,校正仪表

C. 增大VCM加料速率

D. 用氨水调乳化剂水溶液pH

(3) 思考题

① 氯乙烯连续乳液聚合工艺流程主要包括哪几个工序?

② 氯乙烯连续乳液聚合稳定的关键条件有几个方面?

项目小结

1. PVC在我国为第一大通用合成树脂，2013年消费量估计为1400万吨（产能2455万吨）。PVC的生产方法主要有四种：悬浮聚合法、本体聚合法、乳液聚合法和溶液聚合法。PVC的型号表示方法：PVC-SGn，如PVC-SG3；或：XSn、XJn，如XS3、XJ6。

2. PVC生产的悬浮聚合，是单体以液滴形式分散在水中并呈悬浮状态而完成的聚合反应，其聚合机理仍然是自由基反应，属于连锁聚合反应。聚合过程有引发剂参与，聚合机理分为链的开始、链的增长、链的终止等三个阶段。

PVC平均聚合度及分子量分布主要与聚合温度、杂质含量及链转移剂的含量有关。提高温度能使PVC产物平均聚合度降低。

3. PVC树脂颗粒大小在50～150μm。PVC颗粒形态分为疏松型和紧密型两种，分别对应疏松型树脂和紧密型树脂。在树脂产品中可能存在"鱼眼"，影响产品质量。

搅拌强度增加，PVC粒径变小，粒径分布也变宽。但也存在粒径变小同时粒径分布也变窄的情况，这需要合理设计聚合中的搅拌方式。分散剂种类与用量影响粒径大小，决定产品颗粒形态。

4. 在聚乙烯的悬浮聚合中，影响聚合反应速率和聚合物性能的因素主要有聚合体系中的物料、搅拌、pH、温度、压力、最终转化率选定、分子量调节剂添加等。

PVC树脂生产中，要求单体纯度99.9%以上，杂质乙炔的含量和乙醛、二氯乙烷含量需要控制；采用去离子水，需要对硬度、氯根、pH等水质指标进行控制；在聚合温度确定下，聚合反应速率主要取决于引发剂活性和用量，但引发剂用量受聚合釜的传热能力限制。XS型水油比(1.4～2.0)∶1，XJ型水油比(1.2～1.26)∶1。

PVC聚合温度范围为45～65℃，温度每上升2℃，平均聚合度下降约336。PVC生产中最终转化率不能太高，一般控制在80%～85%，可用终止剂结束反应。

5. PVC生产过程包括冲洗与釜涂壁、单体及水的贮存与加料、助剂配制与加料、氯乙烯聚合、浆料处理、废水汽提、氯乙烯回收、PVC树脂（浆料）分离、PVC树脂干燥及包装等九个工序。氯乙烯悬浮聚合和浆料处理岗位包括PVC生产过程中前七个工序。

6. 防止粘釜的措施的有四种。①确保釜内壁光洁；②确保搅拌适中；③加水相阻聚剂；④在聚合釜加料前涂壁。防止"鱼眼"可采取六方面措施。①聚合釜出料后用冲洗水冲洗；②确保单体和去离子水的质量；③先过滤再加料且分散剂的用量精确；④聚合中保持搅拌；⑤阻止粘釜并防止粘釜物料回到聚合体系；⑥确保装置的传热速率大。

为确保PVC白度可采取六条措施。①加入热稳定剂和抗氧剂；②控制水质；③浆料出釜后加碱；④碱用量适中；⑤降低汽提塔底温度、混料槽温度低于70℃；⑥可在聚合时加入荧光增白剂。

7. PVC树脂（浆料）分离的方法常用离心脱水法，使用沉降式离心机。沉降式离心机其鼓壁无孔，其原理为离心沉降，其特点是处理能力大，但脱水不彻底。离心母液带料回收方法常用悬浮增稠法，使用旋液分离器来分离母液及其带料。湿物料干燥的方法采用对流干燥，使用"气流干燥＋沸腾床干燥"工艺，所用干燥设备包括气流干燥器和沸腾床干燥器。

8. 聚合釜是用于聚合反应的釜式反应器，我国以30m³、33m³、45m³、70m³的不锈钢釜为主。树脂过滤器的作用就是截留块状PVC，并用1.4MPa的冲洗水将块状PVC破碎浆料汽提塔的作用是利用蒸汽实现对浆料的连续汽提,使浆料中含残留单体的量在400mg/kg以下,常用穿流式筛板汽提塔。混料槽的作用是用以贮存汽提过的浆料,并对浆料进行保温。螺旋沉降式离心机的作用是利用离心沉降使浆料中大量的水与固体颗粒分离,得到含水量为10%～20%的湿树脂,能实现连续生产。气流干燥器实际上是一根竖直的长管,也称瞬时干燥器,其作用是利用160℃的热空气将含水量为10%～20%的PVC湿树脂干燥,使其中水含量降到2%左右。沸腾床干燥器的作用是利用80℃热风将水含量2%左右的湿树脂进一步干燥,使其中水含量降到0.3%～0.5%以下,湿树脂在设备内的停留时间为1h左右,脱水效果好,常用类型为卧式内加热沸腾床干燥器。

9. 氯乙烯悬浮聚合开车操作步骤包括：①去离子水及水性助剂的投料；②试压与置换空气；③搅拌；④单体投料；⑤加热升温；⑥加入引发剂开始聚合反应；⑦温度控制。氯乙烯悬浮聚合的正常操作内容包括：①根据单体含乙炔量、生产型号和上批产品黏度,确定聚合控制温度；②严格控制釜内反应温度波动在±0.5℃范围内；③为保证釜内容积恒定,需按经验的流量值分两股补加注入水,一股从聚合釜搅拌器的轴封衬套注入,另一股由釜顶注入。

10. 本体聚合过程中,根据体系的物态不同可分为两个阶段：预聚合阶段,即微粒形成阶段；后聚合阶段,即微粒的增长变大阶段。后聚合阶段是聚合的主要阶段。

11. 本体聚合中,预聚合的温度为62～75℃,反应时间一般不超过30min,转化率控制在7%～12%；后聚合的温度不低于62℃,反应时间3～9h,转化率接近80%。

12. 本体聚合中,氯乙烯单体分两个阶段投料,预聚合阶段为16.5t,后聚合阶段补加氯乙烯单体11.5～13.5t,一个完整聚合周期用氯乙烯单体28～30t；预聚合阶段加入复合引发剂过氧化二碳酸二(2-乙基己基)酯和过氧化乙酰基环己烷磺酰,加入量分别为单体质量的0.01%～0.02%和0.01%～0.04%；后聚合阶段加入的引发剂有过氧化十二酰,加入量为单体质量的0.1%～0.3%；增稠剂巴豆酸醋酸乙烯共聚物,加入量为每釜100～300g(在后聚合阶段加入)；常用的抗氧剂为2,6-二叔丁基羟基甲苯(BHT),加入量为每釜1800～2000g(在后聚合阶段加入)；20%硝酸加入量为每釜700mL(在后聚合阶段加入)；润滑剂丙三醇加入量为每釜700～3000mL；终止剂双酚A加入量为0.2～0.4kg/t PVC。

13. 预聚合的影响因素,包括搅拌转速、预聚合温度、引发剂活性和用量,以及聚合反应传热四个方面；后聚合的影响因素,包括引发剂活性聚合温度、产品的孔隙率、聚合热传出和粘釜程度四个方面。

14. 预聚合釜主要由壳体、夹套、搅拌器、回流冷凝器、电机和过滤器组成；后聚合釜由釜体、搅拌器、釜顶回流冷凝器、釜顶回收过滤器、卸料阀、蒸汽注射阀、水排放阀和润滑系统组成。

15. 种子乳液聚合的主要原料是氯乙烯、去离子水、引发剂、乳化剂、pH调节剂、分子量调节剂、后混添加剂和其他助剂。

氯乙烯种子乳液聚合法PVC的生产过程包括种子胶乳的制备、成品的聚合、回收未反应的单体和成品喷雾干燥四个工序。

聚氯乙烯乳状液发生转相,产生"雪花膏"的主要的原因包括两相体积比的影响、乳化剂浓度的影响、pH的变化、温度的影响、电解质破乳和搅拌等其他因素的影响。

氯乙烯种子乳液聚合中常见故障有聚合前期无反应；聚合升温慢；聚合反应温度波动大；聚合反应时间长；釜内压力剧增；胶乳不稳定,现"雪花膏"状；搅拌电流大,釜内有异声；胶乳处理时变"雪花膏"状；出料后釜底"包米豆"渣子多。

16.氯乙烯乳液聚合连续生产过程主要包括水相配制工序、聚合工序、胶乳脱气工序、胶乳喷雾干燥工序等。

氯乙烯连续乳液聚合稳定的关键条件包括严格控制反应区液面、加料速率保持恒定、聚合反应速率保持恒定、加大乳化剂量以稳定胶乳、连续脱除氯乙烯、物料输送正常稳定以及原材料质量稳定七个方面。

氯乙烯乳液聚合连续生产中常见故障包括 VCM、乳化剂水溶液加不进料；釜温与釜压同时上升超过规定值；聚合釜超压；转化率低于 85%；转化率正常但胶乳密度偏低；搅拌电流突然上升；脱气塔真空度不够，低于 60kPa（绝压）；釜内液面太低或太高。

参 考 文 献

[1] 张艳君，魏凤琴.氯碱生产与操作.北京：化学工业出版社，2013.
[2] 李志军，王少青.聚氯乙烯生产技术.北京：化学工业出版社，2012.
[3] 先员华，陈刚.聚氯乙烯生产工艺.北京：化学工业出版社，2013.
[4] 于红军.高分子化学及工艺学.北京：化学工业出版社，2010.
[5] 李相彪，俞晓辉，俞慧玲.氯碱生产技术.北京：化学工业出版社，2011.
[6] 程殿彬，陈伯森，施孝奎.离子膜法制碱生产技术.北京：化学工业出版社，1997.
[7] 人力资源和社会保障部职业能力建设司.国家职业标准汇编.北京：中国劳动社会保障出版社，2004.
[8] 张梦欣，孙连捷.安全科学技术百科全书.北京：中国劳动社会保障出版社，2003.
[9] 梁帅宏.掺卤精制盐水和淡盐水膜法除硝新技术应用.广州化工，2011，39（16）：143-145.
[10] 李永刚，周立志，黄祖国.离子膜电解槽运行故障分析及对策.氯碱工业，2002，(11)：14-15.